高等学校计算机专业系列教材

C++程序设计教程

第3版

王珊珊 臧洌 张志航 编著

Introduction to Programming with C++ Third Edition

机械工业出版社
China Machine Press

图书在版编目（CIP）数据

C++ 程序设计教程 / 王珊珊，臧冽，张志航编著．—3 版．—北京：机械工业出版社，2016.10（2021.11 重印）
（高等学校计算机专业系列教材）

ISBN 978-7-111-55253-6

I. C… II. ①王… ②臧… ③张… III. C 语言－程序设计－高等学校－教材 IV. TP312.8

中国版本图书馆 CIP 数据核字（2016）第 260783 号

本书包括两部分内容。第一部分为第 1～9 章，以 C++ 语言的基本语法为起点讲述面向过程的程序设计，内容包括基本数据类型、基本控制结构、函数、数组、结构体、指针和链表。第二部分为第 10～15 章，结合 C++ 语言的应用实例，讲述面向对象程序设计的基本概念，内容包括类和对象、继承和派生、多态、模板以及输入输出和文件操作。

本书适用于程序设计语言的初学者，也适用于大学本科理工类各专业学习 C++ 程序设计语言的学生，同时适用于自学 C++ 语言的读者。

出版发行：机械工业出版社（北京市西城区百万庄大街 22 号 邮政编码：100037）
责任编辑：佘 洁　　责任校对：殷 虹
印　　刷：三河市宏图印务有限公司　　版　　次：2021 年 11 月第 3 版第 8 次印刷
开　　本：185mm×260mm 1/16　　印　　张：24.25
书　　号：ISBN 978-7-111-55253-6　　定　　价：49.00 元

凡购本书，如有缺页、倒页、脱页，由本社发行部调换
客服热线：（010）88378991 88361066　　投稿热线：（010）88379604
购书热线：（010）68326294 88379649 68995259　　读者信箱：hzjsj@hzbook.com

前　　言

编写背景

各大专院校工科类专业开设了程序设计语言类课程，尤其是电类专业普遍开设了C++程序设计课程，因此需要一本适用于初学者的教材。本书就是为了满足这个层次的读者需求而编写的。本书包含两个方面的内容：1）面向过程的程序设计，目的是让初学者掌握基本的程序设计知识。2）面向对象的程序设计，让初学者了解面向对象程序设计的基本概念，为今后学习以面向对象为基础的通用软件开发工具如Microsoft Visual C++、Delphi、C#.net和Visual Studio等打下坚实的基础。

2005年和2011年本教材分别出版了第1版和第2版，被国内十几所高校和培训机构所使用，并取得了良好的反响。本书在前两版的基础上，修正了部分不足，文字描述更准确；程序在Visual Studio 2013环境中运行，尽量做到符合C++11新标准，并对C++11新标准进行了一定的解释；对源程序例子进行了少量增删，并对源程序编辑格式做了调整，即采用C++标准命名空间的方式编写程序。调整前和调整后源程序书写格式如下：

```
#include <iostream.h>        //调整前程序书写格式，使用带.h的头文件
#include <math.h>
void main()                  //主函数无返回值
{
    //…语句
}
#include <iostream>          //调整后程序书写格式，使用不带.h的头文件
#include <cmath>
using namespace std;         //使用C++标准命名空间
int main()                   //主函数的返回值类型为int
{
    //…语句
    return 0;
}
```

编写内容和教学要求

本书分两部分，第一部分包括第1～9章，结合C++语言的基本语法，介绍传统的面向过程的程序设计，内容包括C++语言基本数据类型、基本运算、基本输入输出、结构化流程控制语句、函数、编译预处理、数组、结构体、指针和链表等，基本上是传统的C程序设计语言的内容。第二部分包括第10～15章，以面向对象的三大特点为主线，讲述类和对象的基本概念，类的封装、继承和多态，以及函数模板和类模板，并讲述了输入输出流类体系、文件操作等内容。

本书作者的教学理念是注重程序设计算法的教学，注重对学生算法思路的逻辑训练，而不拘泥于语法要素的细枝末节。本书通俗易懂，配有大量针对各章的教学难点和重点以及各

种算法而设计的例题和习题⊖。在选择例题和习题时，尽量涵盖目前程序设计语言课程的各类算法。初学者阅读习题时，能够在教材的例题中找到相似的例子进行模仿，这样对初学者来说解题就不是一件非常困难的事情。除了进行理论教学和上机练习外，教师还可以根据实际情况选用适合不同层次学生的课程设计题目，以加强学生动手编制较大规模程序的能力。

本书第 1、2、9～14 章由王珊珊老师编写，第 5～8 章由臧洌老师编写，第 3、4、15 章由张志航老师编写，全书由王珊珊负责统稿。

本书的实验环境是 Visual Studio 2013，书中全部的例题和习题均在该环境中通过编译和运行。

本书配套的上机实验和课程设计教材为《 C++ 语言程序设计上机实验及学习指导》，王珊珊、臧洌和张志航编著，2016 年 1 月由南京大学出版社出版。

本书可能会存在疏漏、不妥和错误之处，恳请专家和广大读者指教和商榷。

作者联系方式：

shshwang@nuaa.edu.cn（王珊珊）

zangliwen@nuaa.edu.cn（臧洌）

zzh20100118@qq.com（张志航）

作者

2016 年 8 月 20 日

于南京航空航天大学

⊖ 限于篇幅，习题请从华章网站（www.hzbook.com）下载。——编辑注

教学建议

教学内容	学习要点及教学要求	学时数（理论＋上机）
第 1 章 C++ 概述	• 了解程序设计语言的发展历史 • 了解结构化程序设计和面向对象程序设计的概念 • 认识 C++ 语言程序的基本形式 • 掌握 C++ 语言程序开发的步骤	1＋2
第 2 章 数据类型、运算符和表达式	• 掌握保留字和标识符的概念 • 掌握 C++ 基本数据类型及常量和变量的说明、初始化方法 • 掌握 C++ 各类基本运算符及表达式的构成方法和运算规则 • 掌握当不同数据类型的运算量进行运算时，类型的自动转换和强制转换概念	4＋2
第 3 章 简单的输入输出	• 了解输入输出流对象 cin 和 cout • 掌握基本类型数据的输入输出方法及简单的输入输出格式控制方法	1＋2
第 4 章 C++ 的流程控制	• 了解算法的基本概念 • 掌握结构化程序设计的三种基本控制结构，即顺序、选择和循环结构，重点掌握用于实现三种控制结构的语句及其语法和语义 • 重点培养学生使用三种基本控制结构实现分支、穷举、迭代、递推等算法分析问题和解决问题的能力	6＋6
第 5 章 函　　数	• 掌握函数的定义和调用方法，培养学生使用函数进行模块化程序设计的思想 • 掌握函数的嵌套调用和递归调用的概念 • 掌握带默认值的函数、重载函数和内联函数的概念 • 掌握变量的作用域和存储类别 • 了解程序的多文件组织	5＋6
第 6 章 编译预处理	• 了解编译预处理的概念 • 掌握宏定义、文件包含的概念及使用 • 了解条件编译的概念	1＋1
第 7 章 数　　组	• 掌握一维数组和二维数组的定义、赋值及输入输出的方法 • 掌握一维数组和二维数组作为函数参数的方法 • 掌握字符数组和字符串的使用方法，掌握常用字符串处理函数的使用 • 掌握一维数组和二维数组的有关算法	8＋7

（续）

教学内容	学习要点及教学要求	学时数（理论＋上机）
第 8 章 结构体、共用体和枚举类型	• 掌握结构体类型及其变量的定义、输入输出方法 • 掌握结构体数组的概念 • 掌握结构体变量、结构体数组作为函数参数及返回值的方法 • 了解共用体类型 • 掌握枚举类型及其变量的定义和使用方法	2＋3
第 9 章 指针、引用和链表	• 掌握指针的基本概念及相关运算（* 和 & 运算） • 掌握指针变量作为函数参数的本质 • 掌握一维数组和二维数组的指针的使用方法 • 掌握字符串指针的使用方法 • 掌握指针数组和指向指针的指针变量的使用方法 • 掌握指向函数的指针和返回指针值的函数的使用方法 • 掌握引用作为函数参数的使用方法 • 了解 const 型变量和 const 型指针 • 掌握动态存储空间的申请和释放方法 • 掌握采用动态存储分配技术实现单向链表的基本算法	10＋10
第 10 章 类和对象	• 掌握类和对象的概念和定义方法，正确理解类成员的三种访问属性 • 掌握各类构造函数的定义方法，理解构造函数的作用 • 掌握析构函数的定义方法，理解析构函数的作用 • 掌握类的对象成员的初始化过程 • 了解内联函数和外联函数的意义 • 理解 this 指针的意义	5＋6
第 11 章 类和对象的其他特性	• 掌握类的静态成员的特性及其定义和使用方法 • 掌握类的友元的概念及其定义和使用方法 • 了解类的常数据成员和常成员函数	1＋2
第 12 章 继承和派生	• 掌握继承和派生的基本概念及其意义，了解单一继承和多重继承的概念 • 掌握三种继承方式，掌握基类的不同访问属性的成员分别在三种继承方式下在派生类中访问属性的变化规则 • 掌握在派生类中初始化对象成员和基类成员的方法 • 掌握派生过程中的冲突、支配规则和赋值兼容性 • 掌握虚基类的意义及其定义和使用方法	4＋4
第 13 章 多　态　性	• 理解多态性，掌握静态多态和动态多态的概念 • 掌握运算符重载的概念和实现方法 • 掌握利用虚函数实现动态多态的方法 • 掌握纯虚函数和抽象类的概念及使用方法	4＋5
第 14 章 输入输出流	• 了解输入输出流类体系 • 了解输入输出流类体系中有关成员函数的使用方法 • 掌握对用户新定义类的插入和提取运算符的重载 • 了解文本文件流和二进制文件流的区别 • 掌握文本文件流的打开、关闭及读写方法 • 了解文件顺序访问和随机访问的概念 • 了解输入输出流的出错处理	4＋4

（续）

教学内容	学习要点及教学要求	学时数 （理论＋上机）
* 第 15 章 模　板	• 掌握函数模板 • 掌握类模板	选讲
课程设计	采用面向对象的方法实现一个小型信息管理系统，核心数据结构可使用结构体数组或链表结构。类似选题如下： 1）图书库存记录管理 2）学生成绩管理	16

说明：

1）本教材主要针对本科层次的理工科院校各专业学生编写。建议教学分成以下三大模块：

①理论授课 56 学时：主要完成 C++ 程序设计课程内容的理论教学。上表中的理论教学部分含习题课。

②上机实验 60 学时：针对每一章基本教学内容，安排相应的上机编程实习，目的是巩固理论教学内容，从简单的上机编程题入手，为课程结束时完成课程设计打基础。

③课程设计 16 学时：完成一个小型信息管理系统。

2）标注“*”号的章节根据具体情况选讲或学生自学。

3）理论教学可使用本教材，上机实验和课程设计可使用《C++ 语言程序设计上机实验及学习指导》（王珊珊、臧洌、张志航编著，南京大学出版社，2016）。

目　录

第1章　C++概述

1.1　计算机语言与程序

人类语言是人与人之间交流信息的工具，而计算机语言是人与计算机之间交流信息的工具。用计算机解决问题时，人们必须首先将解决问题的方法和步骤按照一定的规则和序列用计算机语言描述出来，形成计算机程序，然后让计算机自动执行程序，完成相应功能，解决指定的问题。下面先介绍计算机语言与程序经历的3个发展阶段。

1.1.1　机器语言与程序

机器语言是第一代计算机语言。任何信息在计算机内部都是采用二进制代码表示的，指挥计算机完成一个基本操作的指令（称为机器指令）也是由二进制代码表示的。每一条机器指令的格式和含义都是计算机硬件设计者规定的，并按照这个规定制造硬件。一个计算机系统全部机器指令的总和称为指令系统，它就是机器语言。用机器语言编制的程序为如下形式：

```
0000 0100 0001 0010
0000 0100 1100 1010
0001 0010 1111 0000
1000 1010 0110 0001
...
```

每一行都是一条机器指令，代表一个具体的操作。机器语言程序能直接在计算机上运行，且运行速度快、效率高，但必须由专业人员编写。机器语言程序紧密依赖于硬件，程序的可移植性差。所谓移植，是指在一种计算机系统下编写的程序经过修改可以在另一种计算机系统中运行，并且运行结果一样。改动越少，可移植性越好；改动越多，可移植性越差。

1.1.2　汇编语言与程序

机器语言是由二进制代码构成的，难以记忆和读写，用它编写程序比较困难。于是计算机工作者发明了汇编语言，用来代替机器语言编写程序。汇编语言是一种符号语言，它用一个有意义的英文单词缩写来代替一条机器指令，如用ADD表示加法，用SUB表示减法。英文单词缩写被称为助记符，每一个助记符代表一条机器指令，所有指令的助记符集合就是汇编语言。用汇编语言编写的程序有如下形式：

```
MOV  AL  12D  // 表示将十进制数12送往累加器AL
SUB  AL  18D  // 表示从累加器AL中减去十进制数18
    ...
HLT           // 表示停止执行程序
```

汇编语言改善了程序的可读性和可记忆性，使编程者在编写程序时稍微轻松了一点。但是汇编语言程序不能在计算机中直接运行，必须把它翻译成相应的机器语言程序才能运行。将汇编语言程序翻译成机器语言程序的过程称为汇编。汇编过程是计算机运行汇编程序自动完成的，如图1-1所示。汇编语言是第二代计算机语言。

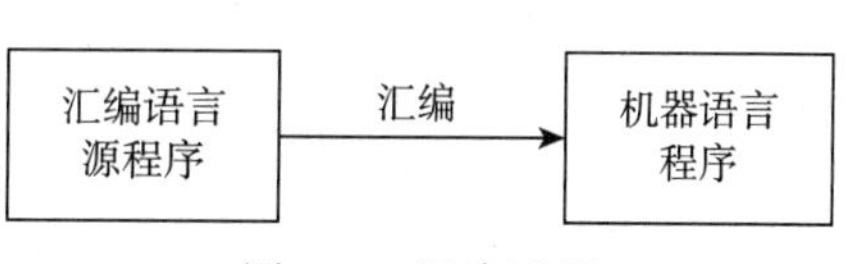

图1-1　汇编过程

1.1.3 高级语言与程序

机器语言和汇编语言都是面向机器的语言，统称为低级语言。它们受特定计算机指令系统的限制，通用性较差，一般只适用于专业人员。非专业人员若想学习使用低级语言编写程序比较困难，为解决这一问题，计算机工作者发明了高级程序设计语言，简称高级语言。高级语言是第三代计算机语言。高级语言用类似于人类自然语言和数学语言的方式描述问题、编写程序。例如，用C++ 语言编写的程序片段如下：

```
int a, b, c;        // 定义变量a、b和c
cin >> a >> b;      // 输入变量a、b的值
c = a + b;          // 将变量a、b的值相加，结果赋给变量c
cout << c;          // 输出变量c的值
```

该程序片段的功能见每条语句后面的说明。用高级语言编写程序时，编程者不需要考虑具体的计算机硬件系统的内部结构，即不需要考虑计算机的指令系统，而只要告诉计算机“做什么”即可。至于计算机“怎么做”，即用什么机器指令去完成，不需要编程者考虑。

高级语言程序也无法在计算机中直接运行。若要运行高级语言程序，首先必须将它翻译成机器语言目标程序，这个翻译的过程称为编译，编译是由“编译程序”(也称为“编译器”）完成的。然后由“连接程序”将目标程序与系统提供的标准函数的库程序连接，生成可执行程序。可执行程序可以在计算机中运行。编译、连接过程如图 1-2 所示。“编译程序”和“连接程序”属于计算机系统软件。

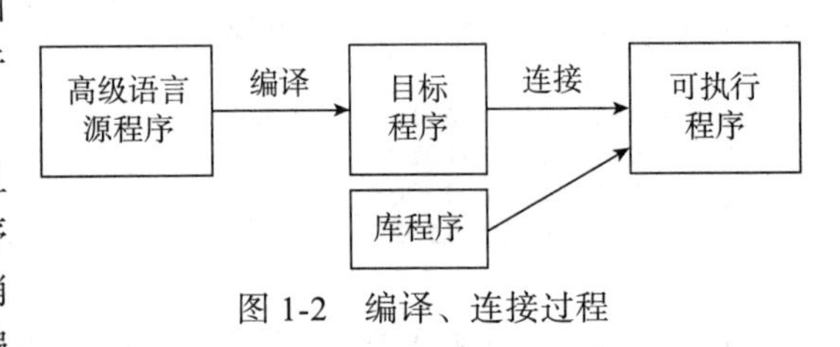

图 1-2 编译、连接过程

高级语言不仅易学易用、通用性强，而且具有良好的可移植性。如果想把高级语言程序移植到另一个计算机系统中，只需对源程序稍加改动甚至不改动，使用目标计算机系统的编译程序将高级语言源程序重新编译即可。不同的计算机系统具有不同的编译程序。

目前世界上有数百种高级语言，应用于不同领域，而 C++ 作为其中的优秀语言得到了广泛的使用。

1.2 从 C 到 C++

C 语言是美国贝尔实验室的 Dennis Ritchie 在 B 语言的基础上开发出来的，1972 年在计算机 DEC PDP-11 上实现了最初的 C 语言。当时设计 C 语言是为了编写 UNIX 操作系统，UNIX 操作系统 90% 的代码由 C 语言编写，10% 的代码由汇编语言编写。随着 UNIX 操作系统的广泛使用，C 语言也被人们认识和接受。

C 语言在各种计算机上的快速推广导致出现了许多 C 语言版本。这些版本虽然是类似的，但通常不兼容。显然人们需要一个与开发平台和机器无关的标准的 C 语言版本。1989 年美国国家标准协会（American National Standard Institute，ANSI）制定了 C 语言的标准（ANSI C)。Brian Kernighan 和 Dennis Ritchie 编著的《 The C Programming Language 》（1988 年）介绍了 ANSI C 的全部内容，该书被称为 C 语言的圣经（C Bible)。

C 语言具有如下特点：1）语言简洁、紧凑，使用方便、灵活。C 语言只有 32 个关键字，程序书写形式自由。2）具有丰富的运算符和数据类型。3）可以直接访问内存地址、进行位操作，完成类似于汇编语言的操作，能够胜任开发系统软件的工作。因此，有时 C 语言也被称为“中级语言”，其意义是它既具有高级语言的特点，又具有低级语言的硬件直接操作特性。4）目标代码质量高，程序运行效率高。5）可移植性好，即可以很容易地将程序改写后运行在不同的计算机系统中。

但是，C 语言也有如下局限性：1）数据类型检查机制较弱，这使得程序中的一些错误不能在编译时被发现；2）语言本身几乎没有支持代码重用的机制，因此，一个编程者精心设计的程序很难被其他程序所使用；3）当程序达到一定规模时，编程者很难控制程序的复杂性。

1980 年贝尔实验室的 Bjarne Stroustrup 博士及其同事对 C 语言进行改进和扩充。最初的成果称为“带类的 C”，而后称为“新 C”。1983 年由 Rick Mascitti 提议正式命名为 C++（C Plus Plus）。在 C 语言中，运算符“++”的意义是对变量进行增值运算，因此 C++ 的喻义是对 C 语言进行“增值”，扩充内容。1994 年制定了 ANSI C++ 草案。以后又经过不断完善，形成了目前的 C++，C++ 仍然在不断地发展。

1.3 程序设计方法

C++ 语言的两个组成部分是过程性语言部分和“类”部分。过程性语言部分和 C 语言没有本质差别。“类”部分是 C 语言中没有的，它是面向对象程序设计的主体。要学好面向对象程序设计，首先必须具有过程性语言的基础。所以学习 C++，首先必须学习其过程性语言部分，然后再学习“类”部分。

过程性语言部分采用的是结构化程序设计方法，“类”部分采用的是面向对象程序设计方法，程序设计方法正在从结构化方法向面向对象方法演变。C 语言仅支持结构化程序设计，而 C++ 语言既支持结构化程序设计也支持面向对象程序设计。

1.3.1 结构化程序设计方法

结构化程序设计的主要思想是：将任务按功能分解并逐步求精。将复杂的大型任务分解成若干模块，每个模块进一步划分成更小的、功能完整的子模块，继续划分直到得到原子模块，每个原子模块用一个过程或函数完成。一个过程或函数由多条可顺序执行的语句构成。编程者把数据与过程或函数分开存储。编写程序的主要技巧在于追踪函数的调用及返回过程，追踪在这个过程中数据发生了怎样的变化。结构化程序设计方法能够较好地分解并解决一些复杂任务。其主要缺点是，程序依赖于数据结构，当数据结构发生变化时，必须对过程或函数进行修改。另外，当开发一个新任务时，适用于旧任务的程序一般不能重复利用。从编程的角度来说需要重复投入，即重新开发程序。而基于可重用指导思想的面向对象程序设计方法能够较好地解决这一问题。

1.3.2 面向对象程序设计方法

面向对象程序设计（Object Oriented Programming，OOP）方法是近年来十分流行的一种程序设计方法，它试图用客观世界中描述事物的方法来描述一个程序要解决的问题。对象是客观世界中一个实际存在的事物，如一个具体的“人”就是一个对象。将“人”的共同属性抽象出来就可以构成“类”，如“人”类，它具备的静态属性有姓名、年龄、性别、身高和体重等，它同时具备的动态属性有学习、思考、走路、说话和吃饭等，一般将静态属性作为类的数据成员，而将动态属性作为类的执行代码。类是一个抽象的概念，而对象是类的具体实例，如“人”类的一个对象就是指一个具体的人。

面向对象程序设计的 3 个主要特性如下所示。

1）**封装性**　封装是实现信息隐蔽的基础。将描述对象的数据（静态属性）及对这些数据进行处理的程序代码（动态属性）有机地组成一个整体，同时对数据及代码的访问权限加以限制，这种特性称为封装。封装可以使对象内部的数据隐藏起来，在类外不能直接访问它们，而只能通过对象的公有执行代码接口来间接访问对象内部的数据。这样既可保护类中的数据成员，也可使编程者只关心该对象可完成的动作，而不必去关心其内部的数据及代码实现细节。

2）**继承性**　继承是软件重用的基础，它可以提高软件开发效率。通过继承可以在已有类的基础之上扩充并产生一个新类。已有类称为基类或父类，新类称为派生类或子类。派生类除了继承基类的数据及代码之外，可以按需要增加数据和代码。基类的数据和代码在派生类中是可以直接使用的，即基类的代码可以在派生类中重复利用，这就是软件重用，它可以提高代码编写效率。

3）**多态性** 多态性是提高编程效率及提高编程灵活性的机制。多态分为静态多态和动态多态。

- **静态多态** 静态多态分为函数重载、运算符重载、函数模板和类模板。

  函数重载是指同名函数完成不同功能，一般用于完成类似功能，如两个同名函数abs()，分别可以用来求整型量和实型量的绝对值。如果没有函数重载机制，求整型量和实型量的绝对值就必须用两个不同的函数名来实现。函数重载减轻了编程时记忆多个完成类似功能的函数名的负担。

  运算符重载是将C++提供的基本运算符应用到新类的机制。例如，加号（+）运算符可以实现C++基本数据类型的整型量、实型量的相加等。对于用户新定义的类如“复数”类，通过运算符重载机制，可以使用加号实现两个复数对象的直接相加。

  函数模板是将结构相同而仅仅数据类型不同的多个函数进行数据类型虚拟化得到的函数的抽象描述。类模板是将结构相同而仅仅数据类型不同的多个类进行数据类型虚拟化得到的类的抽象描述。在调用函数模板和使用类模板定义对象时，编译器能够根据实际的数据类型以函数模板和类模板为基础自动生成含有具体类型的函数和类，以提高编程的自动化水平，即提高编程效率。

- **动态多态** 动态多态是指不同的对象在接收到相同的消息后，以不同的行为去应对。所谓消息是指对象接收到的需要执行某个“操作”的命令，操作是函数完成的。动态多态的实现机制是，在基类中定义完成某个操作的虚函数，在不同的派生类中重新定义完成这个“操作”的同名函数，不同派生类中的这些函数完成不同的工作，那么不同派生类对象接收到同样的“消息”时，就可以表现出不同的行为。

  例如，基类是一个抽象的“几何图形”，它具有“绘图”行为，但这个行为没有具体含义，因为并不知道具体绘制什么图形。从“几何图形”类派生出“三角形”类、“圆”类或“矩形”类，在派生类中“绘图”功能有具体含义，可重新定义“绘图”功能，实现具体图形的绘制。在基类中的虚拟共同行为“绘图”，在派生类中具有不同的实现行为。不同的派生类对象接收到“绘图”消息时，即产生了不同的行为。

  动态多态既提供了“消息”的统一入口，又实现了不同对象对同一消息的不同响应，提高了编程的灵活性。

1.4 简单的C++程序介绍

下面通过一个简单的例子来说明C++程序的基本结构。

例1.1 一个简单的C++程序。

```
/* ---------------------------------------------------------------
    Li0101.cpp  该程序用于求一个数的平方
   ---------------------------------------------------------------
*/
#include <iostream>
using namespace std;
int main(void)
{
    int num, square;                        // 定义整型变量num和square
    cout << "num=";                         // 输出提示信息num=
    cin >> num;                             // 输入一个数，赋给变量num
    square = num * num;                     // 计算num的平方，结果赋值给变量square
```

```
    cout << "num的平方为:" << square << '\n';     // 输出变量square的值，'\n'表示换行
    return 0;
}
```

上述 C++ 程序由注释语句、编译预处理命令和主函数构成，下面做简单介绍，详细介绍见后续章节。

1. 注释语句

注释是对程序功能、算法思路、语句的作用等所做的说明。注释有两种形式，一种是在“/*”和“*/”之间加注释，此种形式的注释可以跨多行书写，如在开头对程序做总体说明；另一种是以两个斜杠“//”开头直到该行结束，在“//”和行末之间加注释，此种形式的注释只能在一行中书写。

2. 编译预处理命令

在本程序中“#include <iostream>”表示文件包含，即编译时将系统头文件 iostream 的内容插入本源程序头部。一般地，在程序中如果需要使用系统预先定义的标准函数、符号或对象，在程序的头部均要包含相应的头文件。

在本程序中包含头文件 iostream，是因为在函数中使用了系统预先定义的、与数据的输入输出有关的流对象 cin 和 cout。cin 代表标准输入设备，通常指键盘。cout 代表标准输出设备，通常指显示器屏幕。

3. 主函数 main()

一个 C++ 程序必须包含一个主函数 main()，它是程序流程的主控函数，程序从主函数开始执行。main() 前面的 int 表示该函数的返回值是 int 类型的数据。void 表示函数无参数。函数体用花括号（{ }）括起来。在函数体中，按照算法写出语句，完成功能。

经过编译连接，执行上述程序时，首先在屏幕上显示提示信息：

```
num=
```

等待用户输入一个整数，假如输入的是“8 < Enter >”（<Enter> 表示 < 回车 >），则程序在屏幕上显示：

```
num的平方为：64
```

例 1.2 一个由两个函数构成的 C++ 程序，源程序名为 Li0102.cpp。

```
#include <iostream>
using namespace std;
int sum(int x, int y)           // A
{
    int z;
    z = x + y;
    return z;                   // B
}
int main(void)
{
    int a, b, c;                // 定义变量a、b和c
    a = 3; b = 5;               // 给变量a和b赋值
    c = sum(a, b);              // C，调用函数sum()求a与b之和，结果赋给变量c
    cout << c << '\n';          // 输出变量c的值
    return 0;
}
```

本程序由两个函数组成。程序从主函数 main() 开始，当执行到 C 行时发生函数调用，将

实际参数（简称实参）a 和 b 的值分别赋给形式参数（简称形参）x 和 y；流程转入 A 行执行函数 sum()，函数 sum() 执行结束到达 B 行，通过 return 语句将计算结果 z 的值代回主函数，同时程序的执行流程也返回到主函数中的 C 行，并将计算结果赋值给变量 c，继续执行，输出变量 c 的值。

从例 1.1 和例 1.2 可以看出：

1）C++ 程序的构成为一个主函数和若干自定义函数，如例 1.2 中的 sum() 函数为自定义函数。

2）一个函数由两部分组成，如下所示。

①函数首部说明：包括函数的返回值类型、函数名和函数的形参列表。

②函数体部分：用花括号（{ }）括起来，在函数体中书写变量定义语句和其他可执行语句。

3）无论 main() 位置如何，程序总是从 main() 开始执行，也在 main() 函数中结束执行。当发生函数的调用及返回时，程序的执行流程在函数间跳转。一个程序中的 main() 函数是唯一的，其他函数可以有多个。

4）一般一行书写一条语句，也可以在一行中书写多条语句，或者一条语句书写在多行中。

5）每条语句的结束符是分号 (;)。

6）可以用“/*…*/”或“//”对程序的任何部分进行注释。

1.5 程序开发步骤

目前，大多数的程序设计语言都提供了集成开发环境，编程者首先在集成开发环境中输入源程序。C++ 源程序的扩展名为 .cpp，如源程序名为 Li0102.cpp。然后在集成环境中启动编译程序将源程序转化成目标程序，如源程序 Li0102.cpp 的目标程序的文件名为 Li0102.obj，其主文件名与源程序主文件名一致，扩展文件名为 .obj。最后启动连接程序将目标程序与库程序（一般扩展名为 .lib）连接生成可执行程序（一般扩展名为 .exe），如 Li0102.exe。计算机直接运行可执行程序。

在程序开发过程的各个阶段，如编译、连接、执行，均有可能出现错误，当出现错误后，必须返回到编辑状态对源程序进行修改。

C++ 程序开发的步骤如图 1-3 所示。

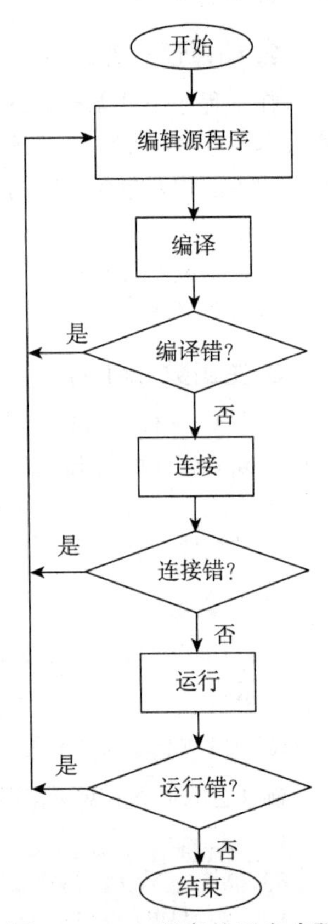

图 1-3 C++ 程序的开发步骤

第 2 章　数据类型、运算符和表达式

学习编写程序之前，首先要了解程序的基本组成要素。从语法形式上说，C++ 程序由一些符号、单词、数据和语句组成；从逻辑上说，程序＝数据结构＋算法。所以必须首先了解构成程序的符号、单词、数据和语句。本章主要介绍构成程序的基本语法要素。

2.1　保留字和标识符

2.1.1　保留字

保留字（Reserved Word）也称为关键字（Keyword），它们是 C++ 预先定义的字符序列，具有特殊的含义及用法，用于构成语言自身的语法要素，编程者不能将它们用作自己的变量名或函数名等，如例 1.1 中的类型说明符 int，用于定义整型变量。ANSI C++ 中共有 48 个保留字，在各版本的 C++ 中有一些扩充。下面列出 C++ 与 Visual C++ 兼容的 43 个保留字。

```
auto      break     case      char      class      const     continue
default   delete    do        double    else       enum      extern
float     for       friend    goto      if         inline    int
long      new       operator  private   protected  public    register
return    short     signed    sizeof    static     struct    switch
this      typedef   union     unsigned  virtual    void      volatile
while
```

这些保留字的意义和用法将在后续章节逐步介绍。

2.1.2　标识符

标识符（Identifier）是有效字符序列，用来标识用户自己定义的变量名、符号常量名、函数名、数组名和类型名等。例如，在例 1.2 中，变量名 a、b 和 c 以及函数名 sum 均为用户定义的标识符。

标识符的命名应遵循以下规则：

1）不能是保留字。

2）只能由字母、数字和下划线 3 种字符组成。

3）第一个字符必须为字母或下划线。

4）中间不能有空格。

5）最大长度为 247 个字符，一般以不超过 31 个字符为宜。

6）一般不要与 C++ 中提供的标准库函数名、类名和对象名相同。

以下是 4 个合法标识符：

```
MyName          StudentName          _above          Lotus_1_2_3
```

以下是 4 个非法标识符：

```
M.D.John        $123                 a-b             3DMax
```

为了增强程序的可读性，通常采用匈牙利命名法（Hungarian Notation）。匈牙利命名法有一套命名规则，读者可参阅相关书籍或网络。其中一条简单的规则是：当标识符由多个英文单词组

成时，每个单词的第一个字母大写，其余为小写，如 StudentName。目前也有这样的习惯，第 1 个单词全部小写，其余单词的第 1 个字母大写，如 studentName。

2.2 C++的基本数据类型

程序中经常需要处理数据，数据需要在计算机内部存储。描述一个数据需要两方面的信息：一是数据占用的存储空间的大小（即该数据占用的字节数）；二是该数据允许执行的操作或运算。为数据赋予类型就可以区分这两方面的信息。C++ 的数据类型分为两类：一类是基本数据类型；另一类是导出数据类型（也称为构造数据类型）。基本数据类型包括字符型、整型、实型、双精度实型等。导出数据类型是由基本数据类型构造出来的数据类型，包括数组、指针、结构体和类等。表 2-1 中列出了 C++ 基本数据类型及各类型数据的取值范围。

表 2-1　C++ 中的基本数据类型

类型标识	名　称	占用字节数	取值范围
char	字符型	1	−128～127
int	整型	4	-2^{31}～（$2^{31}-1$）
float	实型	4	-10^{38}～10^{38}
double	双精度实型	8	-10^{308}～10^{308}
bool	逻辑型	1	常量 true 和 false
void	空类型		无值

字符型量用来表示一个字符，在其 1 字节的存储空间中存放的是该字符的 ASCII 码值；也可以将字符型量用来表示一个 8 位二进制码的整型量。整型量用来存放整型数据，其占用的字节数随 C++ 版本的不同而不同，可以占用 2 字节或 4 字节，在 VS 2013 中占用 4 字节。实型量用来存放实型数据，两种类型的实型量因占用的字节数不同，其表示的数据范围也不同。float 型有时也称为单精度实型。逻辑型也称为布尔型，数据的取值只能是逻辑常量 true（真）和 false（假）。逻辑型量所占用的字节数在不同的编译系统中可能不同，在 VS 2013 中占用 1 字节。空类型就是无值型，一般用于声明函数没有返回值或函数没有参数，请参阅函数相关章节中对 void 的使用。

需要注意的是，表 2-1 中的数据类型可以划分成两个大类："整型"和"浮点型"。"整型"包括 char、int 和 bool 类型，以及在第 8 章中介绍的枚举类型 enum。计算机内部采用原码或补码形式表示"整型"数据。"浮点型"包括 float 和 double 类型，在计算机内部采用浮点形式表示，因此有时也把实型量称为浮点型量，把实型数据称为浮点型数据。注意 float 型量的有效数字位数是 7 位，double 型量的有效数字位数是 15～16 位。有效数字的位数指十进制数据的位数，例如，float 型实数 123.456 789，计算机内部只能精确地表示到数字 7 这一位，后面的数字 8 和 9 无法精确表示。

在类型标识符 char 和 int 之前加上修饰词后，可以得到其他类型的整型量。这些修饰词有 signed（有符号的）、unsigned（无符号的）、long（长的）、short（短的），组合后的数据类型如表 2-2 所示。

表 2-2　C++ 中的全部整型数据类型

类型标识	类型标识最简形式	名　称	占用字节数	取值范围
[signed] char	char	有符号字符型	1	−128～127
unsigned char	unsigned char	无符号字符型	1	0～255

（续）

类型标识	类型标识最简形式	名　　称	占用字节数	取值范围
[signed] short [int]	short	有符号短整型	2	-32 768～32 767
unsigned short [int]	unsigned short	无符号短整型	2	0～65 535
[signed] int	int	有符号整型	4	-2^{31}～（$2^{31}-1$）
unsigned [int]	unsigned	无符号整型	4	0～（$2^{32}-1$）
[signed] long [int]	long	有符号长整型	4	-2^{31}～（$2^{31}-1$）
unsigned long [int]	unsigned long	无符号长整型	4	0～（$2^{32}-1$）

表 2-2 中第 1 列的数据类型标识符中方括号中的内容可省略，省略后得到第 2 列中类型标识符的最简形式。

类型标识符可用于定义变量，如“int a=5，b=-5；”定义了两个整型变量 a 和 b，它们的初值分别是 5 和 -5。int 型量在内存中以补码形式存储，占有 32 个二进制位，上述 a 和 b 两个量在内存中存储形式为：

```
a: 0000 0000 0000 0000 0000 0000 0000 0101
b: 1111 1111 1111 1111 1111 1111 1111 1011
```

补码的最高位是符号位。5 是正数，其补码形式与原码相同。-5 的补码是其原码取反加 1。

int 型量与 unsigned int 型量的区别如图 2-1 所示。int 型量是 32 位的，采用补码形式表示，有符号位；而 unsigned int 型量也是 32 位的，但采用原码形式表示，没有符号位。

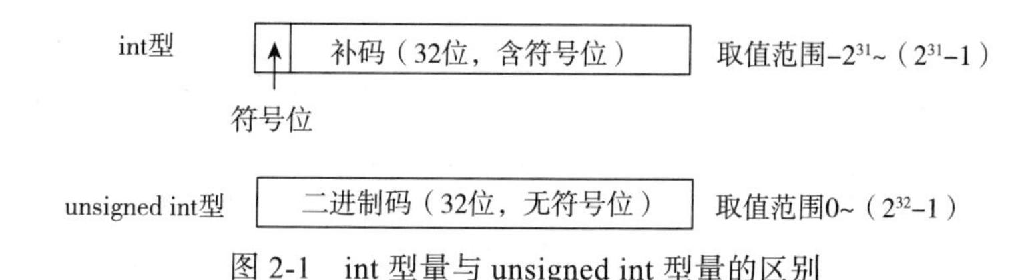

图 2-1　int 型量与 unsigned int 型量的区别

内存中有编码 1111 1111 1111 1111 1111 1111 1111 1011，如果把它赋给一个 int 整型量，它所代表的值为 -5。如果把它赋给一个 unsigned int 整型量，它所代表的值为 4 294 967 291（等于 $2^{32}-1-4$）。

2.3　常量和变量

2.3.1　常量

在程序的运行过程中，其值不变的量称为常量。编程者可以直接在程序中书写常量。如在例 1.2 中有常量 3 和 5。下面对各种类型的常量及其书写形式做详细介绍。

1. 整型常量

1）十进制整型常量，如 123、-456。

2）八进制整型常量，如 0123、-016。

八进制整型常量以 0（零）开头，在数值中可以出现数字符号 0～7。

3）十六进制整型常量，如 0x123、-0xAB。

十六进制整型常量以 0x（零 x）或 0X 开头，在数值中可以出现数字符号 0～9、A～F（或小写的 a～f）。

4）长整型与无符号型整型常量。

长整型常量，如 12L、0234L、-0xABL、12l、0234l、-0xABl。

无符号型整型常量，如 12U、0234U、0xABU、12u、0234u、0xABu。

在一个整型常量后加后缀 L 或 l（小写的 L）表示该常量是长整型常量；在一个整型常量后加 U 或 u（小写的 U）表示该常量是无符号型整型常量。

在程序中书写的整型量，只要它的数值范围在 int 型量的范围内，则它的默认数据类型是 int 型，而不是 char 型、short 型或 long 型，如常量 439 是 int 型常量。

2. 逻辑型常量

逻辑型常量只有两个，即 true 和 false，分别代表逻辑“真”和逻辑“假”。

3. 实型常量

实型常量在内存中以浮点形式存放，均为十进制数，无数制区分。两种书写形式如下所示。

1）小数形式：必须写出小数点，如 1.65、1.、.123 均是合法的实型常量。

2）指数形式：也称为科学表示法形式，如实型常量 1.23×10^{5} 和 1.23×10^{-5} 在程序中可以书写成 1.23e5 和 1.23e−5。e 或 E 前必须有数字，e 或 E 后必须是整型量。例如，1000 应写成 1e3，而不能写成 e3。

在程序中书写的实型量，它的默认数据类型是 double，而不是 float，如 1.23 是 double 型量。如果想把一个实型常量表示成 float 型常量，可加后缀 F 或 f，因此 1.23e5F、1.23e5f、1.23F 和 1.23f 均表示 float 型常量。

4. 字符型常量

用单引号括起来的一个字符称为字符型常量，如在程序中书写的 'a'、'A'、'?' 和 '#' 分别表示 4 个字符，在内存中对应存放的是该 4 个字符的 ASCII 码值，其数据类型为 char 型。用这种方式只能表示键盘上的可输入字符，而 ASCII 码表（见附录 A）中的一些控制字符无法用这种方式表示。例如，ASCII 码值为 10 的字符是控制字符，表示换行，无法用上述简单方式表示。为此，C++ 提供了另外一种表示字符型常量的方法，即“转义”字符。转义字符是以反斜杠“\”引导的特殊的字符型常量表示形式。一般地，'n' 表示字母 n，而 '\n' 表示一个控制字符“换行”，跟随在“\”后的字母 n 的意义发生了转变，所以叫作转义字符。在表 2-3 中列出了 C++ 中预定义的转义字符。

表 2-3　C++ 中预定义的转义字符

转义字符	名　　称	功能或用途	ASCII 码
\a	响铃	用于输出响铃	00000111
\b	退格（Backspace 键）	输出时，用于回退一个字符	00001000
\f	换页	用于输出	00001100
\n	换行符	用于输出	00001010
\r	回车符	用于输出	00001101
\t	水平制表符（Tab 键）	用于输出	00001001
\v	纵向制表符	用于制表	00001011
\\	反斜杠字符	用于表示一个反斜杠字符	01011100
\'	单引号	用于表示一个单引号字符	00100111
\"	双引号	用于表示一个双引号字符	00100010

（续）

转义字符	名　　称	功能或用途	ASCII 码
\ddd	ddd 是 ASCII 码的八进制值，最多三位	用于表示该 ASCII 码代表的字符	
\xhh	hh 是 ASCII 码的十六进制值，最多两位	用于表示该 ASCII 码代表的字符	
\0	空字符	ASCII 码值为 0，不代表任何字符	00000000

表 2-3 中倒数第 2、3 行是转义字符的高级形式，它可以表示任一字符。例如，'\n' 表示控制字符“换行”，它的 ASCII 码是十进制数 10，10 的八进制和十六进制表示分别是 12 和 a，因此 '\n' 也可以表示成 '\12'、'\xa' 或 '\xA'。又如字母 A 的 ASCII 码是十进制数 65，它的八进制和十六进制表示分别是 101 和 41，所以在程序中，字母 A 可以表示成 'A'、'\101' 或 '\x41'。特别注意表的最后一行，'\0' 是 '\ddd' 的具体表示，其 ASCII 码值是 0，它表示空字符，经常被用作字符串结尾标志。

5. 字符串常量

字符串常量是用双引号括起来的字符序列，如 "CHINA"、"How do you do." 和 "a"。字符串常量在内存中的存放形式是存储其连续字符的 ASCII 码值，末尾加一个特殊字符 '\0'，作为结尾标志，其意义见表 2-3 的最后一行。例如，字符串 "CHINA" 在内存中的存储形式如图 2-2 所示。

注意：字符常量 'a' 和字符串常量 "a" 是不同的。字符常量 'a' 在内存中占用 1 字节，而字符串常量 "a" 在内存中占用 2 字节，如图 2-3 所示。

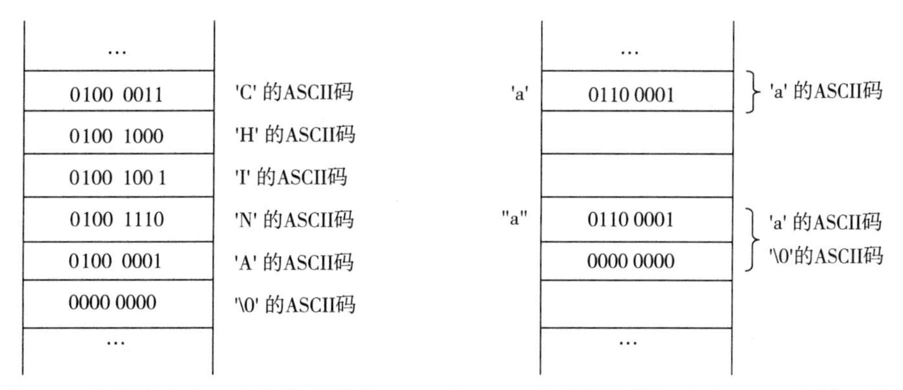

图 2-2　字符串在内在中的存储形式　　　图 2-3　字符和字符串在内在中存储形式的比较

2.3.2　符号常量

编程者可以在程序中直接书写常量，但有时会遇到一些麻烦。例如，在进行数学计算时，程序中要多次使用 π，则需要多次书写 3.141 592 6，这样输入程序时可能出现将数字输入错误的情况。另外，计算时如果 π 的精度需要变化，如将 3.141 592 6 改为 3.14，就需要在程序中进行多处修改。

C++ 提供了一种机制以避免上述麻烦。用一个标识符代表一个常量，称为符号常量。编程者可以在程序的开头定义一个符号常量，令其代表一个值，在后续程序中可使用该符号常量。

符号常量的定义形式为：

```
#define   PRICE   30
#define   PI      3.1415926
#define   S       "China"
```

此 3 行代码定义了 3 个符号常量，它们是 PRICE、PI 和 S。定义符号常量的好处是，如果在程序中多处使用了同一个常量，当需要对该常量修改时，只需要在定义处修改一处即可，而不需要修改程序中的多处。给符号常量取有意义的名字有利于提高程序的可读性，另外，一般使用大写字母给符号常量命名。

下面用一个例子说明符号常量的使用。

例 2.1 符号常量的使用。

```
#include <iostream>
using namespace std;
#define PI 3.14159
int main(void)
{
    float  r, c, a, sa;
    r = 5.0f;                          // 给半径赋值，5.0f是float型常量
    c = 2 * PI * r;                    // 计算圆周长
    a = PI * r * r;                    // 计算圆面积
    sa = 4 * PI * r * r;               // 计算球表面积
    cout << "PI = " << PI << '\n';     // A
    cout << "c = " << c << '\n';
    cout << "a = " << a << '\n';
    cout << "sa = " << sa << '\n';
    return 0;
}
```

程序中 A 行字符串 "PI＝" 中的 PI 是字符串常量的一部分，不是独立的符号常量。

2.3.3 变量

在程序的运行过程中，其值可变的量称为变量。一个变量有 3 个要素，即变量名、变量的存储空间和变量的值。变量名必须用标识符来标识。变量根据其取值范围的不同可分为不同类型的变量，如字符型变量、整型变量、实型变量等，因此不同类型的变量的存储空间也不同。

1. 变量定义

变量定义的一般格式为：

```
[<存储类别>] <变量类型> <变量名1>,<变量名2>, …, <变量名n >
```

这里不必关心变量的 <存储类别>，在后续有关章节中有详细说明。定义变量的例子如下：

```
int a, b;           // 定义2个整型变量a、b
unsigned u;         // 定义1个无符号整型变量u
float f;            // 定义1个单精度实型变量f
double d;           // 定义1个双精度实型变量d
char c1, c2, c3;    // 定义3个字符型变量c1、c2、c3
```

变量必须先定义后使用，原因为：

1）变量定义指定变量的类型，编译器根据类型给变量分配存储空间，并建立变量名与其存储空间的对应关系，程序中通过变量名给变量的存储空间赋值或读取该存储空间中的值，这一过程称为变量的存取。

2）C++ 中某些运算对参加运算的数据类型有限制，变量具有类型后，便于编译器对运算的合法性做检查。

2. 变量赋初值

当使用变量时，变量必须有值，给变量赋初值的方法有两种，如下所示。

1）变量定义后，用赋值语句赋初值。例如：

```
int a, b;
a = 12; b = —24;
char c1, c2;
c1 = 'A'; c2 = 'B';
```

此处“=”是赋值运算符，表示将赋值号右边的值存入赋值号左边的变量对应的存储空间中。

2）在定义变量的同时直接赋初值（称为变量的初始化）。例如：

```
int a = 12, b = -24;
char c1 = 'A', c2 = 'B';
```

3. 常变量

变量的值可以随时变化，即按需要给变量重新赋值。但有时为了保护变量的值，不允许对变量做修改，则需要将变量说明成常变量，具体方法是在变量定义语句前加说明符 const。例如：

```
const float pi = 3.14;
```

常变量定义时必须初始化。具体应用见函数形式参数等相关内容。

2.4 基本运算符和表达式

2.4.1 C++ 运算符及表达式简介

在 C++ 中，数据处理是通过运算来实现的。运算符又称为操作符。为表示一个计算过程，需要使用表达式，表达式是由运算符、运算量构成的一个计算序列。在 C++ 中有很多运算符，如算术运算符（+、–、*、/、%）、关系运算符（>、>=、<、<=、==、!=）等。表 2-4 中列出了 C++ 中各种运算符及其优先级和结合性。

表 2-4 C++ 中的运算符及其优先级和结合性

优先级	运算符	结合性
1	() . -> [] :: .* ->* &（引用）	左→右
2	*（间接访问） &（取地址） new delete ! ~ ++ —— + — sizeof	右→左
3	*（乘） /（除） %（求余）（算术运算符）	左→右
4	+ -（算术运算符）	左→右
5	<< >>（位运算符）	左→右
6	< <= > >=（关系运算符）	左→右
7	== !=（关系运算符）	左→右
8	&（位运算：与）	左→右
9	^（位运算：异或）	左→右
10	|（位运算：或）	左→右
11	&&（逻辑运算：与）	左→右
12	||（逻辑运算：或）	左→右
13	?:（条件运算，三目运算符）	右→左
14	= += — = *= /= %= <<= >>= &= ^= |=（赋值及复合赋值运算符）	右→左
15	,（逗号运算符）	左→右

若一个运算符只能对一个运算量进行，则称其为一元运算符或单目运算符，如表 2-4 中第 2 行的“–”（取负）运算符。若一个运算符需要两个运算量，则称其为二元运算符或双目运算符，如表 2-4 中第 4 行的“+”（加法）和“–”（减法）运算符。若一个运算符需要 3 个运算量，则称其为三元运算符或三目运算符，如表 2-4 中第 13 行的“?:”条件运算符，后续章节会介绍其意义。

2.4.2 算术运算符和算术表达式

C++ 提供了 5 个算术运算符，它们是 +（加）、–（减）、*（乘）、/（除）、%（求余），都是二元运算符，其中 +（正号）和 –（负号）又可用作一元运算符。

值得注意的是，对于除法运算，当两个运算量均为整型量时为整除，整除的意义是取除法结果的整数部分，如 5/2 得到结果 2。当至少有一个运算量为实型量时则为通常意义的除法，如 5.0/2 得到结果 2.5。

对于求余运算（或称模运算），运算量必须为整型量。例如，8%3 结果为 2，而 8.0%3 为非法运算。

2.4.3 运算优先级和结合性

C++ 表达式中可以出现多个运算符和运算量，计算表达式时必须按照一定的次序，运算符的优先级和结合性规定了运算次序。

所谓优先级是指，若在同一个表达式中出现了不同级别的运算符，首先计算优先级较高的。不同的运算符具有不同的运算优先级。表 2-4 中所列出的运算符的优先级自上而下是递减的。例如，表达式 d＝a＋b * c 中出现了 3 个运算符，即＝（赋值）、＋（加法）、*（乘法），这 3 个运算符的优先级由高到低依次是 *、＋、＝，所以先算乘法，再算加法，最后执行赋值运算，即将赋值运算符右边的表达式的计算结果赋给变量 d。

括号可以改变运算的优先次序，如表达式 d＝(a＋b) * c 的运算次序是＋、*、＝。

所谓结合性是指，在表达式中多个优先级相同的运算符连续出现时，运算次序是“自左向右”还是“自右向左”。表 2-4 列出了各运算符的结合性。例如，表达式 d＝a＋b－c 中出现了 3 个运算符，即＝（赋值）、＋（加法）、－（减法），其中加法和减法的运算优先级相同，而赋值运算的优先级较低。从表 2-4 中看出，加法和减法运算的结合性是从“左向右的”，因此计算该表达式时，先计算加法，再计算减法，最后进行赋值。而表达式 a＝b＝c 中出现的两个运算符优先级相同，运算的结合性是“自右向左”，所以先进行最右侧的赋值，再进行左边的，详见 2.4.8 节。

2.4.4 关系运算符和关系表达式

“关系运算符”实际上就是“比较运算符”。关系运算符的意义及其运算优先次序如下：

< 小于
<= 小于等于
> 大于
>= 大于等于
} 这四个的优先级相同，且高于下面的两个

== 恒等于
!= 不等于
} 这两个的优先级相同，且低于上面的四个

关系表达式是由关系运算符连接两个表达式构成的，如 a＞3.0、a＋b＞b＋c、(a＝3)＞(b＝5)、'a'＜'b' 等。

关系运算符的运算优先级比算术运算符的优先级低，但比赋值运算符的优先级高。参加关系运算的两个操作数可以是任意类型的量。当比较结果成立时，结果为 1（表示“真”，即 true），当比较结果不成立时，结果为 0（表示“假”，即 false）。例如，若有“ int a＝1，b＝2，c＝3；”，则表达式 a＞b 的值为 0；表达式 b＜a＋c 的值为 1；表达式 a==b-1 的值为 1；表达式 c＞b＞a 的值为 0，因为按照运算符的结合性，首先计算 c＞b 结果为 1，再计算 1＞a，结果为 0。

2.4.5 逻辑运算符和逻辑表达式

C++ 语言中提供了 3 个逻辑运算符，如下所示。

!　　　　逻辑“非”（一元运算符）

&&　　　　逻辑“与”（二元运算符）

||　　　　逻辑“或”（二元运算符）

若 a 和 b 是两个运算量，a&&b 的意义是，当 a 和 b 均为真时，表达式的值为真。a || b 的意义是，当 a 和 b 均为假时，表达式的值为假。!a 的意义是，当 a 为真时，!a 为假；当 a 为假时，!a 为真。可以用如表 2-5 所示的“真值表”来概括。

表 2-5　逻辑运算“真值表”

<table>
<tr><th>a</th><th>b</th><th>a&&b</th><th>a || b</th><th>!a</th></tr>
<tr><td>0</td><td>0</td><td>0</td><td>0</td><td>1</td></tr>
<tr><td>0</td><td>1</td><td>0</td><td>1</td><td>1</td></tr>
<tr><td>1</td><td>0</td><td>0</td><td>1</td><td>0</td></tr>
<tr><td>1</td><td>1</td><td>1</td><td>1</td><td>0</td></tr>
</table>

逻辑表达式是由逻辑运算符连接两个表达式构成的，如 a>b&&x>y、a==b || x==y、!a>b。3 个逻辑运算符的优先级由高到低依次是 !、&&、||。逻辑非运算符（!）的优先级比算术、关系运算符高，而“与”（&&）和“或”（||）的运算优先级比算术、关系运算符的优先级低，但比赋值运算符的优先级高。因此，上述 3 个逻辑表达式的意义等价于 (a>b)&&(x>y)、(a==b)||(x==y)、(!a)>b。

参加逻辑运算的运算量可以是任意类型的数据。进行逻辑运算时，在判断运算量的逻辑真假性时，规定任何非 0 值表示逻辑真，0 值表示逻辑假。例如，若 a＝-1、b＝2.0，则 a 为真，b 也为真，从而表达式 a&&b 的结果为真。

C++ 在给出关系表达式或逻辑表达式运算结果时，以数值 1 代表“真”，以数值 0 代表“假”。例如，若 a＝1、b＝-2，则表达式 a＞b 的值为 1。

注意：在 C++ 程序中，要表示数学关系 0≤x≤10 时，逻辑表达式必须写成 0<=x && x<=10，而不能写成 0<=x<=10。因为 C++ 语言中表达式的运算是按照优先级和结合性进行的，不能看成与数学意义相同。例如，当 x＝-1 时，数学关系 0≤x≤10 显然是不成立的；而 C++ 中表达式 0<= x<=10 的运算结果为真，与数学关系式矛盾。计算过程是：表达式 0<= x<=10 中两个运算符的优先级相同，按照结合性，自左向右运算，先计算 0<=x，结果为 0；再计算 0<=10，结果为真。而对表达式 0<=x &&x<=10，先计算 0<=x，结果为 0；再计算 0&&x<=10，结果为 0，与数学关系保持一致。注意在计算表达式 0&&x<=10 时，涉及逻辑运算优化问题，见 2.4.11 节的叙述。

2.4.6 位运算符和位运算表达式

位运算是对整型量的运算，并且规定符号位参与运算，主要用于编写系统软件，完成汇编语

言能够完成的一些功能，如对机器字以及机器字中的二进制位进行操作。位运算符共有6个，它们是按位与（&）、按位或（|）、按位异或（^）、按位取反（~）、左移（<<）和右移（>>）。下面逐一介绍。

1. 按位与（&）

运算符“&”将两个运算量的对应二进制位逐一按位进行逻辑与运算。每个二进制位（包括符号位）均参加运算。例如：

```
char a=3, b=-2, c; // 此时，可将a、b、c看成1字节长度的整型量
          c = a & b;
          a  0000 0011
        & b  1111 1110
        ----------------
          c  0000 0010
```

运算结果：变量c的值为2。

2. 按位或（|）

运算符“|”将两个运算量的对应二进制位逐一按位进行逻辑或运算。每个二进制位（包括符号位）均参加运算。例如：

```
char a=18, b=3, c; // 此时，可将a、b、c看成1字节长度的整型量
          c = a | b ;
          a  0001 0010
        | b  0000 0011
        ----------------
          c  0001 0011
```

运算结果：变量c的值为19。

3. 按位异或（^）

运算符“^”将两个运算量的对应二进制位逐一按位进行逻辑异或运算。每个二进制位（包括符号位）均参加运算。异或运算的含义是，若对应位相异，结果为1；若对应位相同，结果为0，例如：

```
char a=18, b=3, c;  // 此时，可将a、b、c看成1字节长度的整型量
      c = a ^ b ;
      a  0001 0010
  ^   b  0000 0011
  -----------------
      c  0001 0001
```

运算结果：变量c的值为17。

请读者思考：如下程序段执行后，a、b的值分别是多少？参见本章习题第12题。

```
int a=5, b=9;
a = a^b;
b = a^b;
a = a^b;
```

4. 按位取反（~）

运算符“~”是一元运算符，作用是将运算量的每个二进制位逐一取反。例如：

```
int a=18, b;
      b = ~a;
  ~   a  0000 0000 0000 0000 0000 0000 0001 0010
  ----------------------------------------------
      b  1111 1111 1111 1111 1111 1111 1110 1101
```

运算结果：变量b的值为-19，或记为十六进制数0xffffffed。

5. 左移（<<）

设 a、n 是整型量，左移运算的一般格式为：a<<n，其意义是将 a 按二进制位向左移动 n 位，移出的高 n 位舍弃，最低位补 n 个 0。

例如，已知“short␣int a＝15, x;”，a 的二进制值是 0000 0000 0000 1111，做“x＝a<<3;”运算后 x 的值是 0000 0000 0111 1000，其十进制值是 120。对一个量进行左移一个二进制位，相当于乘以 2 操作。左移 n 个二进制位，相当于乘以 2^n 操作。程序运行时，左移 n 位比乘以 2^n 操作速度快。

左移运算有溢出问题，因为若以补码表示，整型量的最高位是符号位，当左移一位时，若符号位不变，则相当于乘以 2 操作，但当符号位变化时，就发生了溢出。例如，若有“char a=127, x ;”即 a 的二进制值是 0111 1111，做“x＝a<<2;”运算后 x 的值为 1111 1100，它的真值 -4，此时即发生了溢出。原因是，8 位二进制补码所能表示的数值的范围是 -128～＋127，a 的初值是 127，若将 a 的值乘以 2^2，则超出了数值范围。溢出后，变量 a 的值是其在内存中实际存储的值 1111 1100，它是一个在逻辑上不正确的值。因为 127 乘以 2^2 后，逻辑上应得到 508，但实际上是 -4，这就是“溢出”的后果。“溢出”是存储位的限制引起的。

6. 右移（>>）

设 a、n 是整型量，右移运算的一般格式为：a>> n，其意义是将 a 按二进制位向右移动 n 位，移出的最低 n 位舍弃，高位补 0 还是 1 呢？这取决于 a 的数据类型，若 a 是有符号的整型量，则高位补符号位；若 a 是无符号的整型量，则高位补 0。例如：

```
char a = -4, b=4, x, y;
x = a >> 2;
y = b >> 2;
a: 1111 1100    →  x: 1111 1111
b: 0000 0100    →  y: 0000 0001
```

x 的值是 -1，y 的值是 1。右移一位相当于除以 2 操作。又例如：

```
unsigned char a = -4 , x ;
x = a >> 2;
a: 1111 1100  →  x: 0011 1111
```

x 的值是 63。此时，右移一位符号位发生了变化，称为溢出，就不表示除 2 操作了。

说明：上面的例子中对 a 进行左移或右移，a 本身的值并没有发生变化。这类似于：

```
int a=1, b;
b = a+2;
```

执行后 a 本身的值并没有变化。

请思考：已知“unsigned a; int n=4;”，表达式“a=(a<<n) | (a>>(16-n))”对 a 中存储的二进制值做了怎样的操作？

2.4.7 自增、自减运算符和表达式

C++ 中有两个可以改变变量自身值的运算符，它们是自增（++）和自减（--）运算符，作用是使变量自身的值加 1 或减 1。这两个运算符均是一元运算符，而且只能对变量做运算。它们可以放在变量之前或之后，如 ++i、--i 表示先将 i 的值加 1 或减 1，然后再参加其他运算；而 i++、i-- 表示先用 i 的值参加运算，然后再将变量 i 的值加 1 或减 1。

例如：“int i=3, j; j=++i;”，则运算结束后，i 的值是 4，j 的值也是 4。

又如：“int i=3, j; j=i++;”，则运算结束后，i 的值是 4，j 的值是 3。

再如："int i=3, j=4, x; x=(i++)+(j++);"，则运算结束后，i、j 的值是 4、5，而 x 的值是 7。

注意：自增、自减运算符只能作用于变量，表达式 3++ 或 ++(x+y) 都是非法的，原因是在这两个表达式中，++ 作用在常量和表达式上，而常量和表达式是不能被修改的。

2.4.8 赋值运算符和赋值表达式

1. 赋值运算符

在 C++ 中，"="是赋值运算符，赋值表达式是由赋值运算符连接一个变量和一个表达式构成的，其格式是：

<变量> <赋值运算符> <表达式>

如：a=8 和 a=b+c 是两个合法的赋值表达式。

赋值表达式的求解过程是：求出 <表达式> 的值，赋给 <变量>。

整个赋值表达式（带下划线的）的值是：<变量> 获取的值。

注意：赋值表达式中 <表达式> 还可以是另一个赋值表达式，如 a=b=5。赋值运算符"="与数学上的等号意义不一样，赋值表示一种运算，如 i=i+1，表示先计算等号右边的 i+1，再把结果赋给变量 i。赋值运算符的优先级很低，比到目前为止我们学习过的所有运算符的优先级都低，其结合性是自右向左的，如表达式 b=c=d=a+5 是一个合法表达式，若 a 的初值是 3，则先计算表达式 a+5，结果是 8，将 8 赋给变量 d，此时赋值表达式"d=a+5"的值是 8，再自右向左依次计算 c=8，b=8，结果整个表达式的值是 8。又如表达式 a=5+c=6 是非法表达式，因为按照运算符的优先级应先计算 5+c，再计算右边的赋值"="，即将 6 赋给"5+c"，这是一个非法赋值。再如，表达式 a=b=5 的值是 5；表达式 a=5+(c=6) 的值是 11；表达式 a=(b=4)+(c=6) 的值是 10。

2. 复合赋值运算符

表达式 a=a+3 可简写成 a+=3，表达式 a=a*b 可简写成 a*=b。在 C++ 中，所有的二元算术运算符和二元位运算符与赋值运算符都可以组合成一个复合的赋值运算符。它们是：

```
+=    -=    *=    /=    %=    <<=    >>=    &=    ^=    |=
```

"复合赋值运算符"与"赋值运算符"的优先级和结合性是一样的。如 y*=x+8，等价于 y*=(x+8)，也等价于 y=y*(x+8)。又如表达式 a+=a-=a*a，如果 a 的初值为 2，则先计算 a*a，值为 4，再计算 a-=4，结果 a 的值变成 -2，同时表达式 a-=4 的值也是 -2，再计算 a+=(-2)，结果 a 的值是 -4，整个表达式的值也是 -4。

2.4.9 逗号运算符和逗号表达式

逗号运算符即","。逗号表达式格式是：

<表达式1> ,<表达式2>,…,<表达式n>

逗号表达式的求解过程：依次计算 <表达式 1>, <表达式 2>, …, <表达式 n> 的值。

整个逗号表达式（带下划线的）的值为 <表达式 n> 的值。

如逗号表达式 a=3*5，a*4，a+5。依次计算表达式 a=3*5、表达式 a*4、表达式 a+5。运算结束后：变量 a 的值为 15，整个表达式的值为 20。

逗号运算符的优先级在 C++ 所有的运算符中是最低的，见表 2-4，它的结合性是自左向右的。

关于逗号表达式的计算，下面给出几个例子。请指出下面表达式从最高层面上说是属于逗号表达式还是属于赋值表达式？运算结束后，给出变量 a 和 x 的值，并给出整体表达式的值。

```
a=3*5, a*4           //是逗号表达式，运算结束后a=15，整体表达式的值为60
```

```
x=(a=3, 6*3)        //是赋值表达式，运算结束后a=3，x=18，整体表达式的值为18
x=a=3, 6*3          //是逗号表达式，运算结束后a=3，x=3，整体表达式的值为18
```

2.4.10 sizeof 运算符和表达式

sizeof 运算符是一元运算符，它的作用是求一个变量或常量所占用的字节数。其格式为：

```
sizeof (<类型标识>/<变量名>)
```

例如，已知“int i; double x;”，则 sizeof(int) 和 sizeof(i) 均合法，结果均为 4；sizeof(double) 和 sizeof(x) 均合法，结果均为 8。在 2.3.1 节中已指出常量的默认类型，因此 sizeof(439) 的值是 4，而 sizeof(56.8) 的值是 8。

2.4.11 逻辑运算优化的副作用

C++ 语言在计算逻辑表达式的值时，从左向右扫描表达式，表达式的值一旦确定后，就不再继续进行计算，这就是逻辑运算的优化。具体表现如下所示。

若求 < 表达式 1> && < 表达式 2> 的值，计算时，从左向右扫描，先计算 < 表达式 1>，当 < 表达式 1> 为真时，继续计算 < 表达式 2>；当 < 表达式 1> 为假时，即能确定整个表达式的值为假，则停止计算 < 表达式 2>。

若求 < 表达式 1> | | < 表达式 2> 的值，计算时，从左向右扫描，先计算 < 表达式 1>，当 < 表达式 1> 为假时，继续计算 < 表达式 2>；当 < 表达式 1> 为真时，即能确定整个表达式的值为真，则停止计算 < 表达式 2 >。

例如：

```
int x, y, z, w;
x = y = z = 1 ;
w = ++x || ++y && ++z;    // A
```

计算结束后，变量 x、y、z 和 w 的值分别是 2、1、1 和 1。因为在计算 A 行表达式时，先计算 ++x，结果是 2，值为真，其后紧跟或运算符 ||，不继续往右计算了，y 和 z 的值保持不变。赋值号右边逻辑表达式的值为“真”，此时变量 w 被赋值为 1。尽管表达式中后一个逻辑与运算符 && 的优先级比逻辑或运算符 || 的优先级高，但 && 不会先算，因为对 || 运算符来说，&& 运算的结果（即表达式 ++y && ++z 的值）是 || 运算的第二个运算量，第一个运算量的结果已经是“真”了，就不需要计算第二个运算量了。又如

```
int x = -1, y = 2, z = 0, w;
w = ++x && ++y || ++z;    // B
```

计算结束后，变量 x、y、z 和 w 的值分别是 0、2、1 和 1。因为在计算 B 行表达式时，先计算 ++x，结果是 0，值为假，其后紧跟与运算符 &&，不继续计算 && 后的运算量 ++y 了，y 的值保持不变。但是还要继续计算 ++z，因为对于或运算符 || 来说，前面 && 运算的结果是 || 运算的第一个运算量，其值为假，需要计算第二个运算量 ++z。

2.5 类型转换

2.5.1 赋值时的自动类型转换

如果赋值运算符两侧的类型不一致，则遵循以下几条原则进行类型转换后赋值。

1. 实型量赋给整型变量

实型量赋给整型变量时，简单舍弃小数部分，将实型量的整数部分赋给整型变量，不进行四舍五入。如“int i=3.96;”，则 i 被赋值为 3。

2. 整型量赋给实型变量

整型量赋给实型变量时，数值不变，有效数字位数增加。例如，若有“float f=23;”，则f获得的值为23.0，以单精度浮点格式存储，具有6～7位有效数字；若有“double d=23;”，则d获得的值为23.0，以双精度浮点格式存储，具有15～16位有效数字。

3. 整型量之间相互赋值

整型量有8种，它们分别是[signed] char、unsigned char、[signed] short、unsigned short、[signed] int、unsigned int、[signed] long、unsigned long。此处将char型量看作1字节长度的整型量。各种类型的整型量占用的字节数是不同的，按照其二进制位数的多少，区分为“长的”整型量和“短的”整型量。所谓“长的”整型量是指该整型量的二进制位数较多，所谓“短的”整型量是指该整型量的二进制位数较少。整型量之间相互赋值，系统处理为它们内存数据之间的赋值，分两种情况。

（1）“长的”整型量赋给“短的”整型量

将“长的”整型量赋给“短的”整型量时，方法是“低位截断”，将“长的”整型量的高位去掉，截取其与“短的”整型量相同位数的低位二进制位，然后进行赋值。例如，“char c=250;”将int型常量250赋给字符型变量c。250为int整型常量，在内存中的存储形式是32位二进制数0000 0000 0000 0000 0000 0000 1111 1010。变量c是8位有符号二进制整型量，赋值原则是取250内存数据的低8位赋给c，此时c中的值是1111 1010。C++中整型量是以补码形式存放的，因此，变量c的真值是-6。

又如，“short int a=65 536;”将常量65 536赋值给变量a。常量65 536是int型量（其值是2^{16}），在内存中的存储形式是：0000 0000 0000 0001 0000 0000 0000 0000。短整型变量a在内存占16个二进制位，赋值时截取65 536内存中的低16位赋给a，此时a的16个二进制位全为0，则a的值是0，这称为赋值溢出。因为65 536超过了短整型量的数值范围（-32 768～32 767），无法直接赋值给短整型量。

（2）“短的”整型量赋给“长的”整型量

“短的”整型量赋给“长的”整型量又分成两种情况。

1）将“短的”无符号整型量赋给“长的”整型变量，方法是在“短”的无符号整型量前补0，使其长度达到“长的”整型量的位数。例如：

```
unsigned char c = -4;
int i;
i = c;
```

此例中涉及两次赋值，赋值过程中各常量、变量的内存形式如下。首先将“长的”整型量-4赋给“短的”整型变量c，c获取的值是-4的内存表示形式的低8位；再将“短的”c变量的值赋给“长的”整型变量i。因为c是无符号整型量，占8位，而i是32位，此时在c的内存内容前补0使其扩展到32位后，赋值给变量i。

```
-4: 1111 1111 1111 1111 1111 1111 1111 1100
 c:                                1111 1100
 i: 0000 0000 0000 0000 0000 0000 1111 1100
```

结果：变量i的值是252。

2）将“短的”有符号整型量赋给“长的”整型量。此种情况只需做符号位扩展，即在“短的”整型量前补符号位，使其长度达到“长的”整型量的长度，然后赋值。例如：

```
char c = -4;
```

```
int i = c;
```

赋值过程中各常量、变量的内存表示形式如下：

```
-4: 1111 1111 1111 1111 1111 1111 1111 1100
 c:                                1111 1100
 i: 1111 1111 1111 1111 1111 1111 1111 1100（扩展负号）
```

结果：变量 i 的值是 –4。又如：

```
char c = 4;
int i = c;
```

赋值过程中各常量、变量的内存表示形式如下：

```
4: 0000 0000 0000 0000 0000 0000 0000 0100
c:                                0000 0100
i: 0000 0000 0000 0000 0000 0000 0000 0100（扩展正号）
```

结果：变量 i 的值是 4。

2.5.2 各种类型运算量混合运算时的自动类型转换

C++ 语言中各种类型的常量和变量之间可以混合运算。例如，已知“ int a=1; double b=2;”，则可进行 a+b 运算。两个不同类型的量运算时，计算机内部首先将它们转换成相同数据类型的量，然后进行运算。例如，上述 a+b 运算，计算机首先将 a 的值转换为 double 型表示，然后与 double 型的 b 的值相加。这种转换是 C++ 内部自动完成的，编程者必须掌握转换规则，否则编程会出问题。转换规则如图 2-4 所示。图 2-4 中横向向左的箭头表示必定转换。例如，已知“ char c1, c2;”，在做 c1+c2 运算时，首先将 c1 和 c2 的值均转换成 int 型表示，再将两个 int 型量相加。图 2-4 中纵向箭头表示不同数据类型混合运算时的转换方向，规则是由低类型向高类型转换，例如，上述 a+b 运算将低类型 int 值转换成高类型 double 值，然后运算。所谓低类型是指占用存储字节少、数据范围小的类型，所谓高类型是指占用存储字节多、数据范围大的类型。

例如，已知“int i; float f; double d;”，则表达式 10+'a'+i * f – d / i 的运算顺序和类型转换过程如图 2-5 所示。首先计算第①步，结果是 int 型量，再依次计算第②～⑤步，最终整个表达式的结果的类型是 double 型。

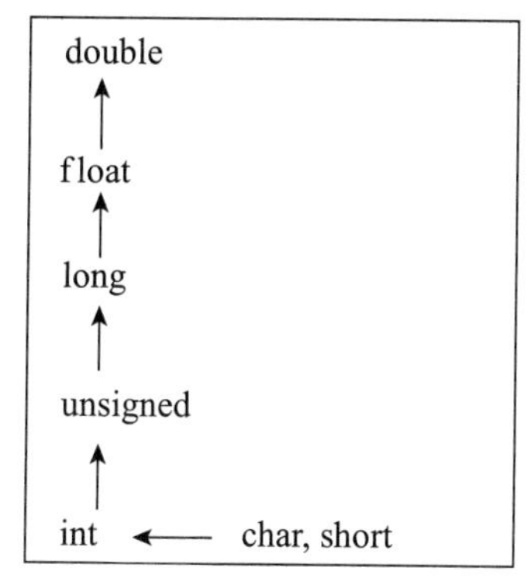

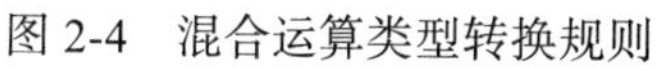
图 2-4 混合运算类型转换规则

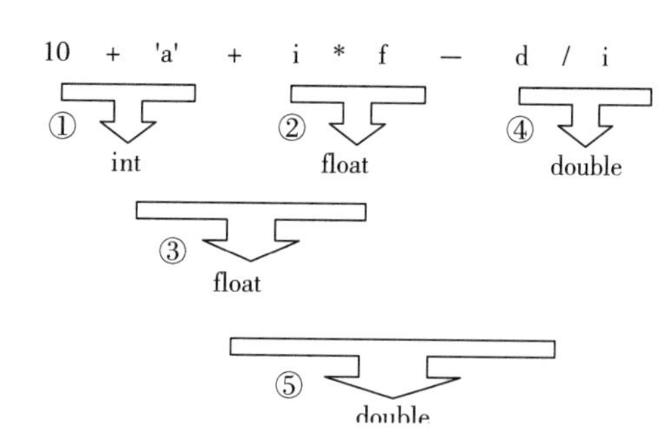

图 2-5 运算顺序和类型转换过程

掌握了混合运算时数据类型的转换规则后，读者应该能理解 5/2 的结果为 2，5.0/2 的结果为 2.5 的道理了，参见 2.4.2 节。图 2-4 和图 2-5 的转换规则遵循 C++11 标准。

2.5.3 强制类型转换

前面介绍了不同类型量相互赋值时以及混合运算时的自动类型转换，但有时为了强调类型的概念或者为了满足运算符对数据类型的要求，可以显式地写出类型转换，称为强制类型转换。格式是：

```
<类型名> (<表达式>)   或   (<类型名>) <表达式>
```

例如：

```
int i, a;
float x, y;
double z;
i = int(x+y);      或      i = (int)(x+y);
z = double(a);     或      z = (double)a;
a = int(z) % i;    或      a = (int)z % i;
```

例如，i=int (x+y) 的意义是将表达式 x+y 的值转换为 int 型量，赋值给变量 i。类型转换运算符的优先级较高，表达式 int (z) % i 中运算符 int 优先级较高，所以首先计算 int (z)，即将 z 的值取整，再进行 % 运算。注意，% 运算符要求运算量为整型量，必须首先将 z 的值强制转换为整型量，才能计算 % 运算符。

注意： 类型强制转换的对象是表达式的值，表达式 double (a) 的意义是将 a 的值（即表达式的值）转换成 double 型，而变量 a 自身仍然是 int 型变量。

第 3 章　简单的输入输出

通过前面的章节我们了解了组成一个程序的基本数据元素，下面我们就可以在数据元素的基础上开始学习编写简单的 C++ 程序了。本章主要介绍计算机程序设计的基础：在 C++ 程序中实现数据输入输出的基本方法。由于 C++ 中数据输入输出的实现机制与后续章节中的面向对象重载等技术有着密切的联系，因此在没有系统地学习面向对象设计思想之前无法对此进行详细的介绍。因此，本章只对 C++ 中数据输入输出的使用方法做简单的介绍。有关 C++ 编译器提供的完整的输入输出流体系结构的实现原理，将在第 14 章中进行详细的介绍。

3.1　传统的输入输出函数实现方法

由于计算机是一种信息处理机器，它的主要工作就是处理各种信息和数据。而这些信息不可能都是由计算机自己生成的，因此几乎每个实际应用的程序都需要有将用户的信息输送给计算机的功能。同时，计算机的最终运算结果也不可能只是供计算机自己使用，它必须以某种方式显示出来（显示在屏幕上或者打印到纸上），以供用户查看。因此，在所有实际应用的程序中，最基本的功能就是输入和输出功能。一个实际应用的程序应该具有接收用户输入数据的能力（包含零个或者多个输入），运算的结果必须要以某种方式显示给用户看（至少包含一个或者包含多个输出）。一般来说，不包含输入输出功能的程序是一个没有实际使用价值的程序。

程序在执行期间，接收外部信息的操作称为程序的输入（Input），而把程序的数据向外部发送的操作称为程序的输出（Output）。由于输入和输出功能往往是成对出现的，我们经常会用英文缩写组合“I/O”来表示它们。

由于 C++ 是在 C 语言的基础上发展扩充而来的，为了保证程序的兼容性，它也支持 C 语言中输入输出的实现方法。在 C 语言中没有定义输入输出语句，输入输出功能是通过输入输出系统库中的 scanf() 和 printf() 等函数来实现的，其中 scanf() 函数负责输入操作，printf() 函数负责输出操作。我们称使用 C 语言库函数实现程序输入输出功能的方法为传统的输入输出实现方法。

在 C 语言中使用系统库函数，一般要包含相应的函数库文件。函数库文件总是被引用在程序文件的最前方，所以又被称为头文件（Header File），用文件扩展名 .h 来表示。C 语言的输入输出系统库函数一般放在 stdio.h（standard input/output header file）文件中，使用大多数输入输出系统库函数时都要包含这个头文件，但是对于 scanf() 和 printf() 函数例外。这两个函数可以在不包含任何头文件的情况下使用。但是，C++ 编译器对程序的语法检查要远远比 C 语言编译器严格，在 C++ 编译器中编译包含 scanf() 和 printf() 函数而又没有包含对应的头文件的程序时，往往编译器会报告错误，这一点学习过 C 语言程序设计的程序员必须特别注意。在 C++ 编译器中使用任何一个系统库函数，都需要包含相应的头文件。程序例 3.1 中举例说明了传统的输入输出函数在应用程序中的基本使用方法。

例 3.1　演示传统的输入输出函数的使用方法。

```
#include <stdio.h>
int main()
{
    char a;
    printf("Please input a character:");
    scanf("%c", &a);                        // "%c"表示输入的变量a是char型的
```

```
    printf("The character is: %c \n", a);
    return 0;
}
```

由于 scanf() 和 printf() 函数的使用方法比较复杂，因此，在 C++ 中利用先进的重载（Overloading）等面向对象技术，重新设计了一套相对便于使用的输入输出方法，称为输入输出流技术。限于篇幅，本书不再介绍 scanf() 和 printf() 函数的用法，对此感兴趣的读者可参考 C 语言的相关书籍，本章重点介绍 C++ 中特有的输入输出流技术。

使用 C++ 编程时，建议尽量使用 C++ 提供的输入输出流技术来实现输入输出操作。若在一个程序中同时使用 C++ 的输入输出流技术和 C 语言的输入输出函数方法来完成输入输出操作，有时会出现一些异常现象，如输入输出语句的执行顺序不对等。当学习 Visual C++ 高级编程时，读者也会知道如果不使用输入输出流等 C++ 特有的技术，将无法在程序编写过程中利用 Visual C++ 提供的很多有用的跟踪调试等辅助工具。

同时，由于输入输出流的书写格式简洁，阅读方便，符合现代软件设计中的可读性要求，因此再次建议读者在书写 C++ 程序的时候彻底放弃 C 语言的输入输出函数。

3.2 cout 输出流

计算机的输入输出分为两大类：标准输入输出和文件输入输出。键盘是计算机的默认标准输入设备，显示器是计算机的默认标准输出设备，所以在键盘和显示器上的输入输出称为标准输入输出。数据在磁盘上是以文件为单位存放的，所以磁盘数据的输入输出称为文件输入输出。由于在一个系统中，键盘和显示器一般都只有一个，从键盘获取数据，将结果显示到显示器上，所以操作起来比较简单。而在磁盘访问中，往往需要同时对多个文件进行操作，所以操作起来比较复杂。本章是 C++ 学习的基础，所以只讨论简单的标准输入输出的操作方法。

C++ 中没有专门的输入输出语句，所有的输入输出操作都是通过输入输出流来实现的。在输入输出流中，输入操作是通过流对象 cin 来实现的，而输出操作是通过流对象 cout 来实现的。cin 是由 c 和 in 两个单词组成的，代表 C++ 的输入流；cout 是由 c 和 out 两个单词组成的，代表 C++ 的输出流。

由于 cin 和 cout 都是在头文件 iostream 中定义的，前面我们提到过，C++ 中任何系统提供的操作或者函数的使用都需要加入对应的头文件说明。因此，要使用 C++ 提供的输入输出流技术时，必须在程序的开头增加两行说明，如下：

```
#include <iostream>
using namespace std;
```

即在程序中首先包含输入输出流的头文件 iostream，同时说明 C++ 标准程序库被定义于一个名为 std 的 namespace 中。关于包含文件的作用，在第 6 章将进行详细介绍。下面举例说明如何使用输入输出流技术来实现与例 3.1 完全相同的功能。

例 3.2 演示基本的 C++ 输入输出流的使用方法。

```
#include <iostream>
using namespace std;
int  main()
{
    char a;
    cout << "Please input a character:";
    cin >> a;                              //输入数据到a变量
    cout << "The character is: " << a << endl;
    return 0;
}
```

从上面的例子可以看出，使用输入输出流时不再需要对输入和输出的变量类型加以说明，系统会自动识别，这一点是利用面向对象的重载技术实现的，是对传统的输入输出函数的重大改进。下面我们来具体介绍输出流的基本使用方法。

使用 cout 输出流可以方便地将内存中的数据显示给用户查看。根据本章开始的介绍，在程序中输出功能的重要性还要大于输入功能，任何一个有实际用途的程序至少要有一个输出来显示计算结果。因此，在本节中将花较多的篇幅来介绍把字符、整数、实数及字符串等不同类型数据输出到显示器的基本方法。同样，有关输出流对象 cout 所能实现的详细功能，将在第 14 章中进行介绍。

在程序执行期间，我们使用 cout 将变量中的数据或者字符串输出到屏幕上或者文件中，以便用户查看。其一般格式为：

```
cout << <表达式1>  [ << <表达式2> << … << <表达式n> ]
```

其中，运算符“ <<”用来将内存中的数据插入 cout 数据流中，然后输出到标准输出设备显示器上。在 C++ 中这种输出操作称为“插入”(Inserting)，因此运算符“ <<”也称为插入运算符，它将紧跟其后的表达式的值插入 cout 数据流中，输出到显示器当前光标的位置。程序执行中如果遇到插入运算符，则将内存变量的值输出，然后程序继续向下运行。

输出流的使用方法记忆起来也非常简单，可以将 cout 想象成显示器，插入运算符“ <<”想象成指向箭头。由于“箭头”是从内存变量“指向”cout 的，因此代表了将内存变量中的数据插入输出设备中。

在 C++ 中，运算符“ <<”具有多种功能，它除了可以做输出流的插入运算符之外，还可以作为位运算的左移运算符来使用。但是，当它和 cout 关键字连用的时候，它只能作为插入运算符来使用。这种同一个符号具有不同的使用含义的特性是 C++ 对传统的 C 语言的一种重要扩充，利用了面向对象编程技术中的运算符重载技术，具体的细节将在本书后面的有关运算符重载部分加以详细说明。

根据上面的格式说明，在每个插入运算符后面可以跟一个表达式。在显示数据时可以将变量值和字符串融合在一起，构造出直观的答案。这样，cout 输出流在使用中的变化就要比 cin 输入流来得复杂，能够实现的功能也要强大一些。同样，“ << <表达式>”的组合可以重复多次，即在 cout 后面使用一次“ << <表达式>”可以输出一个表达式的值，在 cout 后边重复使用多次“ << <表达式>”可以一次输出多个表达式的值，并且可以将多个变量的值与多个字符串组合在一起，构成复杂的输出结果，如例 3.3 所示。

例 3.3 演示使用输出流技术的问答式程序。

```
#include <iostream>
using namespace std;
int  main()
{
    int  i;
    cout << "请输入变量i的值:";
    cin >> i;                                //输入数据到i变量
    cout << "您输入的数值是: " << i <<endl ;
    return 0;
}
```

在执行第一条 cout 语句时，在显示器上显示：

```
请输入变量i的值:
```

即 cout 将双引号中的字符串常量按其原样输出。接着执行 cin 语句，屏幕上的光标停留在冒号的后面，等待用户输入变量 i 的值。通常在程序设计中，在每一个 cin 语句之前，都会用一个 cout

语句给出提示信息，指明用户给什么变量输入数据，并且以什么样的数制输入。这样用户面对的不再是孤零零的黑色屏幕，而是针对每一个提示输入相关的数据，能够降低出错的概率。这种程序的编制方法称为问答式程序界面。

下面再举例说明输出流 cout 对多变量的处理方法，如例 3.4 所示。

例 3.4 演示使用输出流技术的多变量输出。

```
#include <iostream>
using namespace std;
int  main()
{
    int  a=10, b=20, c=30, d=40;
    double  m=5.23, n=100;
    cout << a << b << endl;
    cout << c << n-d << endl;
    cout << m << n << endl;
    return 0;
}
```

输出结果为：

```
1020
3060
5.23100
```

以上每一个 cout 语句输出一行，其中 endl 表示要输出一个换行符，它是短语“ end of line”的缩写，它等同于转义字符 '\n'。当用 cout 输出多个数据时，缺省情况下，是按每一个数据的实际长度输出的，即在每一个输出的数据之间不会自动加入分隔符。显然，如果直接输出数据，所有的数据将连接在一起，无法分清哪一个变量的输出值是多少。如第一行输出 1020，实际上是先输出 a 的值 10，再输出 b 的值 20。为了区分输出的数据项，在每一个输出数据之间要输出分隔符。分隔符可以是空格、标点符号或者换行符等。如上面的输出语句可改写为：

```
cout << a << ',' << b<< endl;
cout << c << ',' << n-d << endl;
cout << m << ',' << n << endl;
```

则输出结果为：

```
10, 20
30, 60
5.23, 100
```

还可以改写成：

```
cout <<"a=" << a << '\t' <<"b=" << b << endl;
cout <<"c=" << c << '\t' << n << "-" << d <<"=" << n-d << endl;
cout <<"m=" << m << '\t' <<"n="<< n << endl;
```

则执行这 3 个输出语句后，输出：

```
a=10      b=20
c=30      100-40=60
m=5.23    n=100
```

从上面的例子可以看出，在 cout 中输出数据的格式并不是根据变量的类型确定的。例如，变量 y 是双精度浮点数类型，按道理应该输出一个小数格式的数据，但是输出的数据却是一个整数 100。在输出流 cout 中是根据变量的数值而不是根据变量的数据类型来决定输出数据的格式的。同时，我们还要看到，一个清晰的输出结果往往是由字符串、控制字符和变量值共同组成的。所以在使用输出流 cout 时，一定要综合使用多种控制技术，以便用户能够从输出结果中轻松地获得需要的信息。

使输出的数据项之间隔开的另一种办法是使用 setw() 函数来指定输出数据项的宽度。例如上面的 3 个输出语句可以改写为：

```
cout << setw(10) << a << setw(10) << b << endl;
cout << setw(10) << c << setw(10) << n-d << endl;
cout << setw(10) << m << setw(10) << n << endl;
```

其中，setw(10) 指明其后的输出项占用的字符宽度为 10，即括号中的值指出紧跟其后的输出项占用的字符位置个数，并且给定宽度大于实际数据位数时默认向右对齐，左侧填充空格，填满给定的宽度。setw 是“set width”的缩写。执行以上 3 个语句后的输出为：

```
  10        20
  30        60
5.23       100
```

使用 setw() 函数应该注意以下 4 点。

1）setw() 函数是定义在 iomanip 头文件中的系统函数，所以要使用它就必须在程序的开始位置包含头文件 iomanip，即在程序的开头增加：

```
#include  <iomanip>
using namespace std;
```

2）括号中必须给出一个正整数或者数学表达式（值为正整数），它指明紧跟其后输出的数据项的宽度。

3）该设置仅对其后的一个输出项有效。一旦按指定的宽度输出其后的输出项后，程序又自动回到原来的按实际宽度输出的缺省输出方式。

4）当设置了数据的输出宽度后，如果数据的实际位数小于指定的宽度，则添加填充符（默认填充符为空格，且右对齐、左边补空格）。如果数据的实际位数大于指定的宽度，则数据按照实际的宽度输出，不会按照指定的宽度来截断数据。

上面介绍了输出流对象 cout 对于数据的通用处理方法。在 cout 中除了基本操作方法以外，还针对不同的数据设计了一些特殊的处理方法。下面分别按照数值型数据和字符型数据来对这些处理方法进行分类介绍。

3.2.1 输出八进制数、十六进制数和用科学记数法表示的数

在 cout 中对于整型数据可以指定以十六进制或八进制输出。对于实型数据可以指定以小数形式或者科学记数法形式输出，如例 3.5 所示。

例 3.5 演示使用输出流技术按照特定的格式输出数值数据。

```
#include <iostream>
using namespace std;
int  main()
{
    int  a=10, b=20, c=30, d=40;
    double  m=5.23, n=100;
    cout << "a=" << oct << a << '\t' << "b=" << b << endl;
    cout.setf(ios::scientific, ios::floatfield);        //按照科学记数法输出实数
    cout << "c=" << hex << c << '\t' << "n-d=" << n-d << endl;
    cout << "m=" << m << endl;
    cout.unsetf(ios::scientific);                       //取消按照科学记数法输出
    cout << "m=" << m << '\t' << "n=" << n << endl;
    return 0;
}
```

执行该程序后，输出：

```
a=12    b=24
c=1e    n-d=6.000000e+001
m=5.230000e+000
m=5.23  n=100
```

在程序中，hex 和 oct 这两个标识符用在输出流 cout 中，分别代表了程序应该按照十六进制和八进制格式输出数据。一旦在 cout 语句中指定了输出的进制格式后，这种格式将一直有效，直到指定另外一种进制格式为止。

在程序中调用了两个系统函数：cout.setf() 和 cout.unsetf()。其中，cout.setf() 函数用来设置标志位 ios::scientific，指定对实数按照科学记数法格式输出，而 cout.unsetf() 用来取消标志位设置，终止对实数按照科学记数法格式输出。与整数的特定进制格式输出相同，一旦指定了按照科学记数法输出实数，其后所有的实数都将按照科学记数法的格式输出，直到取消科学记数法的输出格式为止。关于 cout.setf() 函数和 cout.unsetf() 函数的使用原理，我们将在第 14 章中进行介绍。

在例 3.5 输出的结果中，由于指定了按照八进制格式输出变量 a 和 b 的值，因此将十进制数 10 输出成八进制数 12，将十进制数 20 输出成八进制数 24。随后指定将实数按照科学记数法格式输出，由于变量 c 是整数，因此将十进制数 30 按照十六进制格式输出成 1e。由于变量 n 是实数，所以计算结果也是实数，按照科学记数法格式输出成 6.000 000 e+001。随后，按照科学记数法格式输出变量 m 的值为 5.230 000 e+000。取消了科学记数法格式，恢复了小数格式以后，输出变量 m 和 n 的值分别为 5.23 和 100。

3.2.2 输出字符或字符串

输出流对象 cout 除了能够输出正常可视的标准字符外，还可以输出一些不可见的控制字符，这些字符就是第 2 章中所说的转义字符。如下面的程序片段所示：

```
char  c='a', c1='b';
cout << "c=" << c << '\t' << "c1=" << c1 << '\n';
```

执行 cout 语句时，先输出“ c=”可视的标准字符串；接着输出变量 c 的值；再输出不可视的“横向制表符”控制字符，跳到下一个 Tab 位置；再输出“ c1=”可视的标准字符串；接着输出变量 c1 的值；最后输出一个不可视的“换行符”控制字符，表示以后的输出从下一行开始。所以该行的输出结果为：

```
c=a     c1=b
```

在计算机字符界面中，一屏显示界面可以显示 80×25 个字符，即一屏显示 25 行字符，每行最多 80 个字符。将屏幕位置按照 8 列为一个单位进行划分，整个屏幕可以划分为 10 个单位，每个单位就是我们所说的一个 Tab 位置。当用户按下键盘上的 Tab 键时，光标会从当前的 8 列区间移动到下一个 8 列区间的第 1 列的位置。例如，当前光标处于屏幕的第 3 列属于第一个区间，按下 Tab 键，光标会移动到第 9 列，即第二个区间的第 1 列。如果光标处于第 7 列，因为同样属于第一个区间，按下 Tab 键，光标还是会移动到第 9 列。同样的道理，如果光标处于第 12 列，则按下 Tab 键，会移动到第 17 列。以此类推，可以很容易地计算出输出内容之间的间隔。例如，在上面的例子中两个输出变量之间的间隔为 5 个字符。

根据上例所示，使用第 2 章介绍的转义字符的书写方法，用 cout 可以输出任何 ASCII 码的字符。

3.3 cin 输入流

与 cout 输出流对应的是 cin 输入流，使用 cin 输入流可以方便地从键盘输入数据至内存中正在运行的程序。

在程序执行期间，使用 cin 来给变量输入数据，其一般格式为：

```
cin >> <变量名1>  [ >> <变量名2> >> … >> <变量名n> ]
```

其中，运算符“>>”用来从操作系统的输入缓冲区中提取字符，然后送到程序的内存变量中。在 C++ 中这种输入操作称为“提取”(extracting) 或“得到”(getting)，因此运算符“>>”通常称为提取运算符，表示将暂停程序的执行，等待用户从键盘上输入相应的数据。

输入流的使用方法记忆起来非常简单，可以将 cin 想象成键盘，提取运算符“>>”想象成指向箭头。由于“箭头”是从 cin“指向”内存变量的，因此代表了从键盘获得数据，传入到内存变量中。

与插入运算符“<<”类似，在 C++ 中，运算符“>>”具有多种功能，它除了可以做输入流的提取运算符之外，还可以作为位运算的右移运算符来使用。但是，当它和 cin 标识符连用时，它只能作为提取运算符来使用。这同样是利用了面向对象编程技术中的运算符重载技术，具体的细节将在后面的有关运算符重载部分加以详细说明。

根据上面的格式说明，在每个提取运算符后面只能跟一个变量名，但“>> < 变量名 >”的组合可以重复多次。即在 cin 后面使用一次“>> < 变量名 >”可以给一个变量输入数据，在 cin 后边重复使用多次“>> < 变量名 >”可以一次给多个变量输入数据。例如，假设有变量声明：

```
int       a, b;
float     c, d;
char      e, f;
```

在程序执行期间，要求把从键盘上输入的数据送给以上 6 个变量时，可以用 cin 按照如下方式来实现：

```
cin >> a >> b;      // A
cin >> c >> d;      // B
cin >> e >> f;      // C
```

当执行到 A 行语句时，因为有数据流提取运算符“>>”存在，程序停止运行，等待用户从键盘上输入数据。假设这时用户输入：

```
100     200 <Enter>
```

则输入流操作符会根据顺序和变量的类型将 100 赋给整型变量 a，将 200 赋给整型变量 b。其中，<Enter> 表示回车键。在使用 cin 接收数值数据时（包括整型数据和实型数据），为了区分排列在一起的若干个数据，需要在相邻的数据之间加入分隔符。这里的“分隔符”在 C++ 中具有特定的含义，主要包含 3 种：<Space>（空格键）、<Tab>（Tab 键）和 < Enter>（回车键）。一般在输入的数值数据之间用一个或多个分隔符隔开，系统在进行处理时，会将相邻的多个分隔符视为一个来进行处理。

由于 3 种分隔符在作用上是等价的，因此用户可以任选一种分隔符来输入数值数据。输入的方式也就跟着变化了，上面用户的输入方式也可以改为如下方式：

```
100   <Enter>
200   <Enter>
```

或者

```
100  <Tab>  200  <Enter>
```

当前面的程序执行到B行时，又开始了一个新的输入流操作，又重新开始等待用户从键盘上输入数据。只不过这时提取操作符后面的变量类型变成了实型数据类型。假设用户输入：

```
3.141593      77  <Enter>
```

则将3.141 593赋给了实型变量c，将77.0赋给了实型变量d（数据类型以变量的类型为准）。提取数据的方法和原理与A行完全相同。

在数值数据被分隔符区分以后，如果要使得计算机接收数据，在每行数据输入完毕后还要输入回车键加以确认。在每行末尾输入回车键的作用是：

1）告诉cin一批数据已经输入完毕，cin开始提取用户输入的数据（忽略分隔符），并依次将所提取的数据赋值给cin中所列举的变量中尚未获得数据的变量。

2）在屏幕上显示光标换行，为下一行的输入或者显示程序的输出结果做好准备，起到输入数据之间以及输入数据与输出结果之间的分隔符的作用。

当cin遇到回车键时，如果用户输入的数据与输入语句中等待获得数值的变量的个数不等，会出现两种情况的处理：

1）用户输入的数据的个数小于变量的个数。则此时在提取完输入的有效数据后仍有变量没有获得数值，当前的输入语句不会结束，会继续等待用户输入新的一批数据。当用户继续输入数据并且按回车键确认输入后，cin输入语句会继续提取新的输入行中的数值给尚未获得数值的变量，直到当前输入语句中的所有变量都获得了具体的数值为止。在上面的例子中，直到用户输入了两个数值100和200，A行的a变量和b变量分别获得数值后，A行才执行结束。否则程序将会一直等待用户继续输入数值。

2）用户输入的数据个数大于变量的个数。则输入语句只依次提取输入行中的部分数值给变量。而多余的数值会被下一条cin输入语句中的变量所提取，或者在没有后续的输入语句的情况下被程序舍弃。

假设在执行A行时，用户输入：

```
100      200      3.141593      77  <Enter>
```

A行的cin会将输入行中的100和200分别赋给变量a和b，这时A行中的两个整型变量都获得了有效的数据，A行执行完毕；接着执行B行，因为用户输入行中的数据没有被A行提取完，于是B行接着提取，把用户输入行的后两个数据3.141 593和77.0分别赋给实型变量c和d。根据上面的例子可以总结出：在输入数值数据时，只要按照分隔符和行末回车符的规则来输入，可以将4个输入数据在一行内输入、在两行内输入，或者分多行输入。

如果用户输入的一行仅仅是一个回车键，则cin把该键作为分隔符来处理（将其忽略），而不是行末回车符。这时没有数据输送给变量，只是在屏幕上显示光标换行。程序会继续等待用户输入数据，直到用户输入有效数据为止。

在cin输入流的使用过程中，程序员不需要指定输入的数据类型，输入数据的类型由cin根据变量的类型来自动判定。因此，从键盘上输入数据的个数、类型及顺序必须与cin中列举的变量一一对应。若输入的类型不对，则输入的数据不正确。例如：

```
int  a, b;
cin >> a >> b;
```

执行cin时，若输入字符数据：

```
D     F  <Enter>
```

则由于用户输入的数据是字符类型，而对应的接收变量是整数类型，两者类型不匹配，变量a得不到有效值，其值为 0。而由于前面已经出现错误，cin 语句停止执行，则后续的变量 b 无法继续获得数值，其值为一个随机数。同时，错误会继续向后延伸，造成后续的 cin 语句也不能正确提取数据。

再如：

```
int  a;
float  b;
cin >> b >> a;
```

执行 cin 时，若输入：

```
300      1.234  <Enter>
```

则根据第 2 章学习的内容，实型 b 变量进行数据类型转换，将整数 300 转换为实数 300.0，最终获得 300.0 的数值，影响不大。而整型变量 a 也同样进行数据类型转换，将小数 1.234 转换为整数 1，小数部分被丢弃。这样可能会造成后续的、有变量 a 参与计算的计算结果产生极大偏差。

上面我们以数值数据的输入为例，介绍了 cin 输入流的基本使用方法。在输入整型数据时，除了标准的输入方法以外，还有一些其他格式的输入方法，并且字符数据输入的写法也与数值数据输入的写法不同，下面我们就这些不同点分别加以具体的说明。

3.3.1 输入十六进制或者八进制数据

与前面提到的 cout 中的处理类似，对于整型变量，从键盘上输入的数据默认为十进制。除此以外，还可以按照八进制或者十六进制来输入数据。如前面例子中所示，在缺省的情况下，系统规定输入的整数都是十进制数据。当要求按照八进制或者十六进制输入数据时，必须在 cin 中指明相应的数据类型：hex 表示十六进制，oct 表示八进制，dec 表示十进制。具体应用如例 3.6 所示。

例 3.6 演示不同进制的输入输出流使用方法。

```
#include <iostream>
using namespace std;
int  main()
{
    int  a,b,c,d;           // 变量名a,b,c,d
    cin >> hex >> a;        //指明输入为十六进制数
    cin >> oct >> b;        //指明输入为八进制数
    cin >> c;               //输入仍旧是八进制数
    cin >> dec >> d;        //指明输入为十进制数
    cout << a <<','<< b <<','<< c <<','<< d << endl;
    return 0;
}
```

当执行到语句 cin 时，若输入的数据为：

```
20  21  22  23 <Enter>
```

则根据程序的进制设定，将第一个数 20 作为十六进制数赋值给变量 a，将第二个数 21 和第三个数 22 作为八进制数分别赋值给变量 b 和 c，将第四个数 23 作为十进制数赋值给变量 d。无论将整数按照什么进制输入变量，在变量中都是按照二进制数的方式存放的。在输出的时候如果不加特别说明，系统会默认按照十进制的方式进行输出。在例 3.6 中针对上述输入的输出结果为：

```
32, 17, 18, 23
```

其中，十进制的 32 对应的是十六进制的 20；十进制的 17 和 18 对应的是八进制的 21 和 22；最后一个变量原来就是按照十进制形式输入的，因此输出依然是 23，没有变化。

在C++中，整数常量和变量都可以表现为十六进制和八进制的形式。无论按照哪种进制表现的整数其本质都是以二进制补码形式存储的，都可以混合运算。在某些特殊的运算中（如位运算等），直接使用十六进制或八进制数据进行运算可以得到更加清晰的结果。要做到直接使用十六进制或八进制数据进行输入，必须在cin中指明输入数据时所用的数制。

使用非十进制输入数据时，要注意以下几点。

1）八进制或十六进制数的输入只能适用于整型变量，不适用于字符型变量、实型变量。

2）当在cin中指明使用的输入数制后，则所指明的数制一直有效，直到在下一个cin语句中指明采用不同的输入数制时为止。例如在例3.6中，输入变量c的值时，虽然没有再次指定按照八进制输入，但程序仍然会按照八进制进行输入。

3）用户从键盘输入数据的格式、个数和类型必须与cin中所列举的变量类型一一对应。一旦输入出错，不仅使当前的输入数据不正确，而且使得后面的提取数据也不正确。具体的例子请参考上面对输入流基本操作的介绍。

使用输入流输入数据时，如果出现输入错误，可以通过相关函数来检测错误，并且可以根据具体的错误进行相应的处理，具体操作将在第14章进行详细的介绍。

3.3.2 输入字符数据

当要为字符变量输入数据时，输入的数据必须是字符型数据。此时cin的格式及用法与输入十进制整数和实数时是相同的。设有如下程序片段：

```
char c1, c2, c3, c4;
cin >> c1 >> c2 >> c3;
```

当执行cin语句时，cin等待用户从键盘上输入数据。如果输入：

```
A  b  C  <Enter>
```

则cin分别将字符A、b、C赋值给字符型变量c1、c2、c3，如果输入：

```
AbC  <Enter>
```

cin也同样分别将字符A、b、C赋值给字符型变量c1、c2、c3，即字符之间是否有分隔符都一样。在缺省的情况下，cin会自动过滤输入的空格等分隔符（参考输入流基本功能介绍中的分隔符概念），输入流cin不会将输入的空格和回车键等分隔符赋给字符型变量。

在使用输入流输入字符数据时，最容易出现的错误是将数字与字符数据混淆，如例3.7所示。

例3.7　演示输入输出流的字符输入方法。

```
#include <iostream>
using namespace std;
int  main()
{
    int  a, b;
    char c, d;
    cin >> a >> b;
    cin >> c >> d;
    cout << a <<','<< b <<','<< c <<','<< d << endl;
    return 0;
}
```

假设用户输入如下数据：

```
12  34  5678  <Enter>
```

则由于变量a和变量b是整数类型，输入流cin会根据分隔符的标识，将12赋值给变量a，将

34 赋值给变量 b。接下来就是给字符类型变量 c 和变量 d 赋值了。根据第 2 章学习的知识，我们知道一个字符占用一字节的空间，一个字符变量存放一个字符。因此，虽然 5678 是连写在一起的数字，但是输入流不会将它们当成一个整体赋值给字符变量，而是将它们看成 4 个连续的字符。'5' 字符将被赋值给变量 c，'6' 字符将被赋值给变量 d，而剩余的 '7' 字符和 '8' 字符由于没有对应的变量接收，将被舍弃。

在进行字符输入时，不但可以按照顺序输入字符，还可以对输入的内容有选择地接收，这时就要用到函数 cin.ignore() 了。cin.ignore() 的作用是在字符读取过程中忽略若干个字符，而读取后面的字符。其格式为：

```
cin.ignore( <忽略的字符个数> );
```

例如将例 3.7 中程序的输入修改如下：

```
cin >> a >> b;
cin.ignore(3);
cin >> c >> d;
```

同样输入如下数据：

```
12  34  5678  <Enter>
```

但这时的输出结果却变化如下：

```
12, 34, 7, 8
```

可以看出，cin.ignore(3) 语句让程序忽略了整数 34 后面的 3 个字符（包括空格符），而直接从第四个字符读起。将 '7' 字符赋值给了变量 c，将 '8' 字符赋值给了变量 d。

前面提到，输入流 cin 不会将输入的空格和回车键等分隔符赋给字符型变量。由于分隔符也是有效字符，那么当用户想要将 3 种分隔符作为字符输入计算机时，如何实现呢？借助函数 cin.get() 可以实现上述的要求。函数 cin.get() 的作用是把从键盘上输入的每一个字符，包括空格符和回车符等分隔符都作为一个输入字符赋给字符型变量。其格式为：

```
cin.get( <字符型变量> );
```

函数 cin.get() 从输入行中取出一个字符，并将它赋值给对应的字符型变量。该语句一次只能从输入行中提取一个字符。例如：

```
char c5, c6, c7, c8;
cin.get(c5);
cin.get(c6);
cin.get(c7);
cin.get(c8);
```

当程序执行第一行输入语句时，如果用户输入：

```
A  B <Enter>
```

在输入字符 A 前没有空格，在字符 A 与 B 之间有一个空格，则根据前面的介绍，程序会将字符 A、空格、字符 B 分别赋值给变量 c5、c6、c7；第四行语句中的 c8 变量也将获得字符值，即回车字符。也就是对于 cin.get() 来说，用户一共输入了 4 个字符。若第四行使用语句：

```
cin >> c8;
```

代替 cin.get(c8)，则 cin 将回车作为确认符和分隔符处理，在屏幕上显示光标换行，但并不会将回车符存入变量 c8。这时由于变量 c8 尚未获得有效值，程序会一直等待用户继续输入一个有效字符。

3.4 总结

本章简单介绍了 Visual C++ 中输入输出流的使用方法和技巧。通过本章的学习，读者可以掌握基本的输入输出流技术，根据不同的情况灵活使用 cin 和 cout 的各种格式和函数，实现程序基本的输入和输出效果。

输入流对象 cin 是根据变量的数据类型来决定接收的数值的。因此，在使用输入流技术输入数据时，输入值的顺序和类型必须要与输入流语句中变量的顺序和类型一致。否则，就得不到正确的数值。在输入流中，回车符既是分隔符又是确认符。因此，在使用回车符时，要特别注意分辨回车符的作用，掌握回车符的正确使用方法。输出流对象 cout 不是根据变量的数据类型来决定输出的数据格式的，而是根据变量中具体的数值来决定输出格式。因此，实型变量小数部分为零时也可以输出整数格式的结果。使用 setw() 可以指定输出数据项的宽度。不过需要注意的是，当数据项的实际宽度大于指定宽度的时候，系统会按照实际宽度输出。

第4章　C++的流程控制

计算机程序可以实现各种复杂的运算，这不是仅仅靠前面介绍的输入输出以及基本的数据操作就可以完成的。在程序中真正实现各种实际运算功能的是算法，学习计算机编程最重要的也是学习算法的设计方法。只有掌握了算法的设计原则，能够使用算法设计工具来熟练地设计出算法，才能设计出优秀的程序。

本章首先介绍程序的算法及其效率、算法的设计原则、算法的表示工具；然后给出了结构化程序设计的3种基本控制结构，介绍了C++语言中实现这3种结构的流程控制语句；最后结合具体问题，给出了若干使用流程控制语句解决实际应用的程序实例。

4.1　算法概述

4.1.1　算法的作用和类别

所谓程序的算法，就是使用程序解决问题的计算步骤。人们在日常生活中无论做任何事情都是有步骤的。例如，出外旅游首先要到旅行社报名，签订旅游合同，付款，按时到指定地点出发，到各个风景点游玩，最后回家。这期间所完成的步骤不能颠倒和出现差错，否则就会耽误事情。

使用计算机去解决问题时，与做一件日常生活中的事情没有两样，也需要按照特定的步骤来完成。由于计算机主要是以数学计算的方式来解决问题的，因此本书中以解数学题的例子来介绍程序算法。想象一下如何去解决一道数学题：首先阅读题目，理解题意；然后利用大脑中已有的知识去组合列出解题的公式；最后将数据代入公式，求得数值解。其中在公式中规定了解题的步骤，先做什么，后做什么，这些次序是不可以颠倒的，否则就得不到正确的结果。

程序的设计过程与解决数学问题的过程一样，其中程序的算法设计对应的就是上述列出解题公式的操作。解题公式规定了数学计算的步骤，保证取得正确的计算结果；程序算法规定了计算机程序的运行步骤，也保证了程序的运行可以取得正确的结果。解题公式可以简单或者复杂，程序算法也可以简单或者复杂。

从数学题的解法中可以看到，列出公式与具体数值的计算是分离的。同样道理，在计算机程序中算法与数据也是分离的。一般认为，一个计算机程序包括两个部分：程序和数据。所谓程序就是对操作步骤的描述，也就是用特定的计算机语言描述算法。所谓数据就是在程序的运行过程中被用来参与计算的数值，这些数值在计算机中是按照一定的数据结构来存放的。

前面提到计算机算法可以等同于日常生活中人们处理事情的行动步骤，这就可以推演出一个算法效率的问题。不同的人在解决同一个问题时会根据自己的生活经验合理地安排行动步骤。有的人安排的行动步骤非常合理，就说他的办事效率比较高；有的人安排的行动步骤不太合理，就说他办事没有效率。在计算机程序设计中，这种问题也同样存在。对于同一个问题，可以有不同的解题方法和步骤。采用优秀的解题方法，合理安排计算步骤，以最少的计算步骤完成计算任务的方法称为高效率算法。同理，使用了比较笨拙的解题方法，通过较多的运算步骤来实现同样的计算任务的计算方法称为低效率算法。

例如，求$s=1+2+3+\cdots+99+100$，可以直接计算，即先计算$1+2$，然后将计算结果再加上3，以此类推，一直加到100。也可以使用一些技巧性的算法，例如$s=(100+1)+(99+2)+$

(98＋3)＋…＋(51＋50)＝101×50＝5050。此外还可以有其他多种计算方法。

从上面的例子可以看出，同样正确地解决一道计算题，第二种算法在归纳计算规律的基础上只进行了1次乘法计算，而在第一种方法中，总共进行了99次加法，明显第二种计算方法的效率要优于第一种计算方法。因此称第二种计算方法是高效率算法，而第一种计算方法是低效率算法。

一般来说，在程序设计中希望采用简单的、运算步骤少的算法。为了有效地进行解题，不仅需要保证算法正确，还要考虑算法的质量，选择合适的算法。衡量一个程序员是否具有良好的软件开发能力，也往往考察其是否能够在解决实际问题时设计和使用合适的算法。

4.1.2 算法的设计原则

算法控制程序运行的步骤，以便获得需要的运算结果。但不是任何一种随意书写的算法都能够获得运算结果，算法的设计必须遵循以下几个原则。

1）符合数学计算规则。由于计算机是按照数学规则来进行计算的机器，只有符合数学规则的计算步骤才可以被计算机正确执行。如果在算法中书写了违反数学规则的命令，那么轻则出现一些莫名其妙的计算结果，重则程序出现错误，终止运行。例如，有两个变量a＝3，b＝0，如果书写公式a/b，则计算结果是无穷大，而计算机无法表示无穷大，这时程序出错，终止运行。再例如，有变量c＝-5，如果调用函数sqrt(c)求变量c的平方根，由于负数的平方根非实数，计算获得无效的答案。

2）保证结果确定。一个正确的算法中的每一个计算步骤获得的计算结果都应当是确定的，只有这样才能最终获得确定有效的计算结果。如果一个算法对同一组数据进行多次计算，竟然获得多个不同的结果，则这种算法是不确定的、无效的。保证算法的确定性最重要的方面是排除程序中随机数的产生。在C++语言中，很多变量在没有初始化时其中存放的值是不确定的。如果将这些值不确定的变量拿来直接使用或作为逻辑条件来判断，将使计算的结果不确定或造成程序逻辑混乱。因此，程序编写过程中一定要注意变量的初始化问题，使得算法的执行过程唯一。

3）程序能够正常结束。一个合理的算法应该包含有限的操作步骤，而不能是无限运算。在后面的章节中会介绍一种程序设计的重要结构——循环结构，使用循环结构可以使得程序按照一定的数学规律，利用迭代算法对一组数据进行计算。但是在设计循环结构算法时，如果不能正确地处理循环判断条件，则循环将永远不会停止。这种程序永远也不会得到结果，因此是无效的。

还有一种情况，由于对循环结构的控制不合理，虽然程序最终可以运行结束并且获得结果，但是可能需要10年、20年，甚至100年、1000年。这样的算法效率太低，没有实际的使用价值，也是无效的。

一个程序能够在有限的时间内计算获得正确的结果，才算是一个能够正常结束的有效程序。

4）合理的输入。输入输出也是算法设计中需要考虑的一个重要因素，一个实际有效的程序中应该含有零个或者多个输入。如果程序预先将所有需要处理的数据都嵌入程序中，则在程序的运行过程中不再需要用户输入数据，这时程序的算法中可以不加入输入操作。在大多数情况下，为了保证程序的灵活性，一般都会在程序的算法中加入一个或者多个输入。

5）合理的输出。实际程序的运算目的都是希望求得运算结果并且显示给用户，如果计算的结果只有计算机自己知道是没有意义的。所以，一个有效的程序在设计算法时必须保证程序至少要有一个输出。根据不同程序的要求，算法中也可以实现多个输出。

4.1.3 算法的表示工具

算法是程序的计算步骤，就像在解数学题目时要用数学公式来表示计算的步骤一样，在设计程序算法的时候也需要一种表示方式来描述算法的实施步骤。在实际应用中有4种常用的表示方法来描述一个算法：自然语言、流程图、N–S 图和伪代码。其中伪代码使用的频率不高，这里不做介绍。

自然语言就是人们日常生活中使用的语言。用自然语言表示算法通俗易懂，但由于自然语言自身结构不够严谨，同一句话可以有不同的理解，容易造成误解，往往需要根据上下文来判断句子的真正含义。同时，由于程序员在使用自然语言描述算法时往往喜欢使用母语，这也不利于国际的开发合作。

流程图是目前全球软件开发领域使用最广泛的算法表示工具，它通过一些严格定义的图形的组合来表示算法的步骤以及数据变化的走向。用图形表示算法，直观形象，易于理解。目前全球广泛使用的流程图标准是由美国国家标准化协会（American National Standard Institute，ANSI）规定的标准。一些常用的流程图符号如图 4-1 所示。

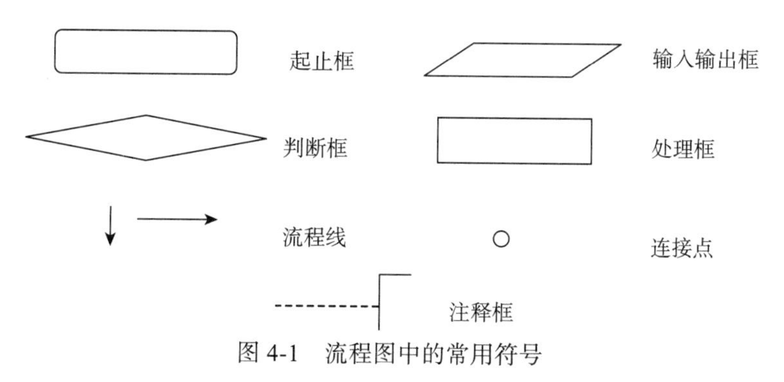

图 4-1　流程图中的常用符号

图 4-1 中**起止框**是一个圆角矩形，它的作用很简单，说明程序的起始点和终止点。**输入输出框**是一个平行四边形，算法中所有与输入输出相关联的步骤都要写在这种框中。菱形代表**判断框**，它的作用是对一个给定的逻辑条件进行判断，根据判断的结果是真或者假来决定如何执行后面的操作。它有一个入口、两个出口，具体操作见后续章节示例。**处理框**是一个方角矩形，算法中的大部分内容都会写在这种框中，主要是各种数学运算和逻辑运算。**连接点**（小圆圈）用于在设计复杂流程图时，将多条流程分支组合在一起。用连接点可以避免流程线的交叉或者过长，使复杂的流程图变得清晰可读。由于本书只是介绍 C 语言的基本语法和基本算法，不会牵涉比较复杂的计算流程，因此连接点的应用就不再具体举例介绍。对于相关内容，读者可以参考其他介绍算法描述的书籍。**注释框**只是为了对流程图中某些框图的操作做必要的说明，不是流程图中必须书写的部分。如果不是非常复杂的流程图，一般不用。

流程图虽然可以很清晰地表达程序员的思想，但是绘制起来比较复杂，其中大部分时间花费在绘制流程线上。1973 年，美国学者 I. Nassi 和 B. Shneideman 提出了一种无流程线的流程图，称为 N–S 图，它省略了流程线，提高了算法描述的效率。

例如，求解多项式 $1\times\frac{1}{2}\times\frac{1}{3}\times\cdots\times\frac{1}{100}$ 的值。

算法描述如下：定义累乘积变量 M 和分母变量 N。

算法步骤：

① $M\leftarrow 1, N\leftarrow 1$。

② $M\leftarrow M\times\frac{1}{N}$。

③ $N\leftarrow N+1$。

④ 如果 $N\leqslant 100$，转②，否则，转⑤。

⑤ 输出 M 的值。

⑥ 结束。

上述算法的描述是采用自然语言加伪代码的方式给出的。用流程图和N–S图可对算法进行同样的描述，如图4-2所示。

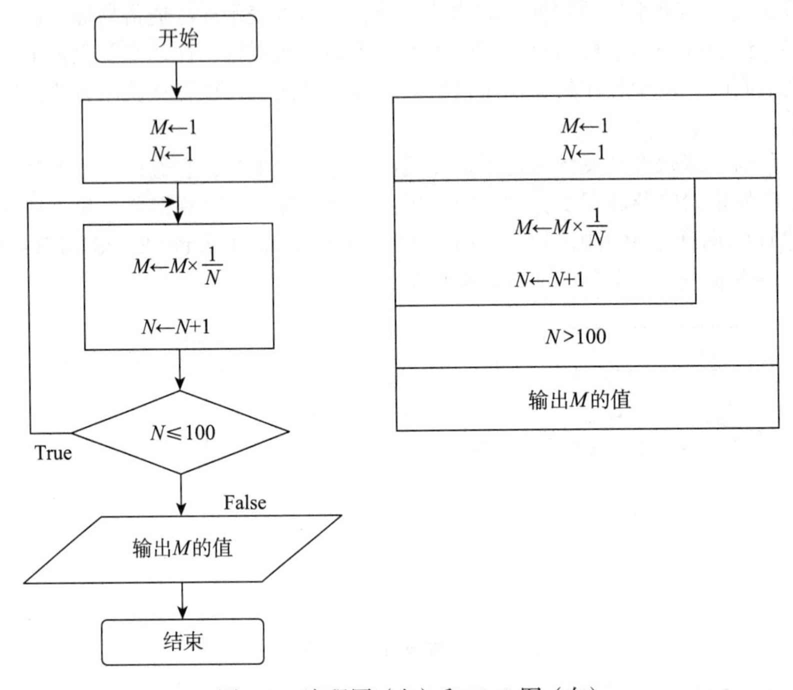

图4-2　流程图（左）和N–S图（右）

注意对循环结束条件的描述，左边的流程图中是在循环末尾处进行判断，当条件“$N \leqslant 100$”为True（真）时继续循环；当条件“$N \leqslant 100$”为False（假）即“$N > 100$”时，结束循环。右边N–S图中的循环是“直到型”循环（将在4.1.4节中描述），循环结束处条件的意义是直到“$N > 100$”为真时，结束循环。这与左边流程图中表达的意义一致，但条件表达式的写法相反，一个是“$N \leqslant 100$”，另一个是“$N > 100$”。

4.1.4　结构化程序设计中基本结构的表示

在结构化程序设计方法中，人们将所有的计算结构归纳成3种基本结构：顺序结构、选择结构和循环结构。

在顺序结构中，先执行A操作再执行B操作，两者的次序不能颠倒。其中A和B可以是一条语句，也可以是3种基本结构中的任何一个基本结构，具体如图4-3所示。

在选择结构中，C代表一个逻辑条件，A和B是两个不同的操作。当条件C为真时，执行A操作；当条件C为假时，执行B操作。在程序的一次运行中，只能执行A或者B中的一个操作，具体如图4-4所示。

基本循环结构又分为两类：当（While）型循环和直到（Until）型循环。这两个名字是根据它们的运算法则来取的。在当型循环中，首先判断逻辑条件C。当条件C为真时，执行A操作，并且在执行完A操作后继续进行下一次的条件C判断。当条件C为假时，退出循环。由于在循环中执行循环体A操作的条件是“当”C的条件为真的时候，所以称为当型循环。当型循环用流程图和N–S图描述如图4-5所示。

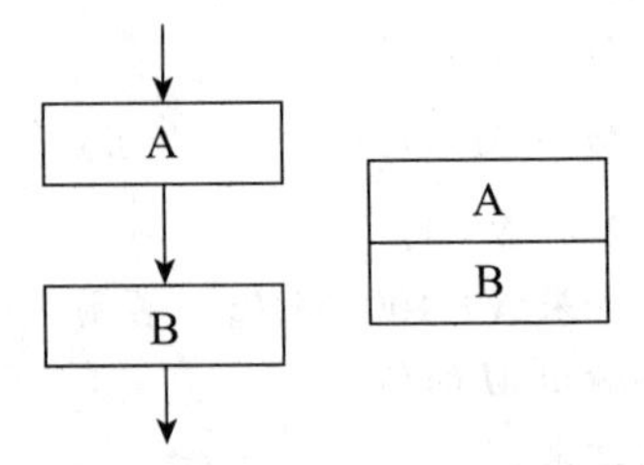

图4-3　顺序结构流程图（左）和N–S图（右）

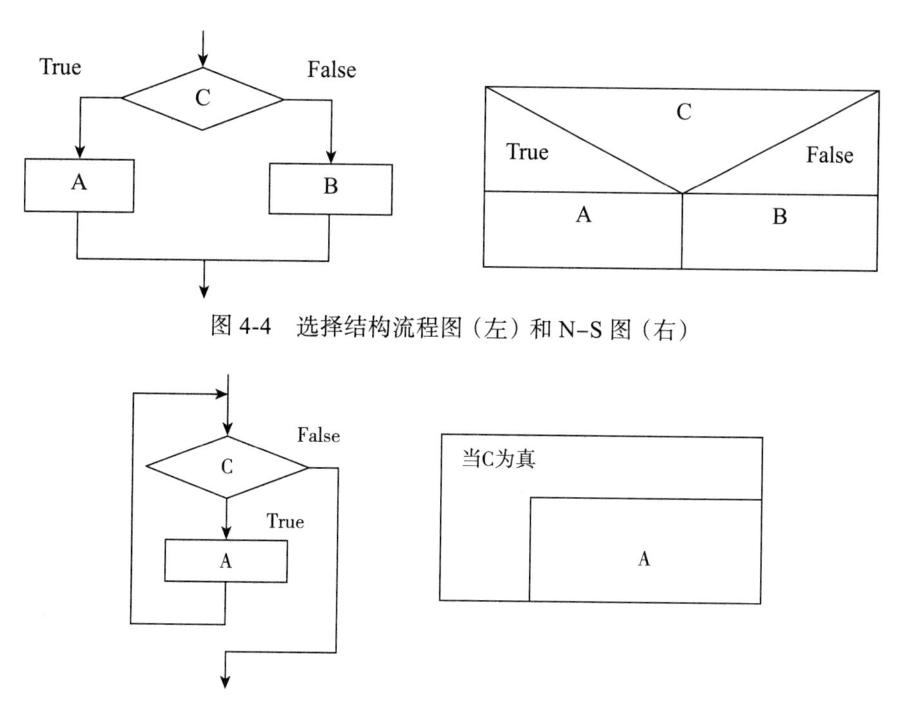

图 4-4　选择结构流程图（左）和 N–S 图（右）

图 4-5　当型循环结构流程图（左）和 N–S 图（右）

直到型循环与当型循环的执行顺序不同，在直到型循环中，首先执行操作 A，然后再判断条件 C 的值是否为真。如果 C 的条件判断为假，则再次执行 A 操作，直到 C 的条件判断为真为止。当 C 的条件判断为真的时候，退出循环。由于在循环中是“直到”C 的条件判断为真时退出循环，所以称为直到型循环。直到型循环用流程图和 N–S 图描述如图 4-6 所示。

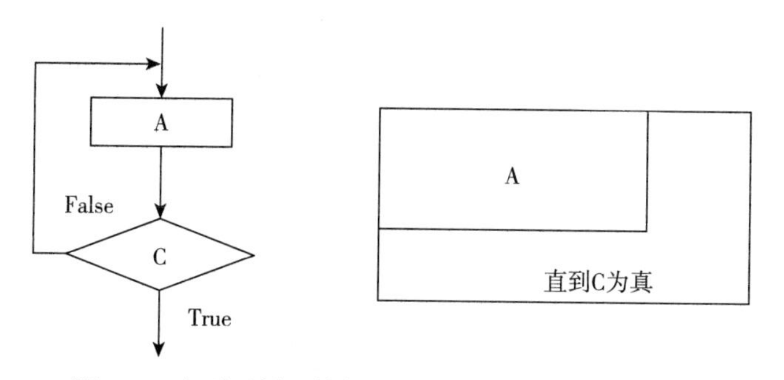

图 4-6　直到型循环结构流程图（左）和 N–S 图（右）

当型循环是先判断条件，再按照判断的结果决定是否执行循环体操作。直到型循环是先执行循环体操作，再进行条件判断，以决定是否继续执行循环体操作。所以在当型循环中，有可能循环体一次都不执行，而在直到型循环中，循环体至少要被执行一次。两类循环在具体执行时存在差别，所以在进行算法设计时应该选择合适的循环结构。

所有的程序都可以由这 3 种基本结构拼接组装而成，所有的算法设计中也都只使用这 3 种基本结构，大大简化了程序设计的难度，这种算法叫作结构化程序设计算法。同时，在流程图中也规范了 3 种基本结构的描述，在以后的流程图中只需要将标准的基本结构进行合理的连接就可以实现算法。3 种基本结构的流程图表示如图 4-7 所示。

3 种基本结构的特点如下所示。

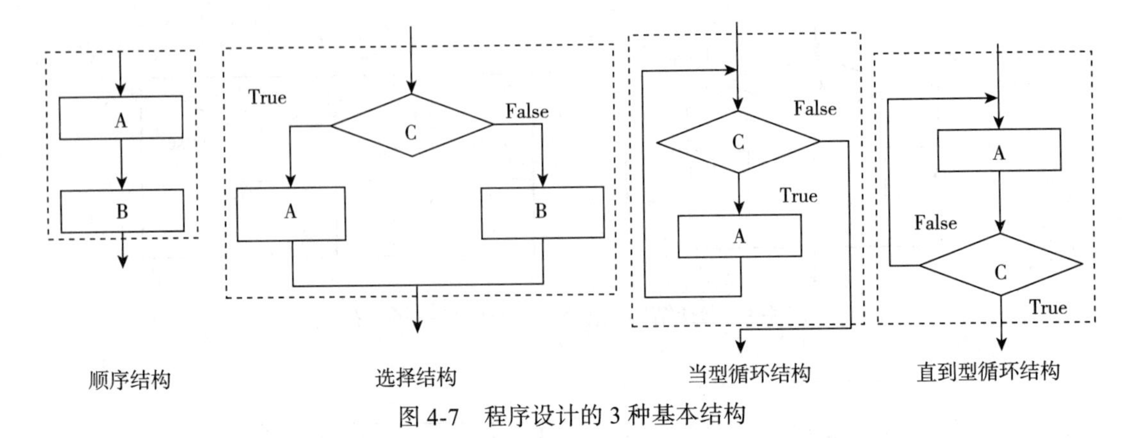

图 4-7　程序设计的 3 种基本结构

1）单入口、单出口。在图 4-7 中，虚线框内部是基本结构的运行逻辑，每一个虚线框都只有一个进入和退出的端口。基本结构所具有的这个特点保证了将多个基本结构组装在一起的时候，程序的运行不会产生歧义性。程序可以沿着一个方向运行，直到结束。

2）结构中的每一部分都可能被执行到。通过前面对 3 种基本结构运行逻辑的介绍可以看到，无论是选择结构中每次执行的 A 或者 B 部分可能不同，还是循环结构中，循环体 A 可能不被执行，但是，这次不被执行的部分，下次还是有可能被执行到的。结构中不会有永远不被执行的无用部分。

3）没有死循环。在循环结构中都设定了退出循环的条件，只要满足了这个条件，循环就可以退出，使得程序正常终止。

4）A、B 可能是一个更基本的结构。在 3 种基本结构中，A 和 B 部分不但可以代表基本语句，还可以是基本结构。例如，在一个选择结构中，当条件判断为 True 执行 A 部分时，A 部分可能是一个顺序结构，又包含了几个顺序执行的语句部分；当条件判断为 False 执行 B 部分时，B 部分可能是一个当型循环结构，循环若干次来实现某个计算。

在总结出 3 种基本结构，开始用基本结构来构造结构化的算法后，还需要能够实现 3 种基本结构的编程工具。于是在 20 世纪 70 年代中期诞生了一批如 C 语言、Pascal 语言等能够实现 3 种基本结构的高级编程语言。这些能够实现 3 种基本结构的编程语言称为结构化编程语言。目前正在使用的所有编程语言都支持结构化编程技术。

4.2　C++ 程序的结构和语句

C++ 语言是一种程序编写语言，可以编写出功能各异的程序来。从某种角度来说，可以认为程序编写语言与自然语言功能是一样的，都是用来描述事物的工具。在学习自然语言的时候，我们需要学习单词、语法等要素，学习编程语言也一样。在第 2 章和第 3 章中，我们已经学习了构成程序的基本语法要素，如常量、变量、表达式和输入输出函数等，但要实现算法，还需要学习程序设计语言的语句。语句是计算机程序的基本组成单位，它可以使用上述语法要素实现简单的运算，也可以实现程序流程的控制。语句最终被翻译成机器指令，从而控制计算机运行，产生计算结果。

图 4-8 显示了 C++ 语言程序的组成结构，以及语句在 C++ 语言程序中的地位。

一个 C++ 程序可以由一个或者多个源程序文件构成。本书介绍基本的 C++ 程序编写方法，所举的例题都非常简单，一般只需要一个源程序文件就可以实现程序。但是如果编写复杂的应用系统，特别是编写 Windows 应用程序，则在一个程序中往往会用到几十个甚至上百个源程序文件。

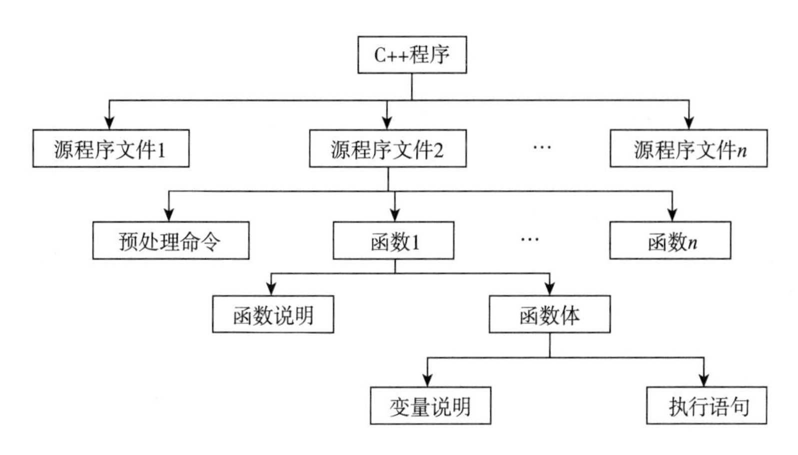

图 4-8 C++ 程序的组成结构

每个源程序文件中都包含了一些程序段，这些程序段由若干个函数和预处理命令构成。函数也是结构化程序设计中的一个重要概念，它将一组语句构造成一个整体，可以在程序中反复使用，提高了程序的开发和维护的效率。关于函数和预处理命令的使用，在后面的第 5 章和第 6 章中都有详细的介绍。

在 C++ 中语句可以分为以下六大类。

1）定义语句。在 C 语言和 C++ 中，用户可以自己定义数据结构和数据类型，也可以定义变量。这些操作都没有实现数值的运算，尤其在 C 语言中，它们的定义位置只能放在函数的开始位置，不能与其他语句混用。因为存在这种与其他语句的严格区分，因此在 C 语言中，定义操作不被称为语句。但是在 C++ 中，这些定义操作可以出现在函数的任何位置，可以与其他任何语句混合使用，因此我们称这类操作为定义语句。例如：

```
int a,b,c;
```

2）控制语句。我们称能够完成一定的控制功能，改变程序执行方向的语句为控制语句。C++ 中主要控制语句有如下 9 种。

- if()…else… 条件语句
- switch 多分支选择语句
- while()… 当型循环语句
- do…while() 直到型循环语句
- for()… 当型循环语句
- continue 结束本次循环语句
- break 终止执行 switch 或循环的语句
- go to 转向语句
- return 从函数中返回语句

在 C++ 中，就是通过控制语句来实现前面介绍的结构化程序设计的 3 种基本结构的。在本章下面的小节中我们将对控制语句的使用方法进行详细介绍。

3）函数调用语句。在函数调用的后面加上一个分号构成的一条语句，实现函数定义中规定的功能。例如：

```
cin.get(x);
```

4）表达式语句。在一个表达式的后面加上一个分号构成的一条语句，实现表达式的计算功能。在前面的章节中已经对表达式的概念作了介绍，两者的差别如下所示：

```
a = b + c              //表达式
a = b + c;             //表达式语句
```

5）空语句。仅有一个分号的语句称为空语句，如下所示：

```
;   //空语句
```

空语句一般用在循环语句中，用于构造空转循环体。

6）复合语句。我们已经知道，一个表达式后面加上一个分号就构成了一条语句。那么如下的写法就构造了3条语句：

```
a = 1;  b = 2;  c = 3;
```

复合语句就是用一对花括号“{ }”将若干条语句括在一起，系统会将这一组语句在语法上视为一条语句。将上面的3条语句修改如下：

```
{  a = 1;  b = 2;  c = 3;  }
```

这时，原先分开的3条语句因为“{ }”的作用被视为一条语句。

在C++语言的某些特定的场合，如4.3节和4.4节将要介绍的选择结构语句和循环结构语句中的“语句”或“语句 *n*”，语法上要求必须为一条语句，但解决实际问题时需要用多条语句完成复杂操作，此时只能将多条语句组合成一条复合语句，以满足语法要求。

4.3 选择结构语句的使用

在结构化程序设计的3种结构中，顺序结构就是依次编写语句，系统按照语句书写的先后次序，依次执行它们，以实现预先设计的功能。顺序结构不需要特别的语句来控制，在第3章的输入输出的例子中已给出了几个顺序结构的程序实例。

选择结构是3种基本结构中的第二种结构，它的主要功能是判断给定的条件，根据判断的结果从给定的多组操作中选择一组执行。在C++语言中，if语句和switch语句用于实现选择结构。

4.3.1 if 语句

if语句的标准语法格式为：

```
if(<表达式>)
        语句1
[ else
        语句2]
```

其中，方括号中的内容是可选的。if语句的语法要求是，“语句1”和“语句2”必须是一条语句。“一条语句”的意义是它可以是C++语言中六大类语句中的任意一种，可以是一条简单语句（如赋值语句），可以是一个复合语句，还可以是C++语言9种控制语句中的任何一条语句（包括if语句自身）。

在实际编程时，为了适应对多种情况的处理，一般来说，if语句有以下3种使用形式。

1. 不平衡的 if 语句

语法格式为：

```
if(<表达式>) 语句
```

实际上就是将if语句标准语法格式中的方括号部分省略，流程图如图4-9所示。其意义是，当“表达式”为真（True）时执行“语句”；当“表达式”为假（False）时，跳过“语句”

执行 if 语句后面的语句。

例 4.1 演示不平衡 if 语句的使用方法。程序的功能是由用户输入 3 个数字，程序求出并输出其中的最大值。

```
#include <iostream>
using namespace std;
int  main()
{
    float a,b,c,max;
    cout << "请输入三个数:";
    cin  >> a >> b >> c;
    max=a;
    if(max < b)  max=b;
    if(max < c)  max=c;
    cout << "最大值:" << max << endl;
    return 0;
}
```

图 4-9　不平衡的 if 语句

不平衡 if 语句主要用于简单的条件判断，决定某条语句或者某个复合语句是否执行。

2. 平衡的 if 语句

语法格式为：

```
if( <表达式> )  语句1
else            语句2
```

其操作流程如图 4-10 所示，其意义是：当“表达式”的值为真时，执行“语句 1”；否则，执行“语句 2”。即在一次执行过程中，程序根据条件在“语句 1”和“语句 2”中自动选择一个执行。

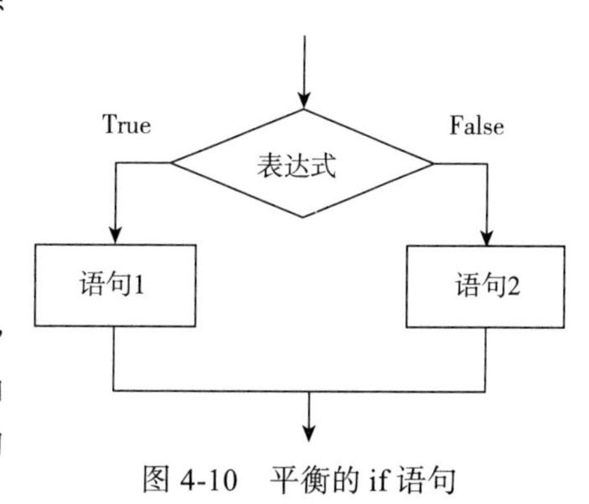

图 4-10　平衡的 if 语句

例 4.2 演示平衡 if 语句的使用方法，程序的功能与例 4.1 相同。

```
#include <iostream>
using namespace std;
int  main()
{
    float a,b,c,max;
    cout << "请输入三个数:";
    cin  >> a >> b >> c;
    if(a < b)      max =b;
    else           max =a;
    if(max < c)    cout << "最大值:" << c << endl;
    else           cout << "最大值:" << max << endl;
    return 0;
}
```

在平衡的 if 语句中，程序会根据用户输入的条件在“语句 1”和“语句 2”中自动选择一个执行。

3. 组合的 if 语句

上面介绍的两种 if 语句的使用形式只能够通过判断一个表达式进行分支语句的选择。但是，在实际的程序编写过程中，有很多复杂的条件判断不是仅仅通过一次判断就可以实现的，这就需要有功能强大的语句来完成复杂的判断。组合的 if 语句就是这样一种选择结构语句。

书写格式如下：

```
if( <表达式1> )              语句1
else if( <表达式2> )         语句2
else if( <表达式3> )         语句3
…
else if( <表达式n> )         语句n
else                         语句n+1
```

流程图表示如图 4-11 所示。

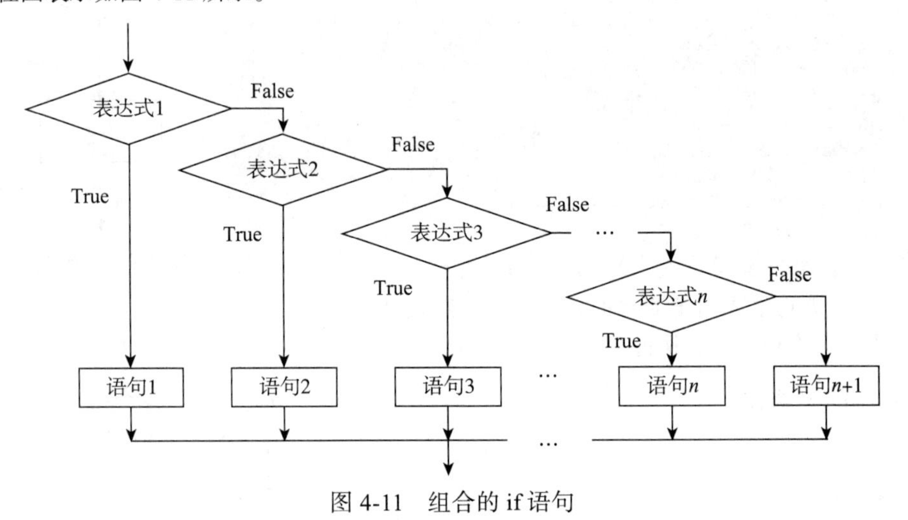

图 4-11 组合的 if 语句

组合的 if 语句的应用实例如下面两例所示。

例 4.3 演示组合的 if 语句的使用方法，程序的功能与例 4.1 相同。

```
#include <iostream>
using namespace std;
int  main()
{
    float a,b,c;
    cout << "请输入三个数:";
    cin  >> a >> b >> c;
    if(a>=b && a>=c)  cout << "最大值:" << a << endl;
    else  if(b>=a && b>=c)  cout << "最大值:" << b << endl;
    else  cout << "最大值:" << c << endl;
    return 0;
}
```

例 4.4 演示组合的 if 语句的使用方法，程序的功能为用户输入百分制成绩，程序将其转换为五分制成绩输出。

```
#include <iostream>
using namespace std;
int  main()
{
    float score;
    cout << "请输入成绩:";
    cin  >> score;
    if(score>=90)  cout << "成绩等级: A" << endl;
    else  if(score>=80)  cout << "成绩等级: B" << endl;
    else  if(score>=70)  cout << "成绩等级: C" << endl;
    else  if(score>=60)  cout << "成绩等级: D" << endl;
    else  cout << "成绩等级: E" << endl;
    return 0;
}
```

从上面两例中可以看出，组合的 if 语句书写较为复杂，一条语句占据多行。而且除最后一行 else 语句以外，每个 if 分支中都包含了对逻辑条件的判断，当前一个条件不成立时，才会判断后一个条件，这样可以大大简化后续 if 分支条件的书写复杂度。例如，若例 4.4 中第二个 if 分支条件 “score>=80” 成立，则意味着 “80<= score && score<90” 成立。

4.3.2 if 语句的嵌套使用

在 if 语句的标准语法格式介绍中，我们已经说明，“语句 1” 和 “语句 2” 可以是 C++ 语言五大类语句中的任何一种语句。如果 “语句 1” 和 “语句 2” 本身又是一个 if 语句，称这种使用方式为 if 语句的嵌套。

一种嵌套使用形式如下：

```
if()
    if()    语句1 }
    else    语句2 }  /*  内嵌平衡if语句  */
else
    if()    语句3 }
    else    语句4 }  /*  内嵌平衡if语句  */
```

注意 if 与 else 的配对关系。根据 C++ 语言的语法规定，else 总是与写在它前面的、最靠近的、尚未与其他 else 配对过的 if 配对。内嵌平衡的 if 语句，else 与 if 的匹配一般不会有问题。但是，如果内嵌不平衡 if 语句，就可能出现问题。考虑如下程序段：

```
if()
    if()    语句1   /* 内嵌不平衡if语句  */
else
    if()    语句2 }
    else    语句3 }  /* 内嵌平衡if语句  */
```

编程者把第一个 else 写在与第一个 if（外层 if）同样突出的位置上，本意是希望这个 else 能够与第一个 if 对应。但根据上面所说的语法规定，由于第二个 if（内嵌 if）没有与 else 配过对，又最靠近第一个 else，因此实际上是第一个 else 与第二个 if 配对。这样，上述 if 语句的实际执行流程是：

```
if()
    if()        语句1
    else
        if()    语句2
        else    语句3
```

该流程没有达到预期目的，第一个 if 后面没有与之配对的 else。为了达到预期目的，应该使用花括号 “{ }” 将内嵌的不平衡 if 语句构造成一条复合语句。将上例改为如下：

```
if()
{  if()       语句1  }  /* 在复合语句内 */
else
    if()      语句2  }
    else      语句3  }  /* 内嵌平衡if语句  */
```

这样，第一个 else 不能和复合语句中的 if 配对，避免了由于配对错误造成的逻辑错误。

在 4.3.1 节中介绍了 if 语句的 3 种使用形式。前两种与 if 语句的标准语法格式对照，比较好理解。if 语句的第 3 种使用形式，其本质也是 if 语句的嵌套使用形式，即标准格式中的 “语句 2” 本身是一个平衡 if 语句，而该平衡 if 中的 “语句 2” 又是一个更底层的平衡 if 语句，如图 4-12 所示。

注意，图 4-12 中每一个方框都是一个平衡 if 语句，方框中的 if 语句作为外层 if 语句的 else

部分。程序段中每一个内嵌 if 语句都是采用缩进的书写方式书写。但是由于这种内嵌方式比较“单纯”，而且 C 语言的程序书写比较“自由”，所以可以改成下述方式：

```
if(条件1 )            语句1
else if(条件2)        语句2
else if(条件3)        语句3
else                  语句4
```

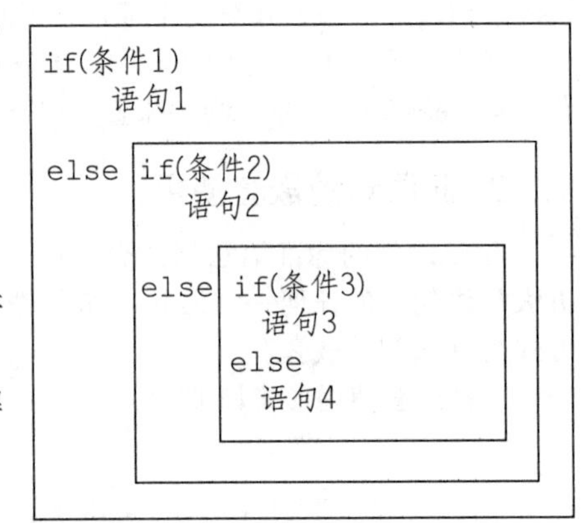

图 4-12　if 语句的嵌套使用

它就是 4.3.1 节中所介绍的组合 if 语句。从本质上讲 if 语句只有一种格式即标准格式。

下面再编程实现一个实际的数学计算题来加深理解 if 语句的嵌套使用。有数学函数如下：

$$y=\begin{cases}-10 & x<10\\ 5 & x=10\\ 20 & x>10\end{cases}$$

使用 if 语句解题的实际应用如例 4.5 所示。

例 4.5　演示用嵌套的 if 语句解决数学问题。

```
#include <iostream>
using namespace std;
int  main()
{
    float x,y;
    cout << "请输入x变量的值： ";
    cin  >> x;
    if(x <= 10)
        if(x<10)   y = -10;
        else       y = 5;
    else  y = 20;
    cout << "y= " << y << endl;
    return 0;
}
```

4.3.3　条件运算符

在 C++ 语言中，针对简单的平衡 if 语句，还可以采用条件运算符表示。条件表达式的形式如下：

```
<表达式1> ? <表达式2> : <表达式3>
```

条件运算符是一种三元运算符，即在表达式中需要书写 3 个操作数。条件运算的计算过程是：首先计算 <表达式 1>（一般为逻辑表达式），如果 <表达式 1> 的值为真（值为非 0）则执行 <表达式 2> 并将其计算结果作为整个表达式的值，如果 <表达式 1> 的值为假（值为 0）则执行 <表达式 3> 并将其计算结果作为整个表达式的值。

条件表达式的执行流程如图 4-13 所示。

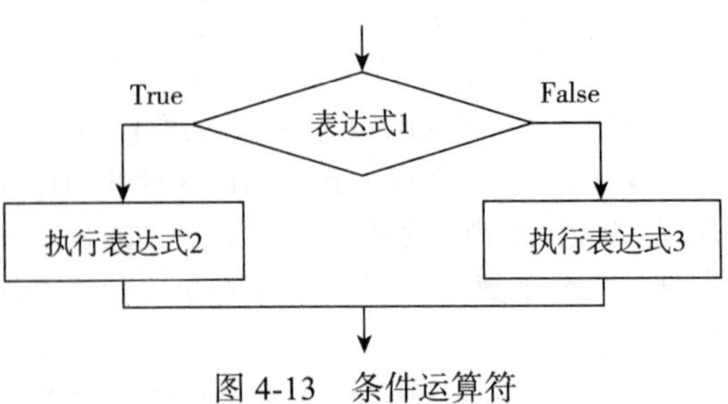

图 4-13　条件运算符

根据图 4-13 所描述的流程图可以看出，条件运算符的使用方法与平衡的 if 语句完全相同。它完全等价于如下 if 语句：

```
if(<表达式1>)
```

```
    <表达式2>;
else
    <表达式3>;
```

例如，求两个数中较大数，可以使用条件运算符如下：

```
max = (a>b) ? a : b;
```

也可以使用 if 语句如下：

```
if(a>b)  max = a;
else     max = b;
```

当然，由于在 if 语句中可以使用复合语句来实现复杂的功能，所以条件运算符的功能只能相当于简单的平衡 if 语句，而不能认为两者完全等价。

条件运算符的计算优先级比较低，仅仅高于赋值运算符和逗号运算符。条件运算符按照“自右向左”的结合性进行计算。如有如下的条件运算符表达式：

```
x = a>b ? a : c<b ? c : b;
```

它等价于：

```
x = a>b ? a : (c<b ? c : b);
```

先判断 a>b 关系表达式，如果为真则将 a 变量的值作为赋值号右侧整个条件表达式的结果；否则计算圆括号中的条件表达式，并将计算结果作为赋值号右侧整个条件表达式的结果。若 $a=1$，$b=3$，$c=5$，则 x 的值为 3。

例如，求解 3 个数中的最大数，使用条件运算符书写如下：

```
max = (a>b ? a: b)<c ? c : a>b ? a:b;
```

在上述表达式中，虽然可以利用“自右向左”的结合性来实现正确的条件表达式计算，但是这样的书写方法不利于程序的阅读和维护。所以，在嵌套使用条件运算符的时候，应该尽量使用括号将条件运算符及相关数据括起来，防止出现执行和理解的错误。所以上面求解最大数的例子应该写为：

```
max = (a>b ? a : b)<c ? c : (a>b ? a : b);
```

4.3.4 switch 语句

尽管采用组合 if 语句可以实现复杂的逻辑判断，但是组合的 if 语句书写工作量大，使用不太方便。C++ 语言提供了一个与组合的 if 语句功能类似而使用简单的语句：switch 语句，即开关语句。开关语句也称为多分支选择语句，功能与组合的 if 语句类似，可以用来模拟组合的 if 语句的功能（注意：两者的功能并非完全等价）。开关语句通常用于各种分类统计和计算，该语句的语法格式如下：

```
switch( <表达式> )
{
    case <常量表达式1>: 语句序列1;
                    [< break; >]
    case <常量表达式2>: 语句序列2;
                    [< break; >]
        …
    case <常量表达式n>: 语句序列n;
                    [< break; >]
    [ default:  语句序列n+1; [< break; >] ]
}
```

其中 <表达式> 和 <常量表达式 i>（i=1, 2, …, n）的类型必须是整型（包括字符类型、枚举类型等），而不能为其他类型数据（如 float 型或 double 型）。每个 case 后的“语句序列”表示此处可以是多条语句。

switch 语句的执行规则是，首先计算 <表达式> 的值，然后将该值从上到下依次与 <常量表达式 i>（i=1, 2, …, n）比较，若 <表达式> 的值与某个 <常量表达式 i> 的值相等，则从第 i 个 case 后面的语句序列开始执行。如果 <表达式> 的值与所有的 <常量表达式 i> 都不相等，则执行 default 后面的语句序列。注意 default 部分是可选的，如果没有 default 分支并且 <表达式> 的值与所有的 <常量表达式 i> 都不相等，则 switch 语句不执行任何代码。switch 语句中的 break 语句用于结束 switch 语句，即结束对某个状况（case）的处理，流程跳出 switch 语句，转至 switch 后面的语句继续执行。若一个 case 语句序列后没有 break 语句，则继续执行下一个 case 后的语句序列，直到遇到 break 语句或者把后续所有的 case 分支全部执行完。

若在 switch 语句每个分支语句序列的后面加上 break 语句，操作流程图如图 4-14 所示。

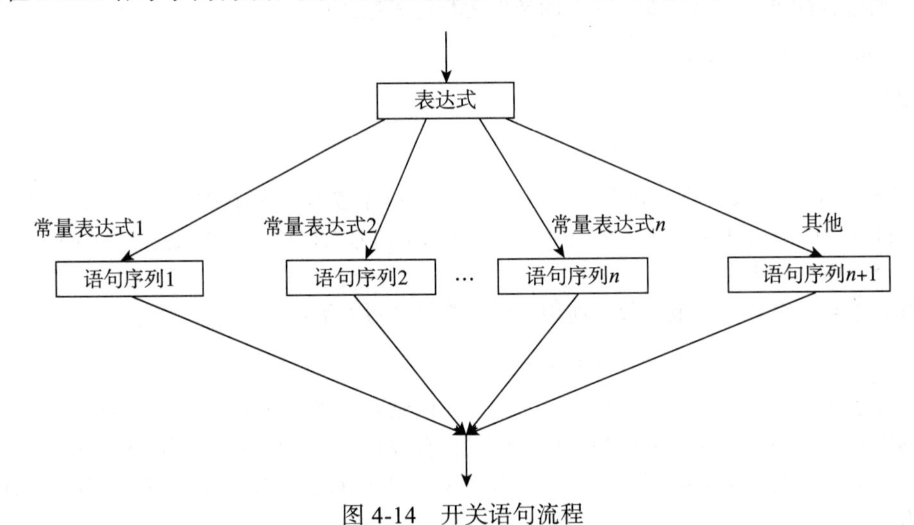

图 4-14　开关语句流程

从图 4-14 中可以看出 switch 语句的执行流程。首先计算关键字 switch 后面括号中“表达式”的值。注意，表达式的类型只能是字符型或整型。然后用表达式的值与下面多个关键字 case 后面的常量表达式的值比较。这里每个常量表达式的值也必须是字符类型或者整数类型的常量。如果在下面的常量表达式列表中找到了一个与表达式的值完全匹配的分支，则执行这个常量表达式后面跟随的语句序列。如果在所有的常量表达式中都没有找到匹配的数值，则执行 default 后面跟随的语句序列。

例如实现一个程序，用户输入英文五分制成绩，程序按照中文五分制的格式输出成绩。程序主要分支处理语句如下：

```
char grade;
cin>>grade;
switch(grade)
{
    case 'A': cout << "优" <<endl;          break;
    case 'B': cout << "良" <<endl;          break;
    case 'C': cout << "中" <<endl;          break;
    case 'D': cout << "及格" <<endl;        break;
    default:  cout << "不及格! " <<endl;
}
```

在 switch 语句中，为什么要规定若一个 case 语句序列后没有 break 语句，继续执行下一个 case 后的语句序列？原因如下。

在 switch 语句中每个 < 常量表达式 i> 后面的语句序列类似于 if 语句的分支，但是执行各分支的条件判断方法不同。考虑如下情况：

```
int x;
…
if(x>=-2 && x<0)        cout << "负数";
else if(x==0)           cout << "零" ;
else if(x>0 && x<=2)    cout << "正数" ;
```

上述 if 语句的条件中使用了数值范围判断，若变量 x 的值处于某一数据范围内，则条件为真执行其后的语句分支。而 switch 语句中，执行某一语句序列（相当于一个分支）的条件判断使用的是等值比较规则，即将 < 表达式 > 与 < 常量表达式 i> 做恒等于比较（= =）操作，相当于 if(< 表达式 > == < 常量表达式 i>) 条件为真时，执行 < 常量表达式 i> 后面的语句序列分支。等值比较的判断功能比较弱，所以为了使 switch 语句也能像 if 语句一样进行范围比较，当一个范围的数据条件成立时，执行一个分支，在 C++ 语言中做了上述规定。

该规定的详细描述为，当匹配了一个 case 并且执行了后面的语句序列后，并不像 if 语句那样结束 switch 语句的执行，而是继续执行下一个 case 后面的语句序列，直到执行完全部的语句序列或者遇到 break 语句时终止。这样就可以使多个数值分支共享一组语句序列，即在一定程度上实现了数值范围判断。可以将上面由 if 语句实现的程序段改写成如下程序段：

```
int x;
…
switch(x)
{
    case  -2:
    case  -1: cout << "负数";
        break;
    case   0: cout << "零" ;
        break;
    case   1:
    case   2: cout << "正数";
}
```

在程序段中，如果 x 的值为 -2，则与第一个 case 分支匹配。由于第一个 case 分支后面没有执行语句序列，也没有 break 语句，根据规则，程序会继续执行第二个 case 分支后面的语句序列。数值 -1 和 -2 共享了输出“负数”字符串的语句序列，而且在执行的语句序列后面写有 break 语句，程序在执行了输出语句后退出了 switch 语句，这样实现的功能与上述 if 语句程序段完全相同。

有了上述规定，如下程序段的功能是：用户输入英文五分制成绩，程序给出是否通过考试的信息。

```
switch(grade)
{
    case 'A':
    case 'B':
    case 'C':
    case 'D':  cout<<”及格”<<endl;  break;
    default:   cout<<”不及格”<<endl;
}
```

而对于如下程序段：

```
grade = 'B';
switch(grade)
{
    case 'A': cout << "优" <<endl;
    case 'B': cout << "良" <<endl;
    case 'C': cout << "中" <<endl;
    case 'D': cout << "及格" <<endl;
    default: cout << "不及格! " <<endl;
}
```

程序的输出为：

```
良
中
及格
不及格!
```

注意：

1）在 switch 语句中，default 分支可以放在任何位置，编译器会自动把 default 分支处理成最后执行。但是为了程序书写和阅读方便，一般将 default 分支写在 switch 语句的最后一行。

2）每个常量表达式的值都必须互不相同，否则当表达式的值与多个常量表达式的值都匹配时，计算机将无法决定到底该执行哪一个常量表达式后面的语句序列。

3）常量表达式必须是一个确定的字符类型或者整数类型的常量数值，而不能是浮点数或者变量表达式。

4）switch 语句虽然可以模拟组合的 if 语句，但是并不是与组合的 if 语句完全等价。switch 语句只能处理字符类型和整数类型的条件判断，而组合的 if 语句不但可以处理字符类型和整数类型的条件判断，还可以对浮点数等其他的条件进行判断。由此看来，组合的 if 语句的功能要远远强于 switch 语句。

下面举例说明 switch 语句在实际生活中的应用。在单位的工资发放中都要缴纳住房公积金，住房公积金是根据收入的多少按不同比例缴纳的，假设比例设置如下：

收入	比例
收入＜1000	2% 比例
1000≤收入＜2000	3% 比例
2000≤收入＜5000	4% 比例
5000≤收入＜10 000	5% 比例
10 000≤收入	6% 比例

例 4.6 演示用 switch 语句解决公积金问题。程序的功能是根据输入的收入金额求出并且输出应该缴纳的公积金。

```
#include <iostream>
using namespace std;
int  main()
{
    int  in,temp,r;
    float  fee;
    cout << "请输入您的收入: ";
    cin  >> in;
    temp = in/1000;      //按照1000为单位进行区间划分
    switch(temp)
    {
        case 0: r=2; break;
        case 1: r=3; break;
        case 2:
        case 3:
```

```
        case 4: r=4; break;
        case 5:
        case 6:
        case 7:
        case 8:
        case 9: r=5; break;
        default: r=6;
    }
    fee = in * r / 100.0;
    cout << "公积金为: " << fee << endl;
    return 0;
}
```

程序中参加判断的数据范围很大，从 0 到 10 000 以上，不可能一一写出分支进行判断，这时候我们通常会使用一种常用的区间压缩技术。找到一组数据中最小的分割区间，在例 4.6 中是 1000，以其为除数进行整除计算，这样就可以把一段数字映射成一个数字，减少了判断分支的书写。0～999 范围的数字通过整除 1000 被映射成数字 0，1000～1999 范围的数字被映射成 1，以此类推。

程序还使用了多个分支共享语句序列，使得 switch 语句能够处理一个范围内的数据。在 switch 语句的最后使用了 default 语句，用来处理收入大于等于 10 000 后的所有情况。

4.4 循环结构语句的使用

现代计算机是一个高速运算的机器，每秒钟可以进行几亿次计算，如果是一个顺序执行的程序，其可以在瞬间执行完毕。而我们却经常看到一些大型的科学计算需要计算机不停地计算几天、几个星期，甚至几个月。这种长时间自动运行程序的功能不是靠程序员编写很多代码来实现的，而主要是靠循环结构使得程序反复迭代计算实现的。

只要计算的数据之间存在规律性变化，就可以使用循环结构来对其进行迭代计算。例如，使用循环结构可以实现如下多项式累加和与累乘积的求解：

$$n! = 1\times 2\times 3\times 4\times \cdots \times n$$

$$\pi = 4\times\left(1-\frac{1}{3}+\frac{1}{5}-\frac{1}{7}+\cdots+(-1)^{n+1}\frac{1}{2n-1}+\cdots\right)$$

循环结构的分类和运行原理在 4.1.4 节中已进行简单的介绍，其在 C++ 语言中的实现形式主要有以下 4 种：

- 用 goto 语句和标号构成循环。
- 用 while 语句构成循环。
- 用 for 语句构成循环。
- 用 do-while 语句构成循环。

下面分别进行介绍。

4.4.1 goto 语句及标号的使用

goto 语句最早出现在顺序结构的程序设计语言中，负责程序模块之间的跳转工作。它的书写形式为：

```
goto  <语句标号>;
```

<语句标号>是一个标识符，用来标记程序跳转的位置。下面使用 goto 语句编写程序求解 $s=1+2+3+\cdots+99+100$。

例 4.7 演示用 goto 语句求解 1～100 的累加和 *s*。

```
#include <iostream>
using namespace std;
int  main()
{
    int  i=1,sum=0;
loop:  if(i <= 100)
        {
         sum += i;
         i++;
         goto  loop;    //跳转到标号loop
        }
    cout << "从1加到100的总和是: " << sum << endl;
    return 0;
}
```

由于在程序中大量使用 goto 跳转命令会破坏结构化程序设计的原则，而且虽然 goto 语句和 if 语句联用可以实现循环结构，但是在 C++ 语言中我们有能够实现相同功能的、结构更加简单的语句，如下面将要介绍的 while、do…while、for 循环语句。所以在程序设计中一般不宜采用 goto 语句。

4.4.2 while 语句

while 语句与其字面上的含义一致，是一种典型的"当型"循环结构。其语法格式如下：

```
while(<表达式>)  <语句>
```

执行的顺序为：首先判断 <表达式> 的计算结果，如果计算结果为真（非 0 值）则执行 while 语句后面跟随的 <语句>，直到表达式的计算结果为假（0 值），结束循环语句的执行。我们将 while 语句后面跟随的 <语句> 称为循环体。对应的流程图如图 4-15 所示。

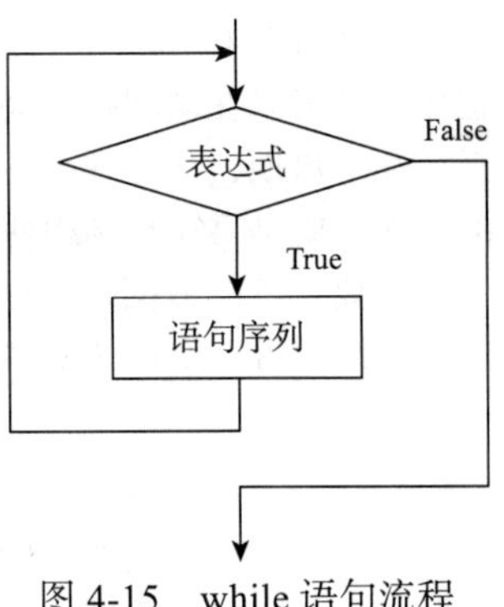

图 4-15 while 语句流程

下面使用 while 语句编写程序如例 4.8，求解 $s=1+2+3+\cdots+99+100$。

例 4.8 演示用 while 语句求解 1～100 的累加和 *s*。

```
#include <iostream>
using namespace std;
int  main()
{
    int  i=1,sum=0;
    while(i <= 100)
    {  sum += i;
       i++;
    }
    cout << "从1加到100的总和是: " << sum << endl;
    return 0;
}
```

需要注意 while 语句的以下几个用法：

1）与 if 语句相同，while 语句后面只能跟随一条语句。当用户想要在循环体内实现较为复杂的功能时，必须要将多条语句用花括号"{ }"括起来，构成一条复合语句。这样才能正确地实现程序的功能。后面介绍的 for 语句和 do…while 语句与 while 语句相同，其后都只能跟随一条语句，都只能使用复合语句来实现复杂的功能。

2）在循环体内必须包含对循环变量修改的语句。在例4.8程序中，结束循环的条件是变量i的值大于100。由于变量i的值决定了是否结束循环，是对循环起到至关重要作用的变量，因此将其称为循环变量。变量i的初始值为1，如果在循环体内没有语句i++对其值进行修改，则变量i的值永远为1，循环永远无法结束，我们称其为死循环。死循环会导致程序死锁或者计算机死机。因此在循环体内必须包含修改循环变量的语句，以使程序正常结束。

3）常见的两类循环操作是累加计算和累乘计算。针对不同的循环操作需要设置不同的初始化值。累加计算中的累加和变量一般初始化为0，累乘计算中的累乘积变量一般初始化为1。

4.4.3 for 语句

for语句与while语句功能相同，也是一种典型的"当型"循环。其语法格式如下：

```
for([<初始化表达式>]; [<条件表达式>]; [<修正表达式>])
<语句>
```

执行的顺序为：首先执行 <初始化表达式> 完成变量的初始化，然后进行 <条件表达式> 的计算。如果条件表达式的计算结果为真（非0值），则执行for语句后面跟随的 <语句>，然后执行 <修正表达式>，修改相关的循环变量，完成一次循环。然后转到 <条件表达式>，继续判断下一次循环是否进行。如果 <条件表达式> 的计算结果为假（0值），则结束循环语句的执行。

for语句中 <语句> 称为循环体，其语法要求与while语句中的 <语句> 一样，其对应的流程图如图4-16所示。

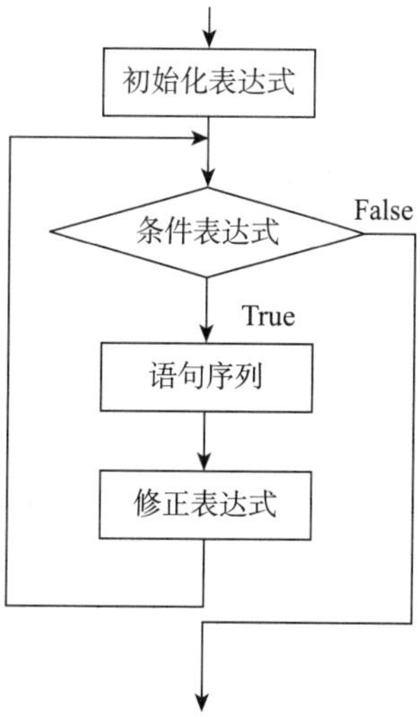

从流程图的结构可以看出while语句与for语句都属于"当型"循环，for语句在语义上等价于如下的while语句：

```
<初始化表达式>;
while(<条件表达式>)
{
    <语句>;
    <修正表达式>;
}
```

图4-16 for语句流程

下面使用for语句编写程序求解 $s=1+2+3+\cdots+99+100$。

例4.9 演示用for语句求解累加和 s。

```
#include <iostream>
using namespace std;
int  main()
{
    int  sum=0;
    for(int i=1; i<=100; i++)
        sum += i;
    cout << "从1加到100的总和是: " << sum << endl;
    return 0;
}
```

从例4.9可以看出，用for语句实现与while语句同样的循环功能时，程序可以书写得更加简单。

与while语句比较，在for语句中一般将对循环变量的修改操作从循环体中分离出来，放在修正表达式中。这样，在for语句的第一行，可以很清楚地看到循环变量的初值、终值和步长，提高了程序的阅读性。"步长"是每次循环结束后循环变量的变化值。例4.9中，循环变量i的初值、终值和步长分别是1、100和1。本例循环结束后，变量i的值为101。

for 语句功能十分强大，使用 for 语句除了标准的用法外，还有一些特殊的用法和注意事项，如下所示。

1）for 语句的 3 个表达式并非都要书写。在实际使用时，可以针对不同情况，省略一个或多个。

如果将初始化语句放到 for 语句的前面，可以在 for 语句中省略初始化表达式。例如：

```
i=0;
for(  ; i<100; i++);
```

在 for 语句中也可以省略条件表达式，这时候的 for 语句的功能相当于 while 语句的一种特殊写法，如下所示：

```
for(i=0;  ; i++)     ⇔       while(1)
```

这种循环称为永真循环，即永远循环或者死循环。这种循环配合在 4.4.5 节中介绍的 continue 和 break 语句，可以实现一些具有特殊作用的循环。

当将循环变量的修改语句写入循环体中时，for 语句中的修正表达式也可以省略。例如：

```
for(i=0; i<100;  )
{
    cout<<i;
    i++;
}
```

有时也可以将 3 个表达式都省略，这时 for 语句同样等价于永真循环，如下：

```
for(  ;  ;  )      ⇔      while(1)
```

2）for 语句和 while 语句都是"当型"循环，它们的执行方法都是先执行条件语句，再根据条件语句的计算结果判断是否执行循环体中的语句。由于是先判断后执行，因此循环体可能一次都不会被执行。

4.4.4　do…while 语句

do…while 语句虽然字面上与 while 语句都含有一个 while 单词，但在执行过程中"<语句>的执行"和"对<表达式>条件的判断"顺序正好相反。do…while 语句先执行循环体，然后再判断是否要继续执行循环，属于典型的"直到型"循环。其一般语法格式如下：

```
do
    <语句>       // 循环体
while(<表达式>);
```

执行的顺序为：首先执行<语句>（即循环体），然后再判断<表达式>的计算结果。如果计算结果为真（非 0 值）则进行下一次的循环体运算，直到表达式的计算结果为假（0 值），结束循环。对应的流程图如图 4-17 所示。注意 do…while 语句的执行流程与直到型循环流程图（见图 4-6）的区别，对结束条件的判断正好相反，do…while 语句中当"表达式"为真则继续循环，而图 4-6 流程图中当条件"C"为假才继续循环。但是 do…while 还是一个"直到型"循环，可以理解为：循环继续执行，直到<表达式>为假，则结束循环。

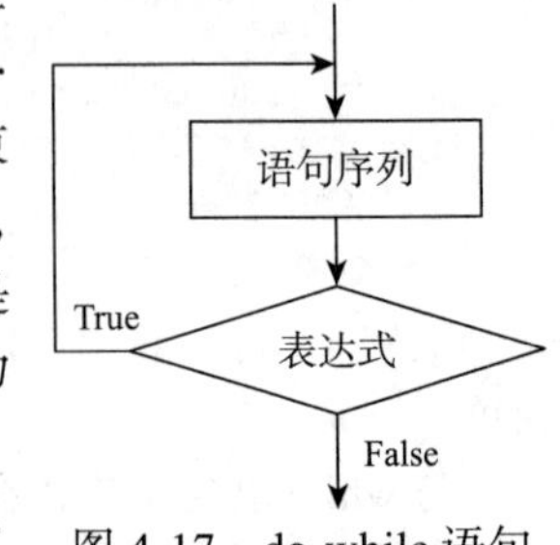

图 4-17　do-while 语句

下面使用 do…while 语句编写程序求解 $s=1+2+3+\cdots+99+100$。

例 4.10　演示用 do…while 语句求解 1～100 的累加和 s。

```
#include <iostream>
using namespace std;
```

```
int  main()
{
    int  i=1,sum=0;
    do {
        sum += i;
        i++;
    }
    while(i <= 100);
    cout << "从1加到100的总和是: " << sum << endl;
    return 0;
}
```

由于do…while循环是“直到型”循环，先执行循环体后判断，循环体至少会被执行一次。而“当型”循环的循环体有可能一次都不被执行。这种差别会导致同样书写的代码由于采用的循环语句不同而计算的结果不同。

下面使用while语句和do…while语句来实现相同的计算数值累加和的算法，以比较两种循环的不同点。

```
int  main()
{
    int i,sum=0;
    cin >> i;
    while(i <= 5)
    {
        sum += i;
        i++;
    }
    cout << sum << endl;
    return 0;
}
```

```
int  main()
{
    int i,sum=0;
    cin >> i;
    do
    {  sum += i;
       i++;
    }
    while(i <= 5);
    cout << sum << endl;
    return 0;
}
```

在上述的程序中，如果用户输入的数据小于等于5，则两个程序的功能等效，都是求解从输入的数据到5的累加和。如果输入的数据大于5，则两个程序的功能不等效。其中使用while语句的程序由于先判断再计算，导致了由于判断条件为假而不做计算的结果，输出的结果始终为0。而使用do…while语句的程序由于先执行后判断，会对用户输入的数据至少计算一次，输出的结果始终为用户输入的数。例如用户输入6，则使用do…while语句的程序输出6，而使用while语句的程序输出0。

4.4.5 break语句和continue语句

在循环语句的执行过程中，主要是按照条件表达式的计算结果来决定何时结束循环语句。如果在程序的循环中，要对某些特殊情况进行处理，如强行中断循环、跳过某些特定的执行过程等，就需要加入新的控制语句。break语句和continue语句正是专门设计的用来改变循环执行流程的语句。

在前面switch语句的使用中已经说明：break语句可以中断switch语句向下执行的流程。此外，它更重要的作用是用来中断循环语句的执行。break语句的书写格式为：

```
break;
```

其功能是中断程序的执行流程，下面用例子说明：

```
for(int i=1;  ; i++)
{
    cout << i << endl;
    if(i >= 10) break;
}
```

上述程序段的作用是在屏幕上显示1～10。在for语句的书写上使用了永真循环的写法，程序本来应该永远不停地循环下去。但是由于循环体内使用了break语句，当变量*i*的值等于10时，if语句中的break语句被执行，程序的执行流程跳出循环语句，结束循环。

break语句可以用来打断循环语句的执行，跳出循环语句去执行紧跟在循环语句后面的下一条语句。但是必须注意，一条break语句只能跳出它所在的最内层循环，如果将break语句写在一个多重循环语句中（见4.4.6节），想要跳出循环语句往往需要多次调用break语句。

continue语句也是一种改变循环执行流程的语句，但是它的作用与break语句不同。它并不使程序的执行流程跳出循环，而是跳过循环体中下面尚未执行的语句，结束本次循环。continue语句的书写格式为：

```
continue;
```

continue语句一定要配合if语句写在循环体的中间，将需要跳过的计算过程写在continue语句的后面，这样才能达到预期的效果。break语句和continue语句的对比实例如下：

```
for(i=1; i<=4; i++)
{
    x = i * i;
    if(x == 9) break;
    cout<<x<<endl;
}
cout<<" i=" <<i<<endl;
```

```
for(i=1; i<=4; i++)
{
    x = i * i;
    if(x == 9) continue;
    cout<<x<<endl;
}
cout<<" i=" <<i<<endl;
```

上面的两个程序段中除了break语句和continue语句的不同之外，其他都完全相同，但是它们的执行结果却完全不同，分别是：

```
1              1
4              4
i=3            16
               i=5
```

当循环变量i的值为3时，如果执行break语句，则退出循环，这时后续的cout语句不再执行；如果执行continue语句，则跳过后续显示9的cout语句，继续执行下一次循环，直到将循环执行完毕。下面举例说明break语句的使用。

例4.11　使用循环语句，按照定义求任意两个数的最大公约数和最小公倍数。演示break语句的使用。

```
#include <iostream>
using namespace std;
int main()
{
        int  x, y, i, k;
        cout<<"请输入两个整数: ";
        cin>>x>>y;
        k=x<y?x:y;                          /* 取两数中的小数 */
        for(i=k; i>=1; i--)                 /* A行, 求最大公约数 */
            if(x%i==0 && y%i==0)
                break;
        cout<<"最大公约数: "<<i<<endl;
        k=x>y?x:y;                          /* 取两数中的大数 */
        for(i=k; i<=x*y; i++)               /* B行, 求最小公倍数 */
            if(i%x==0 && i%y==0)
                break;
        cout<<"最小公倍数: "<< i <<endl;
        return 0;
}
```

这里使用探测法。求最大公约数时，探测范围为 1 至两数中的较小数 k（在此范围内必定能找到最大公约数）。在 A 行的 for 循环中，循环变量 i 的值从 k 开始依次递减，在循环体中作判断，第 1 个能够同时被 x 和 y 除尽的除数 i 就是最大公约数，此时用 break 跳出循环，输出最大公约数。求最小公倍数时，探测范围为两数中的较大数 k 至 x*y（在此范围内必定能找到最小公倍数），在 B 行的 for 循环中，循环变量 i 的值从 k 开始依次递增，在循环体中判断被除数 i 是否能同时除尽 x 和 y，满足此条件的第 1 个 i 就是最小公倍数，此时用 break 跳出循环，输出最小公倍数。

4.4.6 循环的嵌套

在某些复杂计算中，使用一个循环语句无法实现计算的目标，这时往往需要在一个循环语句中再使用循环语句。这种在一个循环语句中又包含其他循环语句的循环结构称为循环的嵌套。在前面介绍的 3 种主要的循环语句（while 语句、for 语句和 do…while 语句）中，它们彼此之间都可以互相嵌套。

循环嵌套调用的包含关系称为层次关系，一个循环语句包含另外一个循环语句称为两层循环。在 C++ 语言中，对循环嵌套调用的层次一般没有限制，在复杂的问题求解中甚至会用到 4 层或 5 层循环。当然循环的嵌套调用中也不仅仅存在层次关系，还存在并列关系。图 4-18 说明了几种常见的循环嵌套结构，其中每一个闭环矩形代表一个循环语句。

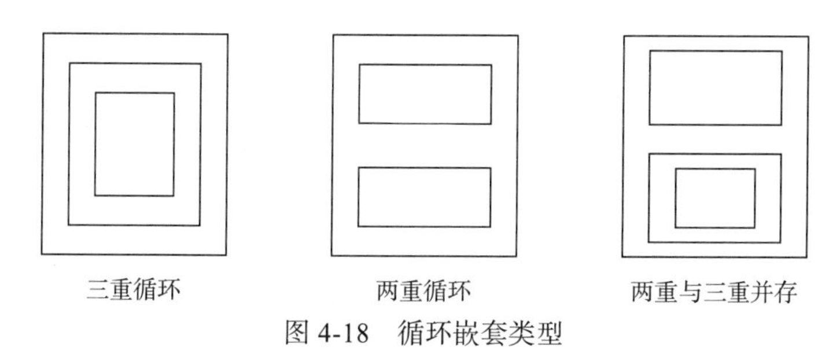

图 4-18 循环嵌套类型

下面使用循环嵌套编写程序并输出九九乘法表。

例 4.12 演示用循环嵌套技术输出九九乘法表。

```
#include <iostream>
using namespace std;
int  main()
{
    int i,j;
    cout << "乘法表：" << endl;
    for(i=1;i<=9;i++)           //外循环控制输出的行数
    {
        for(j=1;j<=i;j++)       //内循环
            cout << i << "×" << j << "=" << i*j << '\t';
        cout << endl;
    }
    return 0;
}
```

程序的运行结果如下：

```
乘法表：
1×1=1
2×1=2    2×2=4
3×1=3    3×2=6    3×3=9
4×1=4    4×2=8    4×3=12   4×4=16
5×1=5    5×2=10   5×3=15   5×4=20   5×5=25
```

```
6×1=6   6×2=12  6×3=18  6×4=24  6×5=30  6×6=36
7×1=7   7×2=14  7×3=21  7×4=28  7×5=35  7×6=42  7×7=49
8×1=8   8×2=16  8×3=24  8×4=32  8×5=40  8×6=48  8×7=56  8×8=64
9×1=9   9×2=18  9×3=27  9×4=36  9×5=45  9×6=54  9×7=63  9×8=72  9×9=81
```

4.5 控制语句的应用举例

例 4.13 求解一元二次方程 $ax^2+bx+c=0$ 的根。

在求解的过程中有以下几种情况需要考虑：

1）$a=0$，则表达式不是一元二次方程，解为 $-\frac{c}{b}$。

2）$b^2-4ac=0$，有两个相等的实数根。

3）$b^2-4ac>0$，有两个不相等的实数根。

4）$b^2-4ac<0$，有两个共轭的复数根。

根据以上分析，对各种情况使用 if 语句来分别处理，编写程序如下：

```
#include <iostream>
#include <cmath>
using namespace std;
int main()
{
    float a, b, c, disc, x1, x2, real, image;
    cout << "请输入三个实数：";
    cin >> a >> b >> c;
    cout << "\n方程";
    if (fabs(a)<=1e-7)                          //a==0, 注意写法
        cout << "不是二次方程, 解为: " << -c/b << endl;
    else {                                      //处理其他三种情况
        disc=b*b-4*a*c;
        if (fabs(disc)<=1e-7)                   //disc==0
            cout << "有两个相等的实数根: " << -b/(2*a) << endl;
        else if (disc>1e-7)
        {
            x1=(-b+sqrt(disc))/(2*a);
            x2=(-b-sqrt(disc))/(2*a);
            cout << "有两个不相等的实数根: " << x1 << " 和 " << x2 <<endl;
        }
        else                                    //disc为负数
        {
            real=-b/(2*a);
            image=sqrt(-disc)/(2*a);
            cout << "有两个复数根: " << endl;
            cout << real << "+" << image << "i" << endl;
            cout << real << "-" << image << "i" << endl;
        }
    }
    return 0;
}
```

由于程序中 b^2-4ac 是一个必须计算的值，这里用一个中间变量 disc 来存放这个值，以避免重复计算。由于 disc 为实数变量，在计算机中实数变量存放的值并非绝对精确。因此判断 disc 是否为 0 时，不能取 0 值，而是取一个接近 0 的区间（例如，小于 10^{-7}）。运行程序 4 次，结果分别如下：

```
请输入三个实数: 0 1 2
方程不是二次方程, 解为: -2
请输入三个实数: 1 4 4
方程有两个相等的实数根: -2
请输入三个实数: 2 4 1
方程有两个不相等的实数根: -0.292893 和 -1.70711
```

```
请输入三个实数: 2 2 1
方程有两个复数根:
-0.5+0.5i
-0.5-0.5i
```

注意：程序中的 fabs() 是 cmath 头文件中定义的一个系统函数，它返回浮点型参数的绝对值。

在 4.4 节中举例说明了循环语句能够实现有规律的科学计算。我们可以将其分为两类：有穷计算和无穷计算。

对于有穷计算，由于已经知道了计算的步数，最适合用 for 语句来实现，如在例 4.9 中计算 $s=1+2+3+\cdots+99+100$，计算的次数是可知的。对于无穷计算，当然不可能无止境地计算下去，一般是通过在条件表达式中对计算公式通项的判断来决定何时结束循环。能够求得结果的多项展开式，其通项都是收敛的（越变越小）。我们认为当通项足够小的时候（如小于 10^{-7}），就可以对以后的计算忽略不计，以后的计算也不会对解产生大的影响。因此，对于无穷计算，往往通过判断通项的大小来决定循环是否继续。

for 语句除了可以处理预知次数的循环操作，也可以通过对条件表达式的判断来处理未知循环次数的无穷计算。因此，for 语句的使用频率要高于 while 语句和 do…while 语句。

下面通过实际程序的编写来说明循环语句的使用方法。

例 4.14 编写程序，输入一个 int 型整数 num，逆向输出其各位数字，同时求出其位数以及各位数字之和。

```
#include <iostream>
using namespace std;
int main()
{
    int  num, sum=0, k, i=0;
    cin>>num;
    while(num>0)
    {
        k = num%10;
        cout<< k <<"    ";
        sum += k;
        i++;
        num = num/10;
    }
    cout << "\n各位数字之和: "<< sum << endl;
    cout << "数字位数: "<< i<< endl;
    return 0;
}
```

如果输入的数据是 8953，则程序的运行结果是：

```
8953<Enter>
3   5   9   8
各位数字之和: 25
数字位数: 4
```

例 4.14 中使用了通用的循环分解法对数据进行分解。由于不知道数据的位数，也就不知道循环的次数，所以追踪数据本身的变化。由于循环分解不断地用整数整除 10 分离出个位数，所以随着循环的进行和个位数的分离，数据不断变小，最终一定会达到 0。根据这个规律进行循环条件的判定，当数据被分解为 0 的时候，循环结束。

例 4.15 使用循环语句，对 cos (x) 多项式求和。

cos (x) 的多项式求和公式为：

$$\cos(x)=1-\frac{x^2}{2!}+\frac{x^4}{4!}-\cdots+(-1)^{n+1}\frac{x^{2n-2}}{(2n-2)!}+\cdots$$

程序如下：

```
#include <iostream>
#include <cmath>
using namespace std;
int main()
{
    int i;
    float x,t,value;
    cout << "请输入x的值：";
    cin >> x;
    value=1; t=1; i=1;
    while((fabs(t))>=1e-9)
    {
        t=t*(-1)*x*x/((2*i)*(2*i-1));        //通项的值
        value = value + t;
        i++;
    }
    cout << "cos(x)=" << value << endl;
    return 0;
}
```

由于 cos(x) 多项式的项数是无穷的，所以通过判断通项值的大小来结束循环。当通项的绝对值小于 10^{-9} 时，其值继续累加对计算结果影响不大，可以忽略不计，于是结束循环。

程序中使用变量 i 来记录循环的次数，通过循环的次数与分母变化之间的关系求出分母的值，变量 t 记录通项的值。经过若干次累加，最后在变量 value 中获得计算结果。

例 4.16　使用循环语句求解多项式 $\sum_{n=1}^{20} n!$ 的和（即求解 1!＋2!＋…＋20!）。

```
#include <iostream>
using namespace std;
int main()
{
    double sum,t;
    sum=0;
    t=1;
    for(int i=1; i<=20; i++)
    {
        t=t*i;        //计算每一个阶乘
        sum=sum+t;
    }
    cout << "sum=" << sum << endl;
    return 0;
}
```

程序中变量 sum 用来存放累加和，初始化为 0；变量 t 用来存放累乘积，初始化为 1。

例 4.17　使用循环语句求解 Fibonacci 数列的前 40 项。

该数列的推导公式如下：

$$F_n=\begin{cases}1 & n=1\\1 & n=2\\F_{n-1}+F_{n-2} & n>2\end{cases}$$

```
#include <iostream>
#include <iomanip>
using namespace std;
int  main()
{
```

```
    int  f1, f2;
    f1=f2=1;
    for(int i=1; i<=20; i++)
    {
        cout << setw(12) << f1 << setw(12) << f2 ;
        if(i%2==0)  cout<<endl;              // A
        f1=f1+f2;
        f2=f2+f1;
    }
    return 0;
}
```

程序中的 A 行用于控制每行输出 4 个数。

```
           1           1           2           3
           5           8          13          21
          34          55          89         144
         233         377         610         987
        1597        2584        4181        6765
       10946       17711       28657       46368
       75025      121393      196418      317811
      514229      832040     1346269     2178309
     3524578     5702887     9227465    14930352
    24157817    39088169    63245986   102334155
```

例 4.18　输入一个整数 x，判断其是否为素数。

素数即质数，是只能被 1 和其自身整除的数，因此可以使用试探法来寻找素数。假设要判断整数 x 是否为素数，就可以试探用 $[2, x-1]$ 区间之内的所有整数去除 x，如果没有一个数可以将 x 除尽，则 x 就是素数。如果区间内有一个数可将 x 除尽，则 x 不是素数。寻找素数其实是寻找一种倍数关系，所以没有必要试探 $[2, x-1]$ 区间之内的所有整数，只要试探 2 到 $\sqrt{x}$ 之间的整数就可以了。下面给予简单的证明。

设 x 不是一个素数，那么 x 就应当有一个不小于 2 的因子 m，即 x 可以分解为 $x=(\sqrt{x})^2=mn$，其中 m 和 n 为 x 的两个约数，显然 m 和 n 都是大于或等于 2 的整数。假设 m 是 m 与 n 两个数中比较小的一个整数，可以推出 $(\sqrt{x})^2=mn\geqslant m^2\geqslant 2^2$，由前提条件“$x$ 是一个正整数”可得 $\sqrt{x}\geqslant m\geqslant 2$。故可以得到一个结论：若正整数 x 不是一个素数，那么在 $2\sim\sqrt{x}$ 之间必有一个约数。

```
#include <iostream>
#include <cmath>
using namespace std;
int  main()
{
    int  x, b, i;
    printf("请输入一个整数: ");
    cin>>x;
    b = sqrt(x);
    for(i=2; i<=b; i++)                 // 循环变量 i的变化范围是: 2~b
        if(x%i==0) break;               // A
    if(i>=b+1)                          // B
        cout<<x<<" is a prime number\n";
    else
        cout<<x<<" is not a prime number\n";
    return 0;
}
```

程序中 A 行的 break 语句跳出它所在的 for 语句，然后执行 B 行的 if 语句。for 循环结束后，可根据循环变量 i 的值判定 x 是否为素数，如果“i<=b”，表示在 A 行，在范围 $2\sim\sqrt{x}$ 之内有一个 i 能把 x 除尽，break 语句跳出循环，此时 x 不是素数。如果在范围 $2\sim\sqrt{x}$ 之内的所有的 i 都不

能把 x 除尽，则 for 循环结束后，i 的值是 b＋1，即条件“i>=b+1”成立，表示 x 是素数。

例 4.19 使用循环语句求解 300～500 范围内的所有素数。

注意： 在本例中参考了例 4.18 中求素数的算法。

```
#include <iostream>
#include <cmath>
using namespace std;
int  main()
{
    int  m, k, i, n=0;                          //n是计数器
    for (m=301; m<=500; m=m+2)                  //2以外的偶数不会是素数
    {
        k=sqrt(m);
        for (i=2; i<=k; i++)
            if (m%i==0) break;
        if (i>=k+1)                             //正常结束，是素数
        {
            cout << m << "     ";
            n=n+1;
            if (n%10==0)                        //控制每行输出10个素数
                cout << endl;
        }
    }
    return 0;
}
```

本例中使用了双重嵌套循环。因为大于 2 的偶数不是素数，外层循环变量 m 扫描 300～500 之间的所有奇数，内层循环判定当前奇数 m 是否为素数。如果内层的循环发现一个可以将 m 除尽的数，则执行 break 语句，终止内层循环。在内层循环之后，采用 if 语句判断内层循环是否正常终止。如果是正常终止，则变量 i 的值等于 k+1，当前的 m 是素数，这时就将 m 输出，同时统计素数的个数；否则，变量 i 的值会小于 k+1，说明 i 是 m 的约数，故 m 不是素数。

例 4.20 求出并输出满足如下条件的 3 位数：该数是 11 的倍数，并且个、十、百位数字各不相同。

```
#include <iostream>
using namespace std;
int  main()
{
    int  i, x, y, z;
    for(i=100; i<1000; i++)
        if(i%11==0)                     //11的倍数
        {
            x=i/100;                    //取得百位的数值
            y=i%100/10;                 //取得十位的数值
            z=i%10;                     //取得个位的数值
            if(x!=y && y!=z && z!=x)
                cout << i << endl;
        }
    return 0;
}
```

程序利用整数的整除和取模运算将一个整数分解，分别取得它的个位、十位和百位。然后对分解后的各位数字进行比较判断，输出符合条件的数。

例 4.21 用牛顿迭代法求方程 $x^3+2x^2+3x+4=0$ 在 1 附近的实数根。

牛顿迭代法是利用曲线的导数方程即切线方程这一数学原理，通过不断迭代求得切线方程与 X 坐标轴的交点，来逼近精确解，最终求得曲线方程的近似解。其推导后的迭代公式如下：

$$x_{n+1}=x_n-\frac{f(x_n)}{f'(x_n)}$$

对于上述方程有：$f'(x)=3x^2+4x+3$。

```
#include <iostream>
#include <cmath>
using namespace std;
int  main()
{
    float  x, x1, f, f1;
    x=x1=1;                          //初始化迭代因子
    do
    {
        x=x1;
        f=x*x*x+2*x*x+3*x+4;         //原方程
        f1=3*x*x+2*2*x+3;            //导数方程
        x1=x-f/f1;                   //迭代公式
    }while(fabs(x1-x)>=1e-9);
    cout << "方程的根为: " << x1 << endl;
    return 0;
}
```

在上述程序中当前后两次计算结果之间的差值小于 10^{-9} 时，就认为已经接近精确解，这时就终止循环，输出 x1 的值。

例 4.22　编写程序完成一个简单计算器。通过键盘输入合法的四则运算表达式，然后输出表达式及其计算结果。为了简单，本例只考虑整数运算，如除法为整除，而且规定不把 0 作为分母。

```
#include <iostream>
using namespace std;
int  main()
{
    char  op;
    int  num1, num2, result;
    cin >> num1 >> op >> num2;               // A
    switch (op)
    {
        case '+' : result =num1+num2; break;
        case '-' : result =num1-num2; break;
        case '*' : result =num1*num2; break;
        case '/' : result =num1/num2; break;
        default: cout << "运算符非法." << endl;
    }
    cout << num1 << op << num2 << "=" << result << endl;
    return 0;
}
```

当运行时输入“1+2<Enter>”时，整数 1 和 2 被正确读入并赋给整型变量 num1 和 num2，字符 '+' 被正确读入并赋值给字符变量 op，3 个字符被合法读入。当输入非法数据，如输入“Q<Enter>”时，cin 无法正确读入数据。假设运行 4 次，结果如下所示：

```
1+2<Enter>
1+2=3
7/2<Enter>
7/2=3
4?5<Enter>
运算符非法.
4?5=3
8-10<Enter>
8-10=-2
```

第5章 函　　数

5.1　概述

对于一个较大的程序，为便于实现，一般将其分为若干个程序模块，每一个模块实现一个特定的功能。在C++语言中，由函数实现模块的功能。函数是C++程序的基本构成单位。一个C++程序可由一个主函数main()和若干个子函数构成。函数的实现将有利于信息隐藏及数据共享，节省开发时间，增强程序的可靠性。本章将介绍函数的定义、声明以及调用等内容。此外还将介绍作用域和存储类别等概念，使读者能够了解变量、函数的作用域及生存期，进而灵活使用变量和函数。

先举一个简单的函数调用的例子。

例5.1　简单的函数调用。

```
#include <iostream>
using namespace std;
void printstar()
{
    cout<<"******************"<<'\n';
}
void printmessage()
{
    cout<<"  Welcome to C++"<<'\n';
}
int main()
{
    printstar();
    printmessage();
    printstar();
    return 0;
}
```

运行结果如下：

```
******************
  Welcome to C++
******************
```

函数可以是系统预定义的，也可以是用户自定义的。前者称为系统函数或标准库函数，后者称为用户自定义函数。这里printstar()和printmessage()是用户自定义的函数，分别用来输出一行“*”号和一行信息。

任何一个C++程序都是从主函数（即main()）的开花括号开始执行，一般到main()的闭花括号为止。在执行过程中，如果遇到一个函数调用语句，则暂时中断main()函数的执行，将流程转到被调函数，执行完被调函数再返回到主函数中断处继续执行，直到main()函数执行完为止（如果没有异常中断）。

5.2　函数的定义

函数必须定义后才能使用。所谓定义函数，就是编写完成函数功能的程序块。C++函数由函数头与函数体两部分组成，其一般形式如下：

```
[<数据类型>] <函数名> ([形式参数列表])          //函数头
{
    语句                                      //函数体
}
```

方括号内的“<数据类型>”可以省略，以下同。

下面举例说明函数的结构。

例 5.2 求两个数中的最小值。

```
#include <iostream>
using namespace std;
int min(int x, int y)                //函数定义：求两个数中的最小值
{
    return (x < y ? x : y );
}
int main()
{
    int a, b, mv;
    cout<<"请输入两个整数:"<<endl;
    cin>>a>>b;
    mv=min(a, b);                    //函数调用
    cout<<"最小值为: "<<mv<<endl;
    return 0;
}
```

运行结果如下：

```
请输入两个整数:
6 8<Enter>
最小值为: 6
```

1. 函数头

函数头的组成形式如下：

```
[<数据类型>] <函数名> ([形式参数列表])
```

<数据类型>规定函数返回值的类型，如 int min(int x, int y) 表示函数 min 将返回一个 int 类型的值。若<数据类型>缺省，有的编译系统表示函数返回值为 int 型，但有的编译系统不支持默认 int 型。无返回值的类型是 void 类型，如例 5.1 中的 printmessage() 函数定义为 void 类型，代表无返回值。

函数名是函数的标识，它应是一个有效的 C++ 标识符。C++ 标准不允许在同一个程序中出现同名的自定义函数名，允许自定义函数名与系统库函数名相同，但不提倡；此外不允许自定义函数名与同一程序中的全局变量名（在所有函数外定义及声明的变量称为全局变量，见 5.8.1 节）相同，但允许与局部变量名（在某个函数体内声明的变量称为局部变量，见 5.8.1 节）相同，也允许与函数的形式参数名相同。

形式参数简称形参。形参列表是包含在圆括号中的 0 个或多个以逗号分隔的变量声明。它规定了函数将从调用函数中接收几个数据及它们的类型。之所以称为形参，是因为在定义函数时系统并不为这些参数分配存储空间，只有被调用时，向它传递了实际参数（简称实参）才为其分配存储空间。如例 5.2 中，变量 a、b 是实参，而变量 x、y 是形参。

在定义一个函数时，可以没有形式参数（空或 void），称这样的函数为“无参函数”；也可以有 1 个或多个形式参数，称这样的函数为“有参函数”。

2. 函数体

一个函数体是用花括号括起来的语句序列。它描述了函数实现一个功能的过程，并要在最后执行一个函数返回。返回的作用是：

1）将流程从当前函数返回其上级（调用函数）。

2）撤销函数调用时为各参数及变量分配的内存空间。

3）向调用函数返回最多一个值。

一般来说，函数返回由返回语句来实现，如例5.2中的“return(x<y?x:y);”就可以实现上述3个功能。

return语句的一般形式为：

```
return 表达式;  或  return (表达式);  或  return;
```

包含表达式的返回语句的实现过程如下：

1）先计算出表达式的值。

2）如果表达式的类型与函数的返回值类型不同，则将表达式的类型自动转换为函数的返回值类型，这种转换是强制性的。

3）将计算出的表达式的值返回到调用处作为调用函数的值。

4）将程序执行的控制由被调函数转向调用函数，执行调用函数后面的语句。

关于return语句的使用说明如下：

1）有返回值的return语句，用它可以返回一个表达式的值，从而实现函数之间的信息传递。

2）无返回值的函数需用void来定义函数的返回值类型，该函数中可以有return语句，也可以无return语句，当被调函数中无return语句时，程序执行完函数体的最后一条语句后返回调用函数，相当于函数体的右括号有返回功能。

3）一个函数体中可以有多个return语句，但每次只能通过一个return语句执行返回操作。

例5.3 返回一个整数的绝对值函数。

```
int abs(int x)
{
    if(x>=0)
        return x;
    else
        return -x;
}
```

一个函数体中有多个return语句时，如例5.3中有两个return语句，每个return语句的返回值类型都应与函数定义的返回值类型一致，否则将自动转换。

函数可以只执行一个功能而不向调用函数返回任何值，例5.1中的printstar()函数就是这样的。如果有return语句，这时return语句后的表达式是空的，它只执行将流程返回功能以及撤销函数中定义的动态变量（包含参数变量，见5.8.2节）。空的return语句位于函数末尾时可以缺省，由函数体后的花括号执行返回功能。

C++语法规定在一个函数定义的内部不允许出现另一个函数定义，即不允许嵌套定义。

5.3 函数的调用

调用函数是实现函数功能的手段。在程序中，一个函数调用另一个函数就是将程序执行流程转移到被调函数。要正确实现函数间的相互调用必须满足以下条件：

1）被调函数必须已定义且允许调用。

2）给出满足函数运行时要求的参数。

3）如果调用函数在前，定义函数在后，必须对被调函数进行原型声明。

5.3.1　函数的原型声明

在 C++ 中，当函数定义在前，调用在后时，调用前可以不必声明；如果一个函数的定义在后，调用在前，则在调用前必须声明函数的原型。

按照上述原则，凡是被调函数在调用函数之前定义的，可以不对函数加以声明。但是，这样做在安排函数顺序时要花费很多精力，在复杂的调用中，一定要考虑好谁先谁后，否则将发生错误。为了避免这个问题，并且使程序的逻辑结构保持清晰，常常将主函数放在程序开头，这样就需要在函数调用之前对被调函数进行原型声明。

函数原型声明的一般格式如下：

```
[<数据类型>] <函数名> ([形式参数列表]);
```

或

```
[<数据类型>] <函数名> ([形式参数类型列表]);
```

这种声明类似于定义函数时的函数头。这里，<数据类型>是该函数返回值的类型，括号中的参数声明可以仅给出每个参数的类型，也可以指明每个形参名及其类型。声明函数原型的目的是告诉编译程序该函数的返回值类型、参数个数和各个参数的类型，以便其后调用该函数时，编译程序对该函数调用时的参数的类型、个数、顺序及函数的返回值进行有效性检查。下面是一个使用原型声明的例子。

例 5.4　使用原型声明。

```
#include <iostream>
using namespace std;
int main()
{   int min(int, int);              //函数原型声明，也可以放在main()函数之前
    int a, b, mv;
    cin>>a>>b;
    mv=min(a, b);                   //函数调用
    cout<<"最小值为: "<<mv<<endl;
    return 0;
}
int min(int x, int y)               //函数定义：求两个数中的最小值
{
    return(x < y ? x : y );
}
```

上例中的原型声明也可以写成：

```
int min(int x, int y);
```

注意：在 C++ 中函数的原型声明是一个语句，其后的分号不可缺少；函数的原型声明可出现在程序中的任何位置，且对函数的原型声明次数没有限制，只要满足在调用函数之前进行函数的原型声明即可，但一般将函数的原型声明放在调用函数的开始部分。函数原型中可以只依次声明参数类型而不给出形参名的原因在 5.8 节变量的作用域中说明。

5.3.2　函数的传值调用

函数的调用形式如下：

```
<函数名> (实参列表)
```

其中，实参列表是由 0 个、1 个或多个实参构成的，多个参数之间用逗号分隔，每个参数是一个

表达式。即使实参列表中没有参数，括号也不能省略。实参是用来在调用函数时给形参初始化的，一般要求在函数调用时实参的个数和类型必须与形参的个数和类型一致，即个数相等，类型相同。实参对形参初始化是按其位置对应进行的，即第一个实参的值赋给第一个形参，第二个实参的值赋给第二个形参，以此类推。如例 5.2 中的值传递如图 5-1 所示。

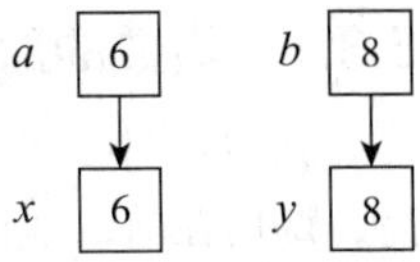

图 5-1 参数传递

相当于在函数参数传递时有“int x=a; int y=b;”。

使用传值调用方式时，实参可以是常量、变量和表达式。系统先计算实参表达式的值，再将实参的值按位置对应地赋给形参，即对形参进行初始化。因此传值调用的实现是系统将实参复制一个副本给形参，形参和实参分别占用不同的存储单元。在被调函数中，形参可以被改变，但这只影响形参的值，而不影响调用函数中实参的值。所以传值调用的特点是形参值的改变不影响实参。

下面举一个传值调用的例子。

例 5.5 理解传值调用。

```
#include <iostream>
using namespace std;
void swap(int x, int y)
{
    int t;
    t=x;   x=y; y=t;
    cout<<"x="<<x<<","<<"y="<<y<<endl;
}
int main()
{
    int a(4), b(5);    //等价于int a=4, b=5;
    swap(a, b);
    cout<<"a="<<a<<","<<"b="<<b<<endl;
    return 0;
}
```

运行结果如下：

```
x=5,y=4
a=4,b=5
```

从该程序的结果看，在 swap() 函数中，形参 x 和 y 的值交换了，而在 main() 函数中，实参 a 和 b 的值并没有发生变化，可见 swap() 函数中形参值的改变并没有影响实参 a 和 b 的值。

例 5.5 中形参和实参分别使用了不同的变量名，实际上实参与形参可以使用同名变量，虽然变量名相同，但它们分别代表了不同的变量，将例 5.5 修改成例 5.6，如下所示。

例 5.6 进一步理解传值调用。

```
#include <iostream>
using namespace std;
void swap(int a, int b)
{
    int t;
    t=a;   a=b;  b=t;
    cout<<"a="<<a<<","<<"b="<<b<<endl;
}
int main()
{
    int a(4), b(5);    //等价于int a=4, b=5;
    swap(a, b);
    cout<<"a="<<a<<","<<"b="<<b<<endl;
    return 0;
}
```

运行结果如下：

```
a=5,b=4
a=4,b=5
```

从例 5.6 可以看出形参的 a 与实参的 a、形参的 b 与实参的 b 虽然同名，但是它们是不同的变量。

下面通过一个实例说明函数的应用。

例 5.7　验证哥德巴赫猜想：一个大偶数可以分解为两个素数之和。试编程序将 96～100 之间的全部偶数分解成两个素数之和。

```
#include <iostream>
#include <cmath>
using namespace std;
bool prime(int a)                     //返回值类型为布尔类型
{
    int i, k;
    k=(int)sqrt(a);
    for (i=2; i<=k; i++)
        if (a%i==0)
            return false;
    return true;
}
int main()
{
    int a, b, m;
    for (m=96; m<=100; m=m+2)
        for (a=2; a<=m/2; a++)
            if (prime(a))
            {
                b=m-a;
                if (prime(b))
                {
                    cout<<m<<"="<<a<<"+"<< b<<endl;
                    break;        //如果没有break，则找出所有组合
                }
            }
    return 0;
}
```

运行结果如下：

```
96=7+89
98=19+79
100=3+97
```

5.3.3　函数的引用调用

如果想使形参的改变影响实参就不能使用传值调用，而应选用引用调用。引用是一种特殊类型的变量，可以认为是另一个变量的别名。通过引用名与通过被引用的变量名访问变量的效果相同。引用运算符 & 用来声明一个引用。例如：

```
int i, &r=i;
```

这里运算符 &. 用来声明为对变量的引用，其引用类型为 int。经过这样声明后，变量 i 与引用 r 代表的是同一个变量。因此，对引用的操作就是对原变量的操作。例如：

```
int i=10, &r=i;
r+=10;
```

其结果是变量 i 的值增加为 20。

C++ 引入引用的主要目的是为方便函数间数据的传递，在应用中主要是作为函数的参数。将例 5.5 改写为引用调用：

```
#include <iostream>
using namespace std;
void swap(int &x, int &y)
{
    int t;
    t=x; x=y; y=t;
    cout<<"x="<<x<<","<<"y="<<y<<endl;
}
int main()
{
    int a(4), b(5);
    cout<<"交换前： "<<endl;
    cout<<"a="<<a<<","<<"b="<<b<<endl;
    swap(a, b);
    cout<<"交换后： "<<endl;
    cout<<"a="<<a<<","<<"b="<<b<<endl;
    return 0;
}
```

运行结果如下：

```
交换前:
a=4,b=5
x=5,y=4
交换后:
a=5,b=4
```

程序运行结果表明实参 a、b 的内容交换成功。这是因为函数的参数是引用，所以在被调函数中直接对引用的变量进行操作。

5.3.4 函数的嵌套调用

C++ 语言的函数定义都是相互平行的、独立的。C++ 语言规定不能嵌套定义函数，但可以嵌套调用函数，所谓嵌套调用指的是在调用一个函数的过程中又调用另一个函数，如图 5-2 所示。

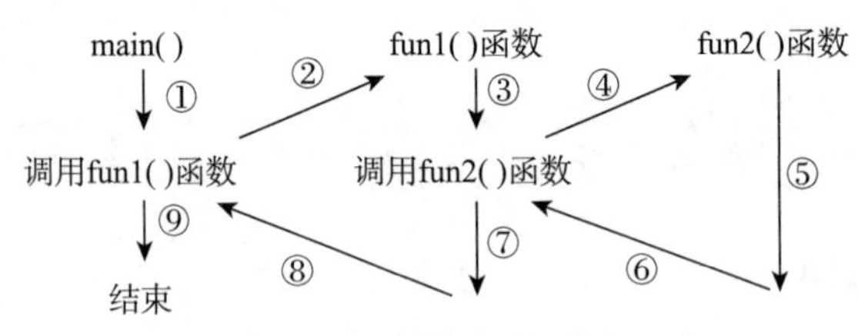

图 5-2 函数嵌套调用图示

图 5-2 表示的两层嵌套（包含 main() 函数共 3 层）的执行过程如下：

1）执行 main() 函数的开头部分。

2）遇调用函数 fun1() 的语句，流程转去执行 fun1() 函数。

3）执行 fun1() 函数的开头部分。

4）遇调用函数 fun2() 的语句，流程转去执行 fun2() 函数。

5）执行 fun2() 的函数体。

6）返回调用 fun2() 函数处，即返回 fun1() 函数。

7）继续执行 fun1() 函数尚未执行的部分，直到 fun1() 函数结束。

8）返回 main() 函数中调用 fun1() 函数处。

9）继续执行 main() 函数的剩余部分直到结束。

嵌套调用是经常使用的，下面举例说明函数的嵌套调用。

例 5.8　编写程序，求两个数 x、y 的最大公约数和最小公倍数。利用辗转相除法（又称殴几里得算法），步骤如下：

1）求 x 除以 y 的余数 r；

2）如余数 r 为 0，则 y 是最大公约数，算法结束，否则执行下一步；

3）将除数作为新的被除数，余数作为新的除数，即执行“x=y; y=r;”，转到步骤 1。

```
#include <iostream>
using namespace std;
int gcd(int x, int y)
{
    int r;
    while ((r=x%y)!=0)
    {       x=y;      y=r;    }
    return y;
}
int lcm(int x, int y)
{
    int d ;
    d=gcd(x, y);           //调用求最大公约数的函数
    return (x*y/d);
}
int main()
{
    int x, y, d, m;
    cout<<"请输入两个整数: ";
    cin>>x>>y;
    d=gcd(x, y);
    m=lcm(x, y);
    cout<<"最大公约数为:"<<d<<'\n';
    cout<<"最小公倍数为:"<<m<<'\n';
    return 0;
}
```

运行结果如下：

```
请输入两个整数: 21 28<Enter>
最大公约数为:7
最小公倍数为:84
```

程序中的 gcd() 和 lcm() 函数均是定义在调用之前，故没有进行单独的函数原型声明。

例 5.9　编写程序，输入 k 和 n，求出多项式 $\sum_{i=1}^{n} i^k$ 的值。

```
#include <iostream>
using namespace std;
int sum_of_power(int k, int n), power(int m, int n);     //声明函数的原型
int main()
{
    int k, n;
    cout<<"请输入k和n:";
    cin>>k>>n;
    cout<<"sum of "<<k<<" power of integers from 1 to "<<n<<"=";
    cout<<sum_of_power(k, n)<<endl;
```

```
    return 0;
}
int sum_of_power(int k, int n)
{
    int i, sum(0);
    for (i=1; i<=n; i++)
        sum+=power(i, k);
    return sum;
}
int power(int m, int n)
{
    int i, product(1);
    for(i=1; i<=n; i++)
        product*=m;
    return product;
}
```

运行结果如下：

```
请输入k和n: 5 10<Enter>
sum of 5 power of integers from 1 to 10=220825
```

例 5.10 用弦截法求方程 $x^4+4x^3-3x^2+5x+6=0$ 的根，方法如下所示。

1）确定求值区间，输入两个不同点 x_1、x_2，直到 $f(x_1)$ 和 $f(x_2)$ 异号为止，注意 x_1、x_2 的值不应相差太大，以保证（x_1, x_2）区间内只有一个根。

2）连接 $f(x_1)$ 和 $f(x_2)$ 两点，此线（称为弦）交 X 轴于 x，如图 5-3 所示。

x 点坐标可用下式求出：

$$x=\frac{x_1 f(x_2)-x_2 f(x_1)}{f(x_2)-f(x_1)}$$

再求出 $f(x)$。

3）若 $f(x)$ 与 $f(x_1)$ 同号，则根必在（x, x_2）区间内，此时将 x 作为新的 x_1。如果 $f(x)$ 与 $f(x_2)$ 同号，则表示根在（x_1, x）区间内，将 x 作为新的 x_2。

4）重复步骤 2 和步骤 3，直到 $|f(x)|<\varepsilon$ 为止，ε 为一个很小的数，如 10^{-6}，此时认为 $f(x)\approx 0$。

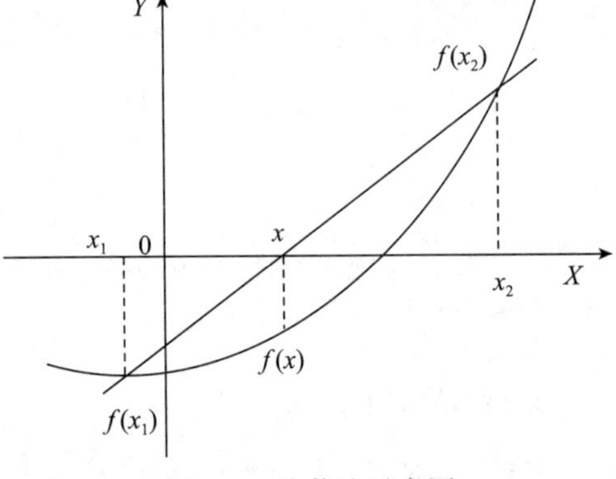

图 5-3 弦截法示意图

分别用以下几个函数来实现各部分的功能：

1）用函数 $f(x)$ 求 x 的函数：

$$x^4+4x^3-3x^2+5x+6=0$$

2）用函数 xpoint(x_1, x_2) 求 $f(x_1)$ 和 $f(x_2)$ 的连线与 X 轴的交点 x 的坐标。

3）用函数 root(x_1, x_2) 求 (x_1, x_2) 区间内的实根。显然执行 root() 函数过程中要用到函数 xpoint()，而执行 xpoint() 函数过程中要用到 $f()$ 函数。

```
#include <iostream>
#include <cmath>
using namespace std;
double f(double x);
double xpoint(double x1, double x2);
double root(double x1, double x2);
int main()                                    //主函数
{
    double x1, x2, x, f1, f2;
    do                                        //输入两个不同点x1、x2，直到f(x1)和f(x2)异号为止
    {
```

```
        cout<<"input x1, x2:"<<endl;
        cin>>x1>>x2;
        f1=f(x1);
        f2=f(x2);
    }while( (f1*f2)>0 );
    x=root(x1, x2);
    cout<<"A root of equation is "<<x<<endl;
    return 0;
}
double f(double x)                         //定义函数，求f(x)
{
    return ((((x+4.0)*x-3.0)*x+5.0)*x+6.0);
}
double xpoint(double x1, double x2)        //定义xpoint()函数，求出弦与X轴交点
{
    double y;
    y=(x1*f(x2)-x2*f(x1))/(f(x2)-f(x1));
    return y;
}
double root(double x1, double x2)          //定义root()函数，求近似根
{
    double x, y, y1;
    y1=f(x1);
    do
    {
        x=xpoint(x1, x2);
        y=f(x);
        if ( y*y1>0 )
        {
            y1=y;
            x1=x;
        }
        else
            x2=x;
    }while( fabs(y)>=1e-6);
    return x;
}
```

运行结果如下：

```
input x1, x2:
10 -2<Enter>
A root of equation is -0.692532
```

从例 5.10 可以看到：

1）在定义函数时，函数名为 f、xpoint、root 的 3 个函数是相互独立的，并不相互从属，这 3 个函数均定义为双精度型。

2）在 main() 函数前对这 3 个函数进行了原型声明。

3）程序从 main() 函数开始执行。先执行一个 do…while 循环，作用是：输入 x1 和 x2，判别 f(x1) 和 f(x2) 是否异号，如果不异号则重新输入 x1 和 x2，直到满足 f(x1) 与 f(x2) 异号为止。然后调用 root(x1, x2) 函数求根 x。调用 root() 函数过程中，要调用 xpoint() 函数求 f(x1) 与 f(x2) 连线的交点 x。在调用 xpoint() 函数过程中要调用函数 f() 求 x1 和 x2 的函数值 f(x1) 和 f(x2)。这就是函数的嵌套调用，如图 5-4 所示。

4）在 root() 函数中要调用求绝对值的函数 fabs()，它是对实型数求绝对值的标准数学库函数。因此在文件开头有 #include<cmath>，即把数学库函数的函数原型声明等信息包含进来。

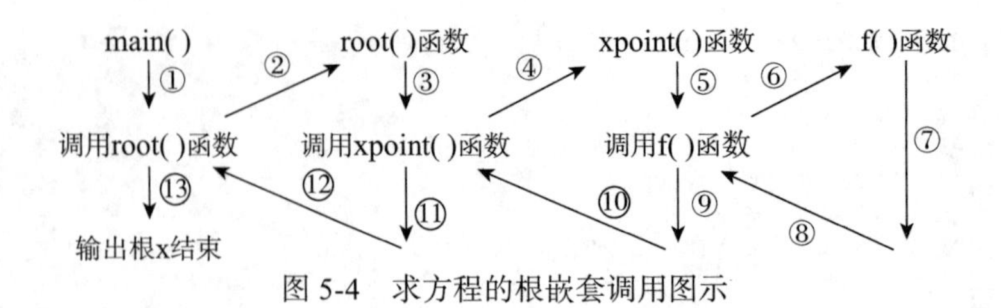

图5-4 求方程的根嵌套调用图示

5.3.5 函数的递归调用

在一个函数的执行过程中直接或间接地调用该函数本身，称为函数的递归调用。C++ 语言中允许函数的递归调用。

在调用函数 f() 的过程中，又要调用 f() 函数，这是直接调用本函数，称为直接递归调用，如图 5-5 所示。在调用函数 f1() 的过程中要调用函数 f2()，而在函数 f2() 的执行过程中又要调用函数 f1()，这是间接调用函数 f1()，称为间接递归调用，如图 5-6 所示。

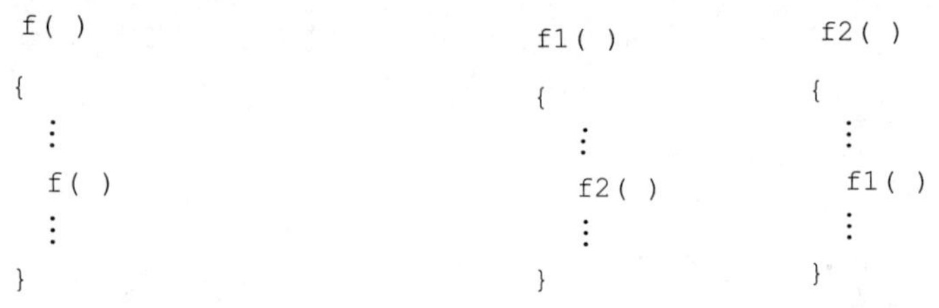

图5-5 函数的直接递归调用　　图5-6 函数的间接递归调用

程序中不应该出现无终止的递归调用，而只应出现有限次的、有终止的递归调用，这可以用 if 语句来控制，只有在某一条件成立时才继续执行递归调用，否则就不再继续。下面举例说明递归调用的过程。

例 5.11 递归计算 $n!$ 的函数，其中 $n!$ 可以递归地描述为：

$$n!=\begin{cases} \text{非法} & n<0 \\ 1 & n=0 \text{ 或 } n=1 \\ n(n-1)! & n>1 \end{cases}$$

```
#include <iostream>
using namespace std;
float fac(int);
int main()
{
    int n;
    float y;
    cout<<"input an integer number:"<<endl;
    cin>>n;
    y=fac(n);
    if(n>=0) cout<<n<<"!="<<y<<endl;
    return 0;
}
float fac(int n)    //该函数求n!
{
    float f;
    if (n<0)
    {   cout<<"n<0, data error!"<<endl;
        return (-1);
    }
    else if (n==0||n==1) f=1;
```

```
    else f=fac(n-1)*n;
    return f;
}
```

运行结果如下：

```
input an integer number:
4<Enter>
4!=24
```

递归调用的具体过程如图 5-7 所示。

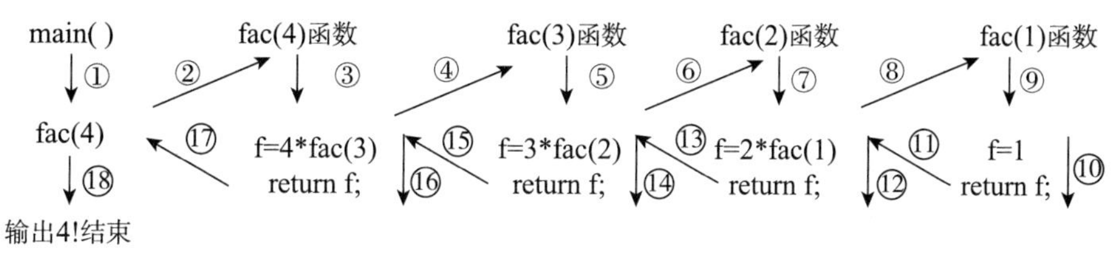

图 5-7　求 $n!$ 的递归调用图示

例 5.12　用递归实现求两个数的最大公约数。用前面介绍的辗转相除法，求两个数的最大公约数的过程可以递归地描述为：

$$\gcd(a, b)=\begin{cases} b & a\%b=0 \\ \gcd(b, a\%b) & a\%b\neq 0 \end{cases}$$

```
#include <iostream>
using namespace std;
int gcd(int, int);      //在所有函数外进行函数原型声明
int main()
{
    int a, b, d;
    cout<<"输入两个整数a, b"<<endl;
    cin>>a>>b;
    d=gcd(a, b);
    cout<<a<<"和"<<b<<"的最大公约数为: "<<d<<endl;
    return 0;
}
int gcd(int a, int b)
{
    if(a%b==0)
        return b;
    else
        return gcd(b, a%b);
}
```

运行结果如下：

```
输入两个整数a, b
24  32<Enter>
24和32的最大公约数为: 8
```

例 5.13　汉诺塔（Tower of Hanoi）问题。问题是：古代有一个梵塔，塔内有 3 根钻石做的柱子，其中 1 根柱子上有 64 个金子做的盘子。64 个盘子从下到上按照由大到小的顺序叠放。僧侣的工作是把这 64 个盘子从第 1 根柱子移动到第 3 根柱子上，移动的规则如下：

1）每次只能移动一个盘子。

2）移动的盘子必须放在其中一根柱子上。

3）大盘子在移动过程中不能放在小盘子上。

本例的目标是编写一个程序，该程序可以输出将盘子从第1根柱子转移到第3根柱子的过程中每一步移动的顺序。下面用递归来思考：

1）考虑第1根柱子上只有1个盘子的情况，这样盘子可以从第1根柱子直接移动到第3根柱子上。

2）考虑第1根柱子上有2个盘子的情况：

① 将第1个盘子从柱子1移动到柱子2上。

② 将第2个盘子从柱子1移动到柱子3上。

③ 将第1个盘子从柱子2移动到柱子3上。

3）考虑第1根柱子包含3个盘子的情况，这样一直推广到64个盘子的情况（实际上，可以推广到任意数目的盘子）。

假设柱子1上有3个盘子：

① 为了将盘子3移动到柱子3上，前两个盘子必须先移动到柱子2上。

② 将盘子3从柱子1移动到柱子3上。

③ 为了将前两个盘子从柱子2移动到柱子3上，使用如上相同的策略。这一次要将柱子1作为中间柱子。

将这个问题推广到64个盘子的情形：

① 将上面的63个盘子从柱子1移动到柱子2上。

② 再将盘子64从柱子1移动到柱子3上。

③ 现在，前面的63个盘子都在柱子2上。为了将盘子63从柱子2移动到柱子3上，首先要将前62个盘子从柱子2移动到柱子1上，接着再将盘子63从柱子2移动到柱子3上。按照相似的过程移动剩下的62个盘子。

经过上面的讨论，得到该递归算法如下：

假设第1根柱子上有 n 个盘子，并且 $n \geq 1$。

1）以柱子3作为中间柱子，将前 $n-1$ 个盘子从柱子1移动到柱子2上。

2）将盘子 n 从柱子1移动到柱子3上。

3）以柱子1作为中间柱子，将前 $n-1$ 个盘子从柱子2移动到柱子3上。

```
#include <iostream>
using namespace std;
void hanoi(int, char, char, char);
void move(char, char);
int main()
{
    int m;
    cout<<"input the number of diskes:"<<endl;
    cin>>m;
    cout<<"The step to moving " <<m<<" diskes:\n";
    hanoi(m, 'A', 'B', 'C');
    return 0;
}
void hanoi( int n, char one, char two, char three)
{
    if (n==1)
        move(one, three);
    else
    {
        hanoi(n-1, one, three, two);
        move(one, three);
        hanoi(n-1, two, one, three);
```

```
    }
}
void move(char getone, char putone)
{
    cout<<getone<<"-->"<<putone<<endl;
}
```

运行结果如下：

```
input the number of diskes:
3<Enter>
The step to moving 3 diskes:
A-->C
A-->B
C-->B
A-->C
B-->A
B-->C
A-->C
```

请读者自己分析例 5.12 和例 5.13 中递归调用的执行过程。

何时采用递归解决问题呢？要满足如下两个条件：

1）能减小问题规模。可把要解决的问题转化为一个新的问题，而新的问题的解法仍与原来的解法相同，只是所处理的对象有规律地递增或递减，如“ n!=n*(n-1)!”，可应用这个转化过程使问题得到解决。

2）能确定终结条件。必须有一个明确的结束递归的条件，如 n==0||n==1 时，阶乘的值为 1。

需要说明的是，对于同一个问题既可采用循环解决，又可采用递归解决时，采用循环的效率要高于递归，因为递归需要大量的额外开销。

5.4　函数的参数

5.4.1　函数实参的求值顺序

当一个函数带有多个参数时，标准 C++ 语言没有规定在函数调用时实参的求值顺序，而由编译器根据对代码进行优化的需要自行规定对实参的求值顺序。有的编译器规定自左至右，有的编译器规定自右至左，这种对求值顺序的不同规定，对一般参数来讲没有影响。但是，如果实参表达式中存在带有副作用的运算符时，就有可能产生由于求值顺序不同而造成的二义性。例如，下面是一个由于使用不同求值顺序的编译器造成二义性的例子。

例 5.14　使用不同求值顺序的编译器造成二义性。

```
#include <iostream>
using namespace std;
int fun(int a, int b)
{
    return b;
}
int main()
{
    int x(5),y(6);
    int z=fun(--x, x+y);
    cout<<z<<endl;
    return 0;
}
```

该程序中，调用如下表达式：

```
z=fun(--x, x+y);
```

其中，实参是两个表达式 --x 和 x+y。如果编译器对实参求值顺序是自左至右的，x+y 的值为 10，结果 z 的值也为 10。如果编译器对实参求值顺序是自右至左的，x+y 的值为 11，z 的值也为 11。z 的值由于实参值的不同，调用 fun() 函数后返回值也不同，于是造成了在不同编译器下输出不同的结果。克服这种二义性的方法是改变 fun() 函数中两个实参的写法，尽量避免二义性的出现。如 main() 函数可改写如下：

```
int main()
{
    int x(5), y(6);
    int w=--x;
    int z=fun(w, x+y);
    cout<<z<<endl;
    return 0;
}
```

可见，修改程序后，对函数 fun() 的两个实参表达式，无论怎样的求值顺序结果都是一样的。这样就避免了二义性的出现。

5.4.2 函数形参的默认值

在 C++ 语言中，允许在函数定义或声明时给一个或多个形参指定默认值（也称为缺省值）。但是，要求指定了默认值的形参后，其右边不能出现没有指定默认值的形参，即默认值集中在形参列表的右边。默认值可以是常量、全局变量或函数调用，不能指定引用参数的默认值。例如：

```
int fun1(int a, int b=1, int c=2);        //合法
int fun1(int a=1, int b, int c=2);        //不合法
int fun1(int a, int b=1, int &c=2);       //不合法
```

在函数调用时，编译器按自左至右的顺序将实参与形参结合，当实参的数目不足时，编译器将按同样的顺序用定义中或声明中的默认值来补足所缺少的实参。例如，对定义“int fun1(int a, int b=1, int c=2)”，下列 3 种调用方式是等价的：

```
fun1(3);
fun1(3, 1);
fun1(3, 1, 2);
```

例 5.15 设置函数参数的默认值。

```
#include <iostream>
using namespace std;
void fun(int x=1, int y=2, int z=3)
{
    cout<<"x="<<x<<","<<"y="<<y<<","<<"z="<<z<<endl;
}
int main()
{
    fun();
    fun(5);
    fun(5, 6);
    fun(5, 6, 7);
    return 0;
}
```

运行结果如下：

```
x=1, y=2, z=3
```

```
x=5, y=2, z=3
x=5, y=6, z=3
x=5, y=6, z=7
```

该程序中在函数定义时设置了形参的默认值，而在调用该函数时，有的无实参，有的实参数目不足，有的实参数目与形参数目相等，在此分若干不同情况来说明默认值的使用。

如果函数定义在后，主调函数在前，则应在主调函数的函数原型声明中指定默认值，如对例 5.15 中函数的原型声明为“void fun(int x=1, int y=2, int z=3);”，函数定义时则不再指定参数默认值。同一个函数在同一个文件的不同调用函数中可以设置不同的默认值，比如：

```
int f1(…)
{
    …
    int fun(int x=0, int y=0);
    …
}
int f2(…)
{
    …
    int fun(int x=10, int y=10);
    …
}
int fun(int x, int y)
{    …    }
```

那么在函数 f1() 中调用 fun() 函数的默认值 x 为 0、y 为 0，而在函数 f2() 中调用 fun() 函数的默认值 x 为 10、y 为 10。

5.5　内联函数

函数调用会降低程序的执行效率，因为调用函数实际上是将程序执行顺序转到被调函数去执行，函数执行完毕后，再返回调用函数继续执行。这种转移操作在转去前要保护现场并记忆执行的地址，转回后先要恢复现场，然后继续执行。因此，函数调用要花费一定的时间和空间开销，会影响其效率。特别是对一些函数体代码不是很大，但又频繁地被调用的函数来说，解决其效率问题尤为重要，C++ 中引入内联函数就是为了解决这一问题。

编译程序处理内联函数的方法是将程序中出现的内联函数的调用替换为内联函数的函数体语句。显然，将函数体的代码替换到程序中，会增加目标程序代码量，进而增加程序空间的开销，但它可以避免函数调用的时间开销，因此它是以空间代价来换取时间代价的。

内联函数的定义方法很简单，只要在函数定义前加上关键字 inline 即可。例如：

```
inline int min(int x, int y)
{
    return(x < y ? x : y);
}
```

其中 inline 是关键字，函数 min() 是一个内联函数。

例 5.16　编程求 4、8、12 三个数的立方。

```
#include <iostream> //理解内联函数
using namespace std;
inline int cube(int x)
{
    return(x*x*x);
}
int main()
```

```
{
    int c;
    c=cube(4);
    cout<<4<<"*"<<4<<"*"<<4<<"="<<c<<endl;
    c=cube(8);
    cout<<8<<"*"<<8<<"*"<<8<<"="<<c<<endl;
    c=cube(12);
    cout<<12<<"*"<<12<<"*"<<12<<"="<<c<<endl;
    return 0;
}
```

运行结果如下：

```
4*4*4=64
8*8*8=512
12*12*12=1728
```

该程序中，函数 cube() 是一个内联函数，其特点是该函数在编译时被替换，而不是像一般函数那样在运行时被调用。

内联函数具有一般函数的特性，它与一般函数所不同之处仅在于函数调用的处理。一般函数进行调用时，要将程序执行转到被调函数中，然后再返回到调用它的函数中；内联函数不存在函数调用，在程序执行前内联函数的调用语句已被函数体替换。在使用内联函数时，应注意以下几点：

1）在内联函数内不允许出现循环语句、switch 语句及复杂嵌套的 if 语句。如果内联函数中出现这些语句，则编译系统将该函数视同普通函数。

2）内联函数的定义必须出现在内联函数第一次被调用之前。形参和实参的关系与一般的函数相同。

3）对于用户指定的内联函数，编译器是否作为内联函数来处理由编译器自行决定。定义内联函数时，只是请求编译器当出现这种函数时，作为内联函数的扩展来实现，而不是命令编译器这样做。

4）内联函数的实质是用空间来换取时间的方法，当出现多次调用同一内联函数时，程序本身占用的空间将有所增加。

5.6 函数重载

所谓函数重载是指同一个函数名可以对应着多个函数的实现。例如，可以给函数名 add() 定义多个函数实现，如一个函数实现是求两个整数之和，另一个实现是求两个实数之和，再一个实现是求两个复数之和。每种实现对应着一个函数体，这些函数的名字相同，但是函数的参数类型不同，这就是函数重载的概念。

函数重载要求编译器能够唯一地确定调用一个函数时应执行哪个函数代码，即采用哪个函数实现。确定函数实现时，要求从函数参数的个数和类型来区分。这就是说，进行函数重载时，要求同名函数的参数个数不同，或参数类型不同，或是否为常成员函数，这里只介绍前两种重载，第三种形式的函数重载在 11.3 节中介绍。

5.6.1 参数类型不同的重载函数

下面举例说明参数类型不同的函数重载。

例 5.17 求两个数之和。

```
#include <iostream>
using namespace std;
int add(int, int);
```

```
double add(double, double);
int main()
{
    cout<<add(2, 3)<<endl;
    cout<<add(2.0, 3.5)<<endl;
    return 0;
}
int add(int x, int y)
{
    return(x+y);
}
double add(double x, double y)
{
    return(x+y);
}
```

在该程序中，main() 函数中调用相同名字 add 的两个函数，前面一个 add() 函数对应的是两个 int 型数据求和的函数实现，而后面一个 add() 函数对应的是两个 double 型数据求和的函数实现。这便是函数重载。

该程序的运行结果如下：

```
5
5.5
```

5.6.2　参数个数不同的重载函数

下面举例说明参数个数不同的函数重载。

例 5.18　求几个 int 型数中最大者。

```
#include <iostream>  //参数个数不同的重载函数
using namespace std;
int max(int a, int b);
int max(int a, int b, int c);
int main()
{
    cout<<max(5, 8)<<endl;
    cout<<max(10, 4, 20)<<endl;
    return 0;
}
int max(int a,int b)
{
    return (a>b?a:b);
}
int max(int a, int b, int c)
{
    int m=a;
    if(b>m) m=b;
    if(c>m) m=c;
    return m;
}
```

该程序中出现了函数重载，函数名 max 对应两个不同的实现，函数的区分是依据参数个数的不同，这里的两个函数实现中，参数个数分别为 2 和 3，在使用函数时根据实参的个数来选取不同的函数实现。

5.7　使用 C++ 系统函数

C++ 的编译系统提供了很多函数供编程者调用。本节将介绍使用系统函数的方法。

C++ 将系统函数的原型声明分类放在不同的 .h 文件（又称为头文件）中。标准 C++ 的头文件有扩展名 .h，而 ANSI/ISO 标准 C++ 中的头文件没有扩展名。另外，在 ANSI/ISO 标准 C++ 中某些头文件在原有头文件的名字（如 math.h）前面添加了字母 c。C++ 语言起源于 C 语言，所以某些头文件是从 C 语言引入的，如 math.h、stdlib.h 和 string.h，另一些头文件是为 C++ 设计的，如 iostream.h、iomanip.h 和 fstream.h。在 ANSI/ISO 标准 C++ 中，为了使用命名空间（Namespace）机制，所有头文件都进行了修改，使得标识符的声明只在一个名为 std 的命名空间中。在 ANSI/ISO 标准 C++ 中，抛弃了那些专为 C++ 设计的头文件的 .h 扩展名，而那些从 C 引入 C++ 的头文件的 .h 扩展名也被抛弃并在名字前添加字母 c。

有关数学常用函数，如求绝对值函数、平方根函数和三角函数等，放在 math.h 文件中；判断字母、数字、大写字母、小写字母等函数放在 ctype.h 文件中；有关字符串处理函数放在 string.h 文件中；等等。因此，编程者在使用系统函数时应注意以下几点：

1）了解 C++ 系统提供了哪些系统库函数。不同的 C++ 编译系统所提供的系统函数不同；同一种 C++ 编译系统的不同版本所提供的系统函数的多少也不一定相同。只有了解系统所提供的系统函数后，才能根据需要选用。

阅读 C++ 编译系统的使用手册可以了解该系统所提供的系统函数，手册中会给出各种系统函数的功能、函数的参数和返回值以及函数的使用方法。另外，也可以通过联机帮助了解一些系统函数的简单情况。

2）必须知道某个系统函数的原型声明在哪个头文件中。因为要调用某个系统函数，应将该系统函数的原型声明所在的头文件包含在调用的程序中，否则将出现连接错误。例如，当使用 sqrt() 函数求某个数的平方根时，就需要在程序中包含 math.h 头文件。

3）调用一个函数时，一定要将该函数的功能、函数的返回值及各参数的含义弄清楚，否则难以正确调用该函数。

例 5.19 将输入的 3 个字符转换成大写字符后输出。

```
#include <iostream>
#include <cctype>
using namespace std;
#define N 3
int main()
{
    int i;
    char c;
    for(i=0;i<N;i++)
    {
        cin>>c;
        if(islower(c))      //判断字符c是否是小写字符，是小写字符返回1，否则返回0
            c-='a'-'A';     //或c-=32;
        cout<<c<<'\t';
    }
    cout<<endl;
    return 0;
}
```

因为这里使用了 islower() 函数，所以要包含 ctype.h 头文件。islower() 函数用于判断参数字符 c 是否是小写字符，若是则返回 1，否则返回 0。

5.8 作用域和存储类别

作用域即作用范围，它是指所定义的标识符在哪一个区间内有效，即在哪一个区间内可以使用。在程序中出现的各种标识符，它们的作用域是不同的。C++ 的作用域分为 5 种：块作用域、文件作用域、函数原型作用域、函数作用域和类作用域。类作用域在以后相关章节介绍，本节只介绍前 4 种作用域。

存储类别决定了何时为变量分配存储空间及该存储空间所具有的特征。在定义变量时，指定变量的存储类别。

5.8.1 作用域

标识符只能在声明它或定义它的范围内进行存取，而在该范围之外不可以进行存取。下面逐一介绍这 4 种作用域。

1. 块作用域

C++ 中把用花括号括起来的一部分程序称为块。在一个块中定义的标识符，其作用域从定义点开始到该块结束为止。例如：

```
float f1(int a)                                  //函数f1()
{
    int b, c;          a,b,c有效
    …
}
char f2(int x, int y)                            //函数f2()
{
    int b, c;
    int i, j;                x,y,b,c,i,j 有效
…
}
int main()                                       //主函数
{
    int m, n;          m,n 有效
    …
}
```

在一个函数内部定义的变量或在一个块中定义的变量称为局部变量，如上例中的所有变量均为局部变量。

例 5.20 分析下列程序的输出结果。

```
#include <iostream>
using namespace std;
void swap(int a, int b)
{
    cout<<"(2)"<<a<<'\t'<<b<<'\t'<<endl;
    if(a<b)
    {
        int t;     //t是局部变量，退出该复合语句，则t不能使用
        t=a;       a=b;    b=t;
    }
    cout<<"(3)"<<a<<'\t'<<b<<'\t'<<endl;
}
int main()
{
    int a, b;
    cout<<"请输入两个整数："<<endl;
    cin>>a>>b;
    cout<<"(1)"<<a<<'\t'<<b<<'\t'<<endl;
    swap(a,b);
    cout<<"(4)"<<a<<'\t'<<b<<'\t'<<endl;
    return 0;
}
```

运行结果如下：

```
请输入两个整数:
10 20<Enter>
(1)10    20
(2)10    20
(3)20    10
(4)10    20
```

说明：

1）形参是局部变量。例如，swap() 函数中的形参 a、b 只是在 swap() 函数内有效，其他函数不能使用。

2）主函数 main() 中定义的局部变量 a、b 只在主函数中有效，swap() 函数中定义的 a、b 只在 swap() 函数中有效。尽管它们的名字相同，但代表不同的对象，在内存中占用不同的存储单元，互不干扰。

3）具有块作用域的标识符在其作用域内，将屏蔽在本块有效的同名标识符，即局部定义优先。下面的例子说明了局部变量同名时局部定义优先。

例 5.21 理解局部定义优先。

```
#include <iostream>
using namespace std;
int main()
{
    int a=1, b=2;
    ++a;
    ++b;
    {
        int b=4, c;
        c=a+b;          //c只能在该复合语句内使用
        cout<<"a="<<a<<", "<<"b="<<b<<", "<<"c="<<c<<endl;
    }
    cout<<"a="<<a<<", "<<"b="<<b<<endl;
    return 0;
}
```

（图中标注：内层复合语句为"块 B"，整个 main 函数体为"块 A"）

根据以上规则，块 B 中定义的变量 b 屏蔽了块 A 内的变量 b。因此在块 B 内使用变量 b 是本块内定义的变量 b，而不是块 A 内定义的变量 b。一旦退出块 B，块 B 内定义的变量 b、c 就不存在了。因此程序运行结果如下：

```
a=2, b=4, c=6
a=2, b=3
```

4）在 for 语句中定义的循环控制变量具有块作用域，在有的编译系统中其作用域是从定义处开始到该 for 语句所在的块结束为止，而不是仅仅作用于 for 语句；而有的编译系统仅仅作用于 for 语句。例如：

```
int main()
{
    …
    for(int i=0; i<10; i++)
        cout<<i<<'\t';
    cout<<"i="<<i<<endl;  //A
    return 0;
}
```

在有的编译系统中 A 行不出错，有的编译系统 A 行则出错，请读者根据不同的编译器进行具体分析。

这种变量的定义不同于在循环体内定义的变量。又如：

```
#include <iostream>
using namespace std;
int main(void)
{
    for(int i=0; i<10; i++)
    {
        int j=0;                          //A
        cout<<++j<<'\t';
    }                                     //B
    return 0;
}
```

其运行结果如下：

```
1    1    1    1    1    1    1    1    1    1
```

因为变量 j 的作用域为从 A 行开始到 B 行结束，每一次循环开始时，都是重新为变量 j 分配存储空间，而执行到 B 行时，结束变量 j 的作用域，变量 j 不复存在。所以尽管在循环体内每一次都对 j 加 1，但输出的值均为 1。

2. 文件作用域

文件是 C++ 的编译单位。在所有函数外定义的标识符具有文件作用域，其作用域从定义点开始，一直延伸到本文件结束。

在函数外定义的变量或用 extern 声明的变量称为全局变量。全局变量的默认作用域是：从定义全局变量的位置开始到该源程序文件结束，即符合标识符先定义后使用的原则。当全局变量出现先引用后定义时，要用 extern 对全局变量进行外部声明，其方法在 5.8.3 节中介绍（例 5.25）。当在块作用域内的变量与全局变量同名时，局部变量定义优先。在块作用域内可通过作用域运算符“::”来引用与局部变量同名的全局变量。

例 5.22　在块作用域内引用文件作用域的同名变量。

```
#include <iostream>
using namespace std;
int i=10;
int main()
{
    int i, j=5;
    i=20;                    //访问局部变量i
    ::i=::i+4;               //访问全局变量i
    j=::i+i;                 //访问全局变量i和局部变量i、j
    cout<<"::i="<<::i<<endl;
    cout<<"i="<<i<<endl;
    cout<<"j="<<j<<endl;
    return 0;
}
```

运行结果如下：

```
::i=14
i=20
j=34
```

3. 函数原型作用域

在函数原型的参数列表中声明的参数名，作用域只在该函数原型内，称为函数原型作用域。因此，在函数原型中声明的标识符可以与函数定义中声明的标识符不同。由于所声明的标识符与该函数的定义及调用无关，因此可以在函数原型声明中只作参数的类型声明，而省略参数名。例如：

```
float max(float a, float b);              //函数max()的原型声明
…
float max(float x, float y)               //函数max()的定义
{
    …
}
```

由于可以省略函数原型声明中的参数名，因此函数 max() 的原型声明也可以写成：

```
float max(float, float);
```

4. 函数作用域

作为 goto 语句转移目标的标志，标号具有函数作用域。在本函数内所给出的标号，无论它在什么地方，都可以用语句 goto 引用它。但是不能用 goto 语句把流程转到其他函数体内。语句标号是唯一具有函数作用域的标识符。例如：

```
void f1()
{
    {
        label1: …
    }
    …
    if(…) goto label1;                    //合法
    if(…) goto label2;                    //A 非法
}
void f2()
{
    label2: …
}
int main()
{
    …
}
```

编译时，指出 A 行的标号 label2 没有定义。

由于结构化程序设计中一般不主张使用 goto 语句，因此平时一般是不会遇见具有函数作用域的标识符的。

5.8.2 存储类别

前面已经介绍了从变量的作用域角度来分，可以分为全局变量和局部变量。而从变量值存在的时间角度来分，可以分为静态存储变量和动态存储变量。存储类别规定了变量在整个程序运行期间的存在时间（即生存期）。

一个 C++ 源程序经编译和连接后，产生可执行程序。要执行该程序，系统必须为程序分配内存空间，并将程序装入所分配的内存空间内。一个程序在内存中占用的存储空间可以分为 3 个部分：程序区、静态存储区和动态存储区，如图 5-8 所示。

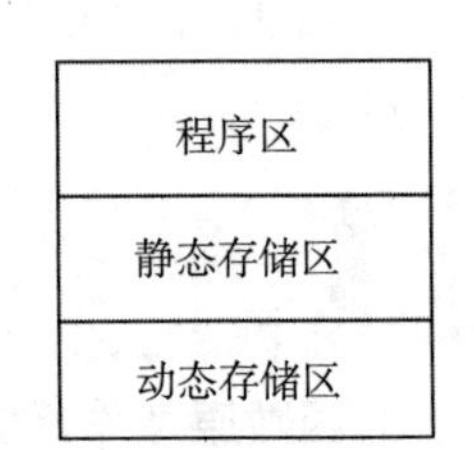

图 5-8 程序在内存占用的存储空间

程序区用来存放可执行程序的程序代码。变量一般存储在静态存储区和动态存储区中。分配在静态存储区中的变量为静态变量，分配在动态存储区中的变量为动态变量。将变量存放在哪个区中是由变量的存储类别所决定的，而存储类别是由程序设计者根据程序设计的需要指定

的。下面分别介绍局部变量和全局变量的存储类别。

1. 局部变量的存储类别

在 C++ 中，局部变量的存储类别有以下 3 种：

- auto（自动）
- static（静态）
- register（寄存器）

在定义变量时，存储类别说明符应放在数据类型说明符之前。格式如下：

```
[<存储类别>] <数据类型> <标识符>[=<初始化表达式>];
```

（1）自动变量（auto）

自动变量被分配在动态存储区中。函数的形参和块作用域中定义的变量都属此类。在程序执行期间，当执行到变量作用域开始处时，系统动态地为变量分配存储空间，而当执行到作用域结束处，系统收回这种变量所占用的存储空间。自动变量用关键字 auto 作存储类别说明。例如：

```
int f(int a)
{
    auto int b, c=2;        //定义b、c为自动变量
    …
}
```

关键字“auto”可以省略，即变量的默认存储类别是 auto。在本节之前介绍的函数以及函数形式参数中定义的变量都没有存储类别说明，默认为自动变量。在本例的函数体中，“auto int b, c=2;”与“int b, c=2;”等价。

注意：对于自动变量，若没有明确地赋初值，其初值是不确定的。如上例中的 b 没有确定的初值。

（2）静态变量（static）

静态局部变量被分配在静态存储区中。有时希望函数中的局部变量的值在函数调用结束后不消失而保留原值，即占用的存储单元不释放，在下一次调用该函数时，该变量已有值，就是上一次函数调用结束时的值。这时就应该指定该局部变量为“静态存储类别”，用关键字 static 进行声明。下面通过例子说明它的特点。

例 5.23　考察静态局部变量的值。

```
#include <iostream>
using namespace std;
int fun (int x)
{
    static int a=3;
    a+=x;
    return a;
}
int main()
{
    int k=2, m=1, n;
    n=fun(k);
    cout<<"first: n="<<n<<endl;
    n=fun(m) ;
    cout<<"second: n="<<n<<endl;
    return 0;
}
```

运行结果如下：

```
first: n=5
second: n=6
```

在第一次调用函数 fun() 时 a 的初值为 3，第一次调用结束时，a 的值为 5。由于 a 是静态局部变量，在函数调用结束后，系统并不释放变量的空间，仍保留 a=5，则在第二次调用 fun() 函数时，a 的初值为 5（上次调用结束时的值）。

对静态局部变量的几点说明如下：

1）静态局部变量属于静态存储类别，在静态存储区内分配存储单元。在程序整个运行期间始终存在。

2）静态局部变量只初始化一次，在程序运行时它的值始终存在。以后每次调用函数时不再重新分配空间和赋初值，而保留上次函数调用结束时的值。而自动变量赋初值是在函数调用时进行的，每调用一次函数会重新分配空间并赋一次初值。

3）静态局部变量默认初值为 0（对数值型变量）或空字符 '\0'（对字符型变量）。

4）虽然静态局部变量在函数调用结束后仍然存在，但其他函数不能引用它。

若要保留函数上一次调用结束时的值，则需要用静态局部变量。例如，用例 5.24 的方法求 $n!$。

例 5.24 打印 1 到 5 的阶乘值。

```
#include <iostream>
using namespace std;
int fac(int n);
int main()
{
    int i;
    for (i=1; i<=5; i++)
    cout<<i<<"!="<<fac(i)<<endl;
    return 0;
}
int fac(int n)
{
    static int f=1;
    f=f*n;
    return(f);
}
```

运行结果如下：

```
1!=1
2!=2
3!=6
4!=24
5!=120
```

每次调用 fac(i)，打印出一个 i!，同时保留这个 i! 的值以便下次再乘 i+1。

如果将上例中的 static 去掉，程序运行结果变为：

```
1!=1
2!=2
3!=3
4!=4
5!=5
```

显然结果是不正确的。原因是将变量 f 声明成自动变量后，每调用一次 fac() 函数，变量 f 都重新赋值为 1。

由于多次调用后无法控制静态局部变量的值，因此建议编程时不用。

（3）寄存器变量（register）

一般情况下，变量的值存放在内存中。当程序中用到一个变量的值时，由控制器发出指令将内存中该变量的值送到运算器的寄存器中进行运算，如果需要保存数据，再将寄存器中的数据送到内存中。

如果有一些变量使用频繁，则为了节省时间，可以将这些变量存放在 CPU 的寄存器中。

```
int fac(register int n)
{
    register int f=1, i;
    for(i=1; i<=n; i++)
        f*=i;
    return f;
}
```

由于寄存器的存取速度远远快于内存的存取速度，因此这样做可以提高执行效率。这种变量叫作“寄存器变量”，用关键字 register 说明。

对寄存器变量的具体处理方式随不同的计算机系统而变化，有的机器把寄存器变量作为自动变量处理，而有的机器限制寄存器变量的个数。由于没有为寄存器变量分配内存空间，所以不能用来长期保存变量的值。

2. 全局变量的存储类别

全局变量（即外部变量）是在所有函数的外部定义的，它的作用域为从变量的定义处开始，到本程序文件的末尾结束。在此作用域内，全局变量可以为程序中各个函数所引用。全局变量均为静态存储，即编译时将外部变量分配在静态存储区，在程序执行期间，对应的存储空间不会释放。如果在定义一个全局变量时赋初值，则系统在给它分配空间时为它赋初值。如果在定义一个全局变量时没有赋初值，那么系统在给它分配空间时，将它初始化为 0。

5.8.3　全局变量的作用域的扩展和限制

全局变量的作用域是从定义处到源文件结束处。但是，可以使用修饰词 extern 和 static 对其作用域进行扩展和限制。extern 用于扩展全局变量的作用域，static 用于限制全局变量的作用域。

1. 全局变量作用域的扩展

extern 有以下两种使用方式。

（1）将全局变量的作用域扩展到其定义之前

如果全局变量不在文件的开头定义，其作用范围只限于从定义处到文件尾部。如果在定义点之前的函数想引用该变量，则应该在引用之前用关键字 extern 对该变量作引用声明，以扩展全局变量的作用域，表示该变量是一个已经定义的全局变量。有了此声明，就可以从声明处起，合法地使用该全局变量。

例 5.25　用 extern 声明全局变量，扩展全局变量的作用域。

```
#include <iostream>
using namespace std;
int min(int a, int b)                          //定义min()函数
{
    int c ;
    c=a<b?a:b ;
    return(c);
}
int main()
{
    extern int a, b;                           //A 声明全局变量
```

```
    cout<<min(a, b)<<endl;
    return 0;
}
int a=3, b=5;                                    //B 定义全局变量
```

在本程序文件的B行定义了全局变量a、b并且位置在函数main()之后。在main()函数的A行用extern对a、b进行引用声明，表示a、b是已经定义的全局变量，这样在main()函数中就可以合法地使用全局变量a、b。如果不用extern声明，编译时会出错，因为系统认为a、b未定义。一般做法是将全局变量的定义放在引用它的所有函数之前，这样可以避免在函数中再加一个extern声明。

（2）将源文件中全局变量的作用域扩展到其他源文件中

一个C++程序可以由多个源程序文件组成。在一个文件中想引用另一个文件中已定义的全局变量，可以用下面的方法解决。

如果一个程序中包含两个文件，在两个文件中都要用到同一个全局变量num，这时不能分别在两个文件中各自定义全局变量num，否则在进行程序的连接时会出现“重复定义”错误。正确的做法是：在一个文件中定义变量num，而在另一个文件中用extern对num进行“全局变量声明”，即

```
extern int num;
```

这样在编译和连接时，系统会知道num是一个已在其他地方定义的全局变量，并将在另一文件中定义的全局变量的作用域扩展到本文件，在本文件中可以合法地引用它。

如图5-9所示，有两个程序f1.cpp和f2.cpp，C行定义变量、分配存储空间，A行声明变量、不分配存储空间，这两行中的变量是同样的变量，即将文件f2.cpp中的全局变量x和y的作用域扩展到了文件f1.cpp中。

f1.cpp	f2.cpp

extern int x, y;   //A
main( )
{…}
static int a, b;   //B
f1( )
{…}
	int x,y; //C
	f2( )
	{…}
	static int a, b;//D
	f3( )
	{…}

图5-9　全局变量作用域的扩展和限制

下面举例说明。

例5.26　用extern将全局变量的作用域扩展到其他文件。

本程序的作用是给定b的值，输入a和m，求ab和a^m的值。本程序由两个程序文件Li0526_1.cpp和Li0526_2.cpp构成。

Li0526_1.cpp中的内容为：

```
#include <iostream>
using namespace std;
int a;                                  //定义全局变量
int main()
{
    int power(int);                     //对调用函数作声明
    int b=3, c, d, m;
    cout<<"enter the number a and its power m:"<<endl;
    cin>>a>>m;
```

```
    c=a*b;
    cout<<a<<"*"<<b<<"="<<c<<endl;
    d=power(m);
    cout<<a<<" ** "<<m<<"="<<d<<endl;
    return 0;
}
```

Li0526_2.cpp 文件中的内容为：

```
extern int a;                          //声明a是一个已定义的全局变量
int power (int n)
{
    int i, y=1;
    for(i=1; i<=n; i++)
        y=y*a;
    return (y);
}
```

可以看到 Li0526_2.cpp 文件中的开头有一个 extern 声明，声明在本文件中出现的变量 a 是一个已经在其他文件中定义过的全局变量，本文件不必再次为它分配内存，可以直接使用该变量。假如程序有 4 个源程序文件，在一个文件中定义外部整型变量 a，其他 3 个文件都可以引用 a，但必须在其他 3 个文件中都加上一个“ extern int a;”声明。在各文件经过编译后，再将各目标文件连接成一个可执行文件。

但是使用这样的全局变量应十分谨慎，因为在执行一个文件中的函数时，可能会改变全局变量的值，从而影响在另一文件中的应用。

如上所述，extern 既可以用来在本文件中将全局变量的作用域扩展到定义它之前，又可以将全局变量的作用域从一个文件扩展到其他文件，那么系统是如何处理的呢？在编译时遇到 extern，系统先在本文件中寻找全局变量的定义，如果找到，就在本文件中扩展作用域；如果找不到，就在连接时从其他文件寻找全局变量的定义，如果找到，就将作用域扩展到本文件，如果找不到，则按出错处理。

2. 全局变量作用域的限制

有时在程序设计中希望某些全局变量只限于被本文件引用，而不能被其他文件引用。这时可以在定义全局变量时加一个 static 说明。

例如，在图 5-9 中 f1.cpp 中的 B 行定义的变量 a、b 只能在 f1.cpp 中使用；f2.cpp 文件中的 D 行定义的变量 a、b 也只能在 f2.cpp 文件中使用。虽然两个文件中的 a 和 b 同名，但它们各自拥有不同的存储空间，是不同的变量。

需要指出的是对全局变量加 static 声明，并不意味着这时才是静态存储（存放在静态存储区中），而不加 static 的是动态存储（存放在动态存储区中）。这两种形式的全局变量都是静态存储方式，只是作用范围不同，其分配的存储空间在程序执行过程中始终存在。

5.9　程序的多文件组织

在编写大型程序时，为了方便程序的设计与调试，往往将一个程序分成若干模块，把实现相关功能的程序和数据放在一个文件中。当一个完整程序的若干函数被存放在两个及两个以上文件中时，称为程序的多文件组织。这种多文件组织的程序如何进行编译和连接？一个文件中的函数如何调用另一个文件中的函数？这是本节要介绍的内容。

5.9.1　内部函数和外部函数

一个 C++ 程序可由多个源程序文件组成，根据函数能否被其他源文件中的函数调用，将函数分为内部函数和外部函数。

1. 内部函数

如果一个函数只能被本文件中其他函数所调用，则称它为内部函数。在定义内部函数时，在函数类型的前面加上 static 即可。形式如下：

```
static <数据类型> <函数名> (<形参列表>)
```

如：

```
static int fun(int x, int y)
```

使用内部函数，可以使函数只局限于所在文件，如果在不同的文件中有同名的内部函数，将互不干扰。这样不同的人可以编写不同的函数，而不必担心所用函数是否会与其他文件中的函数同名。通常把只能由同一文件使用的函数和全局变量放在一个文件中，在它们前面都加上 static 使之局部化，其他文件不能引用。

2. 外部函数

一个源程序文件中定义的函数不仅能在本文件中使用，而且可以在其他文件中使用，这种函数称为外部函数。C++ 语言规定，在默认情况下，所有函数都是外部函数。但是，有时为了强调本源文件中调用的函数是在其他源文件中定义的（或者本文件中定义的函数可以被其他源文件中的函数调用），在进行函数原型声明（或函数定义）时，应在函数类型前加 extern 修饰。形式如下：

```
extern int fun(int x, int y)
```

如图 5-10 所示，在程序文件 z1.cpp 中定义了函数 fun()，在程序文件 z2.cpp 中要调用文件 z1.cpp 中已定义了的函数 fun()，则在调用前增加函数原型声明。

z1.cpp

```
int fun(int x,int y)
{…}
```

z2.cpp

```
extern int fun(int,int);
…
k=fun(x,y);
```

图 5-10 外部函数调用

例 5.27 用如下公式计算排列函数。

$$p(n, k)=\frac{n!}{(n-k)!}$$

在 Li0527_1.cpp 文件中定义求阶乘的函数，在 Li0527_2.cpp 文件中调用求阶乘函数。

Li0527_1.cpp 文件内容如下：

```
int fac(int n)           // 返回n!=n*(n-1)*(n-2)*…*2*1
{
    if(n<0) return 0;
    int f=1;
    while(n>1)
        f*=n--;
     return f;
}
```

Li0527_2.cpp 文件内容如下：

```
#include <iostream>
using namespace std;
```

```
extern int fac(int);    //在Li0527_1.cpp中定义了函数，在Li0527_2.cpp中调用要加原型声明
int main()
{
    int n, k, p;
    cout<<"请输入n和k(n>=k):";
    cin>>n>>k;
    p=fac(n)/fac(n-k);
    cout<<"p("<<n<<","<<k<<")="<<p<<endl;
    return 0;
}
```

运行结果如下：

```
请输入n和k(n>=k): 5  2<Enter>
p(5,2)=20
```

5.9.2　多文件组织的编译和连接

当一个完整的程序由多个源程序文件组成时，如何将这些文件进行编译并连接成一个可执行的程序文件呢？不同的计算机系统处理方法可能是不同的。通常有以下几种处理方法。

（1）用包含文件的方法

在定义 main() 函数的文件中，将组成同一程序的其他文件包含进来（关于文件包含的意义请参看第 6 章），由编译程序对这些源程序文件一起编译，并连接成一个可执行文件。这种方法适用于编写较小的程序，不适用于编写大的程序，因为对任何一个文件做微小修改，均要重新编译所有的文件，然后才能连接。

（2）使用工程文件的方法

将组成一个程序的所有文件都加到项目文件中，由编译器自动完成多文件组织的编译和连接。对多个文件的编译和连接方法，与一个文件组成一个程序的方法完全相同。不同的编译系统建立项目文件的方法不同，有关项目文件的更详细的说明可查阅相关资料。

设计大型程序时，建议使用这种方法。当修改某个源程序文件后，编译器只需对已修改的源程序文件重新编译，而没有必要对其他源程序文件重新编译，因此可以大大提高编译和连接的效率。

第 6 章　编译预处理

C++ 语言允许在程序中用预处理命令写一些命令行，这些预处理命令不是 C++ 语言本身的组成部分，不能直接对它们进行编译，必须在对程序进行编译之前，先对这些特殊的命令进行“预处理”。预处理行都以“#”开头，它们可以出现在程序中的任何位置，但一般写在程序的首部。C++ 提供的预处理功能主要有 3 种：宏定义、文件包含和条件编译，分别用宏定义命令、文件包含命令、条件编译命令来实现。

6.1　宏定义

6.1.1　不带参数的宏定义

不带参数的宏定义就是用一个宏名来代表一个字符串，它的一般形式为：

```
#define 宏名 宏体
```

其中，宏体是一个字符串，宏名是合法的 C++ 标识符。如：

```
#define PI 3.1415926
```

经过定义的宏名可应用在程序中。如上述语句是指定用宏名 PI 来代表“3.1415926”这个字符串，在编译预处理时，将程序中在该命令以后出现的所有的 PI 都代换成“3.1415926”。在预编译时将宏名代换成字符串的过程称为“宏代换”。

例 6.1　计算球体的表面积及体积。

```
#include <iostream>                    //不带参数的宏定义示例
using namespace std;
#define PI 3.1415926
int main()
{
    double r, s, v;
    cout<<"input radius :";
    cin>>r;                            //输入半径
    s=4*PI*r*r;
    v=4.0/3*PI*r*r*r;
    cout<<"\n面积为: "<<s<<"\n体积为: "<<v<<'\n';
    return 0;
}
```

说明：

1）宏名一般习惯用大写表示，以便与变量名相区别。但这并非是规定的，也可用小写字母。

2）用宏名代表一个字符串，可以减少程序中的重复书写。例如，如果不定义 PI 代表 3.1415926，则在程序中要多处书写 3.1415926，不仅麻烦，而且在输入程序时容易产生错误，用宏名代替，简单且不易出错，因为记住一个宏名（宏名往往用容易理解的单词表示）比记住一个字符串容易，而且读程序时能立即知道它的含义。

3）当需要改变某一个变量的值时，可以只改变 #define 命令行，易于修改程序。例如，如果已经将 PI 定义为 3.1415926，现要将 PI 的值全部改为 3.14，可以用：

```
#define PI 3.14    //程序中出现PI的地方全部改为3.14
```

4）宏定义用宏名代替一个字符串，只作简单的代换，不进行任何计算，也不进行正确性检查。定义中如果加了分号，则会连分号一起进行代换。如：

```
#define PI 3.1415926;
area=PI * r * r;
```

则经过宏代换后，该语句为

```
area=3.1415926; * r * r;
```

显然会出现语法错误。

5）#define 命令的有效范围为：从定义处开始到包含它的源文件结束。例如：

```
#include <iostream>
using namespace std;
int main()
{
    void f1();
    #define PI 3.1415926
    f1();
    return 0;
}
void f1()
{
    cout<<PI<<endl;
}
```

通常，#define 命令写在文件开头、函数之前，作为文件的一部分，在此文件内有效。

6）可以用 #undef 命令终止宏定义的作用域。例如：

```
#define  PI  3.1415926
int main()
{
    ...                    PI的有效范围
}
#undef  PI
void f1()
{
    ...
}
```

由于 #undef 的作用，使 PI 的作用范围在 #undef 行处终止，因此在 f1() 函数中，PI 不再代表 3.1415926。这样可以灵活控制宏定义的作用范围。

7）在进行宏定义时，可以引用已定义的宏名，进行层层代换。

例 6.2　计算圆的周长和面积。

```
#include <iostream>
using namespace std;
#define R 5.0
#define PI 3.1415926
#define L 2*PI*R
#define S PI*R*R
int main()
{
    cout<<"L="<<L<<"\nS="<<S<<endl;
    return 0;
}
```

运行结果如下：

```
L=31.4159
S=78.5398
```

经过宏代换后 L 被代换为 2*3.1415926*5.0，S 被代换为 3.1415926*5.0*5.0。

8）对程序中用双引号引起来的字符串内的字符，即使与宏名相同，也不进行代换。如例 6.2 中双引号内的 L 和 S 不进行代换，而双引号外的 L 和 S 被代换。

6.1.2 带参数的宏定义

用宏定义还可以定义带参数的宏，它的一般形式为：

```
#define 宏名(参数表) 宏体
```

其中，宏名是一个标识符，参数表中可以有一个参数，也可以有多个参数，多个参数之间用逗号分隔；宏体是被代换用的字符序列。在代换时，首先进行参数代换，然后再将代换后的字符串进行宏代换。例如：

```
#define ADD(x, y)  x+y
```

如在程序中出现如下语句：

```
sum=ADD(2, 4);
```

则该语句被代换成：

```
sum=2+4;
```

如果程序中出现如下语句：

```
sum=ADD(a+2, b+3);
```

则被代换为：

```
sum=a+2+b+3;
```

可见，宏代换只是将字符串中出现的、与宏定义时参数表中参数名相同的字符序列进行代换。

例 6.3 带参数的宏定义。

```
#include <iostream>
using namespace std;
#define MUL(a, b) a*b
int main()
{
        int x(5), y(8), t;          //x初值为5, y初值为8
        t=MUL(x+1, y-2);            //A
        cout<<"t="<<t<<endl;
        return 0;
}
```

进行宏代换后，主函数的 A 行变为：

```
t= x+1*y-2;
```

执行该程序后，输出结果为：

```
t=11
```

使用宏定义时要注意如下几点：

1）宏定义的字符串应写在一行上，如果需要写在多行上时，应使用续行符（\）。例如：

```
#define  LOVE  "I  Love  \
China"
```

上述两行等价于：

```
#define  LOVE  "I  Love  China"
```

2）在书写带参数的宏定义时，宏名与参数列表的左括号之间不能出现空格，否则空格右边的字符都作为替代字符串的一部分。例如：

```
#define ADD  (x, y)  x+y
```

这时宏名ADD被认为是不带参数的宏定义，它代表字符串“(x, y) x＋y”。

3）定义带参数的宏时，字符串中与参数名相同的字符序列适当地加上圆括号是十分重要的，这样可以避免代换后在优先级上产生问题。例如：

```
#define SQR(x)  x*x
```

当程序中出现语句：

```
m=SQR(a+b);
```

则代换后为：

```
m=a+b*a+b;
```

如果想代换后变为：

```
m=(a+b)*(a+b);
```

则应该进行如下宏定义：

```
#define SQR(x)  (x)*(x)
```

可见，在宏体中加圆括号将会改变代换后表达式的优先级。又如，对上述的宏定义，程序中的语句

```
m=100/SQR(5);
```

代换后变为：

```
m=100/(5)*(5);
```

结果m的值为100。

而对下述宏定义：

```
#define SQR(x)  ((x)*(x))
```

上述语句代换后

```
m=100/((5)*(5));
```

结果m的值为4。

读者可以看出带参数的宏定义与函数之间有一定类似之处，在调用函数时是在函数名后的括号内写实参，并要求实参与形参的数目相等。但带参的宏定义与函数还是有不同的，主要区别有以下几点：

1）函数调用是在程序运行时处理的，分配临时的内存单元。而宏代换则是在编译前进行的，在代换时并不分配内存单元，不进行值的传递，也没有“返回值”的概念。

2）函数调用时，先求出实参表达式的值，然后赋值给形参。而使用带参的宏只是进行简单的字符代换。例如，对于上文中的SQR(a＋b)，在宏代换时并不求a＋b的值，而只将实参“a＋b”代替形参x。

3）对函数中的形参和实参都要定义类型，且二者的类型要求一致，如不一致，系统自动进行类型转换。而宏不存在类型问题，宏名没有类型，它的参数也没有类型，只是一个符号，替换时代入指定的字符串即可。

4）宏代换不占用运行时间，只占用编译时间；而函数调用则占用运行时间（分配单元、保留现场、参数传递、值返回等）。

在C++中，带参数的宏定义常用内联函数实现，因为内联函数的定义和调用形式与一般函数一致，但实际执行时没有函数调用，速度较快。

6.2 “文件包含”处理

文件包含的作用是让编译预处理器把另一个源文件嵌入（包含）到当前源文件中的该预处理命令处。文件包含命令格式如下：

```
#include <文件名>
```

或

```
#include "文件名"
```

图6-1说明了“文件包含”的含义。图6-1a为文件file1.cpp，它有一个#include "file2.h"命令，然后还有其他内容（用A表示）。图6-1b为另一文件file2.h，文件内容用B表示。在编译预处理时，先对#include命令进行“文件包含”处理：将file2.h的全部内容复制到#include "file2.h"命令处，即file2.h被包含到file1.cpp中，得到图6-1c所示的结果。在编译中，将“包含”以后的file1'.cpp（即图6-1c所示）作为一个源文件进行编译。

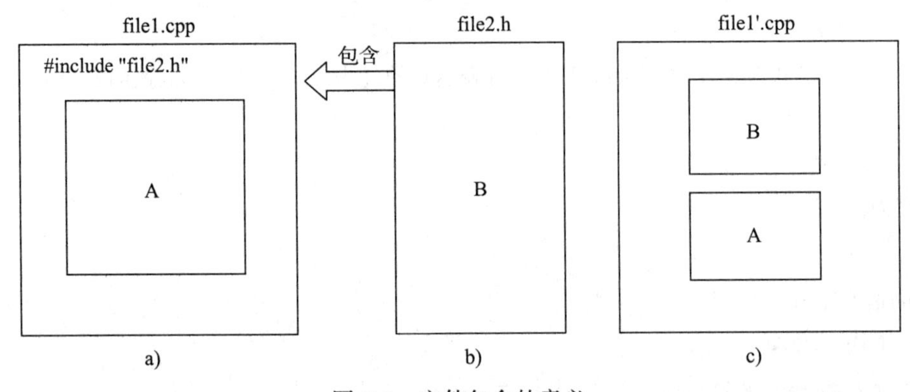

图6-1 文件包含的意义

“#include <文件名>”格式一般用于嵌入C++系统提供的头文件，这些头文件一般存放于C++系统标准头文件包含目录（即文件夹）中，不同的C++编译系统，头文件包含目录不同。系统头文件中的内容有：对标准库函数的原型声明、符号常量定义、类型定义等，如系统头文件iostream是系统提供有关输入/输出操作信息的头文件。用户也可以根据需要编写头文件，内容可以是开发项目中的一些公用函数、公用类型的定义等。文件包含命令一般放在程序头部，因此，被包含文件的内容插在文件头中，以便后面的程序引用它们。

在程序中若有#include <cmath>，则C++预处理器遇到这条命令后，就自动到该include目录中搜寻cmath，并把它嵌入当前文件中。这种搜寻方式称为标准方式。而“#include "文件名"”格式则首先在文件所在当前工作目录中进行搜寻；如果搜寻不到，再按标准方式进行搜寻。例如，文件在用户当前工作目录中，用前一种方式时，系统直接到标准头文件包含目录中去搜寻，所以，这种方式适用于包含系统提供的头文件。而用后一种方式时，首先在用户当前工作目录中搜寻，搜寻不到再到系统目录中去搜寻，从效率上看，它适用于包含用户建立的头文件。

使用文件包含时应注意如下几点：

1）一条文件包含命令只能包含一个文件，若要包含多个文件须用多条包含命令。例如：

```
#include <iostream>
#include <cmath>
    …
```

2）被包含文件中还可以使用文件包含命令。文件包含命令可以嵌套使用。例如，头文件 myfile1.h 的内容如下：

```
#include "myfile2.h"
    …
```

myfile2.h 文件的内容如下：

```
#include "myfile3.h"
    …
```

上述嵌套包含的示意如图 6-2 所示，它的作用与图 6-3 相同。

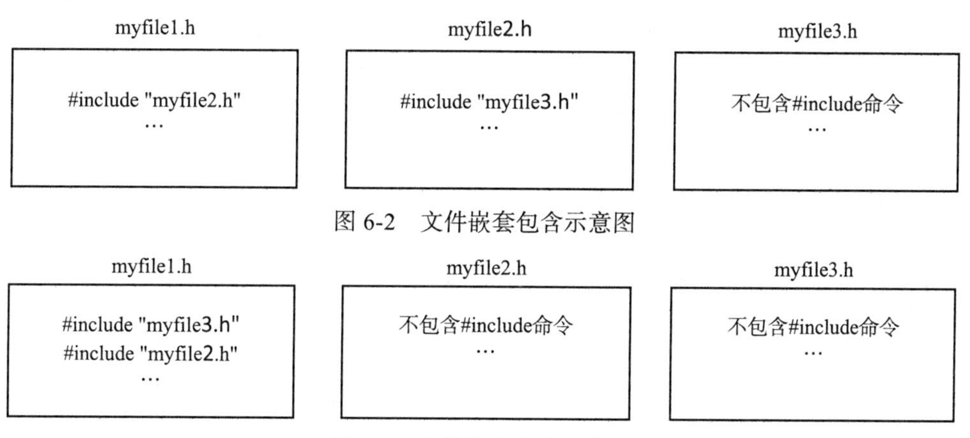

图 6-2 文件嵌套包含示意图

图 6-3 文件嵌套包含示意图

*6.3 条件编译

利用条件编译可以使同一个源程序在不同的条件下产生不同的目标代码，用于完成不同的功能。利用条件编译可在调试程序时增加一些调试语句，以达到跟踪的目的，但程序调试好后，重新编译时，可以使调试语句不参与编译。常用的条件编译命令有如下 3 种格式：

（1）格式 1

```
#ifdef  宏名
    程序段1
 [#else
    程序段2]
#endif
```

上述格式中方括号里的内容可缺省。程序段可以由若干条预处理命令和语句组成。其功能为：如果宏名已被定义，则编译程序段 1，否则编译程序段 2。如果一个 C++ 源程序在不同的计算机系统上运行，而不同的计算机系统又有一定的差异，则可以用条件编译来编写通用程序。例如，有的计算机系统以 16 位（2 字节）来存放一个整数，而有的则以 32 位（4 字节）来存放一个整数。某一种系统编写的程序若要移植到另一个系统中运行，往往需要对源程序作必要的修改，这就降低了程序的通用性。可以用以下的条件编译来编写通用程序。

```
#ifdef  COMPUTER
    #define INTEGER_SIZE 16
#else
    #define INTEGER_SIZE 32
#endif
```

即如果 COMPUTER 在前面已定义过，则编译下面的命令行：

```
#define INTEGER_SIZE 16
```

否则，编译下面的命令行：

```
#define INTEGER_SIZE 32
```

如果在这组条件编译命令之前曾出现以下命令行：

```
#define COMPUTER 0
```

或将 COMPUTER 定义为任何字符串，甚至是：

```
#define COMPUTER
```

则预编译后程序中的 INTEGER_SIZE 都用 16 代替，否则都用 32 代替。

（2）格式 2

```
#ifndef宏名
    程序段1
 [#else
    程序段2]
#endif
```

同样，方括号里的内容可缺省。其功能为：如果宏名没有被定义过，则编译程序段 1，否则编译程序段 2。这种形式与第一种形式的作用相反。

（3）格式 3

```
#if 表达式
    程序段1
 [#else
    程序段2]
#endif
```

其中，表达式是一个常量表达式，其功能为：如果表达式的值不为零，则编译程序段 1；否则，编译程序段 2。

各种条件编译格式可以嵌套使用。例如：

```
#if X>4
  #if X>4&&X<8
    int x=5;
  #else
    int x=2;
  #endif
#else
    int x=100;
#endif
```

例 6.4 输入一行字母字符，根据需要设置条件编译，使之能将字母全改成大写字母输出或全改成小写字母输出。

```
#include <iostream>
using namespace std;
#define LETTER 0
int main()
{
    char c;
    do
    {
        cin.get(c);
        #if LETTER
            if (c>='a'&& c<='z')
                c=c-('a'-'A');     //或c=c-32;
        #else
            if (c>='A'&&c<='Z')
                c=c+('a'-'A');     //或c=c+32;
        #endif
        cout<<c;
    }
    while (c!='\n');
    return 0;
}
```

运行结果如下：

```
C Programming Language<Enter>
c programming language
```

请读者思考：若将上例中的

```
#define LETTER 0
```

改为：

```
#define LETTER 1
```

那么程序输出又是什么？

例 6.5 在调试程序时，常常在源程序中插入一些专门为调试程序用的语句，如输出语句，其目的是为了监测程序的执行情况。在使用插入语句的方法时，调试完成后还需要逐一删除，这样很麻烦。这时可以使用条件编译使得在调试时插入的语句不用删除。其方法是：在调试时使专用于调试的程序段参与编译，调试结束后，使调试的程序段不参与编译。例如：

```
#define DEBUG 1
    …
#if DEBUG==1
        cout<<"a="<<a<<"b="<<b<<endl;
#endif
    …
```

该例中，#if 与 #endif 之间的程序段是调试时参加编译的程序段。当调试完成后，将

```
#define DEBUG 1
```

改为：

```
#define DEBUG 0
```

则重新编译时，用于调试的程序段将不参与编译。

第7章　数　　组

C++ 除了提供前面介绍的基本数据类型外，还提供了构造数据类型来满足不同应用的需要。构造数据类型是由基本类型数据按一定规则组成的，因此有些书中把它们称作“导出类型”。构造数据类型包括数组、结构体、共用体、枚举和类等类型。

本章只介绍数组类型。数组是有序数据的集合，数组的每一个元素都属于同一种数据类型，用一个统一的数组名和下标来唯一地确定数组中的元素。例如，要统计 100 个城市的人口总数，每个城市的人口总数用整型（int 型）变量存储，显然使用由 100 个 int 型单元构成的数组来替代 100 个名称各不相同的独立的 int 型变量要方便得多。下面介绍 C++ 语言中是如何定义和使用数组的。

7.1　数组的定义及应用

7.1.1　一维数组的定义及使用

1. 一维数组的定义

一维数组的定义方式为：

```
<数据类型> <数组名>[<整型常量表达式>];
```

例如：

```
int array[10];
```

它表示数组名为 array，此数组中有 10 个元素。

说明：

1）数组名命名规则和变量名相同，遵循标识符命名规则。

2）数组名后是用方括号括起来的整型常量表达式，不能用圆括号，如：

```
int array(10);
```

它表示定义一个 int 型变量 array，其初值是 10，而不是定义数组。

3）整型常量表达式表示元素的个数，即数组长度。例如，在 array[10] 中，10 表示 array 数组中有 10 个元素，下标从 0 开始，这 10 个元素是：array[0]、array[1]、array [2]、…、array[8]、array[9]。int 表示数组中的每个元素皆为整型。注意不能使用数组元素 array[10]。

4）整型常量表达式中可以包括整型常量和符号常量（代表整型值），不能包含变量。例如：

```
int n;
cin>>n;
int array[n];
```

是不允许的。

如果想方便地修改数组的大小，则可以将数组的大小定义成使用符号常量或 const 整型变量。例如：

```
#define N 100
int array[N];
const int SIZE=200;
float x[SIZE];
```

2. 一维数组元素的引用

数组必须先定义，然后才能使用。C++ 语言规定只能逐个引用数组元素而不能一次引用整个数组。数组元素的引用形式为：

```
数组名[<下标>]
```

< 下标 > 可以是整型常量或整型表达式。例如，array[8]、array[2*3]、array[i]（i 为整型变量）均是合法的引用。如果下标超出了定义数组所允许的范围，称为数组下标越界。非常遗憾的是，C++ 并没有提供防范数组下标越界的机制，也就是说，C++ 并不检查下标值是否在合法范围内。如果指定的下标值在合法范围之外，同时程序试图访问该下标值指定的内存单元，这将导致访问或修改并非你想存取的内存单元中的内容。因此在程序执行过程中如发生数组下标越界，将会产生难以预料的后果。编程人员必须保证数组下标在合法范围之内。

例 7.1　数组元素的引用。

```
#include <iostream>
#include <iomanip>
using namespace std;
int main()
{
    int i, a[10];
    for (i=0; i<=9; i++)
        a[i]=i;
    for (i=9; i>=0; i--)
        cout<<setw(4)<<a[i];
    cout<<endl;
    return 0;
}
```

运行结果如下：

```
9   8   7   6   5   4   3   2   1   0
```

上述程序设置 a[0]～a[9] 的值为 0, 1, 2, …, 9，然后按逆序输出。

3. 一维数组的初始化

对数组元素的初始化可以用下列方法实现。

1）在定义数组时对数组元素赋初值。例如：

```
int a[10]={0, 1, 2, 3, 4, 5, 6, 7, 8, 9};
```

将数组元素的初值依次放在一对花括号内，用逗号隔开。经过上面的定义和初始化之后，a[0]=0，a[1]=1，a[2]=2，a[3]=3，a[4]=4，a[5]=5，a[6]=6，a[7]=7，a[8]=8，a[9]=9。

2）可以给一部分元素赋初值。例如：

```
int a[10]={0, 1, 2, 3};
```

定义 a 数组有 10 个元素，但花括号内只提供 4 个初值，这表示只给前面 4 个元素赋初值，后 6 个元素值为 0。

3）如果想使一个数组中全部元素值为 0，可以写成：

```
int a[10]={0, 0, 0, 0, 0, 0, 0, 0, 0, 0};
```

或

```
int a[10]={0};
```

请读者思考：“int a[10]＝{5};”数组中各个元素的值是多少？

4）在给全部数组元素赋初值时，可以不指定数组长度。例如：

```
int a[ ]={0, 1, 2, 3, 4};
```

花括号中列举了 5 个值，因此 C++ 编译器认为数组 a 的元素个数为 5。注意：如果要定义的数组元素比列举的数组元素的初值个数多时，则必须说明数组的大小，见 2）。

5）如果定义数组时将存储类别定义为全局的或局部静态的，则 C++ 编译器自动地将所有数组元素的初值置为 0。如果存储类别定义为局部动态的，则数组元素无确定初值。

例 7.2 输出数组为全局变量、静态变量及局部变量时的初值。

```
#include <iostream>
using namespace std;
int x[5];                              //全局数组，静态型，各元素初值为0
int main()
{
    static int y[5];                   //局部数组，静态型，各元素初值为0
    int i,z[5];                        //局部数组，动态型，各元素初值不确定
    for( i=0; i<5; i++)
        cout<<x[i]<<'\t';
    cout<<endl;
    for(i=0; i<5; i++)
        cout<<y[i]<<'\t';
    cout<<endl;
    for(i=0; i<5; i++)
        cout<<z[i]<<'\t';
    cout<<endl;
    return 0;
}
```

执行该程序时，输出的第一行为 5 个 0，第二行也是 5 个 0，第三行是 5 个随机值，即每次执行该程序时，输出的值可能是不同的。

4. 数组处理中的一些限制

假设有定义“int x[10]={0, 1, 2, 3, 4, 5, 6, 7, 8, 9}, y[10];”,C++ 不允许对数组进行整体操作，数组上的整体操作是指将整个数组作为一个整体来处理的任何操作，包括整体赋值、整体比较、整体输入输出，只能通过逐一访问数组元素来完成。

赋值、输入、输出、比较分别通过下面的循环语句实现：

```
for(i=0;i<10;i++)          //赋值
    y[i]=x[i];
for(i=0;i<10;i++)          //输入
    cin>> y[i];
for(i=0;i<10;i++)          //输出
    cout<< y[i];
for(i=0;i<10;i++)          //比较
    if(x[i]>=y[i])
    {…}
```

5. 一维数组应用举例

例 7.3 用数组求 Fibonacci 数列的前 20 项和它们的和。

```
#include <iostream>
using namespace std;
int main()
{
    int i, f[20]={1, 1}, sum=f[0]+f[1];
    for (i=2; i<20; i++)
```

```
    {
        f[i]=f[i-2]+f[i-1];
        sum+=f[i];
    }
    for (i=0; i<20; i++)
    {
        cout<<f[i]<<'\t';
        if ((i+1)%5==0) cout<<'\n';
    }
    cout<<"前20项和为: "<<sum<<'\n';
    return 0;
}
```

运行结果如下：

```
1       1       2       3       5
8       13      21      34      55
89      144     233     377     610
987     1597    2584    4181    6765
前20项和为: 17710
```

例 7.4　将一个数分解到数组中，然后分别正向、反向输出。

```
#include <iostream>
using namespace std;
int main()
{
    int n, j=0, k, a[20];
    cout<<"请输入一个整数:";
    cin>>n;
    while(n>0)             //将一个数分解到数组a中
    {
        a[j++]=n%10;
        n=n/10;
    }
    cout<<"正向输出序列:"<<endl;
    for(k=j-1; k>=0; k--)
        cout<<a[k]<<'\t';
    cout<<endl;
    cout<<"反向输出序列:"<<endl;
    for(k=0; k<j; k++)
        cout<<a[k]<<'\t';
    cout<<endl;
    return 0;
}
```

运行结果如下：

```
请输入一个整数:3265<Enter>
正向输出序列:
3   2       6       5
反向输出序列:
5   6       2       3
```

程序首先采用 while 语句将整数 n 从低位到高位逐位放入数组 a 中，其中 j 是 n 的位数。然后采用两个 for 语句分别正向和反向输出 a 中的值。

7.1.2　一维数组作为函数参数

在定义函数时，除可用简单变量作为函数的形参外，还可以用一维数组作为函数的形参。一维数组作为函数参数可以是一维数组元素和一维数组名两种形式，在函数调用时，相应地用数组元素及数组名作为函数的实参。

1. 一维数组元素作为函数的实参

由于实参可以是表达式，数组元素可以是表达式的组成部分，因此数组元素也可以作为函数的实参，与变量作为实参一样，是单向值传递。

例 7.5 有两个数组 a 和 b，各有 n 个元素，将它们对应地逐个比较，即 a[0] 与 b[0] 比，a[1] 与 b[1] 比，以此类推。如果 a 数组中元素的值大于 b 数组中对应元素的值的个数多于 b 数组中元素的值大于 a 数组中对应元素的值的个数（例如，a[i] 大于 b[i] 5 次，b[i] 大于 a[i] 2 次，其中 i 每次为不同的值），则认为 a 数组大于 b 数组，并分别统计出两个数组对应元素的值大于、等于、小于的次数。

```
#include <iostream>
using namespace std;
int main()
{
    int large(int, int);    // large()函数原型说明
    int a[10], b[10], i, great=0, equal=0, less=0, n;
        //a[i] > b[i]个数为great, a[i] < b[i]个数为less, a[i] == b[i]个数为equal
    cout<<"请输入数组元素个数:\n";
    cin>>n;
    cout<<"输入数组a:\n";
    for (i=0; i<n; i++)
        cin>>a[i];
    cout<<"输入数组b:\n";
    for (i=0; i<n; i++)
        cin>>b[i];
    for (i=0; i<n; i++)
    {
        int r;
        if ((r=large(a[i], b[i]))==1) great=great+1;
        else if ( r==0 ) equal=equal+1;
        else less=less+1;
    }
    cout<<" a[i]大于b[i]的次数 "<<great<<endl;
    cout<<" a[i]等于b[i]的次数 "<<equal<<endl;
    cout<<" a[i]小于b[i]的次数 "<<less<<endl;
    if (great>less)
        cout<<"数组 a 大于数组 b\n";
    else if (great<less)
        cout<<"数组 a 小于数组 b\n";
    else
        cout<<"数组 a 等于数组 b\n";
    return 0;
}
int large (int x, int y)
{
    int flag;
    if (x>y)
        flag=1;
    else if (x<y)
        flag=-1;
    else flag=0;
    return(flag);
}
```

运行结果如下：

```
请输入数组元素个数:
```

```
10<Enter>
输入数组a:
1 5 4 8 7 6 3 2 -10 9<Enter>
输入数组b:
-5 3 10 -3 7 9 1 -1 2 6<Enter>
 a[i]大于b[i]的次数 6
 a[i]等于b[i]的次数 1
 a[i]小于b[i]的次数 3
数组 a 大于数组 b
```

2. 数组名作为函数的实参

可以用数组名作为函数参数，此时实参与形参都应使用数组名。

例 7.6　将一个一维数组中元素的值按逆序重新存放。例如，原来的顺序为 7，2，5，4，3，6，1。要求改为 1，6，3，4，5，2，7。

逆序重新存放的思路是：第一个元素的值与最后一个元素的值对调，这里为 7 与 1 对调；第二个元素的值与倒数第二个元素的值对调，这里为 2 与 6 对调；以此类推，直到中间那个元素为止。

```
#include <iostream>
using namespace std;
#define N 7
void inverse(int  b[N])
{
    int i;
    for(i=0; i<N/2; i++)
    {
        int t=b[i];
        b[i]=b[N-1-i];
        b[N-1-i]=t;
    }
}
int main()
{
    int a[N]={ 7, 2, 5, 4, 3, 6, 1}, i;
    cout<<"原始数组元素为:"<<endl;
    for(i=0; i<N; i++)
        cout<<a[i]<<'\t';
    cout<<'\n';
    inverse(a);
    cout<<"逆序后的数组元素为:"<<endl;
    for( i=0; i<N; i++)
        cout<<a[i]<<'\t';
    cout<<'\n';
    return 0;
}
```

运行结果如下：

```
原始数组元素为:
7       2       5       4       3       6       1
逆序后的数组元素为:
1       6       3       4       5       2       7
```

说明：

1）用数组名作为函数参数，应该在主调函数和被调函数中分别定义数组，上例中 a 是实参数组名，b 是形参数组名，分别在其所在函数中定义，不能只在一方定义。

2）实参数组与形参数组类型应一致，这里均为 int 型，如不一致，则编译时出错。

3）为了编写通用程序，形参数组也可以不指定大小，在定义数组时在数组名后面跟一个空的方括号，另设一个参数，传递数组元素的个数，例 7.6 可以改写为如下形式：

```
#include <iostream>
using namespace std;
#define N 7
void inverse(int b[], int n)  //这样定义具有通用性
{
    int i;
    for(i=0; i<n/2; i++)
    {
        int t=b[i];
        b[i]=b[n-1-i];
        b[n-1-i]=t;
    }
}
int main()
{
    int a[N]={ 7, 2, 5, 4, 3, 6, 1}, i;
    cout<<"原始数组元素为:"<<endl;
    for(i=0; i<N; i++)
        cout<<a[i]<<'\t';
    cout<<'\n';
    inverse(a, N);
        cout<<"逆序后的数组元素为:"<<endl;
    for( i=0; i<N; i++)
        cout<<a[i]<<'\t';
    cout<<'\n';
    return 0;
}
```

4）用数组名作为函数实参时，不是把数组的值传递给对应的形参，而是把实参数组的起始地址（“起始地址”也称为“首地址”）传递给形参数组，这样使得形参数组指向实参数组所指向的内存单元，如图 7-1 所示。

图 7-1 数组名作为参数的意义

若 a 的起始地址为 2000，则 b 数组的起始地址也是 2000，显然，通过 b 可以访问 a 所占用的内存单元。由此可以看出，利用形参数组 b 可以改变数组 a 中各元素的值，从图 7-1 很容易理解这一点。请注意，这与变量作为函数参数的情况不同。在程序设计中可以有意识地利用这一特点改变实参数组元素的值，如例 7.6 的逆序。

例 7.7 用冒泡法对 6 个数排序（由小到大）。

冒泡法排序的思想是：将相邻两个数比较，将小的调到前面。

本例中有 6 个数。第 1 次比较 8 和 4，对调；第 2 次比较 8 和 9，不对调；第 3 次比较 9 和 6，对调……如此共进行 5 次，得到 4-8-6-5-2-9 的顺序，如图 7-2 所示。可以看到：最大的数 9 已经沉到底部，成为最下面的数，而小的数逐步上升。最小的数 2 已经向上浮起一个位置。经第 1 趟比较及交换后，已得到最大的数。然后进行第 2 趟比较，对余下的前 5 个数按上面的方法进行比较，如图 7-3 所示。经过 4 次比较，得到次大的数 8。以此类推，6 个数要经过 5 趟比较及交换才能使 6 个数按从小到大的顺序排列。在第 1 趟中要进行两个数的比较共 5 次，在第 2 趟中比 4 次，……，第 5 趟比 1 次。如果有 n 个数，则要进行 $n-1$ 趟比较。在第 1 趟比较中要进行 $n-1$ 次两两比较，在第 j 趟比较中要进行 $n-j$ 次两两比较。

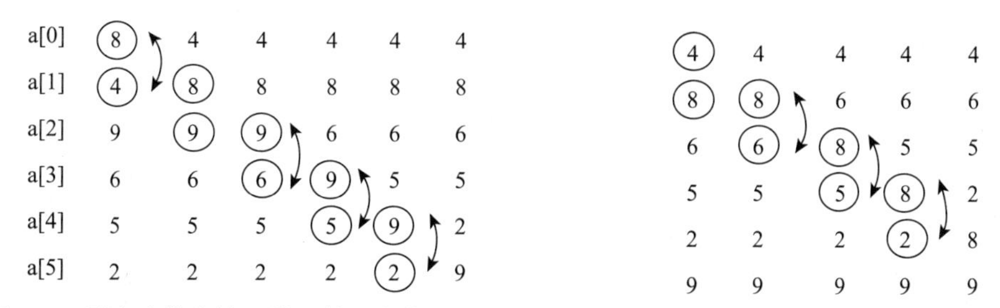

图 7-2　冒泡法排序第一趟比较及交换的过程　　图 7-3　冒泡法排序第二趟比较及交换的过程

```
#include <iostream>
using namespace std;
#define N 6
void bubble_sort(int a[], int n)
{
    int i, j, t;
    for(i=0; i<n-1; i++)
        for(j=0; j<n-1-i; j++)
            if(a[j]>a[j+1])
            {      t=a[j];   a[j]=a[j+1];   a[j+1]=t;      }
}
int main()
{
    int a[N], i;
    cout<<"请输入"<<N<<"个数:"<<endl;
    for(i=0; i<N; i++)
        cin>>a[i];
    bubble_sort(a, N);
    cout<<"排好序的数为:"<<endl;
    for(i=0; i<N; i++)
        cout<<a[i]<<'\t';
    cout<<endl;
    return 0;
}
```

运行结果如下：

```
请输入6个数:
8  4  9  6  5  2<Enter>
排好序的数为:
2       4       5       6       8       9
```

从上面的分析中可以看出采用冒泡法排序数组元素的值交换太频繁，下面介绍一种较好的排序方法即选择法排序，它的交换次数要少于冒泡法排序。

例 7.8　用选择法对数组中的 6 个数排序（从小到大）。

假定 6 个元素存放在 a[0]，…，a[5] 中。

选择法排序的思想是：第 1 趟扫描，将 a[0] 到 a[5] 中最小数的下标找到，设为 p，若 p!=0，则 a[0] 与 a[p] 交换位置；第 2 趟扫描，将 a[1] 到 a[5] 中最小数的下标找到，设为 p，若 p!=1，则 a[1] 与 a[p] 交换位置；以此类推，每扫描一次找出一个未经排序的数中最小的一个，共需 5 次扫描，第 i 次扫描时（i=0～4），扫描范围的第 1 个元素的下标为 i，最后一个元素的下标为 5。

选择法排序的步骤如下：

a[0]	a[1]	a[2]	a[3]	a[4]	a[5]	
8	4	9	6	5	2	未排好序的数据
2	4	9	6	5	8	将6个数中最小的数与a[0]交换
2	4	9	6	5	8	余下的5个数中最小的数即a[1]，不交换

```
2  4  5  6  9  8   将余下的4个数中最小的数与a[2]交换
2  4  5  6  9  8   余下的3个数中最小的数即a[3]，不交换
2  4  5  6  8  9   将余下的2个数中最小的数与a[4]交换，至此完成排序
```

```
#include <iostream>
using namespace std;
#define N 6
void select_sort(int a[], int n)
{
    int i,j,p,t;
    for(i=0; i<n-1; i++)
    {
        p=i;
        for(j=i+1; j<n; j++)
            if(a[j]<a[p]) p=j;          //记下每一趟最小值所在的位置
        if(p!=i)                        // A行：请读者思考为什么需要此判断
        {  t=a[p]; a[p]=a[i]; a[i]=t;        }
    }
}
int main()
{
    int a[N], i;
    cout<<"请输入"<<N<<"个数:"<<endl;
    for(i=0; i<N; i++)
        cin>>a[i];
    select_sort(a, N);
    cout<<"排好序的数为:"<<endl;
    for(i=0; i<N; i++)
        cout<<a[i]<<'\t';
    cout<<endl;
    return 0;
}
```

运行结果如下：

```
请输入6个数:
8  4  9  6  5  2<Enter>
排好序的数为:
2       4       5       6       8       9
```

程序中A行的判断若为假，表示第i趟扫描找到的最小数是本次扫描范围内的第1个数，它应存储在该位置，不需要交换。

选择法排序的另一个实现方法为：将a[0]与a[1]进行比较，若a[0]元素的值大于a[1]元素的值，则两个数进行交换；否则不交换。再将a[0]与a[2]进行比较，若a[0]元素的值大于a[2]元素的值，则两个数进行交换；以此类推，直到a[0]与最后一个元素进行比较，若大于最后一个元素的值，则两个数交换，这时，已将数组中最小的数移动到a[0]的位置。再从a[1]开始，用同样的方法，找出次小的数移动到a[1]的位置。以此类推，直到将次大的数移动到a[4]的位置，这时a[5]中存放的（最后一个元素）就是最大数，排序至此结束。此方法的效率低于上面采用的选择法排序的效率。此排序算法如下：

```
void select_sort(int a[], int n)          //选择法排序的变种
{
    int i , j, t;
    for(i=0; i<n-1; i++)                  //按升序排序
        for(j=i; j<n; j++)
            if(a[i]>a[j])
            {     t=a[i];  a[i]=a[j];  a[j]=t;  }
}
```

下面再介绍一种排序方法——插入法排序，插入法排序的方法分为前插和后插两种，下面分别予以介绍。

例 7.9　插入法排序。后插算法为：设数组有 N 个元素，第 i 次循环结束后，数组前 i 个元素排成升序，即有 a[0]≤a[1]≤…≤a[i-1]。现在要将 a[i] 元素插入，使前 i+1 个元素保持升序（如图 7-4 所示）。首先将 a[i] 赋值给 p，然后将 p 依次与 a[i-1], a[i-2], …, a[0] 进行比较，将比 p 大的元素的值依次右移一个位置，直到发现某个 j（0≤j≤i-1），有 a[j]≤p 成立，则使得 a[j+1]=p；如果不存在这样的 a[j]，那么在比较过程中，a[i-1], a[i-2], …, a[0] 的值都依次右移一个位置，最终使得 a[0]=p。

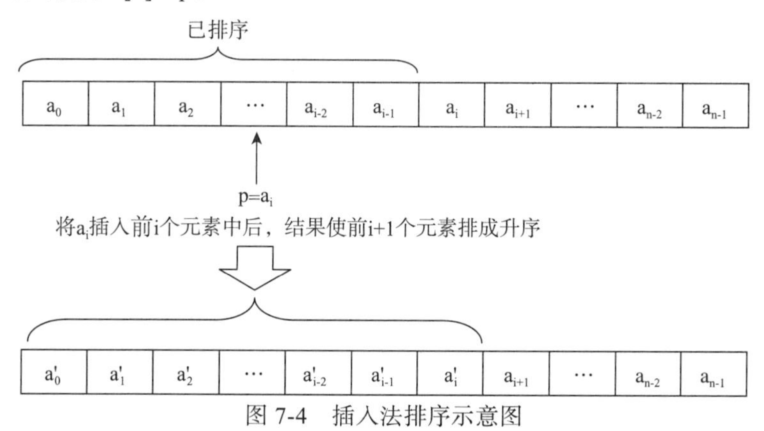

图 7-4　插入法排序示意图

```
void ba_ins_sort(int a[], int n)          //直接插入排序之后插算法
{
    int i, j, p;
    for(i=1; i<n; i++)
    {
        p=a[i];
        for(j=i-1; j>=0&&p<a[j]; j--)      //将比p大的元素的值依次右移一个位置
            a[j+1]=a[j];
        a[j+1]=p;
    }
}
```

插入法排序的另一实现方法为前插算法：设数组有 N 个元素，第 i 次循环结束后，数组前 i 个元素排成升序，即有 a[0]≤a[1]≤…≤a[i-1]。现在要将 a[i] 元素插入，使前 i+1 个元素的值保持升序。首先将 a[i] 赋值给 p，然后将 p 依次与 a[0], a[1], …, a[i-1] 进行比较，直到发现某个 j（0≤j≤i-1），有 a[j]>p 成立，则把 a[j], a[j+1], …, a[i-1] 的值依次右移一个位置，使得 a[j]=p。

```
void ah_ins_sort(int a[], int n)          //直接插入排序之前插算法
{
    int i, j, p;
    for(i=1; i<n; i++)
    {
        p=a[i];
        for(j=0; j<i&&p>=a[j]; j++);       //找到待插位置
        for(int k=i; k>j; k--)             //将比p大的元素的值依次右移一个位置
            a[k]=a[k-1];
        a[j]=p;
    }
}
```

例 7.10　用筛选法求 1～100 之间的素数。

公元前 3 世纪，希腊天文学家、数学家和地理学家 Eratosthenes 提出了一种找出 2～*N* 之间的

所有素数（即质数）的算法。该算法是首先将 2～N 之间的所有数都列出来，如下（假设 N 是 20）：

2 3 4 5 6 7 8 9 10 11 12 13 14 15 16 17 18 19 20

然后开始确定第一个素数，显然 2 是素数，然后从 3 开始删除所有是 2 倍数的那些数，操作结果如下：

2 3 ~~4~~ 5 ~~6~~ 7 ~~8~~ 9 ~~10~~ 11 ~~12~~ 13 ~~14~~ 15 ~~16~~ 17 ~~18~~ 19 ~~20~~

在删除以后的数列中，下一个没有被删除的数即是素数，显然是 3。然后再在余下的数列中，删除那些是 3 的倍数的数，如此操作下去，最后保留下的数如下，显然它们都是素数。

2 3 ~~4~~ 5 ~~6~~ 7 ~~8~~ ~~9~~ ~~10~~ 11 ~~12~~ 13 ~~14~~ ~~15~~ ~~16~~ 17 ~~18~~ 19 ~~20~~

采用 Eratosthenes 算法思想求 1～100 之间的素数。这里用一个一维数组 a 存放 1，2，3，4，5，…，98，99，100；从 a[1] 开始，将其后是 a[1] 倍数的元素值置为 0，其他以此类推。最终，数组 a 中不为 0 的元素均为素数。要求每行输出 5 个素数。

```
#include <iostream>
using namespace std;
#define N 100
void prime(int a[],int n)
{
    int i, j;
    for(i=1; i<n/2; i++)                        //a[0]不是素数，因此从a[1]开始判断
        if( a[i]!=0 )
            for(j=i+1; j<n; j++)
                if(a[j]!=0)
                    if(a[j]%a[i]==0) a[j]=0;
}
int main()
{
    int a[N], i, n;
    for(i=1; i<N; i++) a[i]=i+1;
    prime(a, N);
    cout<<"1~100内的素数为:"<<endl;
    for(i=1, n=0; i<N; i++)
        if(a[i]!=0)
        {
            cout<<a[i]<<'\t';
            n++;
            if(n%5==0) cout<<'\n';              //控制每行输出5个素数
        }
    return 0;
}
```

运行结果如下：

```
1~100内的素数为:
2       3       5       7       11
13      17      19      23      29
31      37      41      43      47
53      59      61      67      71
73      79      83      89      97
```

例 7.11 采用顺序查找法，在长度为 n 的一维数组中查找值为 x 的元素，即从数组的第一个元素开始，逐个与被查值 x 进行比较。若找到，返回数组元素的下标；若找不到则返回 -1。要求用一个函数实现对数组元素的顺序查找。

```
#include <iostream>     //顺序查找
```

```
using namespace std;
#define M 10
int search(int a[ ], int n, int x)
{
    int i;
    for(i=0; i<n; i++)
        if(x==a[i]) return i;
    return -1;
}
int main()
{
    int array[ ]={6, 3, 18, 24, 9, 32, 6, 46, 1, 12}, i, p, x;
    cout<<"输入要查找的元素:";
    cin>>x;
    p=search(array, M, x);
    cout<<"原始数组元素为:"<<endl;
    for(i=0; i<M; i++)
        cout<<array[i]<<'\t';
    if(p>=0)
        cout<<"查找成功! 数组元素的下标为:"<<p<<endl;
    else
        cout<<"未查找到! "<<endl;
    return 0;
}
```

运行结果如下：

```
输入要查找的元素:9<Enter>
原始数组元素为:
6       3       18      24      9       32      6       46      1       12
查找成功! 数组元素的下标为:4
```

例 7.12　采用折半查找法，在长度为 n 的一维数组中查找值为 x 的元素。折半查找的前提是：数组中的元素的值已经排好序（这里假定是非递减排序）。算法为：将 x 与数组的中间项进行比较，若相等，则查找成功，结束查找；若 x 小于数组中间项的值，则取中间项以前的部分以相同的方法进行查找；若 x 大于数组中间项的值，则取中间项以后的部分以相同的方法进行查找；如果 x 在数组中，则返回其下标；如果 x 不在数组中，则返回 -1。要求用一个函数实现对数组元素的折半查找。

```
#include <iostream>                    //折半查找
using namespace std;
#define M 10
int bi_search(int a[ ], int x, int n)
{
    int low=0, mid, up=n-1;
    while (low<=up)
    {
        mid=(low+up)/2;
        if(x==a[mid])                  //查找成功
            return mid;
        else if(x<a[mid])
            up=mid-1;                  //待查找值x比数组中间项的值小
        else
            low=mid+1;                 //待查找值x比数组中间项的值大
    }
    return -1;
}
int main()
{
```

```
    int array[ ]={1, 3, 6, 24, 30, 32, 36, 46, 100, 120}, i, p, x;
    cout<<"输入要查找的元素:";
    cin>>x;
    p=bi_search(array, x, M);
    cout<<"原始数组元素为:"<<endl;
    for(i=0; i<M; i++)
        cout<<array[i]<<'\t';
    if(p>=0)
        cout<<"查找成功! 数组元素的下标为"<<p<<endl;
    else
        cout<<"未查找到! "<<endl;
        return 0;
}
```

两次运行结果如下：

```
输入要查找的元素:6<Enter>
原始数组元素为:
1    3        6       24      30      32      36      46      100     120
查找成功! 数组元素的下标为2
输入要查找的元素:48<Enter>
原始数组元素为:
1    3        6       24      30      32      36      46      100     120
未查找到!
```

例 7.13 求两个集合的交集，并求出交集中元素的个数。例如，集合 $A=\{4, 8, 2, 1, 9, 10\}$，集合 $B=\{2, 5, 3, 9, 7\}$，两个集合的交集为 $C=\{2, 9\}$，交集中元素的个数为 2。

```
#include <iostream>
using namespace std;
int search(int b[ ], int x, int n)          //例7.11中的函数
{
    int i;
    for(i=0; i<n; i++)                      //顺序查找法
        if(x==b[i]) return i;
    return -1;
}
int intersection(int a[ ], int b[ ], int c[ ], int m, int n)
{
    int i, j, k=0;
    for(i=0; i<m; i++)
        if((j=search(b, a[i], n))!=-1)            //用数组元素作为函数的实参
            c[k++]=b[j];
    return k;
}
int main()
{
    int a[ ]={4, 8, 2, 1, 9, 10},b[ ]={2, 5, 3, 9, 7}, c[20], count, i;
    count=intersection(a, b, c, 6, 5);            //用数组名作为函数的实参
    cout<<"数组a和数组b的交集:";
    for(i=0; i<count; i++)
        cout<<c[i]<<'\t';
    cout<<endl;
    cout<<"数组a和数组b交集中元素的个数:"<<count<<endl;
    return 0;
}
```

运行结果如下：

```
数组a和数组b的交集:2    9
数组a和数组b交集中元素的个数:2
```

7.1.3　多维数组的定义及使用

本章的前几节介绍了怎样使用一维数组来处理数据。如果数据以列表形式出现，则可以使用一维数组处理。但是，有时数据以二维表的形式出现，这就需要使用二维数组处理。下面以二维数组为例说明多维数组的定义及使用方法。

1. 二维数组的定义

二维数组定义的一般形式为：

```
<数据类型> <数组名>[<整型常量表达式1>][<整型常量表达式2>];
```

例如：

```
int a[3][4];
```

定义 a 数组为 3×4（3 行 4 列）的数组，a 数组中的每个元素均为整型。

我们可以把二维数组看作是一种特殊的一维数组，它的元素又是一个一维数组。例如，可以把上面的 a 数组看作一个一维数组，它有 3 个元素 a[0]、a[1]、a[2]，每个元素又是一个包含 4 个元素的一维数组，如图 7-5 所示。可以把 a[0]、a[1]、a[2] 看作 3 个一维数组的名字。

```
   ┌a[0] ---- a[0][0] a[0][1] a[0][2] a[0][3]
 a │a[1] ---- a[1][0] a[1][1] a[1][2] a[1][3]
   └a[2] ---- a[2][0] a[2][1] a[2][2] a[2][3]
```

图 7-5　二维数组元素

C++ 语言的这种处理方式在数组初始化和用指针（详见第 9 章）表示时显得很方便，这在以后的使用中会有所体会。

C++ 语言中，二维数组中元素在内存中是按行存放的，即在内存中先顺序存放第一行的元素，再存放第二行的元素，以此类推。图 7-6 是 a[3][4] 数组在内存中的存放情况。

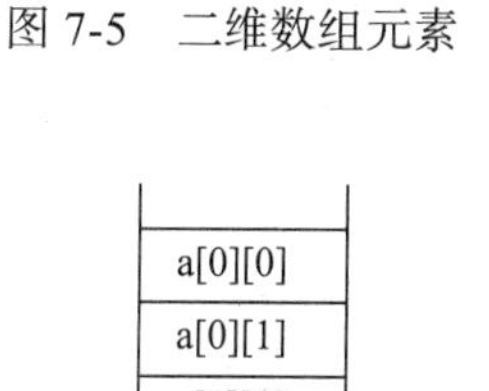

图 7-6　二维数组元素的存储

C++ 允许使用多维数组，对数组的维数没有限制。有了二维数组的基础，再掌握多维数组就不困难了。例如，定义三维数组如下：

```
int a[2][3][4];
```

可理解为：由 2 个二维数组构成，每个二维数组又由 3 个一维数组构成。

多维数组元素在内存中的存放顺序：第一维的下标变化最慢，最右边的下标变化最快。例如，上述三维数组的元素存放顺序为：

```
a[0][0][0]→a[0][0][1]→a[0][0][2]→a[0][0][3]→
a[0][1][0]→a[0][1][1]→a[0][1][2]→a[0][1][3]→
a[0][2][0]→a[0][2][1]→a[0][2][2]→a[0][2][3]→
a[1][0][0]→a[1][0][1]→a[1][0][2]→a[1][0][3]→
a[1][1][0]→a[1][1][1]→a[1][1][2]→a[1][1][3]→
a[1][2][0]→a[1][2][1]→a[1][2][2]→a[1][2][3]
```

2. 二维数组的引用

二维数组元素的引用形式为：

```
数组名[<下标1>][<下标2>]
```

下标必须是整型表达式，如 a[1][2]、a[2-1][2*2-1]、a[i-1][2*j]（i、j 为整型变量）均是合法的引用。

使用数组元素就像使用一个简单变量一样，包括输入输出、计算等。它可以出现在表达式中，也可以被赋值，例如：

```
a[1][2]=a[2][3]/2
```

和一维数组一样，在使用数组元素时，也要注意下标值应该在已定义的数组大小的范围内。常出现的错误是：

```
int a[3][4];
…
a[3][4]=5;
```

定义 a 为 3×4 的数组，它可用的行下标值范围为 0～2，列下标值范围为 0～3，因此引用 a[3][4] 超出了数组的下标范围。

请读者严格区分在定义数组时用 a[3][4] 和引用元素时的 a[3][4] 的区别。前者 a[3][4] 中的 3 和 4 是用来定义数组各维的大小，后者 a[3][4] 中的 3 和 4 是下标值，a[3][4] 代表某一个元素。

3. 二维数组的初始化

可以用下面的方法对二维数组进行初始化。

1）分行给二维数组赋初值，如：

```
int a[3][4]={{1, 2, 3, 4},{5, 6, 7, 8},{9, 10, 11, 12}};
```

这种赋初值方式比较直观，把第 1 个花括号内的数据给第 1 行的元素，第 2 个花括号内的数据给第 2 行的元素……即按行赋初值。

2）可以将所有数据写在一个花括号内，按数组排列的顺序对各元素赋初值，如：

```
int a[3][4]={1, 2, 3, 4, 5, 6, 7, 8, 9, 10, 11, 12};
```

效果与第 1 种方法相同。但以第 1 种方法为好，按行赋初值，界限清楚。用第 2 种方法时如果数据多，容易遗漏，也不易检查。

3）可以对部分元素赋初值，如：

```
int a[3][4]={{1}, {3}, {5}};
```

它的作用是对各行第 1 列（列下标为 0）的元素赋初值，其余元素值自动赋为 0。赋初值后数组各元素为：

$$\begin{pmatrix} 1 & 0 & 0 & 0 \\ 3 & 0 & 0 & 0 \\ 5 & 0 & 0 & 0 \end{pmatrix}$$

4）可以根据给定的初始化的数据，自动确定数组的行数，如：

```
int a[ ][4]={1, 2, 3, 4, 5, 6, 7, 8, 9, 10, 11, 12};
```

系统会根据数据的总个数分配存储空间，一共 12 个数据，每行 4 列，可以确定为 3 行，又如：

```
int b[ ][4]={1, 2, 3, 4, 5, 6, 7, 8, 9};
```

定义数组 b 为 3 行 4 列的数组，b 数组也可以这样来定义：

```
int b[ ][4]={{1, 2, 3, 4}, {5, 6, 7, 8}, {9}};
```

后者的定义方法比前者清晰。注意：定义数组时只能省略行数，不能省略列数。若省略列数，则行列之间的关系就不唯一了。

与一维数组类似，当定义静态的多维数组或全局变量的多维数组时，系统自动地将数组的各元素的初值赋为 0。二维数组和一维数组一样也不能进行整体操作，例如，数组不能整体赋值，要将一个数组的值赋给另一个数组时，必须逐个元素赋值，如：

```
int a[3][4], b[3][4];
```

要将数组 a 中的各个元素依次赋给数组 b 时，不能写成 b=a，而必须用循环语句逐个赋值如下：

```
for(int i=0; i<3; i++)
    for(int j=0; j<4; j++)
        b[i][j]=a[i][j];
```

7.1.4　二维数组作为函数参数

二维数组也可以用作函数参数，与一维数组类似，二维数组的数组元素和多维数组名均可以作为参数。

1. 二维数组元素作为函数参数

二维数组元素作为函数参数，与简单变量作为实参一样，是单向值传递。

例 7.14　有两个二维数组 a[3][4] 和 b[3][4]，统计两个数组中对应元素值相等的个数。

```
#include <iostream>                    //二维数组元素作为函数参数
using namespace std;
int main()
{
    bool equal(int, int);          //函数原型声明
    int a[3][4]={1, 2, 3, 4, 5, 6, 7, 8, 9, 10, 11, 12},
        b[3][4]={12, 2, 3, 4, 10, 6, 7, 11, 9, 5, 8, 1}, i, j, k=0;
    for (i=0; i<3; i++)
        for(j=0; j<4; j++)
            if (equal(a[i][j], b[i][j])==true) k++;
    cout<<"两个数组中对应元素相等的个数为:"<<k<<endl;
    return 0;
}
bool equal(int x, int y)
{
    return(x==y?true:false);
}
```

运行结果如下：

```
两个数组中对应元素相等的个数为:6
```

2. 二维数组名作为函数参数

二维数组名作为函数参数，在被调函数中对形参数组定义时可以指定每一维的大小，也可以省略第一维的大小声明，如：

```
int max(int a[4][5])  /* 或int max(int a[ ][5]) */
{
…
}
```

上述两个函数定义都合法而且等价。但是不能把第二维以及其他高维的大小声明省略。如下面是不合法的：int a[ ][ ] 或 int a[3][ ]。

因为从实参传递来的是数组的起始地址（见第 9 章），在内存中数组是按行存放的，并不区分行和列，如果在形参中不说明列数，则系统无法确定列数。

3. 二维数组应用举例

例 7.15 有一个 3×4 的二维数组，要求编程求出其中值最小的元素，以及其所在的行号和列号。

算法思想：首先将数据输入到数组 a 中，并将数组中的任一元素值如 a[0][0] 作为最小值 min，将 min 分别与数组中各个元素的值进行比较，若某个元素的值小于 min，则将该元素值赋给 min，并记下该元素所在的行号和列号。

```
#include <iostream>
using namespace std;
int min_element(int a[][4], int &row, int &col)
{
    int i, j, min;
    row=0, col=0;
    min=a[0][0];                        //假定a[0][0]中的值最小
    for (i=0; i<=2; i++)
        for (j=0; j<=3; j++)
            if (a[i][j]<min)
            {      min=a[i][j];      row=i;          col=j; }
    return min;
}
int main()
{
    int i, j, row, col, min;
    int a[3][4];
    cout<<"请输入3行4列的二维数组:";
    for (i=0; i<=2; i++)                //输入二维数组
        for (j=0; j<=3; j++)
            cin>>a[i][j];
    min=min_element(a, row, col); //将min_element ()函数找到的最小值存放在min中
    cout<<"最小值="<<min<<endl;
    cout<<"所在行号="<<row<<"  所在列号="<<col<<endl;
    return 0;
}
```

运行结果如下：

```
请输入3行4列的二维数组:1 2 3 4 9 8 7 6 -10 5 2 -5<Enter>
最小值=-10
所在行号=2  所在列号=0
```

例 7.16 将一个 4×4 的二维数组的行和列的元素交换（数学上称为矩阵的转置），并存放到另一个数组中。例如，将 a 数组的行和列交换后，存入 b 数组中。

```
#include <iostream>         //矩阵转置
using namespace std;
void transpose(int a[][4], int b[][4])
{
    for (int i=0; i<4; i++)
        for (int j=0; j<4; j++)
            b[j][i]=a[i][j];
}
int main()
{
    int a[4][4]={{1, 2, 3, 4}, { 5, 6, 7, 8}, {9, 10, 11, 12}, {13, 14, 15, 16}};
    int b[4][4], i, j;
    cout<<"数组a:"<<endl;
    for (i=0; i<4; i++)     //输出二维数组
    {       for (j=0; j<4; j++)
                cout<<a[i][j]<<'\t';
```

```
            cout<<'\n';
    }
    transpose(a, b);
    cout<<"数组 b:\n";
    for (i=0; i<4; i++)
    {       for(j=0; j<4; j++)
                cout<<b[i][j]<<'\t';
            cout<<'\n';
    }
    return 0;
}
```

运行结果如下：

```
数组a:
1       2       3       4
5       6       7       8
9       10      11      12
13      14      15      16
数组 b:
1       5       9       13
2       6       10      14
3       7       11      15
4       8       12      16
```

对于行列相同的二维数组（数学上称为方阵），可以在本身数组中进行转置。如果在 a 数组中进行转置，只要将 a 数组的左下三角形和右上三角形内以主对角线对称的元素值对调即可，如图 7-7 所示。程序如下：

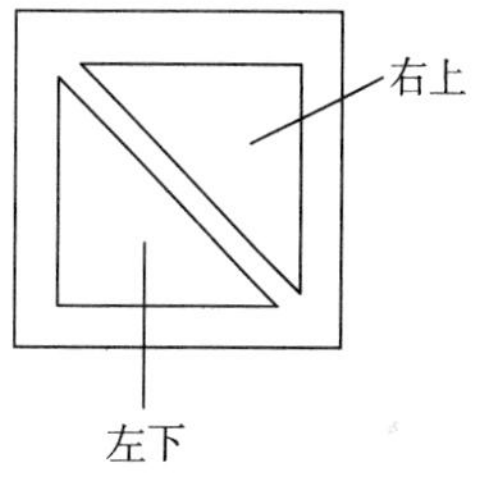

```
#include <iostream>                    //在一个数组中进行转置
using namespace std;
void transpose(int a[][4])
{
    for (int i=0; i<4; i++)
        for (int j=i+1; j<4; j++)  //注意j的初值不是0，对右
                                     上三角形内的元素循环
        {   int t=a[i][j];   a[i][j]=a[j][i];    a [ j ]
[i]=t;      }
}
int main()
{
    int a[4][4]={{1, 2, 3, 4}, { 5, 6, 7, 8}, {9, 10, 11, 12}, {13, 14, 15, 16}};
    int i, j;
    …                                  //输出转置前的a数组
    transpose(a);
    …                                  //输出转置后的a数组
return 0;
}
```


图 7-7　矩阵“左下”和“右上”元素示意图

请读者自己考虑，对左下三角形内的元素循环，如何实现？

*** 例 7.17**　有如下两个矩阵，求这两个矩阵的乘积 $\boldsymbol{C}=\boldsymbol{AB}$（$c[i][j]=\sum_{k=0}^{n-1} a[i][k]\times b[k][j]$）。要求用一个函数实现矩阵相乘。

$$\boldsymbol{A}=\begin{pmatrix} 1 & 3 & 5 \\ 2 & 4 & 6 \\ 15 & 7 & 4 \\ -2 & 8 & 9 \end{pmatrix} \qquad \boldsymbol{B}=\begin{pmatrix} 3 & 6 & 2 & 1 & 7 \\ 9 & 1 & 3 & -1 & 5 \\ 2 & 5 & 8 & 1 & 9 \end{pmatrix}$$

```
#include <iostream>   //矩阵相乘
```

```
using namespace std;
#define M 4
#define N 3
#define P 5
int main()
{
    void mul(int a[ ][N], int b[ ][P], int c[ ][P]);
    int a[M][N]={{1, 3, 5}, {2, 4, 6}, {15, 7, 4}, {-2, 8, 9}},
        b[N][P]={{3, 6, 2, 1, 7}, {9, 1, 3, -1, 5}, {2, 5, 8, 1, 9}}, c[M][P], i, j;
    mul(a, b, c);
    cout<<"矩阵A为:"<<endl;
    for(i=0; i<M; i++)
    {       for(j=0; j<N; j++)
                cout<<a[i][j]<<'\t';
            cout<<'\n';
    }
    cout<<"矩阵B为:"<<endl;
    for(i=0; i<N; i++)
    {       for(j=0; j<P; j++)
                cout<<b[i][j]<<'\t';
            cout<<'\n';
    }
    cout<<"相乘后的矩阵C为:"<<endl;
    for(i=0; i<M; i++)
    {       for(j=0; j<P; j++)
                cout<<c[i][j]<<'\t';
            cout<<'\n';
    }
    return 0;
}
void mul(int a[ ][N], int b[ ][P], int c[ ][P])
{
    int i, j, k;
    for(i=0; i<M; i++)
        for(j=0; j<P; j++)
        {
            c[i][j]=0;
            for(k=0; k<N; k++)
                c[i][j]=c[i][j]+a[i][k]*b[k][j];
        }
}
```

运行结果如下：

```
矩阵A为:
1       3       5
2       4       6
15      7       4
-2      8       9
矩阵B为:
3       6       2       1       7
9       1       3       -1      5
2       5       8       1       9
相乘后的矩阵C为:
40      34      51      3       67
54      46      64      4       88
116     117     83      12      176
84      41      92      -1      107
```

例 7.18　计算二维数组 a 中每一行各元素值之和，将和值放在一个一维数组 b 中。要求在主函数中初始化二维数组并将每个元素的值输出，然后调用子函数，分别计算每一行各元素值之和，在主函数中输出每一行各元素值之和。

```
#include <iostream>
using namespace std;
void rsum(int a[ ][4], int row, int b[ ])
{
    for(int i=0; i<row; i++)
    {
        b[i]=0;
        for(int j=0; j<4; j++)
            b[i]+=a[i][j];
    }
}
int main()
{
    int a[ ][4]={{1, 2, 3, 4}, {5, 6, 7, 8}, {9, 10, 11, 12}}, b[3], i, j;
    for(i=0; i<3; i++)
    {
        for(j=0; j<4; j++)
            cout<<a[i][j]<<'\t';
        cout<<endl;
    }
    rsum(a, 3, b);
    for(i=0; i<3; i++)
        cout<<"第 "<<i+1<<" 行元素之和是: "<<b[i]<<endl;
    return 0;
}
```

运行结果如下：

```
1       2       3       4
5       6       7       8
9       10      11      12
第 1 行元素之和是: 10
第 2 行元素之和是: 26
第 3 行元素之和是: 42
```

此例综合了一维数组名和二维数组名作为函数参数的应用。

7.2 字符数组的定义及应用

字符数组可以与前面介绍的数组一样来使用，所不同的是，数组中的每一个元素存放的均为一个字符。

7.2.1 字符数组的定义

字符数组的定义与一般数组的定义类似。例如：

```
char c[15];
```

其元素为 c[0]～c[14]，每个元素都是字符型变量。

在 C++ 中，可以将字符型数据作为整型数据来处理，整型数据也可以作为字符型数据来处理，注意对有符号的字符型数据整型数的值应该在 -128～127 内，对无符号的字符型数据整型数的值应该在 0～255 内。从这个意义上来说，字符型和整型之间是通用的，但两者又是有区别的。例如：

```
char c1[10];   int c2[10];
```

为数组 c1 分配的存储空间是 10 字节，而为数组 c2 分配的存储空间为 40 字节，因为每个 char 类型的变量占1字节，而每个int类型的变量占4字节。

7.2.2 字符数组的初始化

对字符数组初始化，最容易理解的方式是逐个将字符赋给数组中的各个元素，如：

```
char c[15]={ 'I', ' ', 'a', 'm', ' ', 'a', ' ', 's', 't', 'u', 'd', 'e', 'n', 't', '.'};
```

把括号中的15个字符常量分别赋给c[0]～c[14]这15个元素。

如果花括号内提供的初值个数（即字符个数）大于数组长度，则按语法错误处理。如果初值个数小于数组长度，则只将这些字符赋给数组中前面那些元素，其余的元素由系统自动赋为空字符（即'\0'，其ASCII码值为0），如：

```
char c[15]={ 'H', 'e', 'l', 'l', 'o'};
```

c[0]～c[4]的值依次为H、e、l、l、o，其他的数组元素均为空字符。

如果提供的初值个数与预定的数组长度相同，在定义时可以省略数组长度，系统会自动根据初值的个数确定其长度，如：

```
char c[ ]={ 'I', ' ', 'a', 'm', ' ', 'a', ' ', 's', 't', 'u', 'd', 'e', 'n', 't', '.'};
```

数组c的长度自动定为15。用这种方法可以不必人工去数字符的个数，尤其在字符个数较多时较为方便。

也可以定义和初始化一个二维字符数组，如：

```
char star[3][5]={{' ', ' ', '*'},{' ', '*', ' ', '*'},{'*', ' ', '*', ' ', '*'}};
```

数组star所有元素的实际值为：

```
└┘    └┘    *    \0    \0
└┘    *     └┘   *     \0
*     └┘    *    └┘    *
```

其中，└┘ 表示空格。

7.2.3 字符数组的使用

下面将通过例子说明字符数组的使用。

例 7.19 输出一个字符数组。

```
#include <iostream>
using namespace std;
int main()
{
    char c[15]={ 'I', ' ', 'a', 'm', ' ', 'a', ' ', 's', 't', 'u', 'd', 'e', 'n', 't', '.'};
    for(int i=0; i<15; i++)
        cout<<c[i];                         //逐个输出字符
    cout<<endl;
    return 0;
}
```

运行结果如下：

```
I am a student.
```

例 7.20 输出一个三角形图形。

```
#include <iostream>
using namespace std;
int main()
```

```
{
    char star[ ][5]={{' ', ' ', '*'},{' ', '*', ' ', '*'},{'*', ' ', '*', ' ', '*'}};
    for(int i=0; i<3; i++)
    {       for(int j=0; j<i+3; j++)
                cout <<star[i][j];
            cout<<endl;
    }
    return 0;
}
```

运行结果如下：

```
  *
 *  *
*  *  *
```

7.2.4　字符串和字符串结束标志

在 C++ 语言中，用字符数组来表示和处理字符串。可将一个字符串存储在一维字符数组中，如：

```
char c[10]={"Good!"};
```

则数组 c 的前 5 个元素为 'G'、'o'、'o'、'd'、'!'，第 6 个元素为 '\0'，后 4 个元素也为 '\0'，如图 7-8 所示。

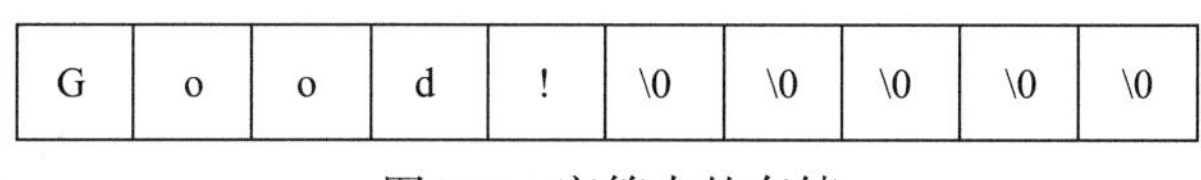

图 7-8　字符串的存储

最后的 '\0' 是由系统自动加上的。C++ 语言规定以字符 '\0' 作为字符串结束标志。'\0' 的 ASCII 码为 0，称为空字符，用它作为字符串结束标志不会产生附加的操作或增加有效的字符，只起标志作用。

需要说明的是，字符数组并不要求它的最后一个字符为 '\0'，甚至可以不包括 '\0'。如以下语句完全是合法的：

```
char c[5]={'G', 'o', 'o', 'd', '!'};
```

但这里的 c 是字符数组，不能把它处理成字符串。

将字符串存储于字符数组，还有以下 3 种初始化方法：

```
char s[ ]={"Good!"};                                    ①
```

也可以省略花括号，直接写成：

```
char s[ ]="Good!";                                      ②
```

这两种方法等价于：

```
char s[ ]={ 'G', 'o', 'o', 'd', '!', '\0' };            ③
```

①和②两种方法直观、方便，符合人们的习惯。注意数组 s 的长度是 6，而不是 5，因为在字符串常量的最后由系统加上了一个 '\0'。

在程序中一般依靠检查 '\0' 的位置来判定字符串是否结束，而不是根据数组的长度来决定字符串的长度。例如，上述数组 s 的长度（元素个数）为 6，但存储于该数组中的字符串 "Good!" 的长度是 5。一般若用字符数组存放字符串，则数组的长度应至少比字符串的长度大 1。

7.2.5 字符数组的输入输出

字符数组的输入输出可以有以下两种方式。

1）逐个字符输入输出。例如：

```
char s[10];
cout<<"输入10个字符:"<<endl;
for(int i=0; i<10; i++)
    cin>>s[i];
for(i=0; i<10; i++)
    cout<<s[i]<< '\t';
…
```

2）将整个字符串输入输出。

对于一维字符数组的输入，在 cin 中只给出数组名，输出时在 cout 中也只给出数组名即可。

例 7.21 将 3 个字符串分别输入到 3 个字符数组中，并将这 3 个数组中的字符串输出。

```
#include <iostream>
using namespace std;
int main()
{
    char str1[20], str2[20], str3[20];
    cout<<"输入三个字符串: "<<endl;
    cin>>str1;
    cin>>str2;
    cin>>str3;
    cout<<"字符串1="<<str1<<endl;
    cout<<"字符串2="<<str2<<endl;
    cout<<"字符串3="<<str3<<endl;
    return 0;
}
```

运行结果如下：

```
输入三个字符串:
China<Enter>
Good<Enter>
Very Good<Enter>
字符串1=China
字符串2=Good
字符串3=Very
```

从输出结果可以看出，字符串“China”送给 str1，“Good”送给 str2，“Very”送给 str3。

注意：

1）输出字符不包括字符串结束符 '\0'。

2）用此法输出字符串时，输出项是字符数组名，而不是数组元素名。如果输出项是数组元素名，则输出的是数组元素中存放的字符。

3）如果数组长度大于字符串实际长度，输出时也只是遇到 '\0' 结束，如：

```
char c[10]={ "Good"};
cout<<c;
```

只输出“Good”4 个字符，而不是输出 10 个字符。

4）如果一个字符数组中包含一个以上的 '\0'，则遇到第一个 '\0' 时输出就结束。例如：

```
char s[ ]={ 'a', 'b', '\0', 'c', 'd', '\0'};
cout<<s;
```

将输出 ab。

5）在输入字符串时，遇到空格字符或换行符（Enter 键），则认为一个字符串结束，见例 7.21，接着的非空格字符作为下一个新的字符串开始。如要将带空格的一行字符串输入到字符数组中时，则要使用函数 cin.getline()。该函数的第一个参数为字符数组名，第二个参数减 1 为允许输入的最大字符个数。

例 7.22　用函数 cin.getline() 进行字符串的输入。

```
#include <iostream>
using namespace std;
int main()
{
    char str1[4] = {'G','o','o','d'}, str2[80];
    cout<<"请输入一行字符串: "<<endl;
    cin.getline(str2, 80);                  //表示最多输入79个字符，系统自动在最后加一个'\0'
    cout << "str1=";
    for (int i = 0; i < 4; i++)             //输出字符数组中的字符
        cout << str1[i];
    cout<< endl;
    cout << "str2=" << str2 << endl;        //输出字符数组中的字符串
    return 0;
}
```

运行结果如下：

```
请输入一行字符串:
I am a student.
str1=Good
str2=I am a student.
```

从例 7.22 可以看出：

1）通过 cin.getline() 函数可以输入带空格的字符串。当输入行中的字符个数小于 80 时，将实际输入的字符串（不包括换行符）全部送给 str；当输入行中的字符个数大于或等于 80 时，只取前 79 个字符送给字符串。

2）如果要将字符数组中的字符作为字符串输出，必须保证数组中包含字符串结束标志 '\0'；否则只能将字符数组中的字符一个一个输出。上例中要输出 str1 中的 4 个字符不能用下列语句实现：

```
cout<< str1 <<endl;
```

7.2.6　字符串处理函数

C++ 编译系统提供的字符串处理函数在 string.h 头文件中作了原型声明，要调用字符串处理函数时，需要包含 string.h 文件。下面介绍一些常用的字符串处理函数的功能及使用方法。

1. 求字符串长度函数 strlen (字符数组)

strlen 是英文 STRing LENgth（字符串长度）的缩写，该函数的实参可以是字符数组名，也可以是字符串。其功能是求字符串的长度，即字符串中包含的有效字符的个数（不包括字符 '\0'）。例如：

```
char s1[80]= "China";
cout<<strlen(s1)<< '\n';                //输出结果为5
cout<<strlen("大学生")<<'\n';           //输出结果为6
```

例 7.23　计算字符串的长度。

```
#include<iostream>
using namespace std;
#include<cstring>  //包含string.h头文件
int main()
{
    char s1[ ]="How do you do!";
    char s2[ ]="Hello!";
    char s3[80];
    cout<<"Input a word:";
    cin>>s3;
    cout<<"s1:"<<strlen(s1)<<endl;
    cout<<"s2:"<<strlen(s2)<<endl;
    cout<<"s3:"<<strlen(s3)<<endl;
    return 0;
}
```

运行结果如下：

```
Input a word:good<Enter>
s1:14
s2:6
s3:4
```

2. 字符串复制函数 strcpy (字符数组 1，字符数组 2)

strcpy 是英文 STRing CoPY（字符串复制）的缩写，该函数的功能是将字符数组 2 中的字符串复制到字符数组 1 中去。例如：

```
char str1[80], str2[80]={ "I am a student."};
strcpy(str1, str2);
```

将字符数组 str2 中的字符串复制到字符数组 str1 中，使字符数组 str1 包含字符串“I am a student.”。

说明：

1）字符数组 1 的长度必须大于等于字符数组 2 的长度。

2）复制时连同字符串后面的 '\0' 一起复制到字符数组 1 中。

3）不能用赋值语句将一个字符串常量或字符数组直接赋给一个字符数组，如已知“char str1[80], str2[80];”，则下面两行是不合法的：

```
str1={"Good"};
str1=str2;
```

字符数组的赋值只能用 strcpy 函数处理。用一个赋值语句只能将一个字符赋给一个字符型变量或字符型数组元素。如下面是合法的：

```
char c[5], c1, c2;
c1='A';  c2='B';
c[0]='G'; c[1]= 'o'; c[2]= 'o'; c[3]= 'd'; c[4]= '\0';
```

3. 字符串连接函数 strcat (字符数组 1，字符数组 2)

strcat 是英文 STRing conCATenate（字符串连接）的缩写，该函数的功能是把字符数组 2 中的字符串连接到字符数组 1 中的字符串的后面，对字符数组 2 中的内容没有影响。例如：

```
char s1[20]= "one", s2[20]= "two", s3[20]= "three";
strcat(s1, s2);
strcat(s1, s3);
```

则数组 s1 中的字符串为 "onetwothree"，数组 s2 和 s3 中的字符串没变。

该函数中的第二个参数也可以是一个字符串常量。

4. 字符串比较函数 strcmp（字符数组 1，字符数组 2）

strcmp 是英文 STRing CoMPare（字符串比较）的缩写，该函数的两个实参可以是字符数组名，也可以是字符串。其功能是用来比较两个字符串是否相等。从两个字符串的第一个字符开始自左至右逐个字符进行比较，这种比较是按字符的 ASCII 码值的大小进行的，直到出现两个不同的字符或遇到字符串的结束标志 '\0' 为止。如果两个字符串中的字符均相同，则两个字符串相等，函数返回值为 0；当两个字符串不同时，则以自左至右出现的第一个不同字符的比较结果作为两个字符串的比较结果。如果第一个字符串大于第二个字符串，则返回值为 1。如果第一个字符串小于第二个字符串，则返回值为 -1。例如：

```
strcmp("Student", "Student");            //比较结果为0
strcmp("student", "Student");            //比较结果为1
strcmp("Student", "student");            //比较结果为-1
```

5. 大写字母变成小写字母函数 strlwr（字符数组）

strlwr 是英文 STRing LoWeRcase（字符串小写）的缩写，该函数将字符数组中存放的所有大写字母变成小写字母，其他字母不变。例如：

```
char s1[ ]="Student1";
strlwr(s1);
```

将 s1 数组中的字符串全部变成小写字母，即 "student1"。

6. 小写字母变成大写字母函数 strupr（字符数组）

strupr 是英文 STRing UPpeRcase（字符串大写）的缩写，该函数将字符数组中存放的所有小写字母变成大写字母，其他字母不变。例如：

```
char s1[ ]="Student2";
strupr (s1);
```

将 s1 数组中的字符串全部变成大写字母，即 "STUDENT2"。

7. 函数 strncpy（字符数组 1，字符数组 2，len）

该函数将字符数组 2 的前 len 个字符复制到字符数组 1 的前 len 个字符空间中。其中第二个参数可以是数组名，也可以是字符串，第三个参数为正整数。当字符数组 2 中表示的字符串的长度小于 len 时，则将该字符串全部复制到第 1 个参数所指定的数组中。例如：

```
char s1[80], s2[80];
strncpy(s1, "student", 4);
strncpy(s2, "teacher", 10);
```

上面第 1 个 strncpy 函数仅复制前 4 个字符，则 s1 中的前 4 个字符分别为 's'、't'、'u' 和 'd'。第 2 个 strncpy 函数由于字符串 "teacher" 的长度小于 10，则将该字符串全部复制到 s2 中，s2 的内容为 "teacher"。

8. 函数 strncmp（字符数组 1，字符数组 2，len）

该函数的功能是比较两个字符数组中表示的字符串的前 len 个字符。其中前两个参数均可为字符数组名或字符串，第 3 个参数为正整数。若第一个字符串或第二个字符串的长度小于 len 时，该函数的功能与 strcmp() 相同。当两个字符串的长度均大于 len 时，len 为最多要比较的字符个数。例如：

```
cout<<strncmp("English", "England", 4)<<endl;
```

因为所比较的两个字符串的前4个字符相同，所以输出的值为0。

以上只介绍了一些比较常用的字符串处理函数，C++的标准库函数中包含了大量的字符串处理函数，读者可以按自己的需求选用。

7.2.7 字符数组应用举例

例7.24 编写一个函数my_strcpy，完成与系统标准库函数strcpy()相同的功能。

```
#include <iostream>
using namespace std;
int main()
{
    void my_strcpy(char [ ], char [ ]);
    char s1[80], s2[80];
    cout<<"请输入一个字符串:"<<endl;
    cin.getline(s2, 80);
    my_strcpy(s1, s2);
    cout<<"拷贝后的两个字符串分别为:"<<endl;
    cout<<s1<<endl;
    cout<<s2<<endl;
    return 0;
}
void my_strcpy(char s1[ ], char s2[ ])
{
    int i=0;
    while(s2[i]!='\0')
        s1[i]=s2[i++];
    s1[i]='\0';
}
```

该程序比较简单，请读者自己分析。

例7.25 输入一行字符，统计其中的单词个数，单词之间用空格隔开。

求单词数的方法，顺序扫描数组元素，若当前字符是非空格，而其前一个字符是空格，则单词数加1。

```
#include <iostream>
using namespace std;
#include <cstring>
int numwords(char string[ ])
{
    int i, len, num=0;
    len=strlen(string);
    for (i=0; i<len; )
    {   while(string[i]==' ')i++;                   //过滤掉多个连续的空格
        if (i<len) num++;                           //单词数加1
        while(string[i]!=' '&&i<len) i++;           //跳过一个单词
    }
    return num;
}
int main()
{
    char string[80];
    int num;
    cout<<"输入一行字符:";
    cin.getline(string, 80);
```

```
    num=numwords(string);
    cout<<"输入的字符串为:"<<string<<endl;
    cout<<"字符串中包含的单词个数为:"<<num<<endl;
    return 0;
}
```

运行结果如下：

```
输入一行字符:I am a student. <Enter>
输入的字符串为:I am a student.
字符串中包含的单词个数为:4
```

统计单词的函数还可以这样实现：

```
int numwords(char string[ ])
{
    int i, num;
    char c=' ';                                       //存放前一字符
    for (i=num=0; string[i]!='\0'; i++ )
    {
        if (c==' ' && string[i]!=' ') num++;          //单词数加1
        c=string[i];
    }
    return num;
}
```

请读者比较这两个方法。

例 7.26　有 3 个字符串，要求找出其中最小者。

```
#include <iostream>
using namespace std;
#include <cstring>
int main()
{
    char string[80];
    char str[3][80];
    cout<<"请输入三个字符串: \n";
    for (int i=0; i<3; i++)
        cin.getline(str[i], 80);
    if (strcmp(str[0], str[1])<0)
        strcpy(string, str[0]);
    else
        strcpy(string, str[1]);
    if (strcmp(str[2], string)<0)
        strcpy(string, str[2]);
    cout<<"最小的字符串为: "<<string<<endl;
    return 0;
}
```

运行结果如下：

```
请输入三个字符串:
China<Enter>
American<Enter>
Japan<Enter>
最小的字符串为: American
```

例 7.27　编写一个程序，计算一个字符串中子串出现的次数。

```
#include <iostream>
using namespace std;
```

```
#include <cstring>
int count(char mstr[ ], char sstr[ ])
{
    int i, j, k, num=0;                        //num用于统计子串在主串中出现的次数
    for(i=0; mstr[i]!='\0'; i++)               //从主串开头位置开始扫描
    {
        for(j=i, k=0; mstr[j]!='\0'&&sstr[k]==mstr[j]; j++, k++)
            ;                                  //空循环体，比较与子串是否相同
        if(sstr[k]=='\0')
            num++;
    }
    return num;
}
int main()
{
    int num;
    char mstring[80], sstring[80];
    cout<<"请输入主串:";
    cin.getline(mstring, 80);
    cout<<"请输入子串:";
    cin.getline(sstring, 80);
    num=count(mstring, sstring);
    if(num>0)
        cout<<"子串在主串中出现的次数为:"<<num<<endl;
    else
        cout<<"子串不在主串中"<<endl;
    return 0;
}
```

运行结果如下：

```
请输入主串:I am a student.you are a student too. <Enter>
请输入子串:student<Enter>
子串在主串中出现的次数为:2
```

第8章　结构体、共用体和枚举类型

迄今为止，已经介绍了基本类型的变量（如整型、实型、字符型变量等），也介绍了一种构造数据类型——数组，数组中的各个元素属于同一种数据类型。

但是只有这些数据类型是不够的，有时需要将描述一个对象的相关属性组成一个整体，以便引用。这些组合在一个整体中的数据是互相关联的。例如，一个学生的学号、姓名、性别、年龄、成绩等，这些项都与某一学生相联系，如图 8-1 所示。

num	name	sex	age	score
23901	LiMing	M	19	85

图 8-1　学生信息

可以看到性别（sex）、年龄（age）、成绩（score）属于学号为“23901”和姓名为“LiMing”的学生。如果将 num、name、sex、age、score 分别定义为互相独立的简单变量，难以反映它们之间的内在联系。应当把它们组织成一个组合项，在一个组合项中包含若干个类型不同（也可以相同）的数据成员。C++ 语言允许用户自己构造这样一种新的数据类型，称为结构体（Structure），有时也被称为结构。

除了结构体外，C++ 语言还提供了共用体、枚举类型等导出类型。本章介绍结构体、共用体和枚举类型的定义方法和应用。

8.1　结构体的定义及应用

8.1.1　结构体类型的定义

假设程序中要用图 8-1 所表示的数据结构，但是 C++ 中没有提供这种现成的数据类型，因此用户必须在程序中建立所需的结构体类型。

定义一个结构体类型的一般形式为：

```
struct <结构体名>
{
    <成员列表>
};
```

其中，结构体名由标识符组成，大括号内是该结构体中的各个成员，如上例中的 num、name、sex 等都是成员。对各个成员都应进行类型声明，即

```
<数据类型> <成员名>;
```

成员名的命名规则与变量名相同。例如：

```
struct student
{
    int num;
    char name[20];
    char sex;
    int age;
    float score;
};
```

注意：不要忽略最后的分号。上面定义了一个结构体类型 struct student（struct 是定义结构体类型时所必须使用的关键字，不能省略，它向编译系统声明这是一个结构体类型），它包含 num、 name、sex、age、score 等不同类型的数据成员。struct student（或 student）是一个用户定义的新的数据类型名，它和系统提供的基本数据类型具有同样的地位和作用。

8.1.2 结构体类型变量的定义

结构体类型是抽象的，其中并没有具体的数据，系统对它也不分配实际内存单元。为了能在程序中使用结构体类型的数据，应当定义结构体类型的变量，并在其中存放具体的数据。定义变量的格式为：

```
<数据类型> <变量名列表>;
```

< 数据类型 > 可以是标准的或导出的。对结构体类型变量可以采用以下 3 种方法定义。

1. 先定义结构体类型再定义变量

对已定义的一个结构体类型 struct student，可以用它来定义变量，如：

```
struct student stud1, stud2;
```

或

```
student stud1, stud2;
```

定义了 stud1 和 stud2 为 struct student 类型的变量，即它们具有 struct student 类型的结构，如图 8-2 所示。

stud1	23902	ZhangLi	F	19	85
stud2	23924	LiLie	M	20	88

图 8-2 struct student 类型变量的存储示意

在定义了结构体变量后，系统会为它分配内存单元，以存放数据成员的值。结构体变量所占空间的大小是所有成员所占空间大小的和。

2. 在定义结构体类型的同时定义变量

其一般形式为：

```
struct <结构体名>
{
    <成员列表>
}<变量名列表>;
```

例如：

```
struct student
{
    int num;
    char name[20];
    char sex;
    int age;
    float score;
}stud1, stud2;
```

它的作用与第 1 种方法基本相同，即定义了两个 struct student 类型的变量 stud1、stud2。由于结构体类型一般定义为全局的类型，以便于一个源程序文件中的多个函数使用，这样定义的变量即为全局变量，因此此种方法没有第 1 种方法好。

3. 直接定义结构体类型变量

其一般形式为：

```
struct
{
    <成员列表>
}<变量名列表>;
```

即不出现结构体名。

例如：

```
struct
{
    int num;
    char name[20];
    char sex;
    int age;
    float score;
}stud1, stud2;
```

由于前两种方法都定义了结构体的类型名，在程序中可以用该类型名来定义同类型的其他变量，而第 3 种方法没有定义类型名，则无法再定义这种类型的变量。建议使用第 1 种方法来定义结构体类型的变量。如果程序规模较大，往往将对结构体的定义集中放到一个头文件中。如果源程序需要用到此结构体类型，则可用 #include 命令将该头文件包含到本文件中，这样便于装配、修改及使用。

另外，在定义结构体类型变量的同时，可以指定其存储类型。例如：

```
static student stud3;
auto student stud4;
extern student stud5;
```

有的编译系统只允许指定 static 存储类型，有的编译系统可以指定 static 和 extern 存储类型。

在定义结构体类型变量的同时，可以对其进行初始化。方法是用花括号将每一个成员的值括起来。例如：

```
student stud1={23901, "李明", 'M', 19, 85};
```

表示 stud1 的成员 num 初始化为 23901，成员 name 初始化为 "李明"，成员 sex 初始化为 'M'，成员 age 初始化为 19，成员 score 初始化为 85。注意，初始化时，在花括号中列出的值的类型及顺序必须与该结构体类型定义中所说明的结构体成员一一对应。例如：

```
student stud1={"23901", "李明", 'M', 19, 85};
```

则编译出错，因 stud1 的成员 num 是整型，而给出的初值是字符串。

8.1.3 结构体类型变量及其成员的引用

在定义了结构体变量后，可以引用这个变量，有两种引用方式。

1. 引用成员

引用结构体变量中成员的方法为：

```
<结构体变量名>.<成员名>
```

例如，stud1.num 表示 stud1 变量中的 num 成员，可以对结构体变量的成员赋值，例如：

```
stud1.num=23901;
```

“.”是成员运算符，把 stud1.num 作为一个整体来看待。上面的赋值语句的作用是将整数 23901 赋给 stud1 变量中的成员 num。

结构体变量的成员可以像普通变量一样进行各种运算（其类型规定的运算）。例如：

```
stud1.num++;
stud1.sex=stud2.sex;
```

2. 引用整体

同类型的结构体变量之间可以相互赋值。这种赋值等同于各个成员的依次赋值，如定义以下的结构体类型：

```
struct temptype
{
    int i, j;
    char name[10];
};
temptype t1={12, 48, "LiLi"}, t2;
t2=t1;
```

其中“t2＝t1;”等同于：

```
t2.i=t1.i;
t2.j=t1.j;
strcpy(t2.name, t1.name);
```

在引用结构体变量及其成员时，应注意以下几点：

1）不能将结构体变量作为一个整体进行输入输出。例如，已定义 stud1 为结构体变量并且已有值，则不能这样引用：

```
cout<<stud1;
```

只能对结构体变量中的各个成员分别进行输入输出。例如：

```
cout<<stud1.num;
```

注意：在学习了面向对象部分的运算符重载后，如果对该结构体类型进行了运算符 << 和 >> 的重载，就可以将结构体变量整体输入输出了，参见第 13 章。

2）结构体变量可以作为函数的参数，也可以作为函数的返回值。当函数的形参与实参为结构体变量时，这种结合方式属于传值调用方式，即属于值传递，形参的变化不影响实参。如果用结构体变量的引用作为参数，则直接对实参的结构体变量进行修改。

例 8.1 有一个结构体变量 stud，内含学生学号、姓名和 4 门课的成绩。要求在 main() 函数中赋值，在另一函数 print() 中将它们输出。这里用结构体变量作为函数参数。

```
#include <iostream>
using namespace std;
#include <cstring>
struct student
{
    int num;
    char name[20];
    float score[4];
};
int main()
{
    void print(student);
    student stud;
    stud.num=2468;
```

```
    strcpy(stud.name, "LiWen");
    stud.score[0]=68.5;
    stud.score[1]=90;
    stud.score[2]=78.5;
    stud.score[3]=85.5;
    print(stud);
    return 0;
}
void print(student stud)
{
    cout<<"学号\t\t"<<stud.num<<'\n'<<"姓名\t\t"<<stud.name<<'\n';
    cout<<"数学成绩\t"<<stud.score[0]<<'\n'<<"英语成绩\t"<<stud.score[1]<<'\n';
    cout<<"程序设计成绩\t"<<stud.score[2]<<'\n'<<"物理成绩\t"<<stud.score[3]<<endl;
}
```

运行结果如下：

```
学号            2468
姓名            LiWen
数学成绩        68.5
英语成绩        90
程序设计成绩    78.5
物理成绩        85.5
```

struct student 被定义在所有函数之前，同一源文件中的各个函数都可以使用它。main() 函数中的 stud 是 struct student 类型变量，print() 函数中的形参 stud 也是 struct student 类型变量。在 main() 函数中对 stud 的各成员赋值。在调用 print() 函数时，以 stud 为实参向形参 stud 实行“值传递”。在 print() 函数中输出结构体变量 stud 各成员的值。使用结构体变量作为函数参数效率比较低，可以用结构体变量的引用或指向结构体变量的指针（见第 9 章）作为函数参数，那样可以提高程序的运行效率。

关于结构体类型，有以下几点说明：

1）类型与变量是不同的概念。类型是抽象的，而变量是具体的。在编译时，对类型是不分配空间的，只对变量分配空间。使用时只能对变量赋值、存取或运算，而不能对类型赋值、存取或运算。

2）对结构体中基本数据类型的成员，可以单独引用，它的作用与地位相当于基本数据类型的变量。

3）成员类型也可以是一个构造数据类型，如：

```
struct date
{
    int year;
    int month;
    int day;
};
struct student
{
    int num;
    char name[20];                    //name是字符型数组
    char sex;
    struct date birthday;             // birthday是struct date类型
    char addr[40];
} stud1, stud2;
```

先定义一个 struct date 类型，它代表“日期”，包括 3 个成员：year（年）、month（月）、day（日）。然后在定义 struct student 类型时将成员 birthday 指定为 struct date 类型。struct student 的结构如图 8-3 所示。已定义的类型 struct date 可以被用来定义其他类型的成员。

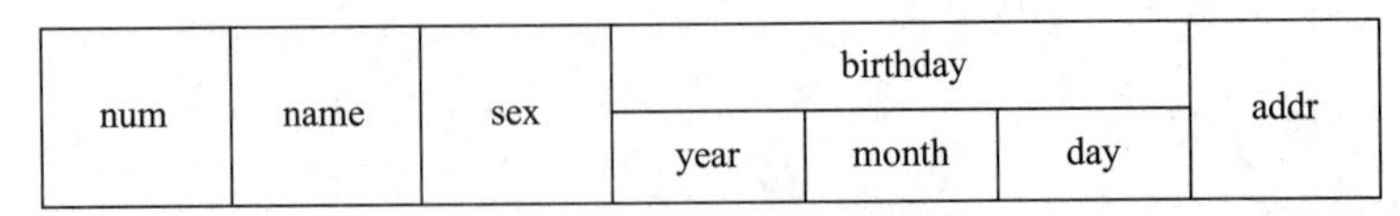

图 8-3　struct student 的结构

欲访问上述结构体变量 stud1 的成员，则要使用成员运算符逐级找到欲访问的成员，代码如下：

```
stud1.num
stud1.birthday.day
```

4）结构体类型及其变量的使用与基本数据类型及其变量的使用方式是一样的，包括：

- 变量的作用域和存储类别。
- 可以作为函数的参数及返回值。
- 可以定义结构体数组等。

8.1.4　结构体数组

一个结构体变量中可以存放一个学生的数据。如果有 10 个学生的数据需要参加运算，则应该使用结构体数组。结构体数组与前面介绍过的数组的不同之处在于：它的每个数组元素都是一个结构体类型的变量，它们分别包括各个成员项。

定义结构体数组的方法与定义结构体变量的方法类似，也可以有 3 种方法，分别是在结构体类型定义完毕定义数组、在定义结构体类型的同时定义数组、缺省结构体名定义数组。

在定义结构体数组时可以对结构体数组进行初始化，与数组的初始化方法类似：第 1 种方法是将每个元素的成员值用花括号括起来，再将数组的全部元素值用一对花括号括起来；第 2 种方法是在一个花括号内依次列出各个元素的成员值。如：

```
struct student
{   int num;
    char name[20];
    char sex;
    int age;
    float score;
    char addr[30];
} ;
student stud[4] =
{ {23901, "Zang Li", 'F', 19, 78.5, "35 Shanghai Road"},
{23902, "Wang Fang", 'F', 19, 92, "101 Taiping Road"},
{23905, "Zhao Qiang", 'M', 20, 87, "56 Ninghai Road"},
{23908, "Li Hai", 'M', 19, 95, "48 Jiankang Road"}};
    //第1种方法
```

或

```
student stud[4] =
{23901, "Zang Li", 'F', 19, 78.5, "35 Shanghai Road",
23902, "Wang Fang", 'F', 19, 92, "101 Taiping Road",
23905, "Zhao Qiang", 'M', 20, 87, "56 Ninghai Road",
23908, "Li Hai", 'M', 19, 95, "48 Jiankang Road"};
    //第2种方法
```

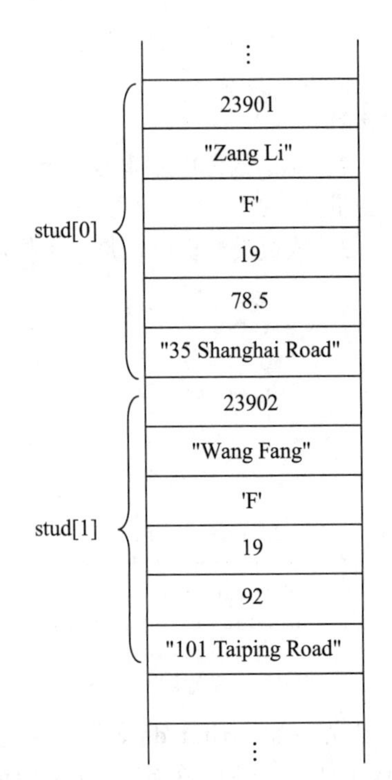

图 8-4　结构体数组内存中存放情况

结构体数组初始化后，在内存中存放的逻辑示意图如图 8-4 所示。

下面举例说明结构体数组的定义和引用。

例 8.2　建立一个学生档案的结构体数组，描述一个学生的信息（学号、姓名、成绩），并输出已建立的学生档案。

```
#include <iostream>
#include <iomanip>
using namespace std;
struct student
{
    int num;
    char name[20];
    float score;
};
student Input()
{
    student stud;
    cout<<"请输入学号、姓名和成绩:";
    cin>>stud.num>>stud.name>>stud.score;
    return stud;
}
void Output(student stud)
{
    cout << setw(10) << stud.num << setw(20) << stud.name << setw(10) <<stud.score<<endl;
}
int main()
{
    int i;
    student studs[3];
    for(i=0; i<3; i++)
        studs[i]=Input();
    cout << setw(10) << "学号" << setw(20) << "姓名" << setw(10) << "成绩" << endl;
    for(i=0; i<3; i++)
        Output(studs[i]);
    cout<<endl;
    return 0;
}
```

运行结果如下：

```
请输入学号、姓名和成绩:23901 ZangLi 78.5
请输入学号、姓名和成绩:23902 WangFang 92
请输入学号、姓名和成绩:23903 ZhaoQiang 87
      学号                姓名      成绩
     23901              ZangLi      78.5
     23902            WangFang        92
     23903           ZhaoQiang        87
```

在上例中，函数 Input() 返回输入值的结构体变量，增加将返回值赋给数组元素的时间开销。若使用引用类型的结构体变量作为形参，程序的运行效率会高一些，即系统的开销要小一些，因为不涉及结构体元素整体赋值的时间开销。改为引用调用方式后，程序如下：

```
#include <iostream>
#include <iomanip>
using namespace std;
struct student
{
    int num;
    char name[20];
    float score;
};
void Input(student &stud)
{
    cout<<"请输入学号、姓名和成绩:";
```

```
    cin>>stud.num>>stud.name>>stud.score;
}
void Output(student &stud)
{
    cout << setw(10) << stud.num << setw(20) << stud.name << setw(10) << stud.score << endl;
}
int main()
{
    int i;
    student studs[3];
    for(i=0; i<3; i++)
        Input(studs[i]);  //注意引用类型的结构体变量作为形参时的函数调用形式
    cout << setw(10) << "学号" << setw(20) << "姓名" << setw(10) << "成绩" << endl;
    for(i=0; i<3; i++)
        Output(studs[i]);
    cout<<endl;
    return 0;
}
```

该程序与前一个程序相比，不但效率提高了，而且程序也紧凑了。引用类型在第9章详细介绍。

例 8.3 求若干学生的平均成绩。

```
#include <iostream>                           //结构体数组作为函数参数
#include <iomanip>
using namespace std;
struct  stud
{
    char  num[10];                            //学号用字符型数组存放
    char  name[20];
    int   age;
    char  sex;
    int   score;
};
float average(stud studs[], int n)            //求平均成绩
{
    float aver=0;
    for(int i=0; i<n; i++)
        aver += studs[i].score;
    aver /= n;
    return aver;
}
void print(stud studs[], int n)
{
    cout << setw(12) << "学号" << setw(15) << "姓名" << setw(8) << "年龄"
         << setw(8) << "性别" << setw(8) << "成绩" << endl;
    for (int i = 0; i<n; i++)
        cout << setw(12) << studs[i].num << setw(15) << studs[i].name << setw(8) << studs[i].age
             << setw(8) << studs[i].sex << setw(8) << studs[i].score << endl;
}
int main(void)
{
    stud studs[4]={ {"020110101", "Wu", 19, 'M', 80}, {"020110102", "Li", 18, 'F', 95},
                    {"020110103", "Zhang", 18, 'F', 78}, {"020110104", "Zhao", 20, 'M', 88} };
    float  aver ;
    print(studs,4);
    aver=average(studs, 4);
    cout << "平均成绩为: "<< aver << endl;
    return 0;
}
```

运行结果如下：

```
          学号              姓名     年龄     性别      成绩
     020110101             Wu      19       M        80
     020110102             Li      18       F        95
     020110103          Zhang      18       F        78
     020110104           Zhao      20       M        88
  平均成绩为: 85.25
```

由上例可知，结构体数组作为函数参数与基本类型变量数组作为函数参数类似，请读者体会它的用法。

8.2 共用体的定义及应用

8.2.1 共用体类型及其变量的定义

有时需要使几个不同类型的变量共用同一段存储单元。例如，可把一个短整型变量 i、一个字符型变量 c、一个实型变量 f 放在同一个地址开始的内存单元中（如图 8-5 所示）。以上 3 个变量在内存中占的字节数不同，但都从同一地址开始（图中假设地址为 2000）存放。在某一时刻，只有一个变量有效。这种使几个不同的变量共占同一段内存的结构称为共用体类型的结构，共用体有时也被称为共同体或联合。定义共用体类型变量和定义结构体类型变量一样，也有 3 种形式。

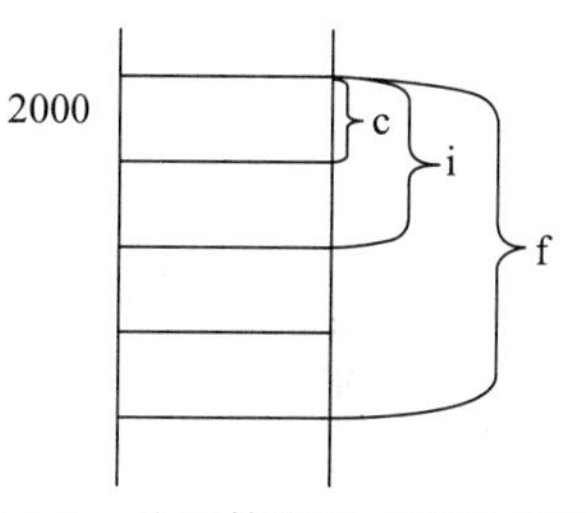

图 8-5　共用体存放内存示意图

1. 先定义共用体类型再定义变量

一般形式为：

```
union <共用体名>
{
    <成员列表>
};
union <共用体名> <变量列表>;   或   <共用体名> <变量列表>;
```

例如：

```
union data
{
    short int i;
    char c;
    float f;
} ;
union data a, b, c;   或   data a,b,c;
```

2. 在定义共用体类型的同时定义变量

一般形式为：

```
union <共用体名>
{
    <成员列表>
} <变量列表>;
```

如：

```
union data
{
    short int i;
    char c;
```

```
    float f;
} a, b, c;
```

3. 直接定义共用体类型变量

一般形式为：

```
union
{
    <成员列表>
} <变量列表>;
```

如：

```
union
{
    short int i;
    char c;
    float f;
} a, b, c;
```

可以看到，共用体与结构体的定义形式类似，但它们的含义不同。结构体变量的每个成员分别占有自己的内存单元。共用体变量所占的内存长度是所有成员中最长的成员的长度。例如，上面定义的共用体变量a、b、c共同占有4字节的存储空间（因为在3个变量i、c、f中，float类型的变量f占4字节，是3个变量中占用字节数最多者）。

8.2.2　共用体类型变量的引用

共用体类型是一种新的数据类型，在作为函数参数、定义共用体变量及数组等情况下，与基本数据类型的使用方式相同。首先应定义共用体变量，然后才能引用它。共用体类型变量的引用也有两种方式，下面分别介绍。

1. 引用成员

例如，前面定义了共用体变量a、b、c，下面的引用方式是正确的：

```
a.i     //引用共用体变量中的整型变量i
a.c     //引用共用体变量中的字符变量c
a.f     //引用共用体变量中的实型变量f
```

2. 引用整体

同类型的共用体变量之间可以直接赋值。例如：前面已定义了共用体变量a、b，a已经赋值。

```
b=a;     //引用整体
```

但输入输出时不能只引用共用体变量，例如：

```
cout<<a<<endl;
```

是错误的，a的存储区可以存储不同类型的成员的值，分别占不同的长度，仅仅用共用体变量名a难以使系统确定究竟输出的是哪个成员的值，应该写成cout<<a.i或cout<<a.c等。

8.2.3　共用体数据类型的特点

共用体类型变量与结构体类型变量有相似之处，都不能直接进行输入输出；用作函数的参数时，都是值传递；同类型的变量之间可以相互赋值等。但在使用共用体数据时应注意以下问题：

1）同一个内存段可以用来存放几种不同类型的成员，但在某一时刻只能存放其中一种，而不是同时存放几种。也就是说，在一个时刻只有一个成员起作用，其他的成员不起作用。

2）共用体变量中起作用的成员是最后一次存放的成员，在存入一个新的成员后原有的成员就失去作用。如有以下赋值语句：

```
a.i=10;
a.c='A';
a.f=1.8;
```

在完成以上 3 个赋值运算以后，只有 a.f 是有效的，a.i 和 a.c 失去意义。注：“ cout<<a.i;” 可以运行，但是将 a.f 最低的两字节解释为整数输出。因此在引用共用体变量时应十分注意当前存放在共用体变量中的究竟是哪个成员。

3）共用体变量的起始地址和其各成员的起始地址都是同一地址。

4）如果在定义共用体变量时对它初始化，则只允许有一个数赋给第一个成员。例如：

```
union
{   int i;
    char c;
    float f;
} a = {10, 'A', 1.8};      //不能这样初始化
union
{   int i;
    char c;
    float f;
} a={10};                  //能这样初始化
```

5）共用体类型可以出现在结构体类型定义中，也可以定义共用体数组。反之，结构体也可以出现在共用体类型定义中，数组也可以作为共用体的成员。

定义共用体的目的有两个：①节省空间，②特殊应用，见例 8.4。

例 8.4 分别取出一个整数的 4 字节。

```
#include <iostream>
using namespace std;
int main()
{
    union
    {
        int i;
        char c[4];
    } a;
    cout<<"请输入一个整数:";
    cin>>a.i;
    cout<<"整数的四字节分别为:";
    for(int k=3; k>=0; k--)
        cout<<(int)a.c[k]<<'\t'; //一个整数的4字节分别对应字符数组的每个元素
    cout<<endl;
    return 0;
}
```

运行结果如下：

```
请输入一个整数:511<Enter>
整数的四字节分别为:0 0       1       -1
```

请读者自己分析结果。

8.3 枚举类型的定义及应用

为了限制变量的取值范围而引入枚举类型，枚举类型是一种构造数据类型。“枚举”就是将变量允许取值的范围一一列举出来，枚举变量的取值在列举出来的值的范围内。

8.3.1 枚举类型的定义

定义枚举类型的一般形式为：

```
enum  <枚举类型名> {<枚举常量列表>};
```

其中，enum 是一个关键字，枚举类型名的命名规则与一般标识符相同，枚举常量列表由若干个枚举常量组成，多个枚举常量之间用逗号隔开。每个枚举常量是一个用标识符表示的整型常量。例如：

```
enum day {Sun, Mon, Tue, Wed, Thu, Fri, Sat};
```

其中，day 是一个枚举类型名，该枚举常量列表中有 7 个枚举常量。每个枚举常量所表示的整型数值在默认的情况下，第 1 个为 0，第 2 个为 1，后一个总是前一个的值加 1。枚举常量的值可以在定义时被显式赋值，被显式赋值的枚举常量将获得该值，没有被赋值的枚举常量按照后一个总是前一个的值加 1 的规则分别获得值。例如：

```
enum day {Sun=7, Mon=1, Tue, Wed, Thu, Fri, Sat};
```

这里 Sun 的值为 7，Mon 的值为 1，Tue 的值为 2，Wed 的值为 3，……，Sat 的值为 6。

8.3.2 枚举类型变量的定义

定义一个枚举变量前，必须先定义一个枚举类型，枚举变量的定义形式如下：

```
enum <枚举类型名> <枚举变量名列表>;
```

或

```
<枚举类型名> <枚举变量名列表>;
```

在枚举变量名列表中，如有多个枚举变量名，则用逗号分隔。例如：

```
enum day day1, day2, day3;
```

这里，day 是前面定义的枚举类型名，day1、day2 和 day3 是 3 个枚举变量名，它们的值应是枚举常量列表中规定的 7 个枚举常量之一。

枚举变量的定义也可以与枚举类型的定义连在一起写。如上例可以写成：

```
enum day {Sun, Mon, Tue, Wed, Thu, Fri, Sat} day1, day2, day3;
```

8.3.3 枚举类型变量的使用

下面通过例子来说明枚举类型变量的使用。

例 8.5 口袋中有红、黄、蓝、白、黑、紫 6 种颜色的球若干个。每次从口袋中取出 3 个球（依次取出 3 种球，取的顺序不同认为是不同的取法），问得到 3 种不同颜色的球的可能取法，打印出每种组合的 3 种颜色。

解题思路：使用穷举法，逐个检查每一种可能的组合，从中找出符合要求的组合并输出。这里球只能是 6 种颜色之一，且要判断各球是否同色，可以用枚举类型变量来处理。

设取出的球为 i、j、k。根据题意，i、j、k 分别为 6 种颜色球之一，并要求 $i \neq j \neq k$。

```
#include <iostream>
#include <iomanip>
using namespace std;
enum color {red, yellow, blue, white, black, purple};
void print(color c)
{
    switch(c)
```

```
    {
        case  red:    cout<<setw(10)<<"red";     break;
        case  yellow: cout<<setw(10)<<"yellow";  break;
        case  blue:   cout<<setw(10)<<"blue";    break;
        case  white:  cout<<setw(10)<<"white";   break;
        case  black:  cout<<setw(10)<<"black";   break;
        case  purple: cout<<setw(10)<<"purple";  break;
        default: break;
    }
}
int main()
{
    int count=0;
    color i, j, k;
    for(i=red; i<=purple; i=color(int(i) +1))
        for(j=red; j<=purple; j=color(int(j) +1))
            if(i!=j)
                for (k=red; k<=purple; k=color(int(k) +1))
                    if((k!=i) && (k!=j))
                    {
                        cout<<setw(10)<<++count;
                        print(i);
                        print(j);
                        print(k);
                        cout<<endl;
                    }
    cout<<"可能的组合数为:"<<count<<endl;
    return 0;
}
```

运行结果如下：

```
         1       red    yellow      blue
         2       red    yellow     white
         3       red    yellow     black
         4       red    yellow    purple
         5       red      blue    yellow
         6       red      blue     white
       …
       115    purple     white      blue
       116    purple     white     black
       117    purple     black       red
       118    purple     black    yellow
       119    purple     black      blue
       120    purple     black     white
可能的组合数为:120
```

如果要充分利用第 7 章中二维数组的特点，可以将上述程序修改如下：

```
void print(int count, int i, int j, int k)
{
    char p[][7] = { "red", "yellow", "blue", "white", "black", "purple" };
    cout << setw(10) << count << setw(10) << p[i] << setw(10) << p[j] << setw(10) << p[k] << endl;
}
int main()
{
    int i, j, k,count=0;
    for (i = red; i <= purple; i++)
        for (j = red; j <= purple; j++)
            if (i != j)
                    for (k = red; k <= purple; k++)
```

```
                    if ((k != i) && (k != j))
                    {
                        count++;
                        print(count, i, j, k);
                    }
    cout << "可能的组合数为:" << count << endl;
    return 0;
}
```

在上述程序中，下面的枚举常量的值实际上是0、1、2、3、4、5。

```
enum color {red, yellow, blue, white, black, purple};
```

下面二维数组元素的下标也是0、1、2、3、4、5。

```
char p[ ][7]={"red", "yellow", "blue", "white", "black", "purple"};
```

在此程序中比较巧妙地利用了这种对应关系。

在实际使用中可以用整型常量代替枚举常量，但是显然没有枚举常量直观，因为枚举常量选用了“见名思义”的标识符，而且枚举变量的值限制在定义时规定的几个枚举常量范围内。

第 9 章　指针、引用和链表

9.1　指针和指针变量

9.1.1　指针的概念

内存中的一字节（Byte）称为一个存储单元，每个存储单元都有一个唯一的编号称为地址。变量的地址是指该变量所在存储区域的第一字节的地址。在 C++ 语言中，地址也称为指针。例如定义如下三个变量：

```
int a;
float b;
char c;
```

编译器为这三个变量在内存中分配存储空间，如图 9-1 所示。假定变量 a、b 和 c 所占用的内存空间的第一个单元的地址分别是 1040、1028 和 1019，这三个地址就称为变量 a、b 和 c 的指针。

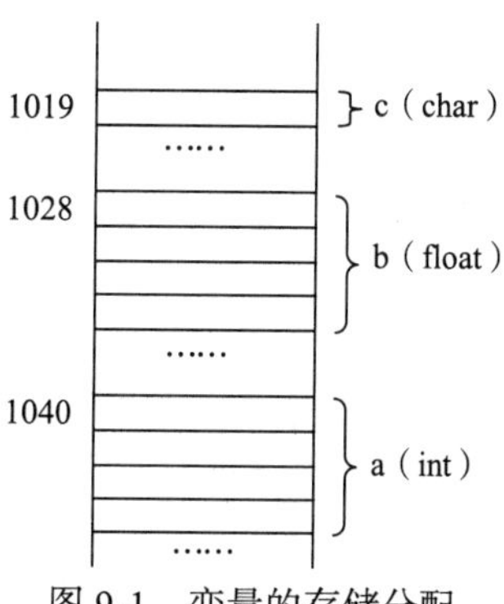

图 9-1　变量的存储分配

9.1.2　指针变量的定义

指针也是一个数值，C++ 提供了一种指针类型的变量用于存放地址值，即存放指针，这种变量就是指针变量。指针变量中存放的是一个内存地址，即另一个变量在内存中的存储位置。指针变量的定义格式如下：

```
<类型说明符> * <指针变量名>;
```

例如：

```
int *pi;          // 定义pi为指向 int型变量的指针变量
float *pf;        // 定义pf为指向 float型变量的指针变量
char *pc;         // 定义pc为指向 char 型变量的指针变量
```

上述三个指针变量分别为整型指针变量、单精度实型指针变量和字符型指针变量。指针类型是本章新引入的一种构造数据类型，int * 为整型指针的类型标识符，float * 为单精度实型指针的类型标识符，char * 为字符型指针的类型标识符。注意：pi 指向 int 型量，则称 int 是 pi 的基类型。同理，pf 的基类型是 float，pc 的基类型是 char。

说明：

1）一个指针变量只能指向其基类型的量，例如一个整型指针变量只能指向整型量。

2）C++ 语言规定编程者使用的有效指针不能指向内存 0 号单元，即编程者使用的有效指针值不能为 0。如果将指针变量值赋值为 0，表示该指针是空指针，它是无效指针，不指向任何量。C++ 已预先定义了符号常量 NULL，其值为 0，通常用它表示空指针值。例如，int *p=NULL 将指针变量 p 的值置为空指针，p 不指向任何量。

3）地址值与整型量是不同的，不要混淆。例如：整型量存储空间的起始地址值 2000 与整型量 2000 是两个不同的概念，前者的数据类型是 int *，后者的数据类型是 int。

9.1.3　有关指针的运算符 & 和 *

1. &（取地址运算符）

功能：获取变量的内存地址。

例 9.1　取地址运算符的使用。

```
int *p, m;     // 定义指向整型量的指针p，同时定义整型变量m
m = 200;       // 将常量200赋给变量m
p = &m;        // 获取变量 m 的地址，赋给指针变量 p
```

此时，变量在内存中的存储状况如图 9-2 所示。假定变量 m 的地址是 1040，它的存储空间中存放的是数值 200；假定变量 p 的地址是 2000，它的存储空间中存放的是变量 m 的地址值 1040。

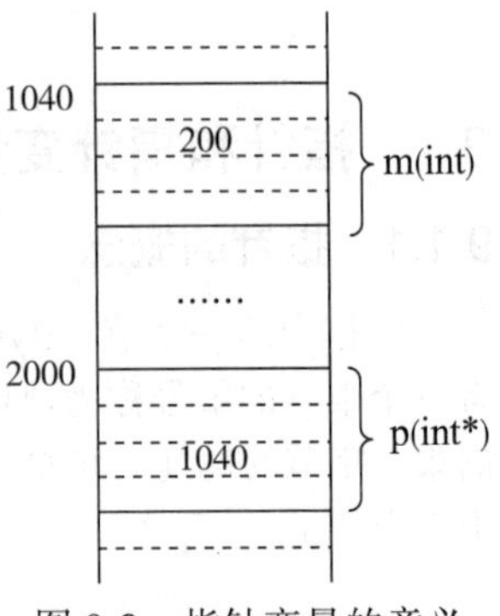

图 9-2　指针变量的意义

2. *（间接访问运算符）

功能：访问指针指向的变量。

例 9.2　间接访问运算符的使用。

```
int *p, m = 200, n;
p = &m;              // p 指向整型变量 m
n = *p;              // 将p 指向的变量 m的值取出，赋值给变量 n
*p = 100;            // 将 100 赋给指针变量 p 所指向的变量 m
```

此处，在已知 p 指向 m 的前提下，*p 间接访问变量 m，即通过 p 间接访问 m。

9.1.4　指针变量的赋值

欲使指针指向一个变量，其赋值方法有两种，一是在定义指针变量的同时给它赋值，称为指针变量的初始化；二是指针变量定义完毕后，用赋值语句给它赋值。例如：

```
int a, b;
int *p1 = &a, *p2;             // 在定义p1的同时给它赋值（称为初始化），令其指向a
p2 = &b;                       // 在p2定义完成后，用赋值语句给p2赋值，令其指向b
```

9.1.5　直接访问和间接访问

在 C++ 程序中定义的所有变量，编译器都会记录它们的属性，便于对它们访问。如在例 9.1 和例 9.2 中定义的两个变量 m 和 p，编译器记录的属性如表 9-1 所示。

表 9-1　变量及其属性

变　量　名	变量类型	变量地址
m	int	1040
p	int *	2000

1. 直接访问

在程序中使用变量名来存取变量的值称为变量的直接访问（也称为直接存取），如在例 9.1 中 “m=200” 是对 m 的直接访问，C++ 内部处理成：从变量属性表中查到变量 m 的地址 1040，然后存取该地址内存中的值。

2. 间接访问

在程序中通过变量的指针来存取它所指向的变量的值称为间接访问（也称为间接存取），如已知 p 指向 m，则 *p 间接访问 m（不直接写出变量名 m，而写成 *p），即通过 p 间接访问 m。如在例 9.2 中“*p=100”实现将 100 赋给变量 m。对于 *p，C++ 内部处理成：先从变量属性表中查得变量 p 的地址 2000，从地址 2000 的存储单元中取得 1040，再访问地址 1040 中的内容，即变量 m 的值。

请记住如下法则：已知“int *p, m; p = &m;”，则 *p 与 m 等价，同时 p 与 &m 等价。在后续程序中，使用 *p 和使用 m 一样，它们都访问变量 m（一个是间接访问，一个是直接访问），如 m=m+1，亦可写成 *p=*p+1；同样，使用 p 和使用 &m 一样，它们都是变量 m 的地址。

例 9.3 变量的直接访问和间接访问实例一。

```
#include <iostream>
using namespace std;
int main()
{
    char c = 'A';
    char *p = &c;                   // A
    cout << c << *p << ',';
    c = 'B';
    cout << c << *p << ',';
    *p = 'a';
    cout << c << *p << endl;
    return 0;
}
```

程序中的 A 行定义指针 p，并给它赋初值，令其指向 c。在后续程序中可以通过变量名 c 直接访问变量 c，也可以通过 *p 间接访问变量 c（即 c 与 * p 等价）。该程序输出：

```
AA, BB, aa
```

例 9.4 变量的直接访问和间接访问实例二。

```
#include <iostream>
using namespace std;
int main()
{
    int a = 1, *p1;
    float b = 5.2, *p2;
    char c = 'A', *p3;
    p1 = &a;                        // A
    p2 = &b;
    p3 = &c;
    cout << a << ',' << b << ',' << c << endl;
    cout << *p1 << ',' << *p2 << ',' << *p3 << endl;
    *p1 = *p1 + 1;                  // *p1等价于a
    *p2 = *p2 + 2;                  // *p2等价于b
    *p3 = *p3 + 3;                  // *p3等价于c
    cout << a << ',' << b << ',' << c << endl;
    return 0;
}
```

程序的运行结果为：

```
1,5.2,A
1,5.2,A
2,7.2,D
```

说明：

1）指针变量必须在通过初始化或赋值明确指向后，才可以通过它进行间接访问。如在例 9.4 中，若没有 A 行的赋值，则后续的 *p1 间接访问无意义，因为 p1 没有指向任何量。

2）若有“int m; <u>int *p = &m;</u>”，画线语句的意义是将 m 的地址赋给 p（即 p=&m），而不

是将 m 的地址赋给 p 指向的空间。上述语句等价于“int m, *p; p＝&m;”。

3）注意指针变量的类型，同类型指针之间可以相互赋值，不同类型的指针变量一般不能相互赋值。如在例 9.4 中，若出现“p1＝&b ;”或“p1＝p2;”都是无意义的。

4）允许将一个整型常量经强制类型转换后赋给指针变量，如：

```
float *fp;
fp = (float *)5000;
```

其意义是将 5000 作为一个地址值赋给指针变量 fp。

例 9.5 交换两个指针的指向。

```
#include <iostream>
using namespace std;
int main()
{
    int x = 10, y = 20;
    int *p1 = &x, *p2 = &y, *t;
    cout << *p1 << '\t' << *p2 << endl;
    t = p1;  p1 = p2;  p2 = t;                  // A
    cout << *p1 << '\t' << *p2 << endl;
    return 0;
}
```

此程序的输出结果是：

```
10      20
20      10
```

初始时，指针 p1、p2 分别指向 x、y，在 A 行交换它们的指向后，p1、p2 分别指向 y、x，如图 9-3 所示。

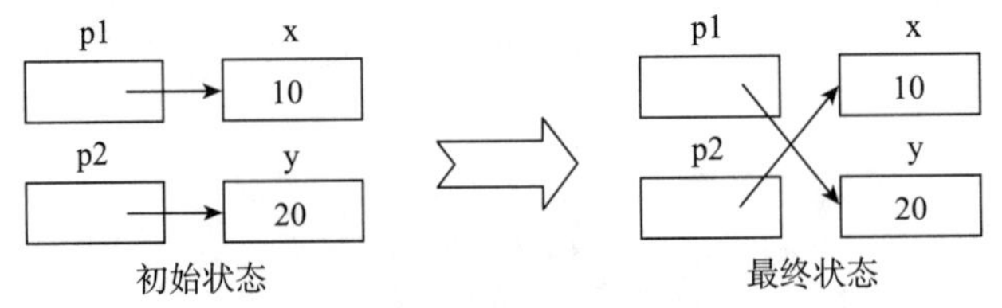

图 9-3 交换指针变量的指向

例 9.6 通过间接访问，交换两个指针所指向的变量的值。

```
#include <iostream>
using namespace std;
int main()
{
    int x = 10, y = 20;
    int *p1 = &x, *p2 = &y, t;
    cout << x << '\t' << y << endl;
    t = *p1;  *p1 = *p2;  *p2 = t;      // A
    cout << x << '\t' << y << endl;
    return 0;
}
```

此程序的输出结果是：

```
10      20
20      10
```

指针 p1、p2 分别指向 x、y，在 A 行通过间接访问交换 p1、p2 指向的 x、y 的值，注意 p1、

p2 的指向不变，而 x、y 的值发生了变化，如图 9-4 所示。

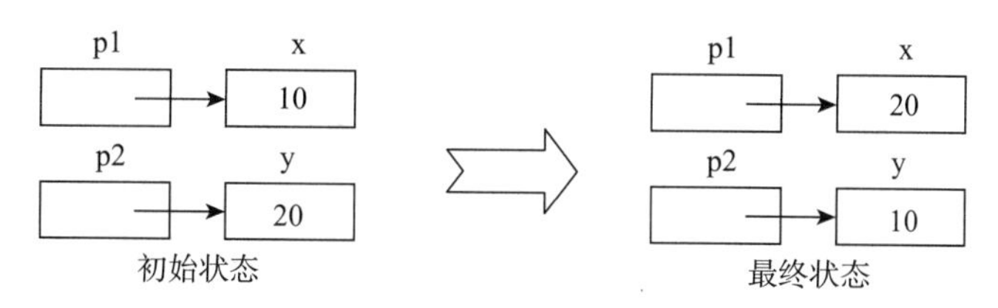

图 9-4　通过指针交换它们指向的变量的值

9.1.6　地址值的输出

指针的值（即地址值）是可以被输出的。

例 9.7　输出指针的值。

```
#include <iostream>
using namespace std;
int main()
{
    int a, *p1;
    float b, *p2;
    double d, *p3;
    p1 = &a;
    p2 = &b;
    p3 = &d;
    cout << "p1=" << p1 << endl;
    cout << "p2=" << p2 << endl;
    cout << "p3=" << p3 << endl;
    return 0;
}
```

默认输出的是十六进制地址值，此程序的输出形如：

```
p1=0030FEF0
p2=0030FED8
p3=0030FEBC
```

如果希望输出十进制地址值，则将程序中的三条输出语句改写为：

```
cout << "p1=" << int(p1) << endl;
cout << "p2=" << int(p2) << endl;
cout << "p3=" << (int)p3 << endl;
```

此时，将地址值强制转换成 int 型数据，int 型数据默认输出十进制值，程序的输出形如：

```
p1=4651740
p2=4651716
p3=4651688
```

上述语句中 int(p1) 的意义是将 p1 的值即地址值（其类型是 int*），强制转换为 int 型值输出。(int) p3 与 int (p3) 意义是一样的，它兼容 C 语言类型强制转换的语法格式。

9.2　指针作为函数参数

9.1 节中介绍了指针的概念以及通过指针间接访问变量的方法。在一个函数中通过指针间接访问来访问变量，不如通过变量名直接访问变量方便。那么引入指针的意义何在？引入指针的目的之一是通过指针作为函数参数，将变量的地址从主调函数传入被调函数，在被调函数中通过指针间接访问主调函数中的变量，从而带回多个计算结果。

在第 5 章介绍过函数的传值调用和引用调用。传值调用将实参的值单向赋值给对应的形参，形参是被调函数新创建的局部动态变量，与实参不是同一个变量，形参变量的变化不影响实参变量，即不能通过形参将计算结果带回主函数。引用调用时，形参是实参的别名，形参与对应实参是同一个变量，因此形参变量的值发生变化，对应的实参变量也变化，通过形参能将计算结果带回主调函数。

本节介绍指针作函数参数，它本质上是传值调用，传递的是地址值。但由于其特殊性，也把它作为参数传递方式的一种。函数调用参数传递方式分三种：传值调用、引用调用和传地址调用。

9.2.1 基本类型量作为函数参数

例 9.8 基本类型量作为函数参数——传值调用。

```
#include <iostream>
using namespace std;
void swap(int x, int y)
{
    int t;
    t = x;  x = y;  y = t;
}
int main()
{
    int  x = 3, y = 9;
    swap(x, y);
    cout << x << ',' << y << endl;
    return 0;
}
```

程序运行结果是：

```
3, 9
```

此例中，在 main() 函数中有局部变量 x 和 y。swap() 函数的形参 x 和 y 是该函数的局部变量，它们与主函数中的 x 和 y 虽然同名，却是不同的变量，占据不同的存储空间。当执行函数调用时，依次将实参 x 和 y 的值赋给形参 x 和 y（相当于 int x=x, int y=y；赋值号右边为实参变量 x 和 y，它们是主函数中的局部变量；赋值号左边为形参变量 x 和 y，它们是被调函数的局部动态变量），刚进入 swap() 函数时，系统自动创建形参变量 x、y，内存状况如图 9-5a 所示，图中虚线箭头表示参数传递的方向。

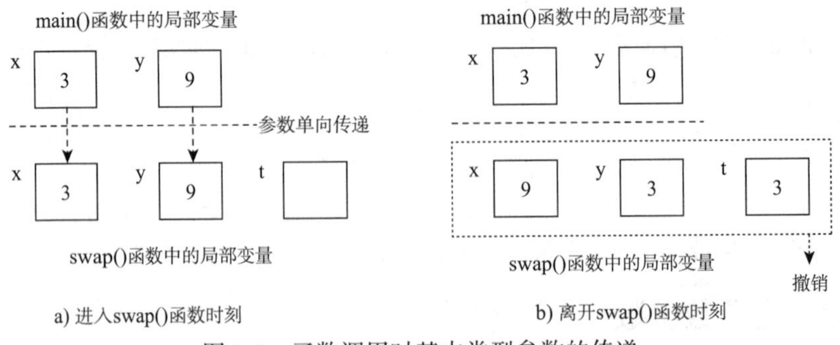

图 9-5 函数调用时基本类型参数的传递

在 swap() 函数内部，语句依次执行，返回之前，swap() 函数中局部变量 x、y 的值分别是 9、3，函数返回时，系统自动撤销 swap() 函数中的局部变量 x、y、t 的存储空间，此时被调函数的局部变量就不存在了。流程返回主函数后，主函数中局部变量 x、y 仍然保持其原值，如图 9-5b 所示。

9.2.2 指针变量作为函数参数

例 9.9 指针变量作为函数参数——传地址调用。

```
#include <iostream>
using namespace std;
void swap(int *px, int *py)
{
    int t;
    t = *px; *px = *py; *py = t;
}
int main()
{
    int x = 3, y = 9, *p1, *p2;
    p1 = &x; p2 = &y;
    swap(p1, p2);          //函数调用亦可写成 swap(&x, &y);
    cout << x << ',' << y << endl;
    return 0;
}
```

程序运行结果是:

```
9, 3
```

此例中，p1 和 p2 是 main() 函数内部的局部指针变量。swap() 函数的形参 px 和 py 是在 swap() 内部的局部指针变量。当执行函数调用时，依次将实参 p1 和 p2 的值赋给形参 px 和 py，相当于赋值操作 “int *px=p1; int *py=p2;”，假定主函数中 x、y 变量的地址分别是 1004、1000，则刚进入函数 swap() 时的内存状况如图 9-6 a 所示，此时 p1 和 px 均指向变量 x，p2 和 py 均指向变量 y。

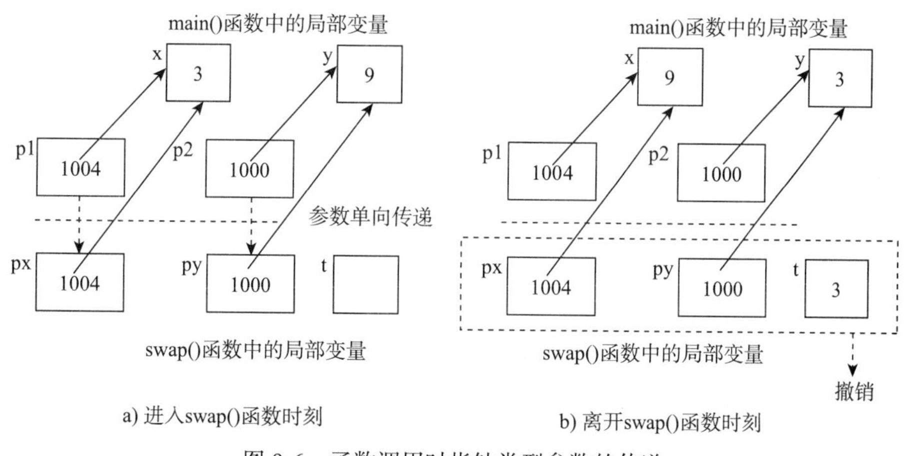

图 9-6 函数调用时指针类型参数的传递

在被调函数中通过指针 px、py 间接访问主函数中的 x、y 变量，交换 x、y 的值。当 swap() 函数执行结束时，撤销指针变量 px、py 以及整型变量 t 的存储空间，但主函数中的 x、y 变量依然存在，且它们的值已经改变，如图 9-6b 所示。执行流程返回主函数后，输出的 x、y 的值分别是 9 和 3。

从图 9-6 可以看出，C++ 语言中指针作为函数参数，参数值本身的传递是单向的。有些教材将指针传递归纳为双向传递，是错误的。指针传递时，将结果带回主调函数的原因是，在被调函数中使用通过参数传递来的指针间接访问主调函数中的变量，从而改变主调函数中变量的值（带回计算结果），表面看来好像是双向传递。但就参数本身而言，是单向传递。

例 9.10 约简分数，即用分子和分母的最大公约数除分子、分母。

```
#include <iostream>
using namespace std;
void lowterm(int *nump, int *denp)
{
    int n, d, r;
    n = *nump;                                   // *nump间接访问a
    d = *denp;                                   // *denp 间接访问b
    while (d != 0)                               // 用辗转相除法，求分子、分母的最大公约数
    {
        r = n%d; n = d; d = r;
    }
    if (n>1)                                     // 当最大公约数n大于1时，用n除分子、分母
    {
        *nump = *nump / n;
        *denp = *denp / n;
    }
}
int main(void)
{
    int a = 14, b = 21;                          // a是分子，b是分母
    cout << "分数: " << a << '/' << b << endl;    // 输出分数
    lowterm(&a, &b);
    cout << "约简后: " << a << '/' << b << endl;  // 输出约简后的分数
    return 0;
}
```

程序运行结果是：

```
分数：14/21
约简后：2/3
```

调用函数 lowterm()，参数的传递相当于赋值操作“ int *nump=&a; int * denp=&b;”，在被调函数中通过 *nump 和 *denp 间接访问主函数中的 a 和 b。

需要特别强调的是，利用指针作函数参数，依然是传值调用，只不过传的是地址值，所传值的类型是指针类型，如在本例中，传递的是 int * 类型的值。

9.3 指针和指向数组的指针

9.3.1 一维数组与指针

1. 数组名

C++ 规定，数组名是数组存储区的起始地址。已知数组定义“int a[10];”，数组 a 的全体元素在内存中占据一片连续存储区，a 是该存储区的首地址，即 a[0] 元素的地址，是地址常量，其地址类型是 int *。若有定义：

```
int a[10];
float b[10];
```

两个数组的内存分配示意如图 9-7 所示，a 是 a[0] 元素的起始地址，b 是 b[0] 元素的起始地址，即 a 与 &a[0] 等价、b 与 &b[0] 等价。假定两个数组是连续存放的，b 数组在前（低地址），a 数组在后（高地址）。又假定 b 的值（即 b[0] 的起始地址）是 1000，则 a 的值是 1040。

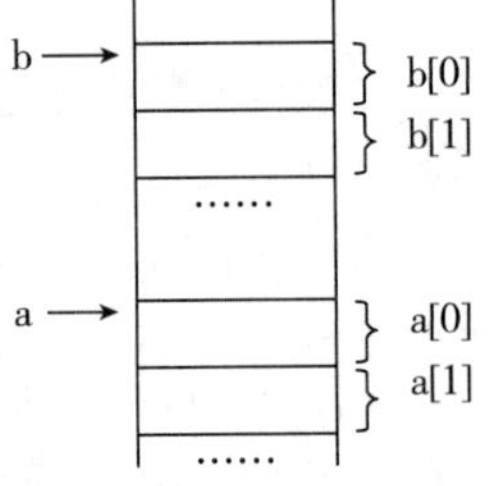

图 9-7　一维数组的存储

2. 指向一维数组元素的指针变量

如有定义“int a[10]; int *p;”，则数组的每个元素 a[i](i=0,1,2,…,9）都是一个 int 型变量，

而 p 是指向 int 型变量的指针，那么 p 可以指向 a 数组中的任意一个元素。赋值语句“p=&a[6];”表示将 a[6] 元素的地址赋给 p，p 指向 a[6]，那么 *p 间接访问 a[6]。当然，也可以将 a[0] 元素的地址赋给 p，即 p=&a[0] 或 p=a（&a[0] 与 a 等价），这时 *p 间接访问 a[0]。那么，如果 p 指向 a[0]，在保持 p 本身的值不变的情况下，能否通过 p 间接访问数组 a 的任意一个元素呢？答案是肯定的。下面首先介绍指针可进行的运算，然后介绍如何通过指针 p 来访问数组的任意一个元素。

3. 指针可进行的运算

指针一般可进行加、减、比较运算。

（1）“指针+正整型量”和“指针−正整型量”的意义

如果 p 是指针，指向数组中的一个元素 a[i]，n 是正整型量，则“p ± n”的意义是：p+n 指向 a[i] 后面的第 n 个元素；p−n 指向 a[i] 前面的第 n 个元素。“p±n”的实际值是“p 的值 ±n*size”，其中 size 是 p 的基类型量占用的存储字节数。即若 p 是 int 型指针，则 size 等于 4；若 p 是 char 型指针，则 size 等于 1；若 p 是 double 型指针，则 size 等于 8；以此类推。

例如：

```
float a[5], *p1 = &a[0], *p2;
p2 = p1+3;
```

从图 9-8 中可以看出，指针变量加上正整型量即 p+n 表示指针指向高地址方向的第 n 个元素，指向的地址为：原地址+sizeof (float)*n，本例 n 为 3。假定 a 的值（即 a[0] 的地址）为 1000，则 p1 的值为 1000，p2 的值为 1012。

又如：

```
float a[5], *p1 = &a[3], *p2;
p2 = p1 - 2;
```

从图 9-9 中可以看出，指针变量减去正整型量即 p−n 表示指针指向低地址方向的第 n 个元素，指向的地址为：原地址 - sizeof(float)*n，本例 n 为 2。若 a 的值（即 a[0] 的地址）为 1000，则 p1 的值为 1012，p2 的值为 1004。

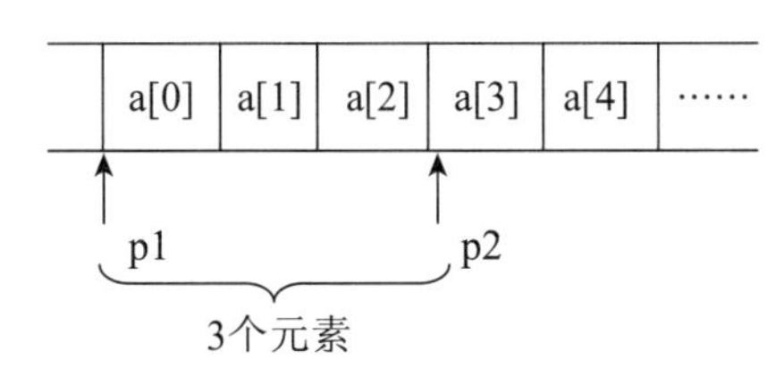

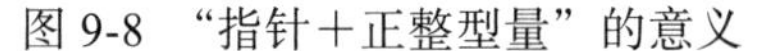

图 9-8 “指针+正整型量”的意义

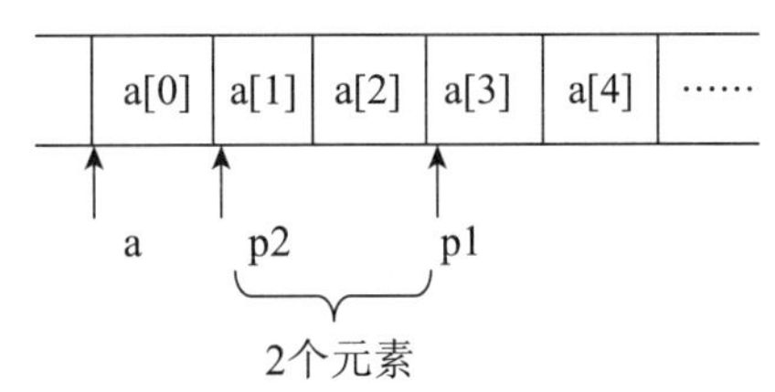

图 9-9 “指针−正整型量”的意义

使用指针加减正整型量的运算，可以实现通过一个数组起始指针访问数组中的任一元素。例如若有定义“int a[10], *p=a;”，在此前提下，欲通过 p 访问数组中的第 i 个元素，可写成 *(p+i)，因为 p+i 指向 a[i]；同理亦可写成 *(a+i)，因为 p 和 a 的值相同，且类型相同。在学习指针之前，若要访问数组第 i 个元素，一般写成 a[i]，此时 C++ 的内部处理是：将 a 的值加 i 后，取其指向的内容，即处理成 *(a+i)。如果在程序中书写 p[i]，则 C++ 同样也会处理成 *(p+i)，所以 p[i] 也是数组元素的合法访问方式。结论，若有上述前提，访问 a[i] 的方式有四种：a[i]、p[i]、*(a+i) 和 *(p+i)。

注意：p 和 a 的数据类型是一样的，都是 int * 型。它们的不同点是，p 是指针变量，而 a 是指针常量。既然 a 是常量，就不能改变其值，所以 a++ 非法，而 p++ 合法。如有“p=&a[2];”，则此时 p[2] 访问 a[4]。

例 9.11 本程序使用指针间接访问数组元素，求出数组全体元素之和，输出数组全体元素及求和结果。

```
#include <iostream>
using namespace std;
int main(void)
{
    int a[10] = { 1, 2, 3, 4, 5, 6, 7, 8, 9, 10 }, *p = a, sum = 0, i;
    for (i = 0; i<10; i++)
        sum = sum + *(p + i);
    for (i = 0; i<10; i++, p++)   // 指针变量可进行自加、自减运算
        cout << *p << '\t';
    cout << endl << "sum=" << sum << endl;
    return 0;
}
```

（2）“指针 - 指针”的意义

指向相同数据类型的指针变量可以相减，其结果为两个指针所指向地址之间数据的个数。例如：

```
int *px, *py, n, a[5];
px=&a[1];
py=&a[4];
n = py - px ;   // 结果，n值为3
n = px - py ;   // 结果，n值为 -3
```

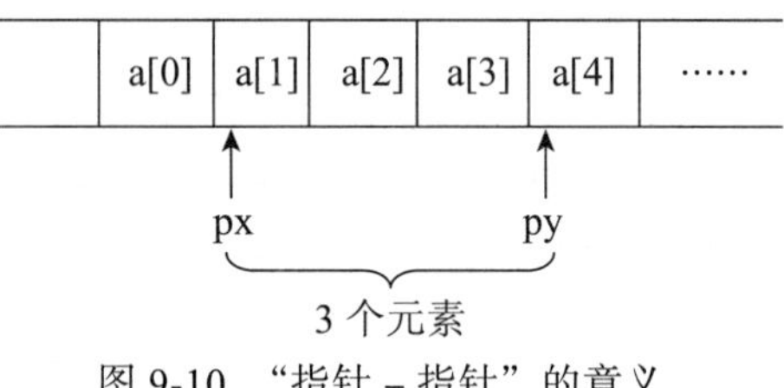

图 9-10 “指针 - 指针”的意义

如图 9-10 所示，假定 a 数组的起始地址是 1000，则 px 的值是 1004，py 的值是 1016，py–px 的值不是 1016–1004，而是 (1016–1004) / 4。指针相减所得值的具体计算公式如下：

```
数据个数 = (py地址值 - px地址值) / sizeof(类型说明符)
```

（3）指针的比较运算

两个指针之间的比较运算有六种，它们是 ==（恒等）、!=（不等）、<（小于）、<=（小于等于）、>（大于）和 >=（大于等于）。比较运算就是直接比较两个地址值的大小，如果相等，表示两个指针指向同一变量，否则指向不同变量。比较产生的结果为 1 或 0（“真”或“假”）。当比较条件成立时，结果为 1（“真”）；比较条件不成立时，结果为 0（“假”）。

例如，若已知 px 和 py 的指向如图 9-10 所示，指针比较运算如下：

1）px==py：判断 px 和 py 是否指向同一变量，比较结果为 0。

2）px<py：判断 px 的值是否比 py 的值小，比较结果为 1。

3）px==NULL：判断 px 是否为空指针，比较结果为 0。

例 9.12 改写例 9.11，注意指针的比较运算。

```
#include <iostream>
using namespace std;
int main(void)
{
    int a[10] = { 1, 2, 3, 4, 5, 6, 7, 8, 9, 10 }, *p, sum = 0;
    for (p = a; p < a + 10; p++)          // 此循环结束后，p指向a[9]之后的存储空间
        sum = sum + *p;
    for (p = a; p < a + 10; p++)          // 此循环初始时，需重新给p赋初值
        cout << *p << '\t';
    cout << endl << "sum=" << sum << endl;
    return 0;
}
```

4. 如何表示数组任一元素的地址和任一元素的值

前面已经学习了指针的各种运算，通过指针的运算，可以在程序中采用不同的方式表示数组任一元素的地址和任一元素的值。

若有定义“ int a[10], *p; p=&a[0];”，则各指针的指向如图 9-11 所示。

在指针可进行的第 1 种运算中，已经做了分析，数组第 i 个元素的值可以表示为以下几种方式：

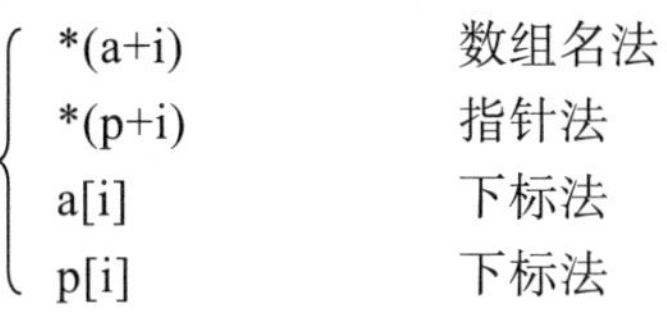

*(a+i)	数组名法
*(p+i)	指针法
a[i]	下标法
p[i]	下标法

图 9-11　一维数组元素指针

同理可推出，第 i 个元素的地址可以表示为以下几种方式：

a+i	数组名法
p+i	指针法
&a[i]	下标法
&p[i]	下标法

通过指针和数组名访问内存方式的区别是：

1）指针变量是地址变量，其指向由所赋值确定。如 p=a、p=&a[5] 和 p++ 都是合法的。

2）数组名是地址常量（指针常量），恒定指向数组的第 0 个元素，不允许改变，如 a=a+2 或 a++ 这样的操作都是非法的。

学习了数组的指针表示法，本章之前给出的有关数组的算法，一般都可以改写成通过指针间接访问数组元素的方式实现。

例 9.13　将数组元素逆向存放。

```
#include <iostream>
using namespace std;
int main(void)
{
    int a[10] = { 1, 2, 3, 4, 5, 6, 7, 8, 9, 10 }, t;
    int *p1 = a, *p2 = a + 9;
    while (p1<p2)
    {
        t = *p1; *p1 = *p2; *p2 = t;
        p1++; p2--;
    }
    for (p1 = a; p1 < a + 10; p1++)
        cout << *p1 << '\t';
    cout << endl;
    return 0;
}
```

9.3.2　一维数组元素指针作为函数参数

回忆前面学过的例子。

例 9.14　用函数实现将数组元素逆向存放，在被调函数中用下标法访问数组元素。

```
#include <iostream>
using namespace std;
void reverse(int b[], int n)
{
    int i = 0, j = n - 1, t;
```

```
    while (i<j)
    {
        t = b[i]; b[i] = b[j]; b[j] = t;
        i++; j--;
    }
}
int main(void)
{
    int a[10] = { 1, 2, 3, 4, 5, 6, 7, 8, 9, 10 }, i;
    reverse(a, 10);
    for (i = 0; i<10; i++) cout << a[i] << '\t';
    cout << endl;
    return 0;
}
```

在被调函数 reverse() 中数组 b 的元素值被改变后，主函数中对应实参数组 a 的元素值也发生了变化，不需要 return 语句返回数组的值。除了引用作函数形参，函数参数的传递一般是单向的，即将实参值赋给形参，形参值的改变不影响对应的实参，因为对应的形参和实参不是同一个量，占据不同的存储空间。而数组作参数，被调函数中没有 return 语句却可以带回数组元素值，这不是违反了参数单向传递的原则了吗？初学 C++ 的人最容易感到困惑，学习了指针概念以后，这个问题即可迎刃而解。

下面介绍用数组名作函数参数的本质。上述函数调用 reverse(a, 10) 中的第一个实参 a 是一维数组名，它是数组的起始地址，对应形参的定义形式是 int b[ ]。C++ 规定，形参的这种定义形式本质是定义了一个指针变量，即形参的定义也可以改写成 int *b（其意义与 int b[ ] 一样），它指向整型量。在函数调用参数传递时，实际上做了一个赋值操作即 b＝a，如图 9-12 所示。在被调函数 reverse 中书写的 b[i]，C++ 自动处理成 *(b+i)，即通过指针 b 间接访问数组 a 的第 i 个元素。

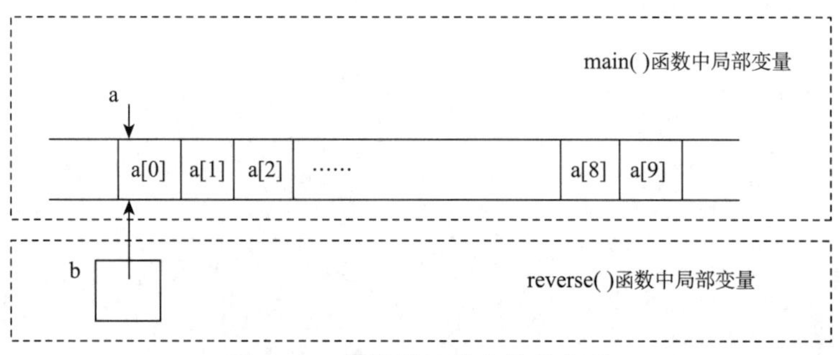

图 9-12　指针做函数参数的本质

因此，数组名作参数的本质是传递了一个 int* 类型的指针值给形参指针变量 b，而不是将实参数组全体元素的值赋给形参数组元素，也就是说，参数是数组的首指针而不是全体数组元素，在被调函数中，通过数组首指针间接访问主函数中的数组元素。若在被调函数中修改形参 b 的值，不影响实参 a 的值，即若在被调函数中有 b++，改变的是 b 的值，主函数中 a 的值不受影响。b 是被调函数中的局部指针变量。请比较图 9-12 中的指针变量 b 与图 9-11 中的指针变量 p，其本质是一样的，因此访问元素 a[i]，亦可用 b[i] 和 *(b＋i) 的形式。

另外，形参定义形式 int b[ ]，在方括号中可以写任意整型常量，如 int b[10] 或 int b[1000]，不影响 b 的性质，编译器会忽略方括号中的量。

既然 b 在 reverse () 函数中是一个指针变量，亦可以将 reverse () 函数改写成：

```
void reverse(int b[], int n)
```

```
{
    int  t;
    int *p2 = b + n-1;
    while (b < p2)
    {
        t = *b; *b = *p2; *p2 = t;
        b++; p2--;
    }
}
```

就本例而言，reverse() 函数结束时，指针 b 的值已经发生了变化，但因为 b 是一个局部指针，并不影响实参 a 的值，a 仍然指向 a[0]。

将数组的起始地址传递给被调函数的指针形参，相应实参和形参的写法有多种，在被调函数中访问实参数组元素的方式也有多种，总结如下：

```
void fun(int b[], int n)  // 或void fun(int *b, int n)
{                         // 或void fun(int b[10], int n)
    ......
    b[i]                  // 或 *(b+i) 或 *b++ 等
    ......
}
int main(void)
{
    int  a[10];
    int *p = a;
    ......
    fun(a, 10);           // 或 fun(p, 10) 或 fun(&a[0], 10) 等
    ......
}
```

知道了数组名作参数的本质后，可以得到许多灵活的运用，后续给出若干例子说明。如将例 9.14 的主函数改写后，可实现将数组 a 的部分元素逆向存放，改写后的主函数如下：

```
int main(void)
{
    int  a[10] = { 1, 2, 3, 4, 5, 6, 7, 8, 9, 10 }, i;
    reverse(a + 3, 6);
    for (i = 0; i < 10; i++)
        cout << a[i] << '\t';
    cout << endl;
    return 0;
}
```

实参指针 a+3 指向 a[3]，函数调用时将 a+3 赋给 b，在被调函数中实现将从 a[3] 开始的 6 个元素逆向存放，改写的程序运行后输出：

```
1    2    3    9    8    7    6    5    4    10
```

例 9.15 分别求数组前十个元素和后十个元素之和。

```
#include <iostream>
using namespace std;
int fsum(int *array, int n)        // 通用的数组求和函数
{
    int i, s = 0;
    for (i = 0; i<n; i++)
        s += array[i];
    return(s);
}
int main(void)
```

```
{
    int a[15] = { 1, 2, 3, 4, 5, 6, 7, 8, 9, 10, 11, 12, 13, 14, 15 };
    int shead, stail;
    shead = fsum(a, 10);           // 第1次调用
    stail = fsum(&a[5], 10);       // 第2次调用
    cout << shead << ',' << stail << endl;
    return 0;
}
```

本例参数的传递如图 9-13 所示。主函数第 1 次调用 fsum() 函数时，第 1 个参数传递的是 a[0] 的地址，形参 array 指向 a[0]，在 fsum() 函数中求出的是从 a[0]（含 a[0] 元素）开始的 10 个元素的和。主函数第 2 次调用 fsum() 函数时，第 1 个参数传递的是 a[5] 的地址，形参 array 指向 a[5]，在 fsum() 函数中求出的是从 a[5]（含 a[5] 元素）开始的 10 个元素的和。

a , array
第1次调用
&a[5] , array
第2次调用
a[0]
a[1]
a[2]
…
a[5]
…
a[14]

图 9-13　元素指针作参数

例 9.16　求一维数组元素的最大值和最小值。

```
#include <iostream>
using namespace std;
void max_min_value(int *array, int n, int *maxp, int *minp)
{                                  //maxp指向主函数max变量，minp指向主函数min变量
    int *p, *array_end;
    array_end = array + n;
    *maxp = *minp = *array;        // 假定第0个元素既是最大值又是最小值
    for (p = array + 1; p < array_end; p++)
    {
        if (*p > *maxp) *maxp = *p;
        else if (*p < *minp) *minp = *p;
    }
}
int main(void)
{
    int i, number[10], *p = number, max, min;
    for (i = 0; i < 10; i++)
        cin >> *(p + i);           // 输入数组元素值
    max_min_value(p, 10, &max, &min);
    for (i = 0; i < 10; i++)
        cout << *(p + i) << '\t'; // 输出数组元素值
    cout << "max value = " << max << ", min value = " << min << endl;
    return 0;
}
```

在学习函数概念时，已知可以通过函数的返回值（return）带回一个运算结果。学习了指针作参数后，在主调函数中，可将多个变量的指针传递给被调函数，在被调函数中通过指针间接访问主调函数中的变量，改变它们的值，从而得到多个结果。如例 9.16，在函数 max_min_value() 中，指针 maxp 和 minp 分别指向主函数中的普通整型变量 max 和 min，通过 *maxp 和 *minp 分别间接访问变量 max 和 min，从而带回 2 个结果。本例中数组名作参数与普通变量指针作参数的本质是一样的，数组名作参数传递的是数组第一个元素的地址，指针 array 指向主函数中的数组元素 number[0]，而 number[0] 就是一个普通变量。所以程序中函数 max_min_value() 的第一个形参和最后两个形参的书写形式是一样的。

例 9.17　通过指针访问数组元素，实现选择法排降序。

```
#include <iostream>
using namespace std;
void sortd(int *a, int n)
```

```
{
    int *p, *q, *maxp, t;
    for (p = a; p < a + n - 1; p++)                    // 按降序排序
    {
        maxp = p;
        for (q = p + 1; q < a + n; q++)
            if (*q > *maxp) maxp = q;
        if (maxp != p)
        {
            t = *p; *p = *maxp; *maxp = t;
        }
    }
}
int main(void)
{
    int i, a[10];
    for (i = 0; i < 10; i++)
        cin >> *(a + i);                               // 输入数组元素值
    sortd(a, 10);
    for (i = 0; i < 10; i++)
        cout << *(a + i) << '\t';                      // 输出排序后的数组元素值
    cout << endl;
    return 0;
}
```

9.3.3 指针和字符串

1. 字符数组和字符指针

在 C++ 中，可以用字符数组存放字符串，也可以定义一个字符指针并令其指向一个字符串。

（1）定义一个字符数组存放字符串

```
char str[10] = "Hello!";
```

str 是一维字符数组名，即数组的起始地址。内存空间的分配及初始化如图 9-14 所示。编译器给数组分配 10 字节的存储空间，将字符串的值存入该存储空间。字符串本身仅使用了数组前 7 字节的空间，其中最后一字节存储字符串的结尾标志 '\0'，这是系统自动附加的。str 数组的最后 3 字节也被自动置为 '\0'，原因是数组定义时只要对数组一个元素初始化了，则其余元素值均为 0，注意 '\0' 的整型值就是 0，本例初始化了数组前 7 个元素，则后 3 个元素自然是 0。字符数组与整型数组一样，其数组名是数组第一个字符元素的地址。关于字符数组，回顾前面章节讲解的几个问题如下。

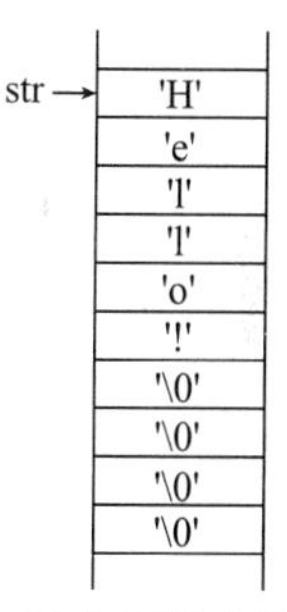

图 9-14 字符串存储在字符数组中

1）字符串的输入输出：

```
cin >> str;                          // 不可输入带空格的字符串
cin.getline(str, 80);                // 可输入带空格的字符串
cout << str;                         // 输出字符串
```

2）字符串的赋值：“strcpy(str, "ABCD");”。

3）访问字符数组下标为 i 的字符：str[i] 或 *(str＋i)。

4）获取字符数组下标为 i 的字符的地址：&str[i] 或 str＋i。

字符串存放在一维字符数组中，str 是起始地址。在字符串的输入、输出及字符串处理函数中，使用的都是数组名，字符数组名可以代表存储在字符数组中的字符串。在访问数组元素和获取元素地址时，使用字符数组名与使用一般的一维整型数组名类似。

（2）定义一个字符指针并令其指向一个字符串

```
char *strp = "Hello!";
```

"Hello!" 是一个字符串常量，在内存中占据一片连续的存储区，C++ 将 "Hello!" 的值处理成该存储区的首地址。所以，上述语句的含义是将字符串 "Hello!" 的首地址赋给指针变量 strp，本质上 strp 指向字符串的第一个字符 'H'，因为 strp 是 char* 类型的指针，*strp 访问的是一个 char 即 'H'。上述语句等价于：

```
char *strp; strp = "Hello!";
```

注意，字符数组名（str）与字符指针（strp）的区别如下：

1）str 是指针常量，无论是否对字符串赋值，字符数组空间已分配，str 的指向明确。不允许给 str 重新赋值，例如 str="Hello!" 是错误的。而 strp 是指针变量，可以给它赋值，如 strp="Hello!" 是合法的，此时 strp 指向第一个字符 'H'；若不给 strp 赋值，则其指向不确定。

2）给字符数组赋字符串值如“ strcpy(str, "ABC");”其意义是将字符串常量 "ABC" 的值复制到字符数组 str 中，str 的指向不变，改变的是存储单元的内容。此时程序中存储了两个字符串，一个是字符串常量 "ABC"，另一个是被复制到字符数组 str 中的字符串 "ABC"。而若给字符指针赋值如“ strp="Hello!";”，表示让指针变量 strp 指向字符串常量 "Hello!" 的第 1 个字符，系统中仅存储了一个字符串常量 "Hello!"。strp=str 表示让 strp 指向字符数组 str 的第一个字符。

C++ 在处理字符串时，将从字符串起始地址开始到结尾标志 '\0' 的全部内容作为字符串整体看待。C++ 提供的所有字符串处理函数的参数都是字符指针，也可以说字符指针代表了一个以该指针为起始地址、直到 '\0' 为止的一个字符串。

例如：

```
char str[10] = "Hello!";
cout << strlen(str + 2) << ',';
strcpy(str+2, "ABCD");
cout<<str<<endl;
```

此程序段输出“4, HeABCD”。本例中 strlen(str+2) 求的是从地址 str+2（它是 "Hello!" 中第一个字母 l 的地址）开始的字符串长度。str+2 代表的是以它为起始地址的字符串 "llo!"。strcpy 的第二个参数是字符串常量，其值是该字符串的起始地址；strcpy 的功能是将第二个参数为起始地址的字符串复制到第一个参数 str+2 代表的字符串中，结果字符数组 str 中字符串变为 "HeABCD"。

例 9.18 要求自行编写代码，将字符串 b 的内容追加到字符串 a 的尾部，即实现 strcat() 函数的功能，但不能调用系统提供的字符串处理标准库函数 strcat()。

```
#include <iostream>                               //解1：用数组元素访问方式实现
#include <cstring>
using namespace std;
int main()
{
    char a[20] = "ABCD", b[10] = "EFG";
    int  i, j;
    i = strlen(a);                                // i是字符串a的长度，也是'\0'字符的下标
    for (j = 0; b[j] != '\0'; i++, j++)
        a[i] = b[j];
    a[i] = '\0';
    cout << a << endl;
    return 0;
}
#include <iostream>                               //解2：用字符指针访问方式实现
using namespace std;
int main()
```

```
{
    char a[20] = "ABCD", b[10] = "EFG";
    char *pa = a, *pb = b;                  // pa指向a[0], pb指向b[0]
    while (*pa != '\0') pa++;               // 循环结束后, pa指向a 尾部的'\0'
    while (*pb != '\0')
    {
        *pa = *pb;
        pa++; pb++;
    }
    *pa = '\0';
    pa = a;
    cout << pa << endl;                     // 请注意输出字符指针的意义
    return 0;
}
```

2. 字符指针作为函数参数

与一维整型数组元素的指针类似，字符指针也是一维字符数组元素的指针。字符指针指向的是字符数组的元素（即 char 型量），它可以作函数参数。字符指针作实参，传递的是字符数组的首地址。

例 9.19 字符指针作为函数参数，求字符串的长度。

```
#include <iostream>
using namespace std;
int my_strlen(char *s)                      //自定义函数，实现求字符串的长度
{
    int n;
    for (n = 0; *s != '\0'; s++)            //循环结束后，s指向'\0'
        n++;
    return(n);
}
int main()
{
    char str[] = "Hello!";
    cout << *str << '\t';                   //A
    cout << my_strlen(str) << '\t';         //B
    cout << *str << endl;                   //C
    return 0;
}
```

程序的运行结果是：

```
H     6     H
```

在 A 行，由于 str 是字符串数组首地址，它是一个 char * 类型的地址，指向的是一个字符，因此 *str 访问的是它指向的字符，即数组第 0 个元素 str[0] 的值，所以输出的是“H”。读者经常会误认为 *str 的值是 "Hello!"，实际上不是。现在与整型数组进行比较，若有“ int a[10];”，此时 *a 访问的是整型元素 a[0]，而不是整型数组整体。同理，若有“char str[10];”，*str 访问的是字符型元素 str[0]，而不是字符数组整体。在 B 行调用函数 my_strlen() 时，实参 str 是一个地址，赋给形参指针变量 s，相当于“ char *s=str;”，而形参 s 是函数 my_strlen() 内部的局部指针，所以，即使在被调函数中 s 的值发生了变化，也不影响实参 str 的值，所以在 C 行输出的仍然是“H”。

例 9.20 比较两个字符串的大小。

```
#include <iostream>
using namespace std;
int my_strcmp(char *s, char *t)             //自定义函数
```

```
{
    for (; *s == *t; s++, t++)
        if (*s == '\0') return(0);
    return (*s - *t) > 0 ? 1 : -1;
}
int main()
{
    char s1[] = "Hello!";
    char *s2 = "Hello!";
    cout << my_strcmp(s1, s2) << '\t';
    cout << my_strcmp("Hi", s2) << endl;
    return 0;
}
```

上述函数 my_strcmp() 的返回值的意义与字符串处理标准库函数 strcmp() 的意义相同。程序的输出结果为：0　1。请读者自行分析输出结果。

例 9.21　阅读并理解下述若干函数，它们的功能都是实现字符串复制，将 from 指向的字符串复制到 to 指向的空间中。

```
#include <iostream>
using namespace std;
void copy_string(char to[ ], char from[ ])
{
    int i = 0;
    while(from[i] != '\0')
    {
        to[i] = from[i];
        i++;
    }
    to[i]='\0';
}
void copy_string(char to[ ], char from[ ])
{
    int i = 0;
    while((to[i] = from[i]) != '\0') i++;
}
void copy_string(char *to, char *from)
{
    while( (*to = *from) != '\0')
    {   from++; to++; }
}
void copy_string(char *to, char *from)
{
    while((*to++ = *from++)!='\0');
}
void copy_string(char *to, char *from)
{
    while(*to++ = *from++);
}
```

以上五个函数的功能是一样的，可以用下述主函数调用。

```
int main()
{
    char s1[20], s2[20];
    cin >> s2;
    copy_string(s1, s2);
    cout << s1 << endl;
    return 0;
}
```

9.3.4 二维数组与指针

1. 二维数组的地址

若有定义“int a[3][4];”，则二维数组中的全体元素如图 9-15 所示。

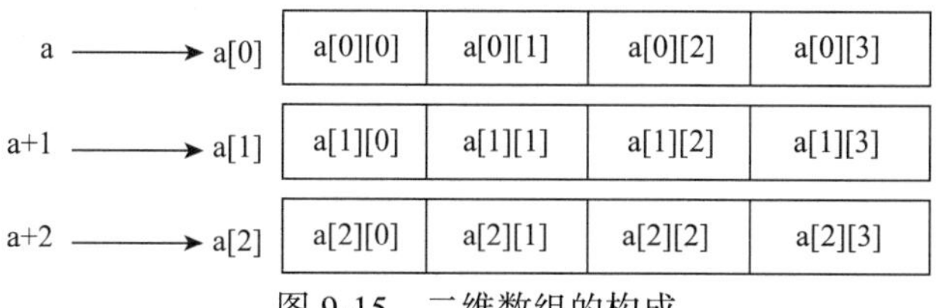

图 9-15 二维数组的构成

在 C++ 中，可以将二维数组看成由多个一维数组构成的，一行是一个一维数组。本例有三个一维数组，每个一维数组含有 4 个整型元素。可以将一维数组看成一个“大元素”，二维数组是由这些“大元素”构成的一维数组，即二维数组是一维数组的数组。二维数组名 a 是指向这些“大元素”的指针。a 指向 a[0]，a+1 指向 a[1]，a+2 指向 a[2]。

三个一维数组的数组名分别是 a[0]、a[1] 和 a[2]。以第 0 行一维数组为例，a[0] 是数组名，数组元素是 a[0][j]，j 为 0～3，数组名 a[0] 是不变的部分，[j] 可以看成该一维数组元素的下标。数组名 a[0] 指向元素 a[0][0]，a[0]＋1 指向元素 a[0][1]，另外两个一维数组以此类推，如图 9-16 所示。

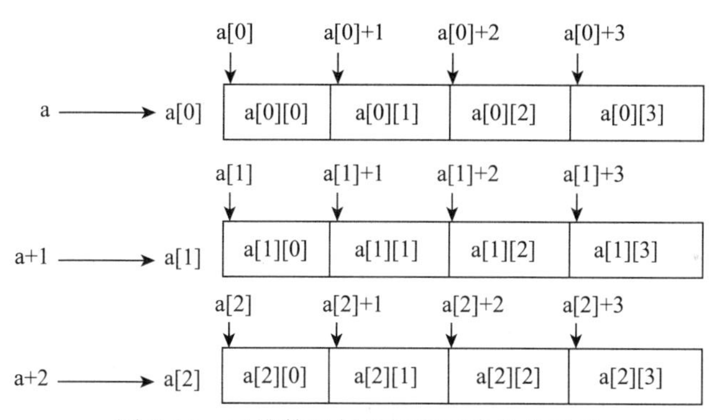

图 9-16 二维数组行指针和元素指针示意

（1）元素指针和行指针

a[i] 和 a 是两种类型不同的指针。a[i] 是元素指针，它是第 i 行一维数组起始地址，它指向 a[i][0]，其类型是 int *。通过指针 a[i] 可以存取第 i 个一维数组中的第 j 个元素，例如 a[i]+j 是第 i 个数组第 j 个元素的地址，*(a[i]＋j) 即可访问 a[i][j]。而 a 是行指针，指向 a[0]，即指向由 a[0][0], ···, a[0][3] 四个元素构成的一维数组（“大元素”）；a＋1 指向 a[1]；a＋2 指向 a[2]。二维数组是由“大元素”a[0]、a[1] 和 a[2] 构成的一维数组，a＋i 是指向 a[i] 的指针，即行指针。如果想由 a 获取其大元素值 a[i]，可以写成 *(a＋i)，即 *(a＋i) 等价于 a[i]，由此可推得在行指针之前加间接访问运算符“ * ”得到元素指针。元素指针 a[i] 的类型是 int *，那么行指针 a＋i 的类型是什么呢？答案是 int (*)[4]，稍后介绍。

（2）二维数组元素 a[i][j] 地址的表示方法

基于上述元素指针和行指针的概念，表示元素 a[i][j] 的地址的方法可以为：&a[i][j]、a[i]+j 和 *(a＋i)＋j。

（3）二维数组元素 a[i][j] 值的表示方法

基于上述元素 a[i][j] 的地址，表示二维数组元素值有四种方法：a[i][j]、*(a[i]＋j)、*(*(a＋i)＋j)

和 (*(a+i))[j]。其中第四种方法是由第一种方法演变而来，由于 *(a+i) 等价于 a[i]，因此将 a[i][j] 中的 a[i] 改写为 *(a+i)，又因为下标运算符“[ ]”的优先级比间接访问运算符“*”的优先级高，所以必须在 *(a+i) 前后加括号，让间接访问先做，得到 a[i]（即 *(a+i)）后，再通过 a[i] 访问一维数组中的元素，这就是第四种方法 (*(a+i))[j]。

例 9.22 以下程序输入二维数组全体元素的值，求出并输出全体元素之和。

```
#include <iostream>
using namespace std;
int main()
{
    int a[3][4];
    int sum = 0, i, j;
    for (i = 0; i<3; i++)
        for (j = 0; j<4; j++)
            cin >> *(a[i] + j);          //A
    for (i = 0; i<3; i++)
        for (j = 0; j<4; j++)
            sum += *( *(a + i) + j);     //B
    cout << sum << endl;
    return 0;
}
```

程序中 A 行和 B 行加下划线的部分，分别用了两种通过指针访问二维数组元素值的方法，也可以写成 a[i][j] 或 (*(a+i))[j]。

2. 指向一维数组的指针变量（即行指针变量）的类型

前面已经提到，a[i] 和 a 是两种类型不同的指针，并且指出 a[i] 的类型是 int *。而 a 是指向“大元素”的指针，这个“大元素”是一维数组，那么 a 的类型是什么？

定义一个指向一维数组的行指针变量的语法格式为：

```
<类型标识符> (*行指针变量名)[N];
```

其中 N 是常量，表示一维数组中元素的个数。

已知二维数组的定义“int a[3][4];”，每行含有 4 个元素，语句“int (*p)[4];”定义了一个行指针变量 p，p 是一个指向含有 4 个元素的一维数组的行指针，p 与 a 的数据类型一样，类型表示为 int (*)[4]，于是可以进行赋值“p=a;”，此时 p 指向 a 数组的第 0 行（a 数组从第 0 行开始）；亦可以这样赋值“p=a+2;”，此时 p 指向 a 数组的第 2 行。需要注意的是，a 是指针常量，而 p 是指针变量。

在 p=a 的前提下，通过 p 可以用四种方法访问 a 数组元素 a[i][j]，分别是 p[i][j]、*(p[i]+j)、*(*(p+i)+j) 和 (*(p+i))[j]。同理，通过 p 可以有三种方法得到 a[i][j] 的地址，它们是 &p[i][j]、p[i]+j 和 *(p+i)+j。请读者与前面的通过数组名获得元素地址和元素值的表示方法做比较。

例 9.23 改写例 9.22，通过行指针变量访问数组 a 的元素。

```
#include <iostream>
using namespace std;
int  main()
{
    int a[3][4], (*p)[4];
    int sum = 0, i, j;
    p = a;
    for (i = 0; i<3; i++)
        for (j = 0; j<4; j++)
            cin >> *(p[i] + j);                //A
    for (i = 0; i<3; i++)
```

```
        for (j = 0; j<4; j++)
            sum += *(*(p + i) + j);                    //B
    cout << sum << endl;
    return 0;
}
```

同样，程序中 A 行和 B 行加下划线的部分对二维数组元素的访问也可以写成 p[i][j] 或 (*(p+i))[j]。

3. 二维数组名作函数参数

例 9.24 改写例 9.23，用二维数组名作函数参数，在被调函数中求二维数组全体元素之和。

```
#include <iostream>
using namespace std;
int total(int(*p)[4], int n)                           // A
{
    int i, j, sum = 0;
    for (i = 0; i<n; i++)
        for (j = 0; j<4; j++)
            sum += *(*(p + i) + j);
    return sum;
}
int main(void)
{
    int a[3][4], sum, i, j;
    for (i = 0; i<3; i++)
        for (j = 0; j<4; j++)
            cin >> *(a[i] + j);
    sum = total(a, 3);
    cout << sum << endl;
    return 0;
}
```

注意： 二维数组作参数时，在 A 行，形参 p 的定义表示 p 是一个行指针变量。第 2 个参数 n 表示二维数组的行数。在被调函数中，p 仅仅是“一个”行指针变量，它的初值等于 a，在参数传递时有 int (*p)[4]=a（此句话的意思是 int (*p)[4]; p=a;）。为了体会 p 是一个指针变量，还可将例 9.24 的 total () 函数进行如下改写：

```
int total(int(*p)[4], int n)
{
    int i, j, sum = 0;
    for (i = 0; i<n; i++, p++)                         //A
        for (j = 0; j<4; j++)
            sum += *(*p + j);                          //B
    return sum;
}
```

注意 A 行和 B 行。在 A 行，p++ 表示指针变量 p 加 1，指向下一行。在 B 行，指针变量 p 前加 *，变成元素指针 *p，*p 是当前行元素的起始地址，*p+j 是当前行第 j 个元素的地址，于是 *(*p+j) 可以依次访问当前行中所有的元素。形参 p 是局部指针变量，它的改变不影响对应的实参 a 的值。

注意： 二维数组名作参数时，形参有如下三种写法，无论使用何种写法，其意义都是一样的，传递的都是二维数组的行指针。实参也有不同的写法，见下面的描述。

```
void fun(int b[3][4])                  // 形参亦可写成 int b[ ][4] 或 int (*b)[4]
{
    ……
    b[i][j]                            // 方式一。可通过四种方式之一间接访问a[i][j]
```

```
        *(*(b + i) + j)                            // 方式二
        *(b[i] + j)                                // 方式三
        (*(b + i))[j]                              // 方式四
        b++                                        // b是一个指针变量，其值可变
        ……
    }
    int main()
    {
        int  a[3][4], (*p)[4] = a;
        ……
        fun(a);                                    // 实参可为数组名
        fun(p);                                    // 也可以是行指针变量
        ……
    }
```

4. 将二维数组看成一维数组访问

1）通过元素指针访问二维数组元素。

二维数组从逻辑上看是二维的，而在内存中物理存储是一维的。C++ 的二维数组是按行存储的，即在内存中按顺序先存储第 0 行元素，再存储第 1 行元素，依次进行。有些程序设计语言如 Fortran 语言是按列存储的。因此，可以通过元素指针依次指向物理一维数组的各元素，从而访问二维数组的全体元素。

例 9.25 输出二维数组全体元素的值。

```
#include <iostream>
#include <iomanip>
using namespace std;
int main(void)
{
    int a[3][4] = { 1, 2, 3, 4, 5, 6, 7, 8, 9, 10, 11, 12 }, *p;
    for (p = a[0]; p<a[0] + 12; p++)                  // A
    {
        if ((p - a[0]) % 4 == 0) cout << endl;        // B
        cout << setw(4) << *p;
    }
    cout << endl;
    return 0;
}
```

注意： 程序中 p 是整型指针，在 A 行，将元素指针 a[0] 赋给 p，p 指向物理一维数组的第 0 个元素，二维数组共有 12 个元素，最后一个元素的地址是 a[0]＋11。通过 p 依次指向该一维数组的各元素，达到访问二维数组全体元素的目的。注意 B 行指针相减的含义。

例 9.26 编写通用二维数组输出函数。

```
#include <iostream>
#include <iomanip>
using namespace std;
void print(int *p, int row, int col)      // A，通用二维数组输出函数
{
    int i;
    for (i = 0; i < row*col; i++, p++)
    {
        if (i%col == 0) cout << '\n';     // B
        cout << setw(4) << *p;
    }
    cout << '\n';
}
int main(void)
```

```
{
    int a[3][4] = { 1, 2, 3, 4, 5, 6, 7, 8, 9, 10, 11, 12 };
    int b[2][3] = { 1, 2, 3, 4, 5, 6 };
    print(a[0], 3, 4);                          // C
    print(b[0], 2, 3);                          // D
    return 0;
}
```

注意：程序中 C、D 两行，通过参数传递，两次调用分别将元素指针 a[0]、b[0] 赋给 A 行的指针变量 p，p 即指向物理一维数组的第 0 个元素。print() 函数第 2 个和第 3 个参数表示二维数组的行数和列数。另外，注意 B 行，其 if 后面的条件表示把一行 col 个元素输出后换行。

2）已知一个二维数组为 N 行 ×M 列，即 a[N][M]，将二维数组存储成一维数组后，欲知 a[i][j] 存放在物理一维数组的第几个位置，可参照图 9-17 计算出来。二维数组按行存储成物理的一维数组后，图中阴影部分元素存储在元素 a[i][j] 之前。阴影部分共有 i*M+j 个元素。因下标从 0 开始，则 a[i][j] 在物理一维数组中的下标是 i*M+j。所以，若有 “int *p=a[0];”，即 p 指向物理一维数组的第 0 个元素，则 p+i*M+j 是 a[i][j] 的地址，可以通过该地址访问 a[i][j] 的值，即 *(p+i*M+j) 是 a[i][j] 的值。

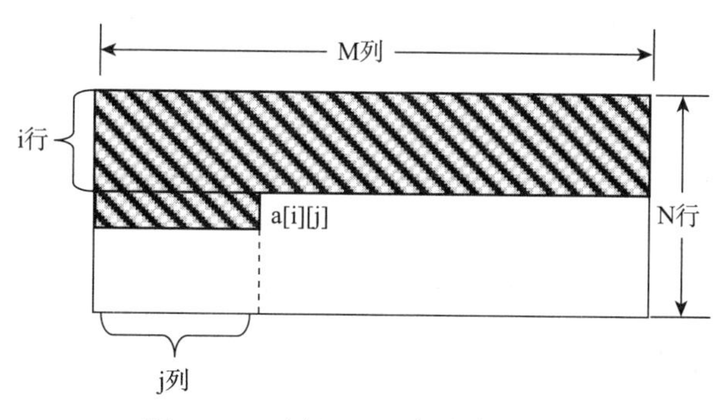

图 9-17　元素 a[i][j] 存放位置示意

访问数组元素 a[i][j] 时，C++ 编译器内部处理成：将二维数组看成一维数组，按公式 p+i*M+j 计算出 a[i][j] 在物理一维数组中的地址，然后存取该地址中存储的内容 a[i][j]。a[i][j] 的地址计算公式 p+i*M+j 只与二维数组的首地址 p、行下标 i、列下标 j 以及列数 M 有关，而与行数 N 无关，所以当使用二维数组名作函数参数时，形参的书写形式为 int b[ ][M]（或 int (*b)[M]），即行数是可以缺省的，但列数 M 不可以缺省。

例 9.27　输入二维数组任一行号 i、任一列号 j，输出其元素 a[i][j] 的值。

```
#include <iostream>
using namespace std;
int main(void)
{
    int a[3][4] = { 1, 2, 3, 4, 5, 6, 7, 8, 9, 10, 11, 12 };
    int *p, i, j;
    p = a[0];
    cin >> i >> j;
    cout << "a[" << i << "][" << j << "]=" << *(p + i * 4 + j) << endl;
    return 0;
}
```

本例将二维数组看成一维数组，通过计算公式，计算 a[i][j] 在一维数组中的位置，从而访问它。

程序运行时，若输入 “1 3<Enter>”，则输出 a[1][3]=8。

5. 元素指针类型和行指针类型小结

前面介绍了一维数组元素指针和二维数组行指针，下面以整型类型为例将两种指针的意义以及指针本身的类型做一个小结。

（1）int *p;

p 为整型指针，指向一个整型变量。若数组元素为整型量，p 亦可指向该数组的元素。若数组是一维整型数组，则 p 可与一维数组名等价。如有“ int a[10]; p＝a;”，则可用 p[i] 访问数组元素 a[i]。p 和 a 的类型都是 int *。

（2）int (*p)[M];

p 是一个行指针，指向含有 M 个元素的一维数组，可与每行含有 M 个元素的二维数组名等价。如有“int a[4][M]; p＝a;”，则可用 p[i][j] 访问数组元素 a[i][j]。p 和 a 的类型都是 int (*)[M]。

基于本小结第 2 点中的定义，表 9-2 中列出多个含有指针的表达式及表达式的类型，帮助读者理解不同的指针和数据类型。

表 9-2 含有指针的表达式及其数据类型

表达式	表达式的数据类型	表达式	表达式的数据类型
a	int (*)[M]	&a[i]	int (*)[M]
*a	int *	*(&a[i]+j)	int *
**a	int	*a[i]	int

9.3.5 获得函数处理结果的几种方法

将被调函数的处理结果返回给主调函数，一般有四种方法。

1. 利用 return 语句返回值

例如：

```
int min(int a, int b)
{
    return( a<b ? a : b);
}
```

此方法的局限是只能返回一个计算结果。如果函数只有一个返回结果，使用本方法较好。

2. 利用全局变量得到函数处理结果

例如：

```
int max, min;
void fun(int a, int b)
{
    max = a>b ? a : b;
    min = a<b ? a : b;
}
int main()
{
    fun(5, 8);
    cout << max << ',' << min << endl;
    return 0;
}
```

此方法的好处是可以在函数之间传递多个值。但是使用全局变量可能会产生副作用，即当多个函数都使用相同的全局变量时，函数之间彼此会产生不必要的依赖，对程序中数据的正确性、安全性控制不利。

3. 利用指针变量作为函数参数来获取函数处理的结果

（1）普通变量指针作为参数

例如：

```
void fun(int a, int b, int *pmax, int *pmin)
{
    *pmax = a>b ? a : b;
    *pmin = a<b ? a : b;
}
int main()
{
    int a, b, max, min;
    cin >> a >> b;
    fun(a, b, &max, &min);
    cout << "max=" << max << endl << "min=" << min << endl;
    return 0;
}
```

本例将主函数中的变量 max 和 min 的指针传递给被调函数，被调函数中通过指针间接访问主函数中的 max 和 min，改变它们的值，从而得到多个结果。参见例 9.16。

（2）数组名作为参数

数组名作为参数时，传递的是数组首地址，在被调函数中可以通过首指针访问数组元素，本质上与普通变量指针作参数是一样的。在被调函数中把数组元素的值重新赋值，其本质就是间接改变主函数中数组元素值。参见例 9.14 和例 9.17。在例 9.14 中，在被调函数中将数组元素的值逆向存放，即改变了数组元素值，返回主函数后，主函数中实参数组的元素值就是改变后的值。例 9.17 中在改变数组元素值的意义上与例 9.14 一样。

二维数组名作为函数参数，也可以在被调函数中通过形参行指针变量间接改变主函数中的数组元素值。

用指针作为参数从被调函数中获得结果的方法较好，可安全地得到多个结果值。但是指针作参数较难理解，而且书写麻烦。另外，此方法涉及形参指针变量空间的动态分配，程序执行效率较低；若采用引用作参数，不涉及形参空间的动态分配，可提高程序的执行效率，参见下面第 4 点的描述。

4. 利用引用作函数参数来获取函数处理的结果

例如：

```
void fun(int a, int b, int &ma, int &mi)
{
    ma = a>b ? a : b;
    mi = a<b ? a : b;
}
int main()
{
    int a, b, max, min;
    cin >> a >> b;
    fun(a, b, max, min);
    cout << "max=" << max << endl << "min=" << min << endl;
    return 0;
}
```

此方法较好，可安全地得到多个结果值。形参变量是实参的别名，对形参的修改就是对实参的修改。编程者使用起来较方便、直观，而且此方法不涉及形参变量空间的动态分配，程序执行效率较高。

9.4 指针数组

9.4.1 指针数组的定义和使用

1. 基本概念

若数组元素为整型量，称之为整型数组；若数组元素为字符型量，称之为字符型数组。因此，若数组元素为指针，称之为指针数组。指针也是有类型的，如果指针数组中每个元素为整型指针，则称之为整型指针数组。同理，有 float 型指针数组、double 型指针数组、char 型指针数组等。

2. 指针数组的定义

指针数组定义的语法格式为：

```
<类型名> *<指针数组名>[<元素个数>]
```

如“int *p[10];”表示定义了一个整型指针数组 p[10]，它有 10 个元素 p[0]、p[1]、p[2]、…、p[9]，每个元素均为整型指针，指针类型为 int*。

例如，有程序片段如下：

```
int a = 6, b = 8, c = 2;
int *p[10];
p[0] = &a;   p[1] = &b;  p[2] = &c;                        // A
cout << *p[0] << '\t' << *p[1] << '\t' <<*p[2] << '\t' <<endl; // B
```

该程序段输出：

```
6    8    2
```

说明：A 行表示给 p 数组的前三个元素赋值，即将三个指针值赋给数组的前三个元素。B 行中，*p[0] 表示间接访问 p[0] 指向的值，即变量 a 的值；同理可知 *p[1] 、*p[2] 的意义。

同理可定义其他类型的指针数组：

```
float *pf[10];      // 定义一个float型指针数组，数组共有10个float型指针
double *pd[5];      // 定义一个double型指针数组，数组共有5个double型指针
char *pc[20];       // 定义一个char型指针数组，数组共有20个char型指针
```

例 9.28 利用指针数组输出另一个一维数组中各元素的值。

```
#include <iostream>
using namespace std;
int main()
{
    float a[5] = { 2, 4, 6, 8, 10 };
    float *p[5] = { &a[0], &a[1], &a[2], &a[3], &a[4] };  // A
    int i;
    for (i = 0; i<5; i++) cout << *p[i] << '\t';
    cout << '\n';
    return 0;
}
```

本例定义了两个数组，一个是 float 型数组 a[5]，另一个是指针数组 p[5]。注意，A 行表示给指针数组元素赋初值，让 p[i] 指向 a[i]。指针数组 p[5] 各元素的指向如图 9-18 所示。

程序运行输出结果是：

```
2    4    6    8    10
```

9.4.2 使用指针数组处理二维数组

例如：

```
int a[3][3], *p[3];
for (int i = 0; i<3; i++)
    p[i] = a[i];              // A
```

说明：a[3][3] 是二维数组，a[0]、a[1]、a[2] 分别是每行一维数组元素的首地址，指针类型是 int *。p[3] 是指针数组，它的元素 p[i] 是指向整型量的指针（元素指针），类型也是 int *。上述 A 行表示将 a 数组每行一维数组元素的首地址赋给指针数组的对应元素。指针数组元素的指向关系如图 9-19 所示。

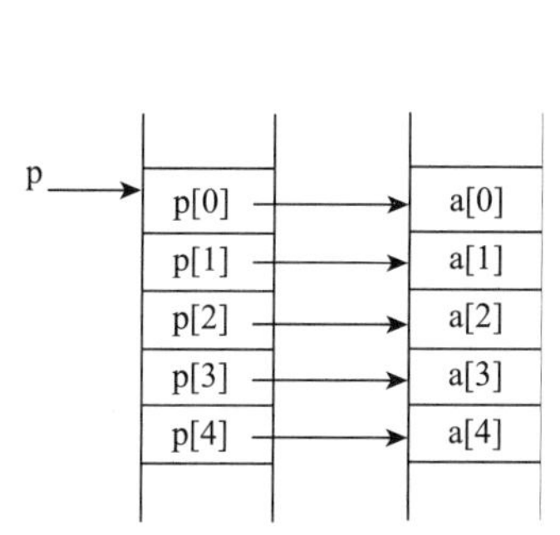

图 9-18　指针数组元素的意义（一）

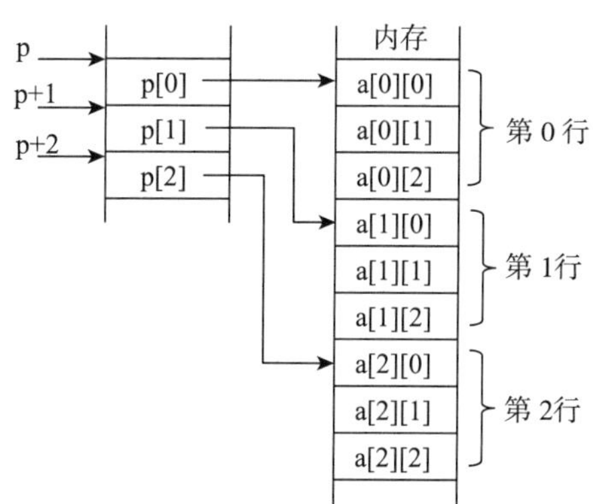

图 9-19　指针数组元素的意义（二）

于是，通过指针 p 访问 a 数组元素的方式有以下四种：p[i][j]，*(p[i]+j)，*(*(p+i)+j)，(*(p+i))[j]。请读者与 9.3.4 节中通过二维数组行指针访问二维数组元素的表示方法比较，表面上看是一样的，实际上有区别。本节的指针数组元素 p[0]、p[1]、p[2] 是占用存储空间的，存储指针值，而 a[0]、a[1]、a[2] 不占用存储空间，只是地址运算中的表达式。

例 9.29　利用指针数组，输出二维数组全体元素的值。

```
#include <iostream>
using namespace std;
int main(void)
{
    int a[2][3] = { { 1, 2, 3 }, { 4, 5, 6 } };
    int *pa[] = { a[0], a[1] };                        // 指针数组初始化
    int i, j;
    for (i = 0; i<2; i++)
    {
        for (j = 0; j<3; j++)
            cout << *(pa[i] + j) << '\t';
        cout << '\n';
    }
    return 0;
}
```

程序的输出结果是：

```
1  2  3
4  5  6
```

9.4.3 利用字符指针数组处理字符串

通过前面的学习，我们知道 C++ 把字符串常量的值处理成其内存起始地址，现有定义：

```
char *name[ ]={"George", "Mary", "Susan", "Tom", "Davis"};
```

name 是一个指针数组，根据括号中的字符串初值个数可知，共有 5 个指针，分别指向 5 个字符串常量。指针数组 name 的 5 个元素的指向如图 9-20 所示。

例 9.30 按字典序将上述 5 个字符串排成升序，并输出排序后的结果。此程序采用选择法排序，通过交换指针的指向达到排序的目的。

```
#include <iostream>
#include <cstring>
using namespace std;
int main()
{
    char *name[] = { "George", "Mary", "Susan", "Tom", "Davis" };
    char *ptr;
    int i, j, k, n = 5;
    for (i = 0; i<n-1; i++)
    {
        k = i;
        for (j = i + 1; j<n; j++)
            if (strcmp(name[k], name[j])>0)          //字符串比较
                k = j;                               //记住最小字符串指针的下标
        if (k != i)
        {                                            //交换指针数组元素值
            ptr = name[i]; name[i] = name[k]; name[k] = ptr;
        }
    }
    for (i = 0; i<n; i++)                            //输出结果
        cout << name[i] << '\t';
    cout << endl;
    return 0;
}
```

排序后，内存各指针的指向关系如图 9-21 所示。

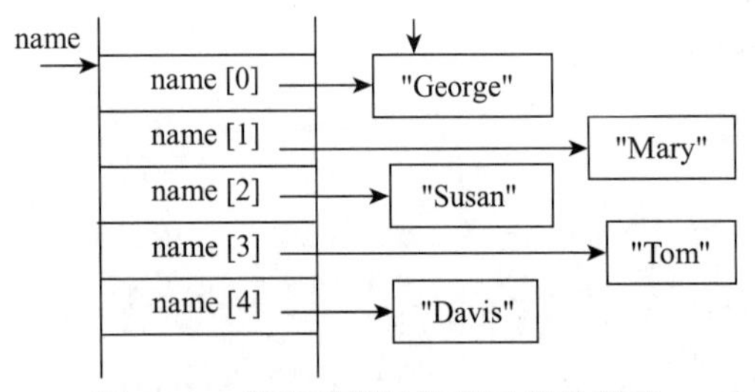

图 9-20 字符型指针数组元素的意义

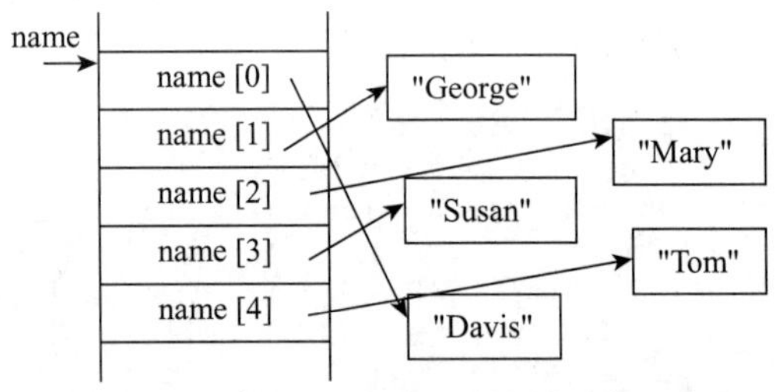

图 9-21 排序后字符型指针数组元素的指向

程序的输出结果是：

```
Davis   George  Mary    Susan   Tom
```

例 9.31 改写例 9.30，体会如何使用指针数组作为函数参数。

```
#include <iostream>
#include <cstring>
using namespace std;
int main()
{
    void sort(char *[], int), print(char *[], int); // 函数原型声明
    char *name[] = { "George", "Mary", "Susan", "Tom", "Davis" };
    int n = 5;
    sort(name, n);                                  // 调用函数sort()，注意实参
    print(name, n);                                 // 调用函数print()，注意实参
```

```
    return 0;
}
void sort(char *name[], int n)                    //函数定义，注意形参的写法
{
    char *ptr; int i, j, k;
    for (i = 0; i<n-1; i++)
    {
        k = i;
        for (j = i + 1; j<n; j++)
            if (strcmp(name[k], name[j])>0) k = j;
        if (k != i)
        {
            ptr = name[i]; name[i] = name[k]; name[k] = ptr;
        }
    }
}
void print(char *name[], int n)                   // 函数定义，注意形参的写法
{
    for (int i = 0; i<n; i++)
        cout << name[i] << endl;
}
```

9.4.4 main 函数的参数

到目前为止，main 函数的定义形式如下，为无参函数。

```
int main()
{   ......   }
```

实际上，main 函数是可以带参数的。带参数的 main 函数的定义形式为：

```
int main( int argc, char *argv[ ] )
{   ......   }
```

main 函数的参数的意义是什么呢？ main 函数是一个程序的主控，main 函数接收到不同的参数后，可以根据参数完成不同的功能。例 9.32 说明如何定义带参数的 main 函数。

例 9.32 定义带参数的 main 函数。

```
#include <iostream>
using namespace std;
int main(int argc, char *argv[])
{
    cout << "argc=" << argc << endl;
    cout << "Command name=" << argv[0] << endl;
    for (int i = 1; i < argc; i++)
        cout << argv[i] << endl;
    return 0;
}
```

上述源程序文件名是 Li0932.cpp，在 VS 2013 集成环境中，假定把它放在名为 exApp 的项目中，项目文件名为 exApp.sln，编译连接后生成的可执行程序文件名为 exApp.exe，假定该可执行文件的存储路径为 D:\exApp\Debug\exApp.exe（含文件名）。执行该程序，实际上就是操作系统调用这个程序。操作系统如何将参数传递给 main 函数呢？可参照如下两种方式。

1. 通过 DOS 命令行参数

进入 Windows 的 DOS 运行方式（从“开始”菜单、“所有程序”进入“附件”，执行“命令提示符”，进入 DOS 运行窗口），在 DOS 提示符下键入命令行：

```
C:\Users\lenovo>d:\exApp\Debug\exApp.exe par1 par2 /p /w<Enter>
```

其中，带下划线的部分为用户的输入，称为 DOS 命令行。对于命令行前面的提示信息不同的操作系统可能不同，读者不必关心。用户按回车键后，操作系统接收并分析该命令行，将回车键之前的输入看成字符串 "d:\exApp\Debug\exApp.exe par1 par2 /p /w"，将其分解成若干子串，这些子串是由空白字符分隔的，它们分别是 "d:\exApp\Debug\exApp.exe"、"par1"、"par2"、"/p" 和 "/w"，共 5 个。第一个子串比较特别，它本身是命令，即可执行程序。这些子串作为参数被传递给 main 函数，其中 argc 是子串的个数（如上例为 5），argv 是指针数组，含有 argc 个指针，分别指向 argc 个子串，如图 9-22 所示。

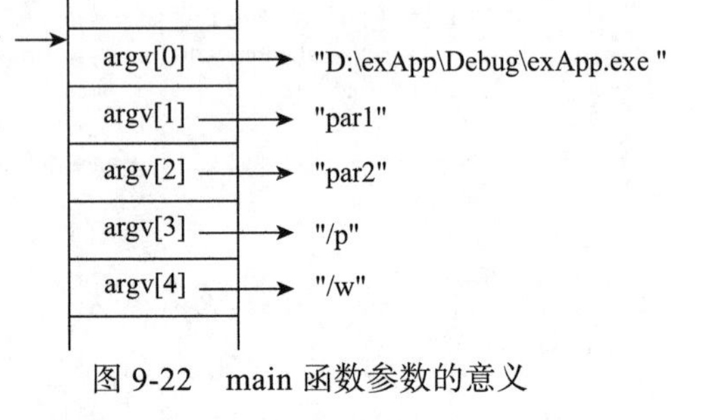

图 9-22 main 函数参数的意义

该程序运行后的结果如下：

```
argc=5
Command name=d:\exApp\Debug\exApp.exe
par1
par2
/p
/w
```

命令行本身的第一个子串一定是可执行程序本身，后面的几个参数每次运行时可以不同，这样主函数即可根据不同的参数调用不同的函数完成不同的功能。

2. 在集成开发环境中设置命令行参数

在 VS 2013 集成开发环境中也可以设置命令行参数以测试主函数参数的使用。方法是，从菜单“项目”开始，选择“项目 | exApp 属性 | 配置属性 | 调试 | 命令参数 | 单击向下黑箭头 | < 编辑 >”，在编辑框中输入命令行参数：par1 par2 /p /w，注意不包含命令（即可执行程序）本身，然后两次单击“确定”按钮，最后运行程序，显示结果与在 DOS 环境中运行结果相同。

C++ 提供 main 函数参数机制的意义是，在编写程序时可以根据主函数不同的参数完成不同的功能。

9.5 指向指针的指针

指针变量用于存放地址值，它本身也占用若干存储单元，也有起始地址。C++ 中同样可以定义一个变量存放它的起始地址。存放指针变量起始地址的变量，称为指向指针的指针变量，其定义格式为：

```
<类型说明符> ** <指针变量名>;
```

例如：

```
int x=3, *p1, **p2;
p1 = &x;
p2 = &p1;
```

p1 是一个指针，指向 x，它的类型是 int* ；p2 也是一个指针，它指向 p1。p2 称为指向指针的指针，它的类型是 int **。假定变量 x 的地址是 1000，变量 p1 的地址是 2000，则这几个变量在内存中的存储状况示意如图 9-23 所示。

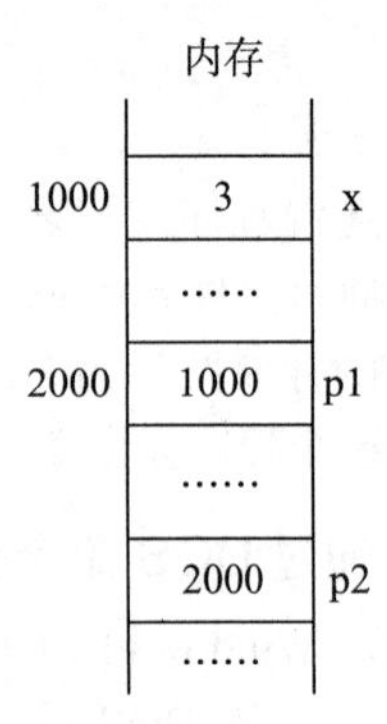

图 9-23 指向指针的指针的意义

因为 p1 指向 x，可以通过 p1 一级间接访问 x，即 *p1 间接访问 x。也可以通过 p2 二级间接访问 x，即 **p2 间接访问 x。另外，*p2 间接访问 p1。

例 9.33 定义一个指向指针的指针，用它指向指针数组。

```
#include <iostream>
using namespace std;
int main()
{
    char **p;
    char *s[] = { "up", "down", "left", "right" };
    int i;
    p = s;
    for (i = 0; i<4; i++)
        cout << *p++ << '\t';    // A
    cout << endl;
    return 0;
}
```

如图 9-24 所示，指针数组 s 含有 4 个元素，每个元素都是 char * 类型的指针，分别存放 4 个字符串常量的起始地址。由于元素 s[0] 本身是 char * 类型的指针，指针数组名 s 指向 s[0]，即 s 指向指针，所以 s 是指向指针的指针，其类型是 char **（类型名也可写作 char *[ ]，表示它是指针数组名）。变量 p 是指向指针的指针，它的类型是 char **，语句“p=s;”将同类型的指针常量 s 的值赋给 p，就是将 s 的值存入 p 的存储空间，此时 p 也指向 s 数组。

A 行中的 *p++ 等价于 *(p++)，因此 A 行语句等价于“{ cout << *p <<'\t'; p++; }”。初始时 p 指向 s[0]，*p 就是 s[0]，于是输出字符串 "up"，然后 p 加 1，指向下一个字符串 "down"，循环继续，依次输出四个字符串：

```
up      down      left      right
```

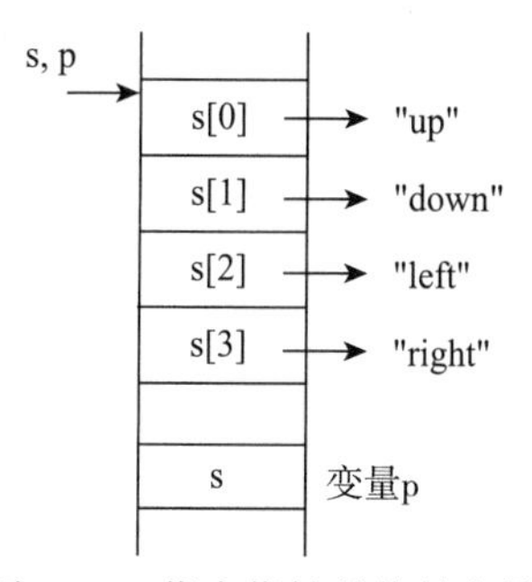

图 9-24　指向指针的指针变量

实际上，指针数组名是指向指针的指针，与图 9-24 中的 s 一样，图 9-20 中的 name 和图 9-22 中的 argv 都是指向指针的指针，name 和 argv 的类型均为 char *[ ]（即 char **）。注意 s 和 name 是指针常量，本例中的 p 和图 9-22 中的 argv 是指针变量。argv 是变量的原因是它是 main 函数的形参指针。再如例 9.28 中有定义“float *p[5];”此时 p 也是指向指针的指针常量，其类型是 float*[] 或 float **，p 指向的元素 p[0] 是 float * 类型的指针。

实际上还可以定义三级、四级等间接访问的指针变量，如“int *p1, **p2, ***p3, x; p1=&x; p2=&p1; p3=&p2;”，此时“***p3”三级间接访问 x。实际应用中一般最多定义二级间接访问的指针，如 p2。

9.6　指针和函数

9.6.1　函数指针

1. 函数指针的定义

一个函数被编译连接后生成一段二进制代码，该段代码的首地址称为函数的入口地址。C++ 将函数名的值处理成函数的入口地址。可以定义一种特殊的指针变量，专门用于存放函数的入口地址，这种变量称为函数指针变量，简称函数指针。

函数指针变量定义的语法格式为：

```
<数据类型> (* <函数指针变量名> ) ( <参数类型表> );
```

例如：

```
int (*fp)(int, int);        //定义一个函数指针变量fp，它指向具有两个整型参数且返回值为整型量
                              的函数
```

```
int max(int, int);          //一个函数声明，该函数具有两个整型参数且返回值为整型量
fp = max;                   //将函数max的入口地址赋给指针变量 fp，fp和max都指向函数max。
                              注意fp和max的类型是一样的，类型均为“int (*)(int, int)”。
                              max是指针常量，而fp是指针变量
```

说明：

1）函数指针指向程序代码区，一般变量的指针指向数据区。

2）在定义 int (*fp)(int, int) 中，注意后一对圆括号即函数参数运算符“()”优先级高于“*”，所以 *fp 两侧的括号不能省略。若省略则变成 int *fp(int, int)，它表示返回指针值的函数，详见 9.6.2 节。

3）函数指针不能进行 ++、− −、+、− 等运算，因为在程序的一次执行过程中，函数代码区的起始地址不会变动，即函数指针是指针常量。

2. 函数指针的使用

（1）通过函数指针调用函数

函数可以通过函数名调用，也可通过函数指针调用。如上面的描述，已知 fp＝max，则对函数 max 的调用方式可以是：

```
max(实参表);                // 通过函数名调用，建议使用
fp(实参表);                 // 通过函数指针调用，建议使用
(*max)(实参表);             // 通过函数名调用
(*fp)(实参表);              // 通过函数指针调用
```

其中前两种是 C++ 语言中的形式，比较直观，建议使用。后两种是兼容 C 语言中的调用形式。下述例 9.34 说明如何定义函数指针，并通过函数指针调用它指向的函数。

例 9.34 通过函数指针调用函数。

```
#include <iostream>
using namespace std;
int main()
{
    int max(int, int), min(int, int);               // 函数原型声明
    int(*fp)(int, int);                             // 定义函数指针 fp
    int a, b, c, d;
    cin >> a >> b;
    fp = max;                                       // fp 指向 max() 函数
    c = fp(a, b);                                   // 通过 fp 调用 max() 函数
    fp = min;                                       // fp 指向 min() 函数
    d = (*fp)(a, b);                                // 通过 fp 调用 min()函数
    cout << "max=" << c << '\t' << "min=" << d << endl;
    return 0;
}
int max(int x, int y)  { return(x>y ? x : y); } //函数定义
int min(int x, int y)  { return(x<y ? x : y); } //函数定义
```

（2）函数指针作函数参数

引入函数指针的目的是编写通用函数，例 9.35 通过函数指针作参数加以说明。

例 9.35 函数名作参数，在被调函数（通用函数）中通过一个指针 fun 调用三个不同的函数。

```
#include <iostream>
using namespace std;
int main()
{
    int max(int, int), min(int, int), sum(int, int);          //函数原型声明
    int process(int, int, int(*)(int, int));                  //函数原型声明
    int a, b;
```

```
    cout << "Enter a and b:";
    cin >> a >> b;
    cout << "max=" << process(a, b, max) << '\t';          // A
    cout << "min=" << process(a, b, min) << '\t';          // B
    cout << "sum=" << process(a, b, sum) << endl;          // C
    return 0;
}
int process(int x, int y, int(*fun)(int, int))             // D, 通用函数
{
    return fun(x, y);                                      // E
}
int max(int x, int y) { return(x>y ? x : y); }
int min(int x, int y) { return(x<y ? x : y); }
int sum(int x, int y) { return(x + y); }
```

程序运行时输入：

```
4  8<Enter>
```

输出：

```
max=8   min=4   sum=12
```

注意程序中的 A、B、C 三行，三次函数调用的第 3 个实参都是函数名，即分别传递三个不同的函数入口地址给被调函数。在 D 行，函数 process 的第 3 个形参 fun 是一个函数指针变量，指向的函数具有两个整型实参且返回值是一个整型量，与 fun 对应的实参 max、min 和 sum 的类型一致。在 E 行，通过函数指针 fun 调用函数，由于 main 函数三次调用 process 函数传递给 fun 的函数指针不同，因此实际上在 E 行三次调用了三个不同的函数。由此可见，函数指针在编写通用函数方面是很出色的，例 9.36 将进一步说明。

例 9.36 编写一个通用的梯形积分函数，求下列三个函数定积分的近似值。

$$\int_0^1(\sin(x)+1)\mathrm{d}x \qquad \int_0^2(1+x+x^2+x^3)\mathrm{d}x \qquad \int_1^{2.5}\frac{x}{1+x^2}\mathrm{d}x$$

在区间 $[a, b]$ 上的梯形积分的意义如图 9-25 所示，区间上的函数积分值近似等于全部小区间的梯形面积之和。

由图示推导出的梯形法求定积分的通用公式为：

$$s=h\left(\frac{f(a)+f(b)}{2}+\sum_{i=1}^{n-1}f(a+i\times h)\right)h=\left|\frac{a-b}{h}\right|$$

其中 a 和 b 是积分区间的下限和上限，n 为积分区间的分隔数，h 为积分的步长，$f(x)$ 为被积函数。通用的积分函数 integral() 需要 4 个参数，它们是 a、b、n 和 f 函数的指针。程序如下：

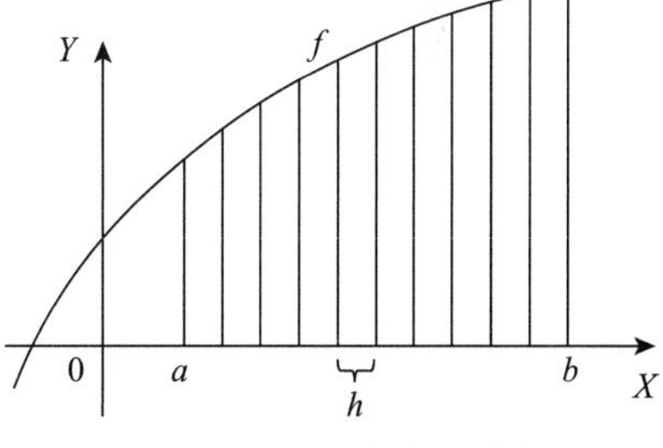

图 9-25　求定积分示意图

```
#include <iostream>
#include <cmath>
using namespace std;
double f1(double x)
{
    return(sin(x) + 1);
}
double f2(double x)
{
    return(1 + x + x*x + x*x*x);
}
double f3(double x)
{
```

```
    return x / (1 + x*x);
}
double integral(double(*f)(double), double a, double b, int n)// A
{
    double s, h;
    int i;
    h = (b-a) / n;
    s = (f(a) + f(b)) / 2;
    for (i = 1; i<n; i++) s += f(a + i*h);
    return(s*h);
}
int main()
{
    cout << "f1积分值: " << integral(f1, 0, 1, 3000) << endl;
    cout << "f2积分值: " << integral(f2, 0, 2, 1000) << endl;
    cout << "f3积分值: " << integral(f3, 1, 2.5, 2000) << endl;
    return 0;
}
```

程序的运行结果如下：

```
f1积分值: 1.4597
f2积分值: 10.6667
f3积分值: 0.643927
```

程序中的A行是通用的求积分函数integral()，编写函数时并不知道求的是哪个函数的积分。只有在程序运行时，通过实参将具体的求积函数的首指针传递给形参指针f，才能求出f指向的函数的积分。

从本例可以进一步体会到，使用函数指针可以编写通用的函数，使源程序代码简化。

9.6.2 返回指针值的函数

函数的返回值可以是基本类型量如整型、实型、字符型等，也可以是指针类型的量。返回指针值的函数亦称为指针函数。定义返回指针的函数语法格式如下：

```
<数据类型>  *  <函数名> ( [<参数表>] )
{ <函数体> }
```

例如，定义一个返回值为整型指针的函数，格式如下：

```
int *func(…)
{… }
```

函数名之前的部分为返回值类型，本例返回值类型是int *。以此类推，定义返回float *、char *类型的函数。注意，如果写成如下形式：

```
int (*func)(…);
```

则表示定义了一个函数指针变量func，它是一个指向返回整型值函数的指针变量，参见9.6.1节。

例9.37 函数find()在字符串str中找出字符ch第一次出现时的地址，并返回该地址值。

```
#include <iostream>
using namespace std;
char *find(char *str, char ch)
{
    while (*str != '\0')
        if (*str == ch) return(str);
        else  str++;
    return(NULL);                                     //若找不到，返回空指针
```

```
}
int main()
{
    char  s[] = "warrior";
    char  *p;
    p = find(s, 'r');  if (p) cout << p << endl;        // 输出 rrior
    p = find(s, 'i');  if (p) cout << p << endl;        // 输出 ior
    p = find(s, 'b');  if (p) cout << p << endl;        // 无输出
    return 0;
}
```

函数 find() 的返回值类型为 char *，即它是一个返回指针值的函数。在函数 find() 中，初始时 str 是字符串的首地址，通过 str 扫描字符串（即依次指向字符串中的各个字符），如果它指向的字符是待查找字符，则返回该字符的地址，即指针；否则 str 加 1，指向下一字符。如果字符串中没有出现字符 ch，则 while 循环结束后返回空指针 NULL。注意主函数中的输出语句“ cout << p << endl;”的意义，前面章节已介绍，一个字符串的本质是从字符串起始地址开始到 '\0' 结束，如果输出一个字符指针，就是将该指针看成字符串的首地址，然后输出它指向的字符串。

9.7 指针小结

学习指针首先必须理解指针的意义，另外对指针的各种定义形式所表示的不同意义也要掌握。下面以整型量为例，将前面学过的各种指针的定义形式和意义做一个简单的小结。其他类型的指针在概念上可以类推。

1. int *p;

p 是一般指针，用于指向整型量。被指向的整型量可以是简单的整型量，也可以是一维整型数组或二维整型数组中的一个元素，因为数组的每一个元素都是整型量。int * 类型的指针与一维整型数组名在数据类型上等价，即一维整型数组名是指针，其类型也是 int *。注意，p 是指针变量，其值可变；而数组名是指针常量，其值不可变。

例如：

```
int i, a[10], b[3][4], *p;
p = &i;                     // p指向简单整型变量
p = &a[3];                  // p指向一维整型数组中的一个元素
p = &b[2][3];               // p指向二维整型数组中的一个元素
p = a;                      // 将数组a的首地址赋值给指针p
p++;                        // 正确，因为p是指针变量
a++;                        // 错误，因为a是指针常量
++*p;                       // 将p指向的变量值加1，等价于 ++(*p)
```

2. int (*p)[M];

p 指向含有 M 个元素的一维数组。可指向每行含有 M 个元素的二维数组的一行，也可以说它是二维数组的行指针，p 与二维数组名在数据类型上等价。若有定义“ int a[N][M];”，则 p 和 a 的类型都是 int (*)[M]。

例如：

```
int a[3][4], (*p)[4];
p = a;                           // 将数组a的首地址赋值给指针p，p指向a[0]
p++;                             // 正确，因为p是指针变量，A行
a++;                             // 错误，因为a是指针常量
```

A 行运算结束后 p 指向 a 数组的下一行元素，即指向 a[1]。a[1] 是一个地址运算表达式，是

"虚"的地址表示。所谓"虚"是指 a[1] 本身不占存储空间。请与下述第 4 点比较。

3. int * p[M];

p 是指针数组，含有 M 个元素，每个元素都是整型指针。p 指针的类型是 int *[ ]。

4. int **p;

p 是指向整型指针的指针。p 指针的类型是 int **，与整型指针数组名的类型是 int *[ ] 等价。参见例 9.33 的说明。

例如：

```
int *a[10], **p;
p = a;
p++;                                    // 正确，因为p是指针变量，A行
a++;                                    // 错误，因为a是指针常量
```

A 行运算结束后 p 指向 a 数组的下一个元素，即指向 a[1]。a[1] 是具有存储空间的一个指针，是一个"实"的地址表示。所谓"实"是指 a[1] 本身占存储空间。请与上述第 2 点比较。

5. int (*p)(int, int);

p 是一个函数指针，可指向参数是两个整型量并且返回整型量的函数。从语法形式上看，本节中第 2 点、第 3 点定义二维数组行指针和指针数组时，使用的均是方括号，只有在定义指向函数的指针时使用的是圆括号。

6. int *f() { ⋯ }

与前面 1～5 点不同，这是函数定义（函数体内部的语句被省略了），f 是函数名，它返回整型指针，即返回值类型为 int *。本节前面 1～5 点定义了五种不同类型的指针变量，而本函数定义只是指定函数的返回值类型是指针类型的量，并没有引入新的指针类型，只是将第 1 点中定义的最普通的指针作为函数的返回值。可以类推，如果有函数定义 int **f(){⋯}，则表示函数的返回值类型为指向整型指针的指针。

7. void 类型指针

此类指针比较特殊，在用法上要注意如下两点。

1）任何类型的指针都可以直接赋值给 void 类型的指针，无须进行强制类型转换。如：

```
void *p1;
int x, *p2 = &x;
p1 = p2;
```

void 类型指针也可以直接赋给其他类型的指针，但最好进行强制类型转换，以明确表示指针的类型，例如：

```
p2 = (int *) p1;
```

2）不能对 void 指针进行算术运算，即下列指针运算都是非法的：

```
void *p;
p++;
p += 1;
```

因为指针加 1 表示指向下一元素，只有指针的类型确定了，才能知道指针加一运算的实际含义。

8. 空指针 NULL

C++ 将符号常量 NULL 的值定义为 0，通常用来表示一个空指针。例如：

```
int *p = NULL;      // 表示用空指针NULL初始化指针变量p
int m = 0;          // 表示用整型常量0初始化整型变量m
```

C++ 规定，若一个指针值为 NULL，它是空指针，不指向任何量。尽管 NULL 的值与 0 相同，但是两者意义不同。假定指针变量为 p，判断它是否为空指针的 if 语句可以是“ if (p == NULL)”或“ if (p != NULL)”，强调 p 是指针变量。但不要写成“ if (p == 0)”或“ if (p != 0)”，它们都影响程序的可读性，同理，也不要写成“if (p)”或“if (!p)”。

9.8 const 型变量和 const 型指针、引用类型

9.8.1 const 型变量和 const 型指针

如果在程序中需要经常使用某一常量，可以使用编译预处理命令定义一个符号常量。

例如：

```
#define PI 3.14
```

则在其后的程序中可以使用符号常量 PI。C++ 在对源程序进行编译预处理时，把程序中所有的 PI 替换成 3.14，即在程序运行过程中符号常量 PI 不存在。

C++ 中的 const 型变量也是一种定义常量的手段。一般变量的特性是：具有变量名、变量的存储空间、变量的值；并且在程序运行过程中，变量的值可变。const 型变量是特殊的变量，在程序运行过程中其值不可以改变，其余特性与一般变量一样，即在程序运行过程中 const 型变量存在（具有存储空间和值）。

1. 定义 const 型变量

定义格式为：

```
const <数据类型> <变量名> = <常量>;
```

或

```
<数据类型> const <变量名> = <常量>;
```

关键字 const 的位置可以与 <数据类型> 交换。例如：

```
const float PI = 3.14;
float const PI = 3.14;     // 此两行意义一样
```

在定义 const 型变量时，必须初始化，即必须指定它代表的常量。在使用 const 型变量时，除了不可以改变它的值以外，与使用一般变量一样。

const 型变量与符号常量的区别如下：

1）符号常量由预编译器处理，const 型变量由编译器处理。

2）编译后，符号常量不存在，而 const 型变量依然存在。即在程序运行时，符号常量不存在，而 const 型变量存在。

3）符号常量的作用域从定义位置开始，到源文件结束，而 const 型变量的作用域与一般变量一样。

2. 定义 const 型指针变量

C++ 中有三种 const 型指针（指针变量简称指针），其作用和含义是不同的，下面分别介绍。

（1）指向常量的指针

指向常量的指针的定义格式为：

```
const <数据类型> * <指针变量名>;
```

关键字 const 的位置必须在最前面。这种类型指针的意义是，它既可以指向变量也可以指向常量，但是不能通过它修改其指向的量。

例如：

```
const int *p;
const int a = 15;
int b;
p = &a;     // 合法，p可以指向常量
p = &b;     // 合法，p也可以指向变量，并且p可以被重新赋值
*p = 18;    // 非法，不能通过p间接地给它指向的变量赋值
b = *p;     // 合法，可以取出p指向的值
a = 18;     // 非法，a本身是独立的（即与指向它的指针无关），是const型变量
b = 18;     // 合法，b本身也是独立的，可以给它赋值
```

注意：指向常量的指针既可以指向常量又可以指向变量，其意义在于不允许通过该指针间接修改它指向的量，即仅仅不允许做“*p=…”操作，目的是保护它指向的量，此概念将在例 9.38 中进一步说明。C++ 不限制指向常量的指针自身重新被赋值，也不限制它指向的量的自身的操作特性，如“b=18;”是合法的。

（2）指针常量

指针常量的定义格式为：

```
<数据类型> * const <指针变量名> = <地址>;
```

关键字 const 的位置必须在 <指针变量名> 之前。指针常量的意义是：指针本身是常量，即不能改变指针本身的指向，因此指针本身在定义时一定要初始化，即给出固定的指向。

例如：

```
int a, b;
int * const p = &a;            // p在定义时必须初始化，让p固定指向一个量（常量或变量）
*p = 15;                       // 合法，可以通过p给它指向的变量赋值
b = *p;                        // 合法，可以取出p指向的量
p = &b;                        // 非法，不可以给指针常量p重新赋值
a = 8;                         // 合法，a是独立的，对a的操作不受指向它的指针p的影响
```

注意：指针常量的意义在于指针本身是常量，在初始化后其值不允许改变，即仅仅不允许做“p=…”操作，其他操作都是允许的。指针常量既可以指向变量也可以指向常量，例如：

```
const int a=8;
int * const p = (int *const)&a;   // A，p指向常量
cout<<(*p)<<endl;                 // 输出 8
```

A 行赋值必须做类型转换，因为 &a 的类型是“const int *”，而 p 的类型是“int *const”。

（3）指向常量的指针常量

指向常量的指针常量的定义格式为：

```
const <数据类型> * const<指针变量名> = <地址>;
```

在定义格式中有两个 const，注意它们的位置。这种类型指针的意义是，不能通过该指针改变它所指向的量，也不能改变指针本身的指向，即同时具备上述第（1）和第（2）类指针的特点。

例如：

```
int a, b;
const int * const p = &a;         // p在定义时必须初始化，即让它有一个指向。
*p = 15;                          // 非法，不可以通过 p 修改它指向的量
p = &b;                           // 非法，不可以改变p本身的值
b = *p;                           // 合法，可以取出p指向量
a = 8;                            // 合法，a是独立的，对a的操作不受指向它的指针p的影响
```

注意：若 p 为指向常量的指针常量，则“*p=…”和“p=…”两个操作都是非法的。

3. 小结

已知：

```
int a;
const int *p1;                         // p1是指向常量的指针
int * const p2 = &a;                   // p2是指针常量
const int * const p3 = &a;             // p3是指向常量的指针常量
```

则非法的操作为：

```
*p1 = …
p2 = …
p3 = …
*p3 = …
```

例 9.38 使用指向常量的指针的意义。

```
#include <iostream>
using namespace std;
void my_strcpy(char * dest, const char *source) // A，注意第二个参数的定义
{
    while (*dest++ = *source++);
}
int main()
{
    char a[20] = "How are you!";
    char b[20];
    my_strcpy(b, a);
    cout << b << endl;
    return 0;
}
```

定义 const 类型指针的主要目的是提高程序的安全性。函数 my_strcpy 的功能是将第 2 个参数指针 source 指向的源字符串拷贝到第 1 个参数指针 dest 指向的字符串，因此在函数 my_strcpy 中，源字符串 source 的内容应该受到保护，即不允许被改变，所以将 source 定义成指向常量的指针，即不允许做“*source=…”操作，达到保护源字符串的目的。如果编程者在程序中误写了“*source=…”，则编译时报错，提高了程序的安全性。编程者不需要人工避免写出类似于 *source=…的语句了。

9.8.2 引用类型变量的说明及使用

引用是 C++ 提供的一种数据类型。定义引用类型变量的一般格式为：

```
<数据类型>  & <引用变量名> = <变量名>;
```

其中，<变量名>为已定义的变量。

定义引用类型变量的意义是给已定义的变量起一个别名，引用类型的变量没有单独的存储空间，而是与其相关联的变量使用同一空间。

例如：

```
int a;
int &refa = a;
```

这里 refa 是引用类型的变量，是 a 的别名。refa 和 a 使用同一存储空间，所以对 refa 的任何操作，本质上就是对 a 的操作。refa 和 a 是同一个变量，只是使用不同的名字。就像一个人可以

有两个名字一样，虽然是两个名字，但指的是同一个实体。

例如，在前面定义的基础上，继续做如下操作：

```
a = 8;   cout << a <<'\t'<< refa << endl;
refa =10; cout << a <<'\t'<< refa << endl;
```

程序运行后输出：

```
8       8
10      10
```

除了基本类型的变量可以定义引用外，指针类型变量也可以定义引用。例 9.39 给出定义方法。

例 9.39 为指针类型变量定义引用。

```
#include <iostream>
using namespace std;
int main()
{
    int a;
    int *p = &a;
    int * &p1 = p;  // 为指针p定义引用
    *p1 = 5;
    *p = *p + 3;
    cout << a << ',' << *p << ',' << *p1 << endl;
    return 0;
}
```

程序中，p1 是 p 的别名，*p1 和 *p 均间接访问变量 a。程序运行后输出：

```
8, 8, 8
```

关于引用的说明如下：

1）可以为一个变量定义多个引用：

```
int a;  int &ref1 = a, &ref2 = a ;        // a、ref1和ref2为同一变量
```

2）可以定义引用的引用：

```
int a;  int &ref1 = a, &ref2 = ref1;      // a、ref1和ref2为同一变量
```

3）可以为数组名定义常引用，也可为数组元素定义引用：

```
int a[10]={1,2,3,4,5,6}, i;
int * const &b = a ;              // 正确。b是a的引用，b和a都是指针常量，它们的值相同
int &ref5 = a[5];                 // 正确，ref2与a[5]为同一变量
for (i = 0; i < 10; i++)          // 循环输出数组a的全体元素
    cout << b[i]  << ",";         // b[i]与a[i]相同，因为b是a的别名
cout << ref5 << endl;             // 输出a[5]元素的值
```

4）可为动态申请的空间定义引用（动态空间申请参见 9.9 节）：

```
int &ref = * new int;             // new int返回指针，* new int间接访问该指针指向的空间
ref = 200 ;
cout << ref << endl;              // 输出200
delete &ref;                      // 释放动态申请的空间
```

9.8.3 引用和函数

C++ 的引用类型可以作为函数参数。下面首先回顾基本类型量和指针类型量作为函数参数，然后介绍引用作为函数参数，并对它们的使用进行比较。

1. 基本类型变量和指针变量作为函数参数

回顾两个例子，分别使用基本类型量和指针类型量作为函数参数。

例 9.8 基本类型量作为函数参数。

```
#include <iostream>
using namespace std;
void swap(int x, int y)
{
    int t;
    t = x;  x = y;  y = t;
}
int main()
{
    int  x = 3, y = 9;
    swap(x, y);
    cout << x << ',' << y << endl;
    return 0;
}
```

程序运行后，输出：3，9

例 9.9 指针类型量作为函数参数。

```
#include <iostream>
using namespace std;
void swap(int *px, int *py)
{
    int t = *px; *px = *py; *py = t;
}
int main()
{
    int x = 3, y = 9, *p1, *p2;
    p1 = &x; p2 = &y;
    swap(p1, p2);
    cout << x << ',' << y << endl;
    return 0;
}
```

程序运行后，输出：9，3

用基本类型量作为函数参数时，形参是被调函数动态生成的新的局部动态变量，与实参不是同一个变量，形参变量本身的变化不影响实参的值，因此主函数无法通过参数带回多个结果。用指针作为函数参数时，在被调函数中，可以通过参数指针变量间接访问（修改）其指向的主函数中的量，从而带回多个运算结果到主函数中，但是指针较难理解，而且通过指针间接访问变量的书写形式有点麻烦。下面看一看使用引用类型的量作为函数参数有什么优点。

2. 引用类型作为函数参数

例 9.40 引用类型作为函数参数。

```
#include <iostream>
using namespace std;
void swap(int &x, int &y)     //A
{
    int t;
    t = x;  x = y;  y = t;
}
int main()
{
    int  x = 3, y = 9;
    swap(x, y);
    cout << x << ',' << y << endl;
    return 0;
}
```

程序运行后，输出：

```
9, 3
```

注意 A 行，本例与例 9.8 比较只是在定义 swap () 函数的形参时，写成了变量引用形式，执行效果与例 9.9 一样。参数传递时相当于“int &x=x; int &y=y;”，即形参 x 是实参 x 的别名，形参 y 是实参 y 的别名，在 swap() 函数中对形参 x 和 y 的任何操作，本质上就是对主函数中 x 和 y 的操作。所以当被调函数结束执行流程回到主函数后，主函数中的 x 和 y 变化了。使用引用类型的量作参数的优点是：①避免了使用指针作为参数时的程序书写及理解的麻烦。②增强了程序的可读性和编程的方便性，即在被调函数中直接写引用变量名，直观且易理解。③提高了程序执行的效率，因为系统在执行时不需要为引用参数动态分配新的存储空间。

9.9 存储空间的动态分配和释放

有时，编程者欲根据问题的实际规模来定义数组的大小，试图这样做：

```
int n;
cin >> n;
int a[n];
```

这是不可以的。因为 C++ 编译器在编译程序时必须确定数组空间的大小，但此段程序在运行时才输入变量 n 的值，即在编译时编译器不知道 n 的大小，因此在编译时无法确定数组存储空间的大小。那么能否根据问题的规模来确定实际需要使用的存储空间的大小呢？回答是肯定的。下面通过学习存储空间的动态分配和释放，来解决这个问题。

在本节之前，变量存储空间的分配和释放是由系统自动完成的，不需要编程者干预。对于静态变量，编译时确定其空间，程序开始运行时分配空间，运行结束时释放空间。对于动态变量，程序在运行时，在其作用域的开始和结束处由系统动态分配、撤销其空间。例如，函数内部的局部动态变量，当执行流程进入该函数时，系统自动为其分配空间，函数执行结束时，系统释放其空间。

系统自动分配空间的变量的访问方式有两种：一是通过变量名直接访问；二是通过指针间接访问。

现在学习在程序运行过程中动态申请、释放存储空间的方法，该存储空间的访问只能通过指针间接访问。动态申请空间是由编程者在编程时安排的，申请多少空间由运行时的具体情况而定（如本节初始描述的情况）。动态申请的存储空间在程序结束前的适当时刻，必须由编程者安排释放。

9.9.1 new 和 delete 运算符

注意：new 和 delete 是 C++ 的运算符，new 用于动态申请存储空间，delete 用于释放由 new 动态申请的空间。由 new 动态申请的存储空间，在程序结束前必须通过 delete 释放。

1. new 运算符

new 运算符常用的四种格式及意义如下：

格式一： < 指针变量 > = new < 数据类型 >;

意义：申请一个 < 数据类型 > 变量的空间，返回该空间的起始地址，并赋给 < 指针变量 >。

例如：

```
int *p, i;
p = new int;              // 动态申请的空间中的初值不确定
*p = 8 ; i = *p;          // p指向的动态空间只能通过p间接访问
```

格式二： < 指针变量 > = new < 数据类型 > (< 值 >);

意义：申请一个 < 数据类型 > 变量的空间，用 < 值 > 初始化该空间，返回该空间的起始地址，并赋给 < 指针变量 >。与格式一的区别在于格式二对申请的空间进行了初始化，即给定了变量的初值。

例如：

```
int *p, i;
p = new int(8);           // 动态申请的空间中的初值为8
i = *p; *p = 5;           // p指向的动态空间只能通过p间接访问
```

格式三： < 指针变量 > = new < 数据类型 > [< 表达式 >];

意义：申请一个一维数组空间，数组的类型是 < 数据类型 >，元素个数是 < 表达式 >，返回该空间的起始地址，并赋给 < 指针变量 >。

例如：

```
int *p;
p = new int[10];                    // 申请具有10个整型量的一维数组空间
...... p[i] ......;       }
...... *(p+i) ......;     }         // 访问一维数组元素
```

格式四： < 指针变量 > = new < 数据类型 > [< 表达式 1>] [< 表达式 2>];

意义：申请一个二维数组空间，数组的类型是 < 数据类型 >，行数是 < 表达式 1>，列数是 < 表达式 2 >，返回该空间的起始地址，地址类型是行指针，并赋给 < 指针变量 >。

注意： < 指针变量 > 的数据类型必须是"< 数据类型 > (*)[< 表达式 2>];"，即二维数组的行指针。

例如：

```
int (*p)[4];                        // p是行指针变量
p = new int[3][4];                  // 申请二维数组的空间，返回二维数组行指针
...... p[i][j] ......;      }
...... *(*(p+i)+j)......;   }       // 访问二维数组元素
```

2. delete 运算符

delete 运算符有两种使用格式。

格式一： delete < 指针变量 >;

意义：释放一个由 < 指针变量 > 指向的变量的空间。用于释放由 new 运算符格式一及格式二分配的空间。

例如：

```
int *p1, *p2;
p1 = new int;
p2 = new int(8);
delete p1;
delete p2;
```

格式二： delete [N]< 指针变量 >;

意义：释放一个由 < 指针变量 > 指向的数组的空间，该数组有 N 个元素，N 可省略。< 指针变量 > 指向的数组可以是一维或二维数组。

例如：

```
int *p;                             // 定义指向一个简单变量的指针，即元素指针
p = new int[10];                    // 申请一维数组空间
p[i], *(p+i)...;                    // 访问数组元素
delete []p; 或 delete [10]p;        // 释放数组空间
```

又如：

```
int (*p)[4];                        // 定义行指针
p = new int[3][4];                  // 申请二维数组空间
p[i][j], *(*(p+i)+j)...;            // 访问数组元素
delete []p; 或 delete [3]p;         // 释放数组空间，3表示3行
```

下面通过例 9.41 说明使用动态空间的一般流程，即申请空间、使用空间和释放空间。

例 9.41 使用动态数组空间。

```
#include <iostream>
using namespace std;
int main()
{
    int n, *p, i;
    cin >> n;
    p = new int[n];                    // 申请数组空间
    for (i = 0; i<n; i++)              // 以下使用数组空间
        cin >> p[i];                   // 或改写为 cin >> *(p+i);
    for (i = 0; i<n; i++)
        cout << p[i] << '\t';          // 或改写为 cout << *(p+i);
    cout << '\n';
    delete[] p;                        // 释放数组空间
    return 0;
}
```

9.9.2 使用 new 和 delete 运算符的注意事项

使用 new 和 delete 运算符应注意以下几点：

1）使用 new 运算符格式二时，在申请空间的同时对该空间初始化。使用 new 运算符格式一、三和四时，分配的存储空间中的值是不确定的，必须使用后续的赋值语句通过指针间接地对分配的空间赋值。例如：

```
int *p1=new int(5), *p2=new int; *p2 = 8;
```

2）使用 new 运算符动态申请空间，不是每次都能申请成功的，即不一定每次都能申请到空间。所以，在编写正规程序时，为保证程序执行正确，每次使用 new 申请空间后都要测试是否成功。如果成功，new 返回申请到的空间的首指针；如果失败，则返回空指针 NULL。编程者可以根据返回值做相关处理，如终止程序执行或进行出错处理。

例如：

```
float *p;
p = new float[10];
if (p == NULL)
{
    cout << "动态申请不成功，终止执行！\n";
    exit(3);
}
......        // 申请成功，使用数组
delete[] p;
```

9.10 链表及其算法

9.10.1 结构体与指针

1. 结构体类型变量的指针

第 8 章介绍过结构体类型，例如描述一个学生信息的 student 结构体类型的定义如下：

```
struct student               // 将此类型的定义放在头文件student_type.h中
{
    int   num;               // 学号
    char  name[20];          // 姓名
    int   age;               // 年龄
    char  sex;               // 性别
    int   score;             // 成绩
};
```

该结构体类型共有 5 个数据成员，student（或 struct student）是结构体类型名。类型定义完毕，就可以定义该类型的变量。例如，“ student stud1, stud2;” 定义了两个结构体变量 stud1 和 stud2。

在前面的章节中介绍过定义基本类型变量的指针，如 int *p。结构体类型是导出数据类型，同样地，也可以定义结构体变量的指针，格式为：

```
<结构体类型名> * <结构体指针名>;
```

例如，语句 “ student *p1, *p2;” 定义了两个 student 类型的结构体类型指针。欲使 p1 和 p2 分别指向前面已定义的结构体变量 stud1 和 stud2，则应该使用赋值语句 “ p1=&stud1; p2=&stud2;”。在后续编程中 *p1 间接访问 stud1（即 *p1 与 stud1 等价），*p2 间接访问 stud2（即 *p2 与 stud2 等价）。与基本类型变量指针的使用做类比，即可理解结构体指针的使用方式。例如，对基本类型变量的指针，若已知 “int x, *p; p=&x;”，则 *p 间接访问 x（即 *p 与 x 等价）。

定义结构体变量及其指针后，有三种方法可以访问结构体变量的成员，如图 9-26 所示，其中的 p1 和 stud1 如前面的定义。方法一通过结构体变量名访问其成员；方法二和方法三通过结构体指针访问它所指向的结构体变量的成员。

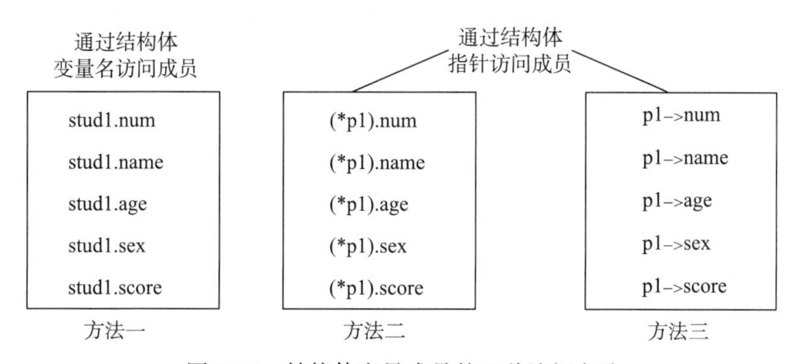

图 9-26　结构体变量成员的三种访问方法

由于 *p1 与 stud1 等价，将方法一中的 stud1 替换成 *p1，得出第二种方法。在第二种方法中，因为结构体成员访问运算符 “ .” 的优先级比指针运算符 * 的优先级高，所以圆括号不能省略。在第三种方法中，p1 指向结构体变量 stud1，通过成员指向运算符 “ ->”，访问结构体变量 stud1 的各个成员，这种表示方法形象地表示指针的指向。

2. 指向结构体数组元素的指针

对于结构体数组，也可以像整型数组一样，定义一个指针，指向结构体数组的元素。例 9.42 给出了结构体指针指向数组元素的具体使用方法。

例 9.42　定义结构体数组并初始化，用结构体元素指针指向各元素，输出全体元素值。

```
#include <iostream>
#include  "student_type.h"                              // 头文件定义如上
using namespace std;
int main()
{
    student studs[3] =                                  // 定义结构体数组并初始化
    { { 10101, "Li Nin", 18, 'M', 88 },
    { 10102, "Zhang Fun", 19, 'M', 99 },
    { 10104, "Wang Min", 18, 'M', 70 },
    };
    student *p;                                         // 定义结构体指针
    p = studs;                                          // A
    for (int i = 0; i<3; i++, p++)                      // B
```

```
        cout << p->num << ','
             << p->name << ','
             << p->age << ','
             << p->sex << ','
             << p->score << endl;
    return 0;
}
```

结构体数组及其指针的含义如图 9-27 所示。程序中 A 行的功能是令 p 指向结构体数组第 0 个元素；B 行 p++ 的含义是令 p 指向下一结构体元素。程序运行后，输出：

```
10101,Li Nin,18,M,88
10102,Zhang Fun,19,M,99
10104,Wang Min,18,M,70
```

9.10.2 链表的概念

在处理一些实际问题时，如编写一个通用程序用于处理一个班级的学生数据，一般使用结构体数组。由于每个班级的学生数不同，在考虑通用性的前提下，需要预留足够大的数组空间。如每班人数可能是 20、30、45、50 人，则定义数组为 50 个元素，这样虽然解决了程序通用性问题，但带来的副作用是处理人数较少的班时，多余的元素造成空间浪费。这个问题可用动态申请数组空间解决，也就是说，在编程时可以根据班级实际人数的多少动态申请数组空间。但是由于数组元素必须占用一片连续的内存空间，而内存空间有限，有时未必能申请到过大的连续的存储空间，此时可使用链表结构来解决。链表结构犹如现实生活中的链子，由若干环节组成，每个环节称为一个节点或结点。在每个结点中存放一个学生的数据，结点内部的空间是连续的，而一个结点与另一个结点的存储空间不一定需要连续，可通过指针建立结点之间的链接，由一个结点找到另一个结点。

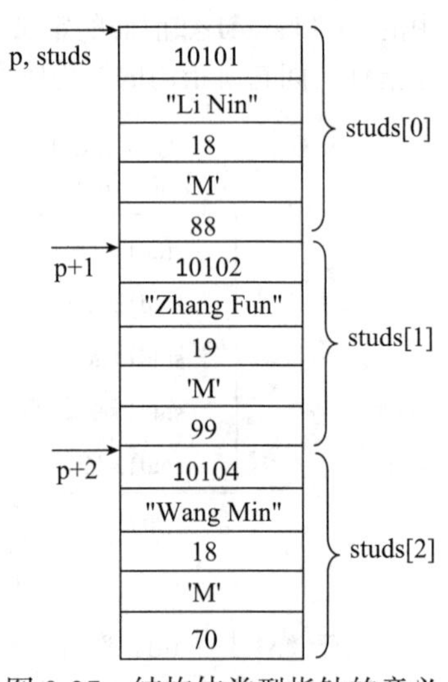

图 9-27 结构体类型指针的意义

在 C++ 中链表的环节用结构体变量实现，即每个结点为一个结构体变量。结构体变量的数据成员用于存放数据。为了形成链表，对每个结点还要增加一个指向下一结点的指针成员，以实现结点之间的链接。

链表结点的结构体类型定义如下，注意画线部分。

```
struct student
{
    int        num;
    char       name[20];
    int        age;
    char       sex;
    int        score;
    student    *next;      // 指向下一结点的指针
};
```

已知结点的结构后，下面来学习如何使用结点构成链表。链表有多种类型，如单向链表（简称单链表）、双向链表、单向循环链表和双向循环链表等。单链表又分为不带头结点的单链表和带头结点的单链表，如图 9-28 所示。不带头结点的单链表所有结点都存储数据序列中的数据，而带头结点的单链表从第 2 个结点开始存储数据，但带头结点的链表可以使操作变得简单。本书只讨论不带头结点的单链表，其他链表请读者参阅相关书籍。

在链表结构中，有一个指针 head 指向链表首结点，称为首指针。每一个结点中包含一个指向下一结点的指针，最后一个结点的下一结点指针值为NULL，即空指针，表示链表到此结束。

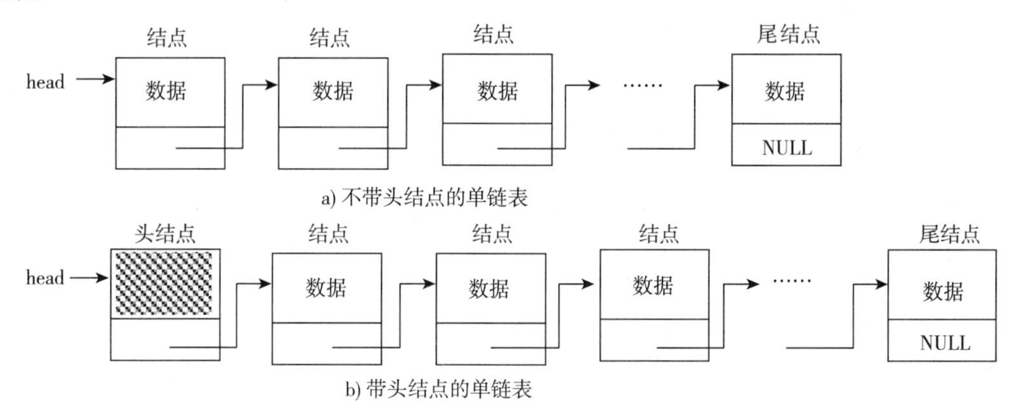

图 9-28　带头结点和不带头结点的单链表示意图

使用链表结构与使用数组结构相比，除了结点之间的存储空间不必连续之外，还有一个优点，即插入、删除结点数据时，链表结构的算法效率较高。例如，一个数据序列可以存储在数组或链表中，假如要在数据序列的中间插入一个元素，若使用数组结构，则需要依次移动数组元素的存储位置；但若使用链表结构则不需要移动结点的存储位置，只要把结点的指针指向重新设置，将待插入的新结点链接入链表中即可。但是使用链表结构也有一些不足之处，如指向下一结点的指针占用额外存储空间、结点本身的存储空间需要动态申请和释放等。在解决实际问题时，需依据长期编程积累的经验来决定使用哪一种数据结构较为有利。

下面介绍图9-28a中不带头结点的单链表的常用算法。

9.10.3　链表的常用算法

对链表的常规操作有创建无序/有序链表、遍历链表、查找结点、插入结点、删除结点和释放链表空间等。在本节程序中，使用如下的通用结点结构，该结构的定义在头文件node_def.h中，其内容如下：

```
struct node
{
    int data;       // 数据
    node *next;     // 指向下一结点的指针
};
```

创建链表就是从无到有，动态申请多个结点空间，建立结点之间的关联，最终形成一个链表的过程。下面“硬性”地建立一个链表，初步体会链表的概念。

例 9.43　动态申请结点，建立链表，依次输出各结点数据，最后释放全体结点空间。

```
#include <iostream>
#include  "node_def.h"   // 头文件定义如上
using namespace std;
int main()
{
    node *head, *p1, *p2;
    head = new node;
    p1 = new node;
    p2 = new node;
    head->data = 1000;  head->next = p1;        // A，给第1个结点成员赋值
    p1->data = 1001;    p1->next = p2;          // B，给第2个结点成员赋值
    p2->data = 1002;    p2->next = NULL;        // C，给第3个结点成员赋值
```

```
    while (head != NULL)                    // D
    {
        cout << head->data << endl;
        p1 = head;
        head = head->next;
        delete p1;
    }
    return 0;
}
```

程序首先申请三个结点，分别由三个指针 head、p1 和 p2 指向。然后，A、B 和 C 三行给三个结点的各成员赋值，“硬性”建立了一个链表，如图 9-29 所示。从 D 行开始的循环结构，由 head 指针依次指向各结点并输出其数据值，释放当前结点的空间。程序运行结束时，链表所有结点都被释放，即链表不存在了。程序运行输出结果如下：

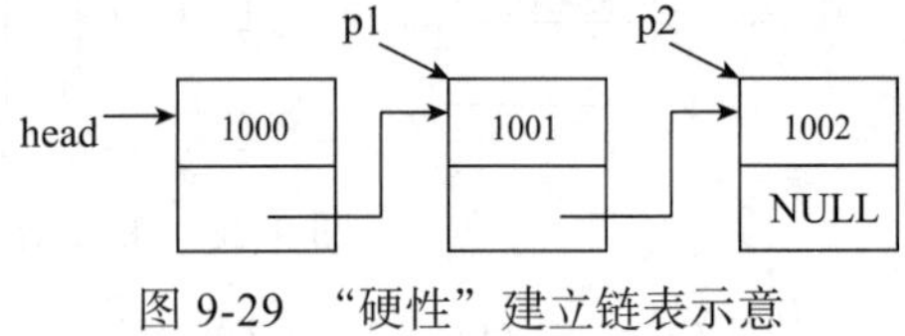

图 9-29 “硬性”建立链表示意

```
1000
1001
1002
```

例 9.43 中仅包含 3 个结点，但在实际应用中往往是动态建立链表，链表的结点个数是根据实际需要确定的。在下面的例 9.44 中给出不带头结点的链表的常用算法，包括创建无序链表、遍历链表、删除一个结点、释放链表、插入一个结点和创建有序链表。程序的组织结构是，每个算法用一个函数实现，放在一个头文件中，最后在主函数中包含这些头文件，并测试各算法。

例 9.44 链表常用算法介绍。

1. 创建无序链表

第一个算法是创建无序链表，在 Create() 函数中实现，此函数在头文件 create.h 中。假定链表中只能包含正整数。程序运行时，依次输入链表中各结点的数据，以输入“-1”表示结束。程序内部的算法是，循环读入数据，若数据不为“-1”，就申请一个新结点，以该数据为结点数据，动态地在链表尾部连入该结点；当读入的数据为“-1”时，链表的创建过程结束。加入结点时，分三种情况：①首结点的建立；②中间结点的连入；③尾结点的处理，链表建立结束时，将尾结点的 next 成员赋值为空指针 NULL。在函数中使用了三个指针变量，其中 head 指向链表首结点，p2 指向建立过程中的链表尾结点，p1 指向新开辟的结点，如图 9-30 所示。

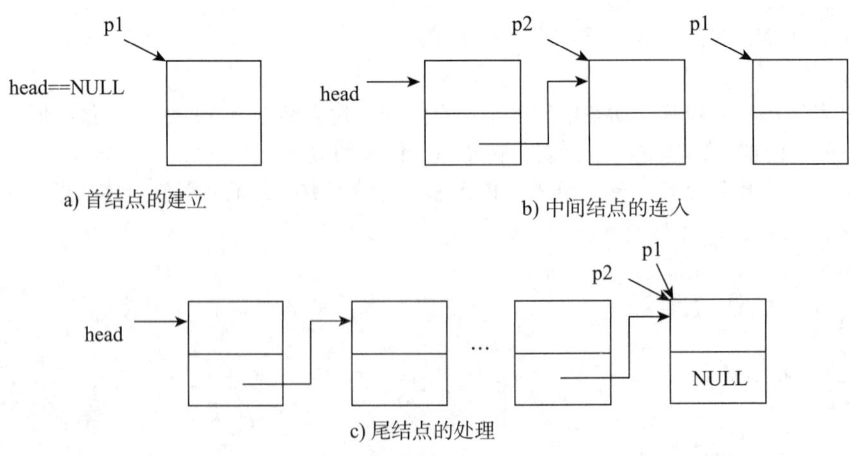

图 9-30 链表创建过程示意

头文件 create.h 的内容如下：

```
// 函数功能：创建无序链表，函数的返回值为链表的首指针。
node *Create()
{
    node *p1, *p2 = NULL, *head;
    int a;

    head = NULL;                                          // 初始时，设置head为空指针
    cout <<"正在创建一条无序链表...\n";
    cout <<"请输入一个正整数，以-1结束：";
    cin >> a ;                                            // A，输入第1个数据
    while( a != -1 )                                      // 循环输入数据，建立链表
    {
        p1 = new node;                                    // 动态申请一个新结点
        p1->data = a;                                     // 给新结点的数据域赋值
        if( head == NULL )                                // B，只有第一次加入结点时本条件成立
            head = p2 = p1;                               // C，加入首结点
        else
        {                                                 // 连入中间结点
            p2->next = p1;
            p2 = p1;
        }
        cout <<"请输入一个正整数，以-1结束：";
        cin >> a;                                         // 输入下一个数据
    }
    if( head != NULL )                                    // D
        p2->next = NULL;                                  // E，尾结点的next指针置为空指针
    return(head);                                         // 返回链表首指针
}
```

首指针 head 的初值为 NULL，注意程序中的 B 行，只有加入第 1 个结点（首结点）时，条件 head==NULL 才会成立，此时的状态如图 9-30a 所示，然后执行 C 行语句，创建首结点，结果 head 指向首结点，从此以后 head 的值不再等于 NULL，所以，从加入第 2 个结点开始，总是执行 else 后面的语句，如图 9-30b 所示。另外，在程序的 A 行，如果当第 1 次输入数据时，就输入 b “–1”，则其后的 while 循环不执行，此时 head 的值为 NULL，表示建立的是空链表，不需要处理尾结点，即 E 行的语句不执行；而若链表至少加入一个结点后，即至少执行了一次 C 行的语句，则 head 的值不为空，才需要执行 E 行处理尾结点。因此才需要在 D 行进行判断，此判断若为“真”，则需要把尾结点的 next 指针置为 NULL，如图 9-30c 所示。

2. 遍历链表（查找结点）

遍历链表就是依次访问链表的各个结点。比如若想依次输出各结点数据值，或者在链表中查找某个结点是否存在，都要遍历链表。下面给出两个算法，Print() 函数实现依次输出链表各结点数据值；Search() 函数实现在链表中顺序查找某结点的值，如果存在则返回该结点的指针，否则返回空指针。这两个函数在头文件 print_search.h 中定义，其内容如下：

```
// 函数功能：输出链表各结点数据值
void Print( const node *head )                            // head是指向常量的指针
{
    const node *p;                                        // p是指向常量的指针

    p = head;
    cout << "链表中各结点数据为：";
    while( p != NULL )
    {
        cout <<setw(4)<< (p->data);
        p = p->next;
    }
    cout << endl;
```

```
}
// 函数功能：在链表中查找数据值为x的结点，并返回该结点指针，返回指向常量的指针
const node * Search( const node *head, int x )   // head是指向常量的指针
{
    const node *p;                                // p是指向常量的指针

    p = head;
    while( p != NULL )
    {
        if(p->data == x)
            return p;                             //若找到，则返回该结点指针
        p = p->next;
    }
    return NULL;                                  //若找不到，则返回空指针
}
```

注意，两个函数参数中的 head 指针、函数体中的局部指针变量 p 都是指向常量的指针，目的是保护指针所指向的结点值不被改变，因为链表的遍历不需要修改结点的值。函数 Search() 的返回值依然是指向常量的指针，目的是在调用 Search() 的主函数中保护查找到的结点。

3. 删除一个结点

删除结点就是删除链表中满足一定条件的结点。在头文件 delete.h 中给出了一个函数 Delete_one_node()，它实现删除链表中结点的 data 值为 num 的结点。为简单起见，若链表中出现多个值为 num 的结点，则只删除第一个。在删除结点时，若链表非空，则算法整体思路为首先查找待删除结点（由 p1 指向），若找到则删除它，若未找到无须删除，即：①找到了待删除结点，若待删除的结点是首结点，此时需要重新设置首指针 head；若待删除的结点是其他结点，此时不需要修改首指针 head；②未找到待删除结点。图 9-31 给出了删除结点过程示意，指针 p1 向下一结点方向（尾结点方向）依次查找待删除结点，p2 始终指向 p1 的前一个结点。将 p1 指向的结点删除，只需要将 p2 的 next 指针绕过 p1 结点指向 p1 的下一个结点即可（虚线箭头示意）。p2 的设置就是为了删除 p1 指向的结点。

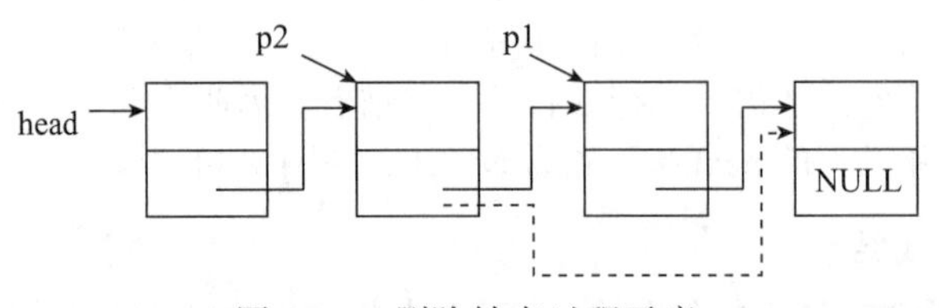

图 9-31　删除结点过程示意

头文件 delete.h 的内容如下：

```
// 函数功能：删除第1个值为num的结点，返回新链表的首指针
node *Delete_one_node(node *head, int num)
{
    node *p1, *p2 = NULL;
    if (head == NULL)                             // 链表为空
    {
        cout << "链表为空，无结点可删!\n";
        return(NULL);
    }
    p1 = head;
    while (p1->data != num && p1->next != NULL)  // A，循环查找待删除结点
    {
        p2 = p1;                                  // p2记住p1
        p1 = p1->next;                            // p1指向后一个结点,p2指向的结点在p1指
                                                    向的结点之前
```

```
    }
    if (p1->data == num)                        // 找到了待删除结点，由p1指向，属于第1种情况
    {
        if (p1 == head)                         // B，找到的结点是首结点
            head = p1->next;
        else                                    // C，找到的结点不是首结点
            p2->next = p1->next;
        delete p1;                              // D
        cout << "删除了一个结点!\n";
    }
    else                                        // E，未找到待删除结点，属于第2种情况
        cout << num << "链表上没有找到待删除的结点!\n";
    return(head);
}
```

在程序中，A 行开始的循环用于查找待删除结点，若 p1 指向的结点不是待删除结点并且也不是尾结点时，p1 指向下一结点，而 p2 指向的始终是 p1 指向结点的前一个。循环结束后有两种情况：①找到了待删除结点，此时 p1->data != num 不成立，即 p1->data == num 成立。此时 A 行条件判断中的第 2 个条件 p1->next != NULL 是否成立决定了找到的结点是否为尾结点，即若成立则待删除结点不是尾结点；若不成立即 p1->next == NULL，待删除结点是尾结点。②未找到待删除结点，此时 p1->data != num 成立，而 p1->next != NULL 不成立（即 p1->next == NULL 成立），表示所有结点都查找了，直到 p1 指向尾结点时，p1->data != num 始终成立，即未找到待删除结点。对情况①即找到待删除结点的情况，又分两种情况：a）p1 指向的结点是首结点，即程序中 B 行的 p1==head 条件成立，此时若删除 p1 指向的首结点，需要将 head 绕过 p1 指向 p1 的下一结点。b）p1 指向的结点不是首结点，程序中由 C 行对应的 else 处理，此时不管 p1 指向的是中间结点还是尾结点，“p2->next = p1->next;”都能正确将 p1 指向的结点删除，即若 p1 指向的结点是尾结点，则 p1->next 值为 NULL，于是将 p2 的 next 置为 NULL，p2 是新的尾结点；否则语句“p2->next = p1->next;”将 p2 的 next 指针绕过 p1 结点指向 p1 的下一个结点。无论找到的待删除结点是否为首结点，结点本身的空间是要释放的，这个由程序中的 D 行处理。对于情况②，由 E 行的 else 处理，只需输出结点未找到的信息即可。

还要注意，链表的结点类型是 node 型，因此链表的首指针 head 的数据类型是 node *，该函数返回 head 的值，因此函数的返回值类型为 node *。

4. 释放链表

释放链表就是释放链表全体结点的空间。函数 Delete_chain() 释放链表所有结点的空间，此函数在头文件 deletechain.h 中。头文件 deletechain.h 的内容如下：

```
// 函数功能：释放链表所有结点的空间
void Delete_chain( node *head )
{
    node *p;
    while( head )          //括号中的条件等价于 head != NULL
    {
        p = head;
        head = head->next;
        delete p;
    }
}
```

算法思路：循环判断，若链表中还有结点（head != NULL 成立），用 p“抓住”首结点，head 指向下一结点，释放 p 指向的首结点空间，然后回到循环初始，继续删除 head 指向的新链表的首结点，直到 head 的值变为 NULL，即链表为空。

5. 插入一个结点

若一个链表中各结点的数据域值的大小从头到尾依次递增（或递减），则这个链表是有序链表。若数据域值是依次递增的，则链表是升序链表；若是依次递减的，则是降序链表。本节算法适用于升序链表，注意空链表也是升序链表。这里给出链表结点插入函数 Insert()，此函数向一个升序链表中插入一个新结点，结果链表仍然是升序的。插入结点时，若原链表是空链表，则构造一个具有一个结点的链表，首结点指向该结点即可。若原链表是非空链表，则插入节点时分三种情况：①插入在原链表首结点之前；②插入在链表中间；③插入在链表尾结点之后。图 9-32 给出了第 2 种情况的示意，将 p 指向的结点插入到 p2 和 p1 之间，其他两种情况比较好理解，就不给图示了。

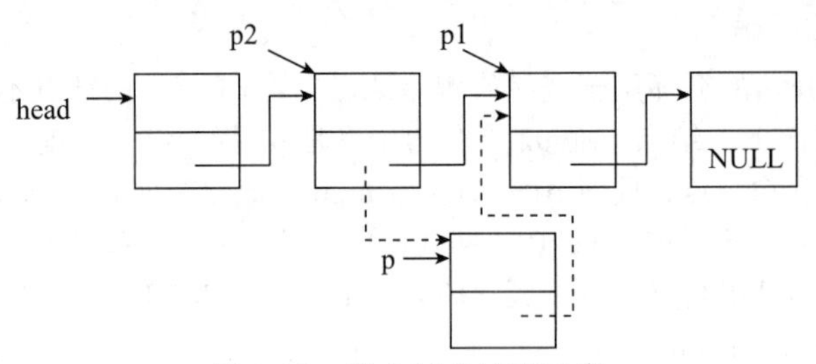

图 9-32　插入结点过程示意

函数 Insert() 在头文件 insert.h 中，内容如下：

```
// 函数功能：插入结点，结果链表保持升序
node *Insert(node *head, node *p)                        // 将p指向的结点插入链表
{
    node *p1, *p2 = NULL;
    if (head == NULL)                                    // 原链表为空链表
    {
        head = p;
        p->next = NULL;
        return(head);
    }
    p1 = head;
    while ((p->data) > (p1->data) && p1->next != NULL)  // A，寻找待插入位置
    {
        p2 = p1;                                         // p2记住p1
        p1 = p1->next;                                   // p1指向后一个结点，p2指向的结点在p1
                                                         指向的结点之前
    }
    if ((p->data) <= (p1->data))                         // 插在p1之前
    {
        p->next = p1;                                    // B
        if (head == p1) head = p;                        // C，插在链表首部，对应情况1
        else p2->next = p;                               // D，插在链表中间，对应情况2
    }
    else                                                 // 插在链表尾结点之后，对应情况3
    {
        p1->next = p;                                    // E
        p->next = NULL;
    }
    return(head);
}
```

Insert() 函数的参数 p 指向待插入结点，局部指针 p1 和 p2 的前后顺序如图 9-32 所示。用 p1 依次指向链表中的结点，寻找待插入位置。程序中 A 行的循环条件表示若 p 指向的待插入结点的值比 p1 指向的链表中的当前结点值大并且当前结点不是尾结点时，p1 和 p2 依次指向下一结

点。结束 A 行的循环需要一定的条件，如果是因为条件“(p->data) > (p1->data)”不成立而结束循环的（此时 A 行的第 2 个条件“p1->next != NULL”是否成立无关紧要，若成立表示 p1 不是尾结点，否则 p1 是尾结点），则“(p->data) <= (p1->data)”，p 需要插在 p1 之前，由 B 行语句处理；但 p1 有可能是首结点，所以需要进一步判断，若 p1 就是首结点，此时对应情况 1，需要将 p 作为首结点，修改链表首指针，见 C 行；若 p1 不是首指针，p1 的前一个结点是 p2，需要将 p2 的 next 指针指向 p，见 D 行，即将 p 插在 p2 和 p1 之间。结束 A 行的循环的另一个条件是“(p->data) > (p1->data)”成立而“p1->next != NULL”不成立（即 p1->next== NULL 成立），此时 p1 指向尾结点，p 应该插在 p1 结点之后，由 E 行开始的两条语句处理。

Insert() 函数返回插入了一个新结点后的新链表首指针，并且保持链表升序。

6. 创建有序链表

创建有序链表采用的方法是：循环输入数值，建立一个新结点，其数据域的值就是输入的数值，调用插入结点函数 Insert()，将该新结点插入到链表中，使链表始终保持升序。函数 Create_sort() 创建升序链表，在头文件 create_sort.h 中，其内容如下：

```
// 函数功能：创建升序链表。返回值是链表的首指针。
node *Create_sort(void)
{
    node *p, *head = NULL;
    int a;
    cout <<"正在创建一条升序链表...\n";
    cout <<"请输入一个整数，以-1结束：";
    cin >> a;                                  //输入第1个结点的值
    while( a != -1 )                           //当输入“-1”时结束创建过程
    {
        p = new node;                          //创建一个新结点，p指向它
        p->data = a;
        head = Insert(head, p);                //将p结点插入head链表，保持升序
         cout <<"请输入一个整数，以-1结束：";
        cin >> a;                              //输入下一结点的值
    }
    return(head);                              //返回升序链表首指针
}
```

7. 在主函数中测试上述函数

下面的主函数用于测试上述各函数。包含主函数的源程序名为 Li0944.cpp，内容如下：

```
#include <iostream>
#include <iomanip>
using namespace std;
#include  "node_def.h"
#include  "create.h"
#include  "print_search.h"
#include  "delete.h"
#include  "insert.h"
#include  "deletechain.h"
#include  "create_sort.h"
int main()
{
    node *head;
    int num;
    head = Create();                              // 建立一条无序链表
    Print(head);                                  // 输出链表各结点值
    cout << "输入待删除结点上的整数：";
    cin >> num;
```

```
    head = Delete_one_node(head, num);
    Print(head);                                          // 删除一个结点后，输出结果链表
    cout << "输入要查找的整数: ";
    cin >> num;
    if (Search(head, num) != NULL)
        cout << num << " 在链表中\n";
    else
        cout << num << " 不在链表中\n";
    Delete_chain(head);                                   // 释放无序链表空间
    cout << "释放了无序链表" << endl;
    head = Create_sort();                                 // 建立一条升序链表
    Print(head);                                          // 输出链表各结点值
    Delete_chain(head);                                   // 释放升序链表空间
    cout << "释放了升序链表" << endl;
    return 0;
}
```

对于本例，将各被调函数放在头文件中。读者在学习本例上机编程时，可以将上述各函数均放在一个 .cpp 源文件中。

程序的一次运行结果如下：

```
正在创建一条无序链表...
请输入一个整数, 以-1结束: 3<Enter>
请输入一个整数, 以-1结束: 5<Enter>
请输入一个整数, 以-1结束: 8<Enter>
请输入一个整数, 以-1结束: 1<Enter>
请输入一个整数, 以-1结束: 3<Enter>
请输入一个整数, 以-1结束: 6<Enter>
请输入一个整数, 以-1结束: -1<Enter>
链表中各结点数据为:     3    5    8    1    3    6
输入待删除结点上的整数: 3<Enter>
删除了一个结点!
链表中各结点数据为:     5    8    1    3    6
输入要查找的整数: 7<Enter>
7 不在链表中
释放了无序链表
正在创建一条升序链表...
请输入一个整数, 以-1结束: 3<Enter>
请输入一个整数, 以-1结束: 5<Enter>
请输入一个整数, 以-1结束: 1<Enter>
请输入一个整数, 以-1结束: 1<Enter>
请输入一个整数, 以-1结束: -1<Enter>
链表中各结点数据为:     1    1    3    5
释放了升序链表
```

9.11 用 typedef 定义新类型名

为了提高程序的可读性和可移植性，C++ 提供了为已有的数据类型名定义新的类型名的机制。例如：

```
typedef int offset;                 // offset表示相对位置
typedef int position;               // position表示绝对位置
```

offset 和 position 是新的类型名，等价于类型名 int。可以用它们定义变量，例如：

```
offset x, y;                        // x和y是用于表示相对位置的变量
position p1, p2;                    // p1和p2是用于表示绝对位置的变量
```

这样做的目的是强调变量的意义，增强程序的可读性。本质上 x、y、p1 和 p2 还是 int 型变量。

用 typedef 也可以为结构体类型定义新的类型名。例如，定义结构体如下：

```
struct person
{
    char name[20];
    int age;
};
```

此时在 C++ 中产生了一个结构体类型，类型名是 person。因 C++ 兼容 C 语言，则 struct person 也是类型名。能否为 struct person 或 person 定义一个新的类型名 Person 呢？方法为：

```
typedef struct person Person;
```

或

```
typedef person Person;
```

能否将上述结构体类型的定义和新类型名的定义合并在一起呢？方法为：

```
typedef struct person        // 本行中的person可省略
{
    char name[20];
    int age;
} Person;
```

Person 即是新的类型名，可以用它定义结构体类型的变量，例如：

```
Person  person1, person2;
```

C++ 保留用 typedef 定义新类型名的机制，目的是兼容 C 语言中的 typedef 类型定义机制。

一般地，定义一个新类型名的方法是：

1）按常规方式写出变量的定义语句，如“int x;”。

2）将变量名替换成新的类型名，如“int offset;”。

3）在最前面加关键字 typedef，如“typedef int offset;”。

4）用新的类型名定义变量，如“offset x, y;”。

下面使用该方法定义若干新类型名。

先做第 1 步，定义各种类型的变量如下：

```
float x;                                        // A
int a[10], b[100], c[6][6];                     // B
char *strp;                                     // C
int (*fp)(int, int);                            // D
struct point { int x, y; } pt;                  // E
```

然后将第 2、3 步一次性应用于上述变量定义：

```
typedef float Real;
typedef int Arr[10], Vector[100], Matrix[6][6];
typedef char * StrPtr;
typedef int (*FunPtr)(int, int);
typedef struct point { int x, y; } Point;
```

则产生了新的类型名 Real、Arr、Vector、Matrix、StrPtr、FunPtr 和 Point，它们分别表示对应的数据类型。最后，做第 4 步，用这些新的类型名定义变量：

```
Real x, y;
Arr a, a1, a2;
Vector b, b1, b2;
Matrix c, m;
```

```
StrPtr strp, p1, p2;
FunPtr fp, fp2;
Point pt, pt2;
```

各变量的所属的数据类型与在A、B、C、D和E行中定义的一样。如变量m，其意义是一个6行6列的二维整型数组，相当于定义“int m[6][6];”。又如变量p1，它的类型是char *。

关于typedef的说明：

1）typedef只能用于为已知数据类型名定义新的类型名，并没有增加新的数据类型。

2）关于typedef应用于软件移植，给出如下两个参考应用场景。

场景一：用某种高级语言编写的程序已完成，在该种语言中整型量的类型名是INTEGER。若欲将此程序移植到C++语言系统中，有两种方法。第1种方法是人工将源程序中的INTEGER通过编辑器修改为int，工作量较大。若程序模块较多，修改时会增加出错的机会。第2种方法是不修改源程序，而在程序的最前面加一条语句“ typedef int INTEGER;”即可，这种方法简单且不易出错。

场景二：某应用程序要求整型量必须是16位（二进制位）的。但在实际的语言环境中整型量的长度可能是不一样的，如Turbo C 2.0中int型的长度是16位；而VS 2013中（兼容C语言）int型的长度是32位，short int型才是16位。如何才能编写通用程序呢？可以做如下处理，在程序员编写程序时，整型量的类型标识符用integer，程序完成后，若欲在Turbo C 2.0中编译运行程序，可在程序的开头给出类型定义“typedef int integer;”。而若欲在VS 2013中编译运行程序，则在程序的开头给出类型定义“typedef short int integer;”。

第10章 类和对象

10.1 类和对象的定义

10.1.1 从结构体到类

在现实世界中，任何事物都可以称为对象，如人、汽车、几何图形等。每一个对象都具有静态属性和动态属性，一般将对象的数值属性称为静态属性，将对象可进行的动作称为动态属性。例如，“人”的静态属性有姓名、性别和年龄等，动态属性有学习、走路和吃饭等。

第 8 章已介绍，可以把描述对象的静态属性抽象为结构体类型，它是一种导出数据类型。

例如：

```
struct SPerson                  //定义结构体类型
{
    char name[20];              //姓名 ┐
    char sex;                   //性别 ├ 三个数据成员
    int age;                    //年龄 ┘
};
```

如果需要描述具体的人，则应定义结构体变量，将人的具体属性值赋值给对象的相应成员。需要描述几个人就要定义几个结构体变量。同时也可以定义结构体变量的指针。

例如：

```
SPerson a, b, *pa, *pb;         // 定义结构体变量、指针
pa = &a;                        // 令pa指向a
pb = &b;                        // 令pb指向b
```

结构体变量 a 和 b 分别代表两个具体的人。如果 a 的姓名为 "wang"，性别为 'F'，年龄为 20 岁，则可选用下述三种方法之一给 a 赋值。b 的属性可以有另外一套值。

```
1) strcpy(a.name, "wang");            a.sex = 'F';          a.age = 20;
2) strcpy(pa->name, "wang");          pa->sex = 'F';        pa->age = 20;
3) strcpy((*pa).name, "wang");        (*pa).sex = 'F';      (*pa).age = 20;
```

通过对象名及其指针访问结构体成员，可采用的三种方法参见 9.10.1 节图 9-26。也可以在定义对象的同时初始化对象，如“SPerson a = { "wang", 'F', 20 };”，参见第 8 章。

下面即将介绍的面向对象方法，把对象可进行的操作也加入到对象的描述中，这样的描述称为“类”。“类”是对具有相同属性和行为的一个或多个对象的描述。类是面向对象程序设计的基础。

10.1.2 类和对象的定义格式

类的定义格式如下：

```
class <类名>
{
    [[private:]
        <数据成员及成员函数>]
```

```
    [protected:
        <数据成员及成员函数>]
    [public:
        <数据成员及成员函数>]
};
```

其中，class是关键字，<类名>是类的标识符，即它是“类”的类型名。关键字private、protected和public表示类的成员的访问权限，分别是私有的、保护的和公有的。这三种访问权限的属性段，在类的定义时出现的先后次序可以任意、可以任选，而且可以出现多次。例如一个类的定义为：public权限成员段、private权限成员段、public权限成员段。注意：在定义格式中private可省略，表示成员的缺省访问权限是私有的。

例10.1 建立头文件person.h，在其中定义一个描述“人”的类Person。

```
class  Person
{
private:                              // 此处，private可缺省
    char Name[20];                    // 姓名
    char Sex;                         // 性别
    int  Age;                         // 年龄
public:
    // 以下定义了四个成员函数
    void SetData(char na[], char s, int a)
    {
        strcpy(Name, na);             // 直接访问Name
        Sex = s;                      // 直接访问Sex
        Age = a;                      // 直接访问Age
    }
    void GetName(char *na)
    {
        strcpy(na, Name);
    }
    char GetSex()
    {
        return Sex;
    }
    int GetAge()
    {
        return Age;
    }
};                     // 注意：类定义结束处必须有分号
```

在Person类中定义了3个私有数据成员和4个公有成员函数，公有成员函数的作用是提供对私有数据成员进行访问（存取）的方法。类名Person是一个新的数据类型标识符，与结构体类型相似，可以定义该类型的变量，用于描述具体的对象——“人”。“类”类型的变量在面向对象编程部分，常称为对象，也称为类的实例。

对象的定义格式如下：

```
<类名>  <对象列表>;
```

例如：

```
Person a, b ;    // 定义了a、b两个对象
```

也可以定义对象的指针和对象数组，例如：

```
Person *pa, *pb, *px, x[10];      // pa、pb和px是三个Person类型指针，x是对象数组
pa = &a; pb = &b; px = x;         // pa和pb分别指向对象a和b，px 指向对象数组的元素x[0]
```

10.1.3 对象成员的访问

例 10.1 中 Person 类的三个数据成员的访问权限是 private（私有的），C++ 规定在类内可以直接访问它们，在类外不可直接访问它们。所谓“类内”是指在类的成员函数中，所谓“类外”是指在类的成员函数之外，即通过对象名或通过对象指针访问对象的成员。例如在 Person 类的成员函数 SetData() 的内部（即函数体中）可以直接访问成员 Name、Sex 和 Age。

关于 private、protected 和 public 三种成员的访问权限的访问特性如表 10-1 所示。

表 10-1 类成员的访问特性

成员的访问权限	类内访问特性	类外访问特性
private	可直接访问	不可直接访问
protected	可直接访问	不可直接访问
public	可直接访问	可直接访问

由表 10-1 可以看出，在类内可以直接访问具有任何访问权限的成员，在类外不可直接访问 private 和 protected 两种成员，仅仅可以直接访问 public 成员。

例如，a.Name、a.Sex、a.Age 和 pa->Name 等均是非法的，而 a.SetData()、a.GetName()、a.GetSex()、a.GetAge() 和 pa->SetData() 等均是合法的。

如果将数据成员定义成公有的：

```
class Person
{
public:
    char Name[20];              //姓名 ┐
    char Sex;                   //性别 ├ 三个数据成员
    int Age;                    //年龄 ┘
    ......
};
```

则此时 a.Name、a.Sex、a.Age 和 pa->Name 等就是合法的，即在类外访问公有成员是合法的。但是这样定义类一般无意义。

类的定义实现了面向对象程序设计方法的第一个特性即“封装”，封装是将对象的属性（包括静态属性和动态属性）组装成一个整体即“类”，类中的数据成员（静态属性）通常是私有的，在类内可直接访问，在类外不可以直接访问，这样可达到“保护”数据成员不被任意修改的目的，即实现信息隐蔽。所以一般将类的数据成员定义为私有的或保护的。

10.1.4 成员函数的定义

如 10.1.3 节结尾所述，在面向对象程序设计中，一般将数据成员设计成私有的，以便实现类的数据成员的“隐藏”。即用户在使用“类”时，不必关心类中具体的数据结构，而只要使用类的成员函数完成一些操作即可。类的成员函数也称为类的方法，在初学面向对象编程时，首先学习的是这样一类方法，即用于存取类内私有成员的方法。类中的私有数据成员在类外不能直接访问，而用户有时需要存取类中私有数据成员的值，那么“类”应该提供存取私有数据成员的方法，这些方法一般定义为公有成员函数。例如，例 10.1 中的 SetData() 成员函数用于修改类的私有数据成员，而 GetName()、GetSex() 和 GetAge() 用于在类外获取私有数据成员的值。可以把类看成“黑箱子”，私有成员被“隐藏”在黑箱子中，要想存取私有成员，必须通过黑箱子上的专用窗口即公有成员函数接口来进行。

类的成员函数的定义可以在类体内，也可以在类体外。例 10.1 是在类体内定义成员函数的。

例 10.2 将例 10.1 中的 Person 类成员函数的定义修改成在类体外定义。两种定义方式在类的定义上是一样的。

例 10.2 定义 Person 类，在类体外定义成员函数，程序文件名为 person.h。

```
class Person
{
    char Name[20];          //姓名
    char Sex;               //性别
    int  Age;               //年龄
public:
    void SetData(char[], char, int);  ┐
    void GetName(char *);             │
    char GetSex();                    ├// 类体内进行成员函数声明
    int GetAge();                     ┘
};
void Person::SetData(char na[], char s, int a) // 类体外定义成员函数
{
    strcpy(Name, na);
    Sex = s;
    Age = a;
}
void Person::GetName(char *na)                 // 类体外定义成员函数
{
    strcpy(na, Name);
}
char Person::GetSex()                          // 类体外定义成员函数
{
    return Sex;
}
int Person::GetAge()                           // 类体外定义成员函数
{
    return Age;
}
```

注意程序中的画线部分，在类体外定义成员函数必须在函数名前加类名限定，指定函数的所属类，“Person::”表示该函数是 Person 类的成员函数。

类定义完成后，就可以使用类了。例 10.3 中将使用上述已定义的类 Person。

例 10.3 测试 Person 类。

```
#include <iostream>
#include <cstring>
using namespace std;
#include "person.h"     //包含例10.1或例10.2中的头文件
int main()
{
    Person a, *pa;
    char name[20];
    // 以下通过对象访问成员
    a.SetData("Cheng", 'F', 20);
    a.GetName(name);
    cout << "Name: " << name << '\t';
    cout << " Sex: " << a.GetSex() << '\t';
    cout << " Age: " << a.GetAge() << endl;
    // 以下通过指针访问成员
    pa = &a;
    pa->SetData("Zhang", 'M', 18);
    pa->GetName(name);
    cout << "Name: " << name << '\t';
    cout << " Sex: " << pa->GetSex() << '\t';
```

```
    cout << " Age: " << pa->GetAge() << endl;
    return 0;
}
```

程序的输出结果是：

```
Name: Cheng      Sex: F  Age: 20
Name: Zhang      Sex: M  Age: 18
```

例 10.4 定义并测试长方形类 CRect。长方形是由左上角坐标（left, top）和右下角坐标（right, bottom）组成的。

```
#include <iostream>
#include <cmath>
using namespace std;
class  CRect  //定义长方形类
{
private:
    int left, top, right, bottom;
public:
    void setcoord(int, int, int, int);
    void getcoord(int *L, int *T, int *R, int *B)  //注意：形参为指针变量
    {
        *L = left; *T = top; *R = right; *B = bottom;
    }
    void print(void)
    {
        cout << "Area = " << abs(right - left)*abs(bottom - top) << endl;
    }
};
void CRect::setcoord(int L, int T, int R, int B)
{
    left = L;  top = T;  right = R;  bottom = B;
}
int main(void)
{
    CRect r1, r2;
    int a, b, c, d;
    r1.setcoord(100, 300, 50, 200);
    r1.getcoord(&a, &b, &c, &d);                    // 用指针作为参数，带回多个结果
    cout << "left=" << a << '\t' << "top=" << b << endl;
    cout << "right=" << c << '\t' << "bottom=" << d << endl;
    r1.print();
    r2 = r1;                                        // 对象可整体赋值
    r2.print();
    return 0;
}
```

此程序在类体内定义成员函数 getcoord() 和 print()，在类体外定义成员函数 setcoord()。程序运行输出：

```
left=100        top=300
right=50        bottom=200
Area = 5000
Area = 5000
```

通过前面的介绍可知，类和对象具有“封装性”，可实现信息的“隐蔽性”。封装性是指将对象的静态属性和动态属性封装成一个整体——“类”类型，隐蔽性是指类的私有成员和保护成员被隐藏在类内，只有在类内可以直接访问，在类外不可直接访问，即类外不可见，从而达到保护数据成员的目的。封装是面向对象程序设计的第一大特性。

10.1.5　对象的存储空间

对象是一个类的变量，也称为类的实例。一个对象所占用的存储空间是多少呢？系统为每个对象分配存储空间，用于存放该对象具体的数据成员值；所有对象的成员函数的代码是相同的，因此系统将成员函数的存储空间处理成该类的所有对象共享同一代码空间。因此一个对象的存储空间是对象自身数据成员的存储空间。

在例 10.1 中，一个 Person 类对象的数据成员所占用存储空间理论上是 25 字节，但实际编译器分配的空间不一定是 25 字节。在 VS 2013 系统中，sizeof(a) 或 sizeof(Person) 的值是 28，因为一般分配的存储空间的字节数是 4 的整数倍。下面定义两个 Person 类对象，它们占用的存储空间如图 10-1 所示。

```
Person a, b, *pa=&a, *pb=&b;
a.SetData("Cheng", 'F', 20);
b.SetData("Zhang", 'M', 18);
```

对象存储空间的分配和撤销是系统根据对象的作用域自动完成的，即进入对象作用域时，系统自动为对象分配空间；退出对象作用域时，系统自动撤销对象空间。当使用 new 和 delete 运算符动态建立和撤销对象时，对象存储空间的分配和撤销是在 new 和 delete 执行时刻完成的。

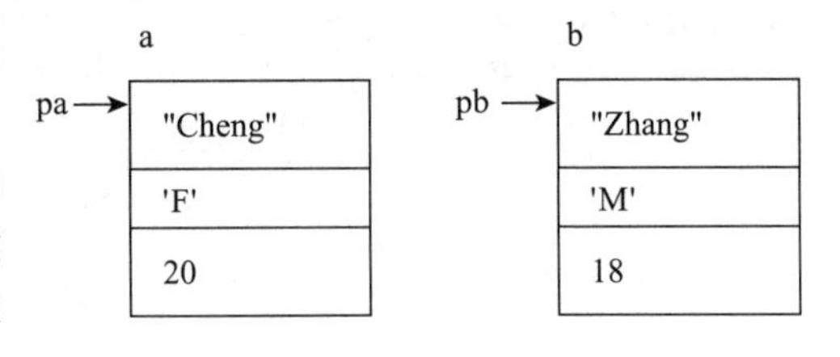

图 10-1　对象的数据成员的存储空间

例如下述 new 运行动态申请存储空间：

```
Person *p1, *p2;
p1 = new Person;                    //申请一个对象空间
p2 = new Person[10];                //申请对象数组空间
```

下述 delete 运行撤销对象并释放空间：

```
delete p1;
delete []p2;
```

10.1.6　定义类和对象的有关说明

定义类和对象的有关说明如下：

1）类中数据成员的类型可以是基本数据类型（如整型、实型、字符型等）、构造数据类型（如数组类型、指针类型、引用类型、结构体类型等），以及已定义的“类”类型（结构体类型是“类”类型的特例）。另外，自身类的指针或引用可以作为类的成员，但自身类的对象不可以作为成员。

例如：

```
class Date                  // 定义日期类
{
    int year, month, day;
    ......
};                          // 日期类定义完毕
class Person
{
    char Name[20];          // 构造类型对象作成员，正确
    char Sex;               // 基本类型对象作成员，正确
    int Age;                // 基本类型对象作成员，正确
    Date day1, day2;        // 已定义类的对象作成员，正确
    Date *pd;               // 已定义类的指针作成员，正确
```

```
    Person a, b;            // A，自身类对象作成员，错误
    Person *pa;             // B，自身类指针作成员，正确
    Person &r;              // C，自身类引用作成员，正确
    ......
};
```

A 行，因为此行在 Person 类定义的类体中，Person 类的定义还没有完成，自然不可以将它的对象做成员。B 行的 pa 是指针，指针是地址，定义指针变量时并没有建立具体的对象，所以可以作自身的成员。C 行的 r 是引用，它引用的是另一个对象，在此它本身不是一个实际对象，所以可以作自身的成员。至于在何时给 pa 赋值或何时初始化引用 r（即指定 r 引用哪个对象），请参见后续内容或相关书籍。

2）当定义一个类时使用了另一个类，而另一个类的定义在当前类的后面，则必须对另一个类作引用性说明。例如，将上例的 Date 类的定义移动到 Person 类定义之后，则在 Person 类之前要对 Date 类作引用性说明。此种情况类似于函数声明。

```
class Date;                 // 对Date类的引用性说明
class Person                // Person类的定义
{
    ......
    Date day1, day2;        // 使用了类名 Date
    Date *pd;
    ......
};
class Date                  // Date类的定义
{   ......    };
```

3）与结构体类似，定义类的对象也有三种方法：

①类的定义完成后，定义对象。

```
class Date                  // Date类的定义
{
    ......
};
Date d1, d2, d3;            // 定义Date类对象
```

②在定义类的同时定义对象。

```
class Date                  // Date类的定义
{
    ......
} d1, d2, d3;               // 定义Date类对象
```

③定义无类名的对象。

```
class                       // 无类名
{
    ......
} d1, d2, d3;               // 定义该类对象
```

最后一种方法的缺点是只能定义一次该类对象，如果以后需要再次定义该类对象就不可以了，因为该类定义完成后，没有类型名，即没有数据类型标识符。

10.2 初始化和撤销对象

如第 8 章所述，结构体变量成员的初始化可以在定义结构体变量的同时进行。例如：

```
struct SPerson              // 定义结构体类型
{
```

```
    char name[20];          // 姓名
    char sex;               // 性别
    int  age;               // 年龄
};
SPerson p = { "Cheng", 'F', 20 };
```

结构体是类的特例（注意：结构体和类的唯一区别是，结构体中成员的默认访问权限是公有的，而类中成员的默认访问权限是私有的，其他情况完全相同，如在结构体中也可以定义成员函数），由于结构体成员的缺省访问权限是公有的，所以在定义结构体变量时可以对其初始化。对于类，如果其成员是公有的才能在定义对象时用上述形式进行初始化。例如：

```
class CPerson               // 定义“类”类型
{
public:
    char name[20];          // 姓名
    char sex;               // 性别
    int  age;               // 年龄
};
CPerson p = { "Cheng", 'F', 20 };
```

但是，这个类跟结构体就一样了。为了实现类的信息隐蔽，一般不会将类的数据成员定义为公有的。那么如果类的成员是私有的，则在定义对象时不可以用上述形式对其进行初始化。例如下述定义及初始化是错误的：

```
class CPerson               // 定义“类”类型
{
    char name[20];          // 姓名
    char sex;               // 性别
    int  age;               // 年龄
};
CPerson p = { "Cheng", 'F', 20 }; // 错误的
```

对象的私有数据成员在定义时不能通过赋初值的方式初始化。那么，对象的私有数据成员能否在定义对象的同时进行初始化？回答是肯定的，这是通过C++提供的构造函数完成的，见后续章节的介绍。

10.2.1 构造函数和析构函数

构造函数和**析构函数**是类的两个特殊的成员函数。构造函数的功能是在创建对象时，由系统自动调用，用给定的值对数据成员初始化。析构函数的功能是系统在撤销对象时，自动调用，做一些清理工作。下面分别介绍构造函数和析构函数。

1. 构造函数

在定义一个类时，可以根据需要定义一个或多个构造函数。若定义多个构造函数称为构造函数的重载。构造函数的定义可以放在类体内也可以放在类体外。

在类体内定义构造函数的一般格式是：

```
ClassName(<形参列表>)                // ClassName是类名，在此处作为构造函数名
{ ...... }
```

在类体外定义构造函数的一般格式是：

```
ClassName::ClassName(<形参列表>)    // ClassName::是类名限定
{ ...... }
```

构造函数的特点是：函数名与类名相同，且不给出返回值类型。构造函数是由系统在创建对

象时自动调用的。在例 10.5 中给出了类的构造函数的定义并说明了它的作用，类中定义了四个重载的构造函数。

例 10.5 定义日期类，利用构造函数初始化日期对象的数据成员。

头文件为 date.h，定义日期类 Date，其内容如下：

```
#include <iostream>
using namespace std;
class  Date
{
    int Year, Month, Day;
public:
    Date( )                                     //重载构造函数 1
    {  Year=2016; Month=5; Day=1;  }

    Date(int y)                                 //重载构造函数 2
    {  Year=y; Month=5; Day=1;  }

    Date(int y, int m)                          //重载构造函数 3
    {  Year=y; Month=m; Day=1;  }

    Date(int y, int m, int d)                   //重载构造函数 4
    {  Year=y; Month=m; Day=d;  }

    void ShowDate( )
    {  cout <<Year<<'.'<<Month<<'.'<<Day<<endl; }
};
```

源文件为 Li1005.cpp，内容如下：

```
#include  "date.h"
int main()
{
    Date d1;                        //自动调用构造函数 1
    Date d2(2016);                  //自动调用构造函数 2
    Date d3(2016, 10);              //自动调用构造函数 3
    Date d4(2016, 10, 6);           //自动调用构造函数 4
    d1.ShowDate();
    d2.ShowDate();
    d3.ShowDate();
    d4.ShowDate();
    return 0;
}
```

在类定义时，给出了四个重载构造函数的定义，它们是通过参数的个数区别的。在定义对象时，系统自动根据所给初值个数决定调用哪一个构造函数。

程序的运行结果是：

```
2016.5.1
2016.5.1
2016.10.1
2016.10.6
```

若定义带缺省值的构造函数，可将上述四个构造函数合并简化为一个，下述程序与上述程序的功能相同：

```
#include <iostream>//四个构造函数简化为一个
using namespace std;
class Date
{
```

```
    int Year, Month, Day;
public:
    Date(int y = 2016, int m = 5, int d = 1) // 带参数缺省值的构造函数
    {
        Year = y; Month = m; Day = d;
    }
    void ShowDate()
    {
        cout << Year << '.' << Month << '.' << Day << endl;
    }
};
int main()
{
    Date d1, d2(2016), d3(2016, 10), d4(2016, 10, 6);
    d1.ShowDate();
    d2.ShowDate();
    d3.ShowDate();
    d4.ShowDate();
    return 0;
}
```

构造函数的特点如下：

1）构造函数是成员函数，函数体可写在类体内，也可写在类体外。

2）构造函数是一种特殊的函数，函数名与类名相同，且不给出返回值类型。

3）构造函数可以重载，即可以定义多个参数个数或参数类型不同的构造函数。

4）一般将构造函数定义为公有成员函数。

5）在创建对象时，系统自动调用构造函数。

6）不可以通过对象名调用构造函数，例如 d1.Date(2009) 是非法的。

7）可以直接通过构造函数名调用构造函数创建对象。

例如：

```
d1 = Date(2018);
```

表示等号右边创建了一个 Date 类临时对象（其日期值是 2018.5.1），并将它赋值给对象 d1。

又如：

```
Date d[4] = { Date( ), Date(2016), Date(2016, 10), Date(2016, 10, 6) };
```

表示在数组的初始化列表中，调用了 4 次构造函数创建了对象数组的 4 个对象。

2. 析构函数

在类体内定义析构函数的一般格式是：

```
~ClassName( )                    // ClassName是类名，析构函数名为 ~ClassName
{ ...... }
```

在类体外定义析构函数的一般格式是：

```
ClassName::~ClassName( )         // ClassName::是类名限定
{ ...... }
```

在例 10.6 中给出了类的构造函数和析构函数的定义并说明了它们的作用。

例 10.6 定义学生类，利用构造函数初始化数据成员，利用析构函数做清理工作。

```
#include <iostream>
#include <cstring>
using namespace std;
```

```
class Student
{
    char Num[10];           //学号，注意：用数组实现
    char *Name;             //姓名，注意：用指针实现
    int Score;              //成绩
public:
    Student(char *nump=NULL, char *namep=NULL, int score=0) //构造函数
    {
        if (nump)                   //若nump不为0，则对应的实参给出了学号字符串
            strcpy(Num, nump);      //Num数组的空间系统自动分配，可直接存储学号字符串
        else
            strcpy(Num, "");
        if (namep)                  //若namep不为0，则对应的实参给出了姓名字符串
        {
            Name = new char[strlen(namep) + 1]; //A，动态申请存储姓名的存储空间
            strcpy(Name, namep);
        }
        else
            Name = NULL;
        Score = score;
        cout << "Constructor Called!\n";        //B
    }
    ~Student()                      //在析构函数中，需释放Name指向的空间
    {
        if (Name) delete[] Name;
        cout << "Destructor Called!\n";         //C
    }
    void Show()
    {
        cout << Num << '\t' << Name << '\t' << Score << endl;
    }
};
int main()
{
    Student a("040120518", "George", 80);       //D
    a.Show();
    return 0;
}                                               //E
```

程序的运行结果是：

```
Constructor Called!                 // 调用构造函数时的输出
040120518       George  80          // 调用Show()函数时的输出
Destructor Called!                  // 调用析构函数时的输出
```

本例中 Student 的数据成员学号用数组实现、姓名用字符指针实现。请注意区别，数组的存储空间以及字符指针的存储空间是系统在创建对象时自动分配的，对姓名指针虽然分配了字符指针空间，但并没有分配它指向的用于存储字符串的空间。学号字符串的值可直接存储在数组的存储空间中；而对于姓名字符串，由于对象自身的姓名成员只是字符指针，没有字符串的存储空间，因此必须在构造函数中动态申请空间用于存储姓名字符串，如程序中的 A 行。

另外注意程序中的 B 行和 C 行，在构造函数和析构函数中输出被调用的信息，实际上是跟踪信息，用于让编程者初学 C++ 时了解构造函数和析构函数的调用时刻，实际上在软件开发、定义类的构造和析构函数时，是不需要输出这些跟踪信息的。

本例中的构造函数是在 D 行定义对象时调用的，而析构函数是在主函数结束时（程序中的 E 行）调用的。

析构函数的特点如下：

1）析构函数是成员函数，可在类体内定义，也可在类体外定义。

2）一般将析构函数定义为公有成员函数。

3）析构函数也是一种特殊的函数，其函数名是类名前加“~”，用来与构造函数区分。

4）析构函数没有参数，且不给出返回值类型。因此一个类只能定义一个析构函数，即析构函数不允许重载。

5）析构函数一般由系统自动调用，但也可以由编程者安排通过对象显式调用。

例如，下述语句是正确的：

```
a.~Student( );     // 显式调用析构函数
```

但该种方法要慎用。如在例10.6中，若编程者在主函数的最后一条语句写出显式调用析构函数的语句“a.~Student();”，程序在编译时，语法正确；但是在程序运行时，除了执行显式调用的析构函数外，程序在结束前撤销a对象时又自动调用了一次析构函数，同一段内存空间（即Name指向的空间）被释放了两次，出现运行错误。

在下面两种情况下，析构函数会被自动调用：

1）当对象是系统自动创建的，则在对象的作用域结束时，系统自动调用析构函数。例如在函数体内定义了一个局部动态对象，当函数执行结束时，系统要撤销该对象，在撤销该对象前，系统先自动调用析构函数，然后再撤销该对象本身的存储空间。若定义一个全局对象（总是静态的）或局部静态对象，则当程序结束时（即main函数结束时），该对象的析构函数被自动调用。

2）若一个对象是使用new运算符动态创建的，则在使用delete运算符撤销它时自动调用析构函数。

3. 调用构造函数和析构函数的时机

对象就是变量。对象的初始化是指定义对象的同时给对象的成员赋初值，此工作是由构造函数完成的。

如第5章所述，变量分为全局变量和局部变量，全局变量总是静态的，局部变量又分为动态变量和静态变量。所以对象也分为全局对象、局部动态对象和局部静态对象。构造函数是在创建对象时系统自动调用的，而析构函数是在撤销对象时系统自动调用的，不同存储类别的对象自动调用构造函数和析构函数的时机不同：

1）全局对象（总是静态的）——程序开始执行时（指main()函数开始执行时），创建对象，系统自动调用构造函数；程序结束时（指main()函数结束执行时），系统在撤销对象前自动调用析构函数。

2）局部动态对象——当程序执行进入作用域，在定义对象处系统自动创建对象，调用构造函数；退出作用域时，系统在撤销对象前调用析构函数。

3）局部静态对象——当程序执行流程首次到达定义对象处，系统自动调用构造函数；程序结束时（指main()函数结束执行时），系统在撤销对象前调用析构函数。

4）动态申请的对象——使用new创建对象时，系统自动调用构造函数；使用delete撤销对象时，系统自动调用析构函数。

例10.7 不同存储类别的对象调用构造函数和析构函数的时机。

```
#include <iostream>
using namespace std;
class  Date
{
    int Year, Month, Day;
public:
    Date(int y = 2000, int m = 1, int d = 1)//A，所有参数都有默认值
    {
        Year = y; Month = m; Day = d;
```

```
        cout << "Constructor: ";
        ShowDate();
    }
    void ShowDate()
    {
        cout << Year << '.' << Month << '.' << Day << endl;
    }
    ~Date()
    {
        cout << "Destructor: ";
        ShowDate();
    }
};
Date d4(2016, 4, 4);                //全局对象（静态的）
void fun()
{
    cout << "进入 fun( )函数!\n";
    static Date d2(2016, 2, 2);   //局部静态对象
    Date d3(2016, 3, 3);          //局部动态对象
    cout << "退出 fun( )函数!\n";
}
int main()
{
    cout << "进入 main( )函数!\n";
    Date d1(2016, 1, 1);          //局部动态对象
    fun();
    fun();
    cout << "退出 main( )函数!\n";
    return 0;
}
```

程序的运行结果是：

```
Constructor: 2016.4.4                  // 调用构造函数，产生d4对象
进入 main( )函数!
Constructor: 2016.1.1                  // 调用构造函数，产生d1对象
进入 fun( )函数!
Constructor: 2016.2.2                  // 第1次进入fun( )函数，产生d2、d3对象
Constructor: 2016.3.3
退出 fun( )函数!
Destructor: 2016.3.3                   // 退出fun( )函数，撤销d3对象，不撤销d2对象
进入 fun( )函数!
Constructor: 2016.3.3                  // 第2次进入fun( )函数，再次产生d3对象
退出 fun( )函数!
Destructor: 2016.3.3                   // 退出fun( )函数，撤销d3对象
退出 main( )函数!
Destructor: 2016.1.1                   // 退出main( )函数，撤销d1、d2、d4对象
Destructor: 2016.2.2
Destructor: 2016.4.4
```

在主函数结束时，先撤销主函数中局部对象，再撤销程序中所有的静态对象。所有的静态对象的撤销顺序（即调用析构函数的顺序）与创建顺序（即调用构造函数的顺序）相反。

10.2.2 缺省构造函数和缺省析构函数

1. 缺省构造函数

缺省构造函数也称为默认构造函数，通常是指在定义对象时，若不给初值（即构造函数的实参），则系统使用默认值初始化数据成员。如在例 10.7 中，主函数中的语句“Date d1(2016, 1, 1);”，在定义对象时，括号中给出了构造函数的实参值，则对象 d1 被初始化为 2016 年 1 月 1 日。

但是如果用户这样定义对象“Date d1;”，即不给初值，则系统会自动调用例 10.7 中 A 行的构造函数，将 d1 初始化为 2000 年 1 月 1 日，即使用默认值初始化对象。在 C++ 中，A 行的构造函数称为缺省构造函数。缺省构造函数还有另外一种形式，即构造函数无形参，在构造函数的函数体中直接使用默认值给数据成员赋值。例如，若在 Date 类的类体中定义如下构造函数：

```
Date( )
{   Year = 2000;   Month = 1;   Day = 1;   }
```

那么，用语句“Date d1;”定义对象时，用户没有给初值，系统同样把 d1 初始化为默认值 2000 年 1 月 1 日。

因此，类的缺省构造函数有两种形式：

1）所有参数均带有缺省值的构造函数。如 10.7 中 A 行的构造函数。

2）没有参数的构造函数。如上面给出的构造函数。

请注意，对于这两种形式的构造函数，一个类只能具备一个，如果两个都有，则编译器在处理类似于“Date d1;”对象定义时（即不给初始值的对象定义），无法判断调用哪一个缺省构造函数，会给出错误信息。但是在 VS 2013 中允许这两种形式的缺省构造函数在一个类中同时出现，但编译时给出警告信息，编译器处理成调用书写在前面的一个缺省构造函数。

在定义类时，如果编程者没有定义构造函数，则编译器自动生成一个不带参数的构造函数，其形式为：

```
ClassName :: ClassName( )   // ClassName是类名
{ }
```

例 10.8 自动生成缺省构造函数。

```
#include <iostream>
using namespace std;
class  Date
{
    int Year, Month, Day;
public:
    void ShowDate()
    {
        cout << Year << '.' << Month << '.' << Day << endl;
    }
};
int main()
{
    Date d;                         // A
    d.ShowDate();
    return 0;
}
```

本程序的运行结果形如：

```
6576992.3404560.6576992
```

即输出的年、月、日的值不确定。为什么会出现这种情况？因为在定义类时，编程者没有定义任何构造函数，则系统自动产生的构造函数是：

```
Date::Date( )
{ }
```

该函数无参数，函数体为空。程序中的 A 行定义对象时，系统自动调用该缺省构造函数。

由于构造函数中没有做任何操作，因此对象的三个数据成员没有被初始化，它们的值不确定。

关于缺省构造函数的说明如下：

1）一般地，在进行类定义时，编程者应该定义一个缺省构造函数，以实现对象的默认初始化。

2）在产生对象时，若不需要对数据成员进行初始化，可以不显式定义缺省构造函数。

3）一般地，在一个类的定义中，缺省构造函数只能有一个，即上述两种形式的缺省构造函数只能写一个。如果编程者在定义类时给出了两个缺省构造函数，则不同的编译器其处理方式不同，如 VC++ 6.0 将报错，VS 2013 将给出警告信息，此种情况前面已说明。

4）若编程者已经定义了一个构造函数，无论它是什么类型的构造函数，则编译系统不再自动生成缺省构造函数。即系统自动生成缺省构造函数的前提是：编程者不定义任何构造函数。

2. 缺省析构函数

在定义类时，如果编程者没有定义析构函数，则编译器自动生成一个缺省析构函数，其格式如下：

```
ClassName::~ClassName( )
{ }
```

该函数的函数体为空，即不做任何工作。

注意：

1）在撤销对象时，若不需要做任何结束工作，可以不显式定义析构函数。

2）当类中有动态申请的存储空间时，必须显式定义析构函数，以撤销动态存储空间。例如，在例 10.6 中必须定义析构函数用以撤销 Name 指向的动态申请的字符串空间。

10.2.3 拷贝构造函数和缺省拷贝构造函数

拷贝构造函数是一种特殊的构造函数，它的功能是用一个已知对象来初始化一个新创建的同类对象。在类体外定义拷贝构造函数的格式如下：

```
ClassName::ClassName( [const] ClassName & Obj )//注意形参是实参对象的[常]引用
{  <函数体>  }
```

在类体内定义拷贝构造函数的格式是：把前面的类名限定去掉即可。

形参 Obj 是实参对象的引用，即它是实参对象的别名。const 是关键字，如果给出，表示形参 Obj 在拷贝构造函数的函数体中是对象常量（有时称为常对象），不能被修改，以保护实参对象。

下面通过例 10.9 说明拷贝构造函数的作用。

例 10.9 定义一个“平面坐标点”类，测试拷贝构造函数的调用。

头文件 point.h 的内容如下：

```
class Point
{
    int x, y;
public:
    Point(int a=0, int b=0)                // 定义缺省构造函数
    {  x=a; y=b;  }
    Point(Point &p);                       // 拷贝构造函数原型声明
    ~Point( )
    {  cout<<x<<','<<y<<" Destructor Called.\n";  }
    void Show( )
    {  cout<<"Point: "<<x<<','<<y<<endl;  }
    int Getx( )
```

```
    {  return x;  }
    int Gety( )
    {  return y;  }
};
Point::Point(Point &p)                          // 定义拷贝构造函数
{
    x=p.x; y=p.y;
    cout<<x<<','<<y<<" Copy-initialization Constructor Called.\n";
}
```

源程序文件 Li1009.cpp 的内容如下：

```
#include <iostream>
using namespace std;
#include "point.h"
int main()
{
    Point p1(6, 8), p2(4, 7);
    Point p3(p1);                               // A，亦可写为：Point p3 = p1;
    Point p4 = p2;                              // B，亦可写为：Point p4(p2);
    p1.Show();
    p3.Show();
    p2.Show();
    p4.Show();
    return 0;
}
```

在主函数中的 A 行，用已知对象 p1 初始化正在创建的新对象 p3，系统自动调用拷贝构造函数。在 B 行用已知对象 p2 初始化正在创建的新对象 p4，同样，系统自动调用拷贝构造函数。注意 A 行和 B 行的意义是一样的。

在程序结束时调用析构函数，按 p4、p3、p2、p1 的顺序撤销对象，这个顺序是建立对象顺序的反序。

程序的运行结果是：

```
6, 8 Copy-initialization Constructor Called.    // A行的输出
4, 7 Copy-initialization Constructor Called.    // B行的输出
Point: 6, 8
Point: 6, 8
Point: 4, 7
Point: 4, 7
4, 7 Destructor Called.    // 撤销 p4
6, 8 Destructor Called.    // 撤销 p3
4, 7 Destructor Called.    // 撤销 p2
6, 8 Destructor Called.    // 撤销 p1
```

拷贝构造函数的特点如下：

1）函数名与类名相同，并且该函数不给出返回值类型。

2）函数只有一个参数，必须是本类对象的引用，一般是常引用。

3）每个类一定有一个拷贝构造函数。如果编程者在定义类时没有定义拷贝构造函数，则系统自动产生一个拷贝构造函数，称为**缺省拷贝构造函数**。

在例 10.9 中，如果编程者不定义拷贝构造函数，则系统自动产生的缺省拷贝构造函数是：

```
Point::Point(const Point &p)
{  x = p.x; y = p.y;  }
```

该函数完成将参数对象 p 的数据成员值逐个赋值给新创建的对象的各个数据成员。如果类的

数据成员不需要动态申请空间，编程者不需要定义拷贝构造函数，使用系统自动产生的拷贝构造函数就可以了。但是，如果类的数据成员需要动态申请存储空间，则必须定义拷贝构造函数，否则会出错。

例 10.10 编程者没有定义拷贝构造函数，程序运行出错。

```
#include <iostream>
#include <cstring>
using namespace std;
class Student
{
    char *Name;                                    // 姓名，注意：用指针实现
    int Age;                                       // 年龄
public:
    Student(char *namep, int age)                  // 构造函数
    {
        Age = age;
        if (namep)                                 // 在构造函数中，动态申请空间
        {
            Name = new char[strlen(namep) + 1]; // A
            strcpy(Name, namep);
        }
        else Name = NULL;
    }
    ~Student()    // 因为在构造函数中动态申请了空间，则在析构函数中，需释放空间
    {
        if (Name) delete[] Name;
    }
    void Show()
    {
        cout << Name << ',' << Age << endl;
    }
};
int main()
{
    Student a("George", 20);                       // B
    Student b = a;                                 // C
    b.Show();
    return 0;
}
```

本程序运行时，在输出了“George,20”后出错。原因是编程者没有定义拷贝构造函数，系统自动产生的缺省拷贝构造函数如下：

```
Student::Student(const Student &s)            //“浅”拷贝构造函数
{
    Name = s.Name;                            // D,  注意：直接赋地址值
    Age = s.Age;                              // E
}
```

注意：本例中一个 Student 类的对象，其自身的数据成员只有两个，一个是指针 Name，另一个是整型量 Age。程序中 B 行执行完毕时，对于 a 对象的自身数据成员的值以及 Name 指向的动态空间（在 A 行动态申请）的值，其存储空间的状况如图 10-2 中的虚线框。假定 "George" 字符串的起始地址是 1000。

缺省拷贝构造函数只负责对象自身的数据成员即 Name 和 Age 的拷贝工作（上述 D 行和 E 行），即在程序的 C 行调用拷贝构造函数创建 b 对象后，b 对象自身的数据成员 Name 和 Age 的值与 a 对象是一样的，即 b 对象的 Name 与 a 对象的 Name 指向了相同的串空间，如图 10-2 所示。

主函数结束时，系统首先撤销b对象，调用析构函数将b对象的成员Name指针指向的串空间撤销；然后撤销a对象，同样调用析构函数，由于a的成员Name指针指向的串空间已经被撤销，再次撤销就出错了。

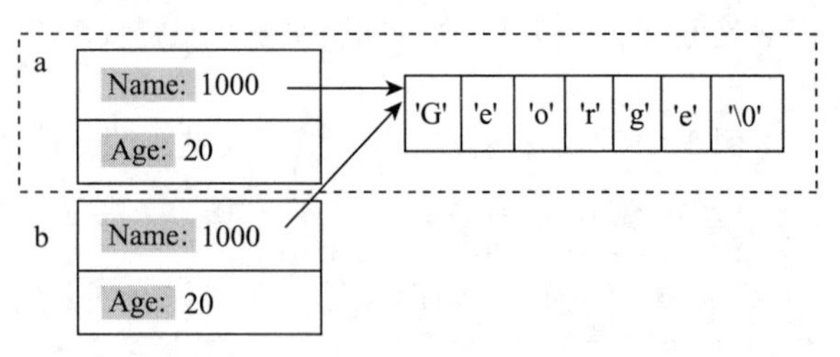

图 10-2 对象的“浅”拷贝

若拷贝构造函数的工作只是简单地把数据成员的自身的值依次赋值给新创建对象的数据成员，则称为“浅”拷贝。若没有动态申请的空间，则使用系统自动生成的“浅”拷贝构造函数就可以了。

但是，如例10.10，若一个对象自身的数据成员是指针，而指针指向了动态申请的存储空间，则使用缺省拷贝构造函数就不行了。需要定义“深”拷贝构造函数，除了将对象自身成员进行拷贝外，还需要完成动态空间的拷贝。例如，对例10.10，增加定义的“深”拷贝构造函数如下：

```
Student::Student(const Student &s)          //“深”拷贝构造函数
{
    Age = s.Age;
    if(s.Name)
    {
        Name = new char[strlen(s.Name)+1];  // F
        strcpy(Name, s.Name);
    }
    else Name = NULL;
}
```

此时，在主函数的C行调用拷贝构造函数后，两个对象数据成员的值以及动态存储空间的状况如图10-3所示。

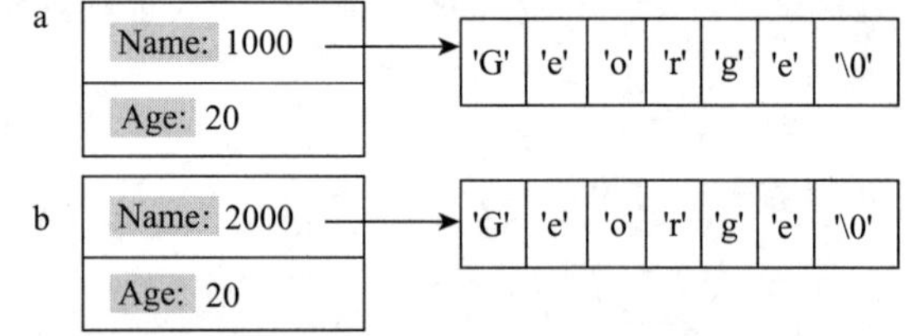

图 10-3 对象的“深”拷贝

注意：在拷贝构造函数中，将动态空间字符串 "George" 复制了一份。假定新的串空间的起始地址是2000（即F行新申请的串空间的起始地址），则b的Name指针值是2000。在程序运行结束依次撤销对象b和a时，分别释放动态串空间，就不会出错了。

何时必须定义拷贝构造函数呢？分两种情况：

1）在产生新对象时，若只需拷贝同类型对象的部分数据成员。

2）对象成员中有指针，指针指向动态申请的空间，此时需要“深”拷贝，如例10.10。此时也必须显式定义相应的析构函数，撤销动态空间。

10.2.4 拷贝构造函数的调用时机

例 10.11 使用例10.9中“平面坐标点”Point类的头文件point.h，说明对象作函数参数及对象作函数返回值时拷贝构造函数的调用。

```
#include <iostream>
using namespace std;
#include "point.h"
Point move(Point p, int xoffset, int yoffset)   // 普通函数，不是类的成员函数
{
    int x = p.Getx() + xoffset, y = p.Gety() + yoffset;
    Point t(x, y);
    return t;                                   // A
```

```
}
int main()
{
    Point p1(6, 8), p2;
    p2 = move(p1, 2, 4);                          // B
    p2 = p1;                                      // C
    return 0;
}
```

程序的运行结果是：

```
6,8 Copy-initialization Constructor Called.       // D
8,12 Copy-initialization Constructor Called.      // E
8,12 Destructor Called.                           // 撤销对象t
6,8 Destructor Called.                            // 撤销对象p
8,12 Destructor Called.                           // 撤销内存临时对象
6,8 Destructor Called.                            // 撤销对象p2
6,8 Destructor Called.                            // 撤销对象p1
```

函数 move() 的第一个形参以及函数的返回值均为 Point 类对象。当 move() 函数被调用时，第一个参数的传递是 Point p = p1，即用实参 p1 初始化形参 p，p 是 move() 函数内部新创建的局部动态对象，此时调用拷贝构造函数产生了 D 行的输出。当 move() 函数执行结束即执行 A 行的语句时，系统自动创建一个内存临时对象，用对象 t 初始化该内存临时对象。假定该内存临时对象的名字是 temp，相当于 Point temp = t，此时调用了拷贝构造函数，产生了 E 行的输出。为什么系统创建一个临时对象呢？因为函数返回对象时，系统的处理过程为：首先在内存中建立一个临时对象，暂时存放返回对象的值；接着，撤销函数 move() 中的局部动态对象 t 和 p，当执行流程返回到主函数后，程序中的 B 行将临时对象 temp 的值赋给对象 p2；赋值结束后，撤销临时对象 temp。

注意：只有当产生新对象时，才调用拷贝构造函数。赋值运算不产生新对象，所以不会调用拷贝构造函数。如例 10.11 中的 C 行“p2 = p1;”，将 p1 赋值给 p2，不调用拷贝构造函数，因为此赋值语句没有产生新对象，在此语句之前对象 p2 和 p1 已构造完毕。

通过例 10.9、例 10.10 和例 10.11 可以看出，在三种情况下，系统自动调用拷贝构造函数：

1）明确表示由一个对象初始化另一个对象时，如例 10.9 中的 A、B 两行，例 10.10 中的 C 行。

2）当对象作为函数参数时，系统处理成用实参对象初始化形参对象，如例 10.11 中 move() 函数的第 1 个参数。

3）当函数返回对象时，系统处理成用返回值对象初始化内存临时对象，如例 10.11 中 move() 函数的返回值。

例 10.12 构造函数、析构函数和拷贝构造函数的调用时机。

```
#include <iostream>
using namespace std;
class  Sample
{
    int x, y;
public:
    Sample(int a = 0, int b = 0)
    {
        x = a; y = b;
        cout << x << ',' << y << " default constructor\n";
    }
    Sample(Sample &s)
    {
```

```
        x = s.x; y = s.y;
        cout << x << ',' << y << " copy constructor\n";
    }
    ~Sample()
    {
        cout << x << ',' << y << " destructor\n";
    }
    void add()
    {
        x += 10; y += 10;
    }
};
int main()
{
    Sample s1(1, 2), s2(3, 4), s3(5, 6);
    Sample arr[3] = { s1, s2, s3 };                  //A
    Sample *ptr = arr;                               //B
    for (int i = 0; i<3; i++, ptr++)
        ptr->add();                                  //C
    cout << "main end\n";
    return 0;
}
```

程序的运行结果：

```
1, 2 default constructor
3, 4 default constructor
5, 6 default constructor
1, 2 copy constructor
3, 4 copy constructor
5, 6 copy constructor
main end
15, 16 destructor
13, 14 destructor
11, 12 destructor
5, 6 destructor
3, 4 destructor
1, 2 destructor
```

在A行定义了一个对象数组，用已有的三个对象来初始化对象数组的三个元素，调用了三次拷贝构造函数。在B行定义了一个Sample类对象的指针，并令其指向对象数组的第0个元素。在C行，通过指针调用数组元素的成员函数。程序中对象的构造顺序是s1、s2、s3、arr[0]、arr[1]和arr[2]，析构对象的顺序是arr[2]、arr[1]、arr[0]、s3、s2和s1。析构对象的顺序与构造对象的顺序正好相反。

10.2.5 利用构造函数进行类型转换

C++中不同数据类型的量可以相互赋值，按照C++中类型转换原则，一般将赋值号右边表达式的值转换成与左边变量类型一致的量，然后赋值。一个类定义完成后，就产生了一个新的数据类型。新数据类型的变量（对象）与已有数据类型的变量可以相互赋值。例如，若新定义了复数类Complex，则应该允许下面的赋值：

```
Complex c;
double x;
c = x;      // ①将double型量赋值给Complex型量
x = c;      // ②将Complex型量赋值给double型量
```

对第①种情况，按照一般的常识，应将x作为实部、0作为虚部，构造一个复数类对象赋值给 c 对象。对第②种情况，按照一般的常识，应取出复数 c 的实部赋值给 x。

对于第①种情况，可使用本章介绍的构造函数完成转换。对于第②种情况，在 13.2.3 节将介绍如何实现。例 10.13 中说明如何实现第 1 种转换。

例 10.13　利用构造函数完成类型转换。

```
#include <iostream>
using namespace std;
class Complex                          // 定义复数类
{
    double Real, Image;                // Real为实部，Image为虚部
public:
    Complex(double x = 0, double y = 0)
    {
        Real = x; Image = y;
        Show();
        cout << "调用了构造函数\n";
    }
    ~Complex()
    {
        Show();
        cout << "调用了析构函数\n";
    }
    void Show()
    {
        cout << '(' << Real << ',' << Image << ')';
    }
};
int main()
{
    Complex c1(3, 5), c2;              //A
    c1 = 8.0;                          //B
    c2 = Complex(9.0, 9.0);            //C
    return 0;
}
```

编译器将 B 行处理成：“ c1=Complex(8.0);”，在等号右边，调用构造函数产生临时复数对象，该对象的实部是 8.0、虚部是 0.0，将该临时对象的值赋值给 c1 后撤销临时对象。编译器对 C 行的处理与 B 行是一样的。

程序的运行结果是：

```
(3,5)调用了构造函数        // 在A行创建c1对象时，调用构造函数
(0,0)调用了构造函数        // 在A行创建c2对象时，调用构造函数
(8, 0)调用了构造函数 }
(8, 0)调用了析构函数 }     // B行，创建、撤销临时对象，调用构造、析构函数
(9, 9)调用了构造函数 }
(9, 9)调用了析构函数 }     // C行，创建、撤销临时对象，调用构造、析构函数
(9,9)调用了析构函数        // 在程序结束撤销c2对象时，调用析构函数
(8,0)调用了析构函数        // 在程序结束撤销c1对象时，调用析构函数
```

10.3　成员函数的特性

10.3.1　内联函数和外联函数

类的成员函数可以定义为内联函数和外联函数。在类体内定义的成员函数是内联函数，在类体外定义的函数是外联函数。在类体外也可以定义内联函数，方法是在函数定义的首部增加 inline 关键字。例 10.14 给出了在类体外定义内联函数的示例。

例 10.14 在类体外定义内联函数。

```
#include <iostream>
using namespace std;
class Complex                                        // 复数类定义
{
    double Real, Image;
public:
    void setRI(double r, double i)                   // A
    {
        Real = r; Image = i;
    };
    void getRI(double &, double&);                   // B，在类体外声明函数
    void Show();                                     // C，在类体外声明函数
};
inline void Complex::getRI(double &r, double &i) // D，在类体外定义内联函数
{
    r = Real; i = Image;
};
inline void Complex::Show()                          // E，在类体外定义内联函数
{
    cout << '(' << Real << ',' << Image << ')'<<endl;
}
int main()
{
    Complex c;
    double r, i;
    c.setRI(5, 6);
    c.getRI(r, i);
    cout << '(' << r << ',' << i << ')' << endl;
    c.Show();
    return 0;
}
```

程序的运行结果是：

```
(5, 6)
(5, 6)
```

本例中 A 行的成员函数 setRI() 因其实现（即函数的定义）在类体内，则它是隐含的内联函数。B 和 C 两行给出了两个成员函数的声明，这两个函数的实现在类体外。在这两个函数定义的头部都增加了关键字 inline，见程序中的 D 行和 E 行，因此这两个函数是在类体外显式定义的内联函数。

C++ 处理外联函数的调用过程是：先保护主调函数的执行现场，然后流程转入被调函数的函数体，执行完毕再转回到函数调用处，恢复现场，继续执行主调函数后面的语句。

而 C++ 处理内联函数的方法是：编译时将函数调用替换成内联函数的代码，因此程序执行时没有发生实际的函数调用，减少了程序执行的时间开销，提高了程序的执行效率，代价是程序的总代码空间加大。因此一般将函数体较短，需频繁调用的函数定义成内联函数。这样，函数代码空间不会膨胀得很厉害，同时程序的执行效率也会提高。

将内联函数与前面讲过的宏定义进行比较，它们的代码效率是一样的，但内联函数要优于宏定义，因为内联函数遵循函数的类型和作用域规则，它与一般函数更相近。

内联函数一定要在调用之前定义，并且内联函数不能递归调用。

请特别注意，内联函数在类体外的定义也称为内联函数的实现。内联函数的实现必须与其所属类的定义放在同一个文件中，否则编译时无法进行内联函数的替换。

10.3.2 成员函数的重载

前面介绍过构造函数的重载，一般成员函数也可以重载。下面通过用于处理线性表的例

10.15 予以说明。

线性表本质上是一个整型数组，用于存放若干整数，每个数组元素也称为线性表的元素，如图 10-4 所示。主函数中的 list 是一个线性表对象，它由三个成员构成，指针 ListPtr 指向线性表的第 0 个元素，nLen 表示线性表的长度（即数组的长度），nElem 表示当前线性表中实际存放的元素个数。线性表是动态产生的，通过构造函数初始化线性表。线性表可进行的主要操作有：加入元素、删除元素、修改元素、输出全体元素等。在向线性表加入元素时，如果线性表已满，则自动扩充线性表空间。

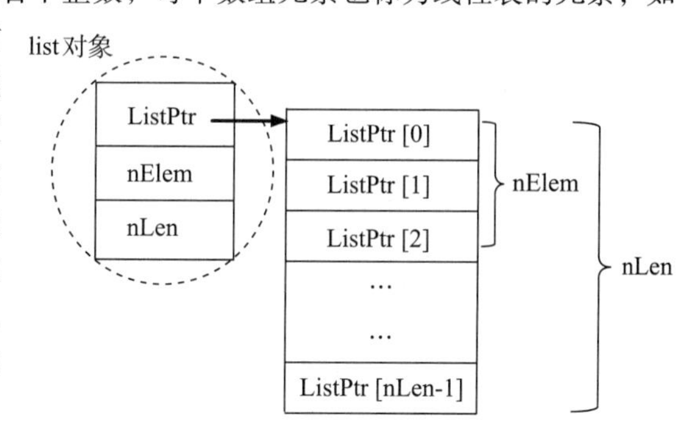

图 10-4　线性表对象示意

例 10.15　处理一个线性表，动态产生线性表存储空间，并实现线性表的部分操作。

```
#include <iostream>
using namespace std;
class ListClass
{
    int *ListPtr;                    // 指向线性表的指针
    int nLen;                        // 线性表的长度
    int nElem;                       // 线性表中当前元素的个数
public:
    ListClass(int n = 10)            // 构造函数，线性表长度的缺省值为10
    {
        nElem = 0;
        nLen = n;
        if (n)
            ListPtr = new int[n];
        else
            ListPtr = 0;
    }
    ~ListClass(void)                 // 析构函数，释放线性表空间
    {
        delete[nLen] ListPtr;
    }
    int  Elem(int);                  // 重载函数（1），在线性表尾增加一个元素
    int &Elem(unsigned n)            // 重载函数（2），返回线性表下标为n的元素的引用
    {
        return ListPtr[n];
    }
    int Elem(void)                   // 重载函数（3），返回线性表中现有元素的个数
    {
        return nElem;
    }
    int Len(void)                    // 返回线性表的长度
    {
        return nLen;
    }
    int GetElem(int i)               // 返回线性表下标为i的元素的值
    {
        if ((i >= 0) && (i<nElem))
            return ListPtr[i];
        else
        {
            cout << "下标越界" << endl;
            return(-1);
```

```
        }
    }
    void Print(void);                          // 输出线性表中的所有元素，在类体外实现
};
int ListClass::Elem(int elem)                  // 重载函数（1），在线性表尾增加一个元素
{
    if (nElem == nLen)                         // 线性表已满
    {
        int *newptr;
        newptr = new int[nLen + 10];           // A，申请新线性表空间，一次扩充10个元素空间
        for (int i = 0; i<nElem; i++)
            newptr[i] = ListPtr[i];            // 将原线性表中的元素拷贝到新线性表中
        delete[nLen]ListPtr;                   // 释放原线性表空间
        nLen += 10;
        ListPtr = newptr;                      // 让指针指向新线性表空间
    }
    ListPtr[nElem++] = elem;                   // 添加元素
    return(nElem);                             // 返回新线性表的元素个数
}
void ListClass::Print(void)                    // 输出线性表中全体元素
{
    for (int i = 0; i<nElem; i++)
        cout << ListPtr[i] << '\t';
    cout << endl;
}
int main(void)
{
    ListClass  list(6);
    for (int i = 0; i<5; i++)
        list.Elem(i);                                  // 调用重载函数（1）
    cout << "线性表的长度为: " << list.Len() << endl;
    cout << "线性表的元素个数为: ";
    cout << list.Elem() << endl;                       // 调用重载函数（3）
    cout << "线性表的元素为: ";
    list.Print();
    list.Elem(3u) = 100;                               // B，调用重载函数（2）
    cout << "线性表下标为3的元素的值为: ";
    cout << list.Elem(3u) << endl;                     // 调用重载函数（2）
    list.Elem(20);                                     // 调用重载函数（1）
    list.Elem(200);                                    // 调用重载函数（1）
    cout << "现在线性表的长度为: " << list.Len() << endl;
    cout << "现在线性表中的元素个数为: ";
    cout << list.Elem() << endl;                       // 调用重载函数（3）
    cout << "线性表的元素为: ";
    list.Print();
    cout << "线性表的最后一个元素为: ";
    cout << list.GetElem(list.Elem() - 1) << endl;        // 调用重载函数（3）
    return 0;
}
```

类中有 3 个成员函数重载，函数名为 Elem()，它们是通过参数的类型不同区分的。第 1 个 Elem() 函数其参数是一个 int 型的量，将参数指定的量作为元素加入线性表。第 2 个 Elem() 函数返回下标为 n 的线性表元素的引用，注意 int & 是一种数据类型，表示整型量的引用，引用即别名，返回下标为 n 的元素的别名的目的是在主调函数中修改该元素，如程序中的 B 行语句 "list.Elem(3u)=100;"，它等价于 "ListPtr[3]=100;"。注意，实参 3u 中的 u 表示 unsigned 型量，用于指定 list.Elem(3u) 调用的是第 2 个 Elem() 函数。第 3 个 Elem() 函数其参数是 void 即表示该函数无参数，返回线性表中现有元素的个数。

第 1 个 Elem() 函数在类体中声明，在类体外实现。在实现该函数时，首先判断线性表有无

空间用于增加一个元素，当线性表空间已满，在程序中的 A 行动态申请空间，一次扩充 10 个元素空间（而不是一次扩充 1 个元素的空间），目的是减少反复给线性表分配新空间的概率。反复给线性表分配新空间的情况发生在线性表已满，但还要连续给线性表增加元素的时候。

程序的运行结果是：

```
线性表的长度为：6
线性表的元素个数为：5
线性表的元素为：0        1        2        3        4
线性表下标为3的元素的值为：100
现在线性表的长度为：16
现在线性表中的元素个数为：7
线性表的元素为：0        1        2        100      4        20       200
线性表的最后一个元素为：200
```

10.4 构造函数和对象成员

在定义一个新类时，可以把一个已定义类的对象作为该类的成员，称为对象成员。产生新定义类的对象时，需对它的对象成员进行初始化，且只能通过其对象成员的构造函数来实现。

例 10.16 初始化对象成员。

```
#include <iostream>
#include <cmath>
using namespace std;
class Point                                              //定义“点”类
{
    int x, y;
public:
    Point(int a = 0, int b = 0)
    {
        x = a;  y = b;
        cout << x << ',' << y << " 构造 Point\n";
    }
    int Getx() { return x; }
    int Gety() { return y; }
    ~Point() { cout << x << ',' << y << " 析构 Point\n"; }
};
class Line                                               //定义“线段”类，两点决定一条线
{
    int width, color;                                    //指定“线段”的宽度、颜色
    Point p1, p2;                                        //A，指定“线段”的两个端点
public:
    Line(int x1,int y1,int x2,int y2,int w, int c):p1(x1,y1), p2(x2,y2)//B
    {
        width = w;  color = c;
        cout << width << ',' << color << " 构造 Line\n";
    }
    double LineLen()
    {
        double len;
        int x1, y1, x2, y2;
        x1 = p1.Getx();  y1 = p1.Gety();
        x2 = p2.Getx();  y2 = p2.Gety();
        len = sqrt((x1-x2)*(x1-x2)+(y1-y2)*(y1-y2));
        return(len);
    }
    ~Line() { cout << width << ',' << color << " 析构 Line\n"; }
};
int main()
```

```
{
    Line Li(0, 0, 1, 1, 3, 6);
    cout << "长度=" << Li.LineLen() << endl;
    return 0;
}
```

程序首先定义“点”类 Point，然后定义“线段”类 Line。一个线段由两个端点指定，因此在程序的 A 行，两个“点”类对象 p1 和 p2 指定了两个端点，它们是 Line 类的对象成员。这两个对象成员的初始化工作是在 Line 类的构造函数中完成的，即在程序中的 B 行，冒号后面通过对象成员 p1 和 p2 调用构造函数实现它们的初始化。

程序的运行结果是：

```
0, 0 构造 Point
1, 1 构造 Point
3, 6 构造 Line
长度=1.41421
3, 6 析构 Line
1, 1 析构 Point
0, 0 析构 Point
```

从运行结果可以看出，先调用对象成员的构造函数，再调用类自身的构造函数。析构函数的调用顺序与构造函数的调用顺序相反。

关于对象成员的初始化，小结如下，已知类定义：

```
class ClassName
{
    ClassName_1  c1;
    ClassName_2  c2;
    ......
    ClassName_n  cn;
public:
    ClassName(args) : c1(arg_1), c2(arg_2),... ,cn(arg_n)    // A
    {......}
    ......
};
```

其中，ClassName_1，ClassName_2，…，ClassName_n 是已经定义的类，ClassName 是新定义的类，c1，c2，…，cn 是对象成员。在 A 行对 c1，c2，…，cn 进行初始化。冒号后用逗号隔开的对 c1，c2，…，cn 初始化的列表称为构造函数的成员初始化列表，其中的参数表 arg_1，arg_2，…，arg_n 依次是初始化对象 c1，c2，…，cn 的实参列表。args 是 ClassName 构造函数的形参。

注意：① args 是形参，必须带有类型说明。arg_1，arg_2，…，arg_n 是实参，不需要类型说明，它们可以是来自于 args 的变量，也可以是常量或表达式等。②调用对象成员构造函数的顺序与书写在成员初始化列表中的顺序无关，而与对象成员的定义顺序有关，先定义的先调用。即使将例 10.16 中的 B 行改写为：

```
Line(int x1,int y1,int x2,int y2,int w, int c):p2(x2,y2), p1(x1,y1)
```

仍然是先调用 p1(x1, y1)，再调用 p2(x2, y2)，因为 p1 的定义在前，p2 的定义在后。

10.5 this 指针

this 是一个隐含于成员函数中的特殊指针。该指针指向调用成员函数的当前对象。当对象调用成员函数时，系统自动将对象自身的指针（即对象的地址）传递给成员函数，在成员函数中可直接使用该指针，指针名为 this。

例如：

```
class  Sample
{
    int x, y;
public:
    Sample( int a=0, int b=0)
    {
        x = a;                      // A，可等价地写成 this->x = a;
        y = b;                      // B，可等价地写成 this->y = b;
    }
    void Print( )
    {
        cout << x <<'\n';           // C，可等价地写成 cout << this->x << '\t';
        cout << y <<'\n';           // D，可等价地写成 cout << this->y << '\n';
    }
};
```

成员函数中直接写变量名访问数据成员 x 和 y。实际上，成员函数中隐含着一个指针 this，它指向调用成员函数的对象，可以通过 this 指针访问它所指向的对象的成员 x 和 y，如上述程序段中的 A、B、C、D 四行。下面再给出一个使用示例。

例 10.17 this 指针的使用。

```
#include <iostream>
using namespace std;
class  Sample
{
    int x, y;
public:
    Sample(int a = 0, int b = 0)
    {
        this->x = a;                    // 通过this指针访问数据成员
        this->y = b;                    // 通过this指针访问数据成员
    }
    void Print()
    {
        cout << this << '\t';           // E
        cout << this->x << '\t';        // 通过this指针访问数据成员
        cout << this->y << '\n';        // 通过this指针访问数据成员
    }
};
int main()
{
    Sample c1(1, 4), c2(3, 7);
    cout << &c1 << '\n';                // A
    c1.Print();                         // B
    cout << &c2 << '\n';                // C
    c2.Print();                         // D
    return 0;
}
```

程序的运行结果形如（其中的地址值每次运行不一定一样）：

```
0012FF78                    // A行输出的是对象c1的地址
0012FF78    1       4       // 在B行通过c1调用Print( )，E行输出this指针值
0012FF70                    // C行输出的是对象c2的地址
0012FF70    3       7       // 在D行通过c2调用Print( )，E行输出this指针值
```

成员函数中通过 this 指针访问数据成员。在 B 行通过 c1 调用成员函数 Print() 时，A 行输出的地址值与 E 行输出的地址值相等，即 this == &c1。在 D 行通过 c2 调用成员函数 Print() 时，C

行输出的地址值与 E 行输出的地址值相等，即 this==&c2。

注意，在定义类成员函数时，并不知道 this 指向哪一个对象，即 this 指针值未知，只有当一个具体的对象调用该成员函数时，才知道 this 指针的指向。所以，c1 和 c2 两个对象调用同一个成员函数，在 E 行输出的地址值 this 是不同的。

编程时一般不需要显式使用 this 指针。this 指针的一个用处是可以用它区分成员函数参数与类的数据成员同名的情况，如例 10.17 中的构造函数可改写为：

```
Sample( int x=0, int y=0)          // 形参x和y与数据成员x和y同名
{
    this->x = x;                   // this->x访问的是类的数据成员，x访问的是参数
    this->y = y;                   // 同理
}
```

除此之外，还有一种方法可区分成员函数参数与类的数据成员同名的情况，即在类的数据成员之前加类名限定，如例 10.17 中的构造函数可再次改写为：

```
Sample(int x = 0, int y = 0)
{
    Sample::x = x;         // Sample::x访问的是类的数据成员，x访问的是参数
    Sample::y = y;         // 同理
}
```

第 11 章　类和对象的其他特性

11.1　静态成员

静态成员分为静态数据成员和静态成员函数。

11.1.1　静态数据成员

1. 静态数据成员的定义

通常，对于一个类的不同对象，其数据成员的存储空间是相互独立的，即一个对象的数据成员与另一个对象的数据成员占用不同的存储空间。如果将类的一个数据成员定义成静态型的，则该类的所有对象的该成员共用同一存储空间。

静态数据成员的定义方法是在类型说明符前加关键字 static。例如：

```
class Sample
{
private:
    int a, b, c;          // 定义非静态数据成员
    static int d;         // 定义静态数据成员
} s1, s2, s3;
```

如图 11-1 所示，对象 s1、s2 和 s3 的数据成员 a、b 和 c 的存储空间是独立的，而 d 的存储空间只有一个，即静态数据成员是类的所有对象共享的，而不是某个对象独享的，也可以说静态数据成员是属于类的。静态数据成员的提出是为了解决对象之间的数据共享问题，一个对象给静态数据成员赋值后，另一个对象可以读取该值。

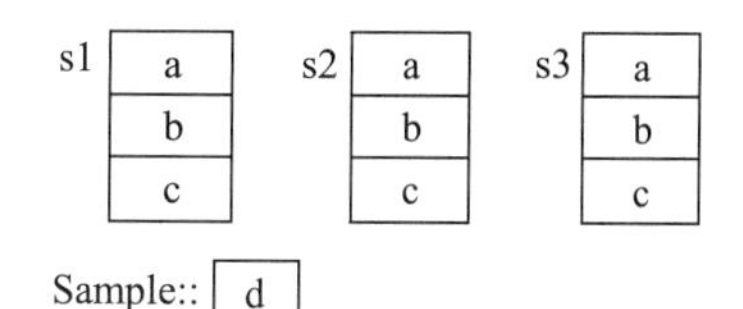

图 11-1　静态数据成员存储空间示意 1

2. 静态数据成员的初始化

静态数据成员的初始化与非静态数据成员的初始化不同，必须在类体外进行，格式如下：

```
<数据类型> <类名>:: <静态数据成员名> [= <值>];
```

例如，初始化上述 Sample 类的静态数据成员 d 应在类体外进行，初始化语句为：

```
int Sample::d = 10;
```

注意：在类体外对静态数据成员进行初始化时，变量名前应加类名限定，指定它的所属类，目的是避免与一般的全局变量混淆，但不需要加关键字 static。若方括号部分缺省，则静态数据成员的值被初始化为零。

3. 静态数据成员的使用

例 11.1　静态数据成员的使用。

```
#include <iostream>
using namespace std;
class Sample
{
```

```
    int n;
    static int sum;
public:
    Sample(int x) { n = x; }
    void add() { sum += n; }
    void disp() { cout << "n=" << n << ",sum=" << sum << endl; }
};
int Sample::sum = 0;        //静态数据成员初始化，或int Sample::sum;
int main()
{
    Sample a(2), b(3), c(5);
    a.add();    a.disp();
    b.add();    b.disp();
    c.add();    c.disp();
    // A
    cout << "sizeof(a) : " << sizeof(a) << endl;
    cout << "sizeof(b) : " << sizeof(b) << endl;
    cout << "sizeof(c) : " << sizeof(c) << endl;
    return 0;
}
```

当程序执行到 A 行，三个对象 a、b 和 c 及类的静态成员的存储状况如图 11-2 所示。每个对象具有独立的数据成员 n，而数据成员 sum 的存储空间只有一个，三个对象共享 sum 空间，这一点也可以从程序的运行结果中得到印证。静态数据成员是属于类的，一个类只有一个静态数据成员的存储空间。

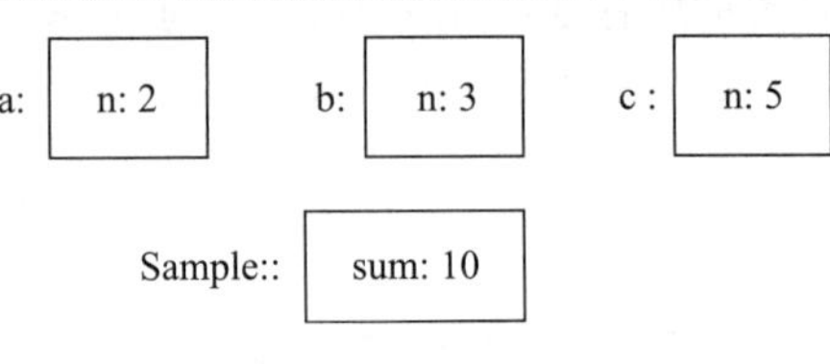

图 11-2　静态数据成员存储空间示意 2

程序的运行结果是：

```
n=2, sum=2
n=3, sum=5
n=5, sum=10
sizeof(a) : 4
sizeof(b) : 4
sizeof(c) : 4
```

如果将主函数改写为：

```
int main( )
{
    Sample a(2), b(3), c(5);
    a.add( );     b.add( );      c.add( );
    a.disp( );    b.disp( );     c.disp( );
    return 0;
}
```

程序的运行结果变为：

```
n=2, sum=10
n=3, sum=10
n=5, sum=10
```

11.1.2　静态成员函数

静态成员函数的定义是在函数头前加关键字 static。静态成员函数与静态数据成员一样，都是属于类的，而不是属于对象的。因此，在类体外对公有静态成员函数的调用必须加类名限定，格式如下：

```
<类名>::<静态成员函数名>(实参列表)
```

注意 C++ 也允许通过对象名调用公有静态成员函数，格式为：

```
<对象名>.<静态成员函数名>(实参列表)
```

虽然可以通过对象名调用静态成员函数，但并不表示静态成员函数是属于对象的，它仍然属于类。因此无论使用哪个对象名调用静态成员函数，效果都是一样的，即调用的是属于类的静态成员函数。

同理，如果将一个静态数据成员定义成公有的，在类外可以通过下述两种方式访问静态数据成员：

```
<类名>::<静态数据成员名>
<对象名>.<静态数据成员名>
```

还需注意，如果静态数据成员或静态成员函数是私有的，在类体外不管是通过类名还是通过对象名都是不能直接访问的。

一般成员函数内部既可以直接访问其他非静态成员（包括数据成员和成员函数），也可以访问其他静态成员。而在静态成员函数中，只能直接访问类的其他静态成员，不能直接访问类的非静态成员；如果想在静态成员函数中访问非静态成员，可通过参数对象来实现。例 11.2 说明上述观点。

例 11.2 静态成员函数及静态数据成员的使用。

```
#include <iostream>
using namespace std;
class Sample
{
    int a;
    static int b;                                  // 定义私有静态数据成员
public:
    static int c;                                  // 定义公有静态数据成员
    Sample(int x) { a = x; b += x; }
    static void disp(Sample s)                     // A，定义静态成员函数
    {
        cout << "a=" << s.a << ", b=" << b << endl;  // B
    }                                      // 续前行，访问非静态数据成员和静态数据成员
};
int Sample::b = 10;                                // C，初始化静态数据成员
int Sample::c = 20;                                // D，初始化静态数据成员
int main()
{
    Sample s1(2), s2(3);
    Sample::disp(s1);                      // E，可改写为s1.disp(s1);或s2.disp(s1);
    Sample::disp(s2);                      // F，可改写为s1.disp(s2);或s2.disp(s2);
    cout << "c=" << Sample::c << endl;     // G，Sample::c 可改写为 s1.c 或 s2.c
    return 0;
}
```

类中定义了三个数据成员 a、b 和 c，其中 b 和 c 是静态数据成员，b 是私有的，c 是公有的。静态数据成员 b 和 c 必须在类体外初始化，如程序中的 C 行和 D 行。程序中在 A 行定义了一个静态成员函数，并用自身类对象 s 作参数。在 B 行，注意 a 和 b 的访问方式是不同的，a 是非静态成员，不可直接访问，只能通过参数对象间接访问，如 s.a；而 b 是静态成员，在静态成员函数中可直接访问。注意在 E 和 F 行，通过类名或对象名均可以调用静态成员函数。另外注意，G 行访问公有静态数据成员的方法与调用公有静态成员函数的语法格式一样。程序的运行结果如下：

```
a=2, b=15
a=3, b=15
c=20
```

11.2 友元

11.2.1 友元函数

类具有封装和信息隐蔽性，即只有在类的成员函数中才能直接访问私有成员。在类外不可直接访问私有成员（含保护成员），只能通过公有函数接口才能访问类私有成员。而公有函数接口的调用时间开销较大，且在编写程序时书写烦琐，如例 11.3 所示。

例 11.3 通过公有函数接口访问私有成员。

```
#include <iostream>
#include <cmath>
using namespace std;
class Point
{
    int x, y;
public:
    Point(int a = 0, int b = 0) : x(a), y(b) { }
    void Show() { cout << "Point(" << x << ',' << y << ")\n"; }
    int Getx() { return x; }
    int Gety() { return y; }
};
double dist(Point &p1, Point &p2)      //A，求两点之间的距离，参数是引用
{
    return sqrt((p1.Getx() - p2.Getx())*(p1.Getx() - p2.Getx())
                +(p1.Gety() - p2.Gety())*(p1.Gety() - p2.Gety()));
}
int main()
{
    Point p1, p2(1, 1);
    cout << dist(p1, p2) << endl;
    return 0;
}
```

A 行的 dist() 函数是非成员函数，函数体中多次调用公有函数接口访问私有数据成员，以分别获取 p1 和 p2 两点的坐标值 x 和 y，在函数执行过程中发生了 8 次函数调用，程序执行的时间开销较大，效率较低。在非成员函数中能否实现直接访问类的私有数据成员呢？回答是肯定的，方法是将该非成员函数说明为类的友元函数。说明友元函数的方法为：

```
class A
{
    ...
    friend void fun(...);          // 关键字friend说明fun()函数是类A的友元函数
    ...
};
void fun(...)                      // fun()是非成员函数
{
    A a;
    ...                            // 在函数fun()中可以通过对象a直接访问它的私有成员
}
```

在类 A 的类体中将函数 fun() 说明为类 A 的友元函数。于是在 fun() 函数中，通过类 A 的对象 a 可直接访问它自身的私有成员。可将例 11.3 改写为例 11.4。

例 11.4 在友元函数中直接访问私有成员。

```
#include <iostream>
#include <cmath>
using namespace std;
class Point
{
```

```
    int x, y;
public:
    Point(int a = 0, int b = 0) : x(a), y(b) { }
    void Show() { cout << "Point(" << x << ',' << y << ")\n"; }
    int Getx() { return x; }
    int Gety() { return y; }
    friend double dist(Point&, Point&);                  // A
};
double dist(Point &p1, Point &p2)
{
    return sqrt((p1.x - p2.x)*(p1.x - p2.x) + (p1.y - p2.y)*(p1.y - p2.y));//B
}
int main()
{
    Point p1, p2(1, 1);
    cout << dist(p1, p2) << endl;
    return 0;
}
```

程序在 A 行说明非成员函数 dist() 是 Point 类的友元函数，于是在 B 行即可通过 Point 类对象 p1 和 p2 直接访问其私有数据成员 x 和 y。使用友元函数后，程序变得简洁，而且避免了多次调用成员函数带来的时间开销，提高了程序的执行效率。

例 11.5 将 main() 函数作为一个类的友元函数。

```
#include <iostream>
using namespace std;
class Sample
{
    int x, y;
public:
    Sample(int a = 0, int b = 0) : x(a), y(b) { }
    void Show() {  cout << "x=" << x << ", y=" << y << "\n";  }
    friend int main();                                            // A
};
int main()
{
    Sample s(3, 6);
    cout << "x=" << s.x << ", y=" << s.y << "\n";                 // B
    s.Show();
    return 0;
}
```

程序中的 A 行说明 main() 函数是类的友元函数，因此在主函数中的 B 行，通过 Sample 类的对象 x 可直接访问类的私有成员。程序的运行结果如下：

```
x=3, y=6
x=3, y=6
```

关于友元函数的几点说明：

1）友元函数不是类的成员函数。因此，对友元函数指定访问权限无效，可以把友元函数的说明放在 private、public、protected 的任意段中。

2）使用友元函数的目的是提高程序的执行效率。

3）慎用友元函数，因为它可在类外直接访问类的私有成员（含保护成员），破坏了类的信息隐蔽性。

11.2.2 一个类的成员函数作为另一个类的友元函数

例 11.6 将一个类的成员函数说明为另一个类的友元函数。

```
#include <iostream>
using namespace std;
class N;                                        // A，类N的引用性说明
class M
{
    int a, b;
public:
    M(int x, int y) { a = x; b = y; }
    void Print(){ cout << "a=" << a << '\t' << "b=" << b << endl; }
    void Setab(N &);                    // B，Setab()是M类的成员函数，其参数是N类对象的引用
};
class N
{
    int c, d;
public:
    N(int x, int y) { c = x; d = y; }
    void Print() { cout << "c=" << c << '\t' << "d=" << d << endl; }
    friend void M::Setab(N&);          // C，将类M的成员函数Setab()说明成本类的友元函数
};
void  M::Setab(N &obj)                 // 类M的成员函数Setab( )是类N的友元函数
{
    a = obj.c;                         // D，因此在Setab( )中可直接访问类N的私有成员
    b = obj.d;
}
int main( )
{
    M m(25, 40);
    N n(55, 66);
    cout << "m: "; m.Print();
    cout << "n: "; n.Print();
    m.Setab(n);                        // 将n对象的c和d成员赋值给m对象的a和b成员
    cout << "m: "; m.Print();
    return 0;
}
```

因为类 N 的定义在类 M 之后，而类 M 中在 B 行提前使用了类名 N，因此在程序的 A 行必须对类 N 做引用性说明。在程序的 B 行，Setab() 是类 M 的一个成员函数，此函数在程序的 C 行中被说明成了 N 类的友元函数，因此它可以直接访问 N 类的私有成员，如程序中的 D 行。在类 M 中只有一个成员函数 Setab() 是 N 类的友元，其函数体可以直接访问类 N 的私有成员，M 类的其他成员函数均不可以直接访问类 N 的私有成员。程序的运行结果如下：

```
m: a=25 b=40
n: c=55 d=66
m: a=55 b=66
```

11.2.3 友元类

类也可以是友元，即一个类可以作为另一个类的友元。当一个类作为另一个类的友元时，意味着这个类的所有成员函数都是另一个类的友元函数。可按如下方式定义友元类：

```
class A
{
    ...
    friend class  B;     // B 类是 A 类的友元
};
class B
{
    ...
public:
    void f1( );
```

```
    float f2( );
    float f3( );
};
```

于是在 B 类的所有成员函数如 f1()、f2() 和 f3() 中，均可直接访问 A 类的私有成员。

例 11.7 将一个类说明为另一个类的友元类。

```
#include <iostream>
using namespace std;
class B;          // 类的引用性说明
class A           // 类中默认访问权限是私有的
{
    int x;
    void Disp() { cout << "x=" << x << endl; }    // 私有成员函数
    friend B;                                     // 将B类说明成A类的友元类
};
class B
{
public:
    void Set(int n)
    {
        A a;
        a.x = n;      //可访问A类对象的私有数据成员x
        a.Disp();     //可访问A类对象的私有成员函数Disp( )
    }
};
int main(void)
{
    B b;
    b.Set(3);
    return 0;
}
```

程序的运行结果是：

```
x=3
```

11.3 常数据成员和常成员函数

9.8.1 节介绍了 const 型变量，主要包括两部分内容，一是定义 const 型变量，二是定义 const 型指针。第 10 章介绍了类的定义，类是一种新的数据类型，同样可以定义 const 型对象（称为常对象）以及指向对象的 const 型指针。

在类的定义中，将数据成员定义为私有的，以实现数据隐蔽、保护数据成员的目的，然而还是可以通过公有函数接口修改私有数据成员。为了达到部分私有数据成员一定不被修改，编程者在编写程序时可进行人工保障，但这是不可靠的。C++ 提供了进一步自动保护私有数据成员的机制，即常数据成员和常成员函数。

11.3.1 常数据成员

定义常数据成员的方法是在类体中定义数据成员时，在前面加上关键字 const。常数据成员的值是常量，不能被修改。特别注意：常数据成员的初始化只能在类的构造函数的成员初始化列表中进行。

例如：

```
class Point                       // 定义“点”类
{
    int x, y;                     // 点的坐标
    const int color;              // 点的颜色，color是常数据成员
```

```
public:
    Point(int a=0, int b=0, int c=0): color(c)   // 构造函数
    { x = a; y = b; }
};
```

注意程序中画线的部分，常数据成员 color 的初始化只能在构造函数的成员初始化列表中进行。如果将 color 的初始化放在构造函数体中进行，如在函数体中书写“color = c;”，则是错误的。

本例中的构造函数可改写为：

```
Point(int a=0, int b=0, int c=0): x(a), y(b), color(c) { }
```

数据成员 x 和 y 也是对象成员，它们是整型对象，也可在成员初始化列表中进行初始化。C++ 的所有类型（包括基本类型和导出类型）的变量都是对象。

11.3.2 常成员函数

定义常成员函数的方法是在函数头的尾部、参数的右括号后面加关键字 const。如果将成员函数定义为常成员函数，它就不能修改本类中数据成员的值了，从而达到保护数据成员的目的。

说明：

1）常成员函数只能读取类的数据成员，包括常数据成员和一般的数据成员（此处指非 const 数据成员）的值，而不能修改它们的值。即在常成员函数的函数体中，对数据成员只能“取值”不能“存值”。

2）一般成员函数（此处指非 const 成员函数）也可以读取类的所有成员的值，它虽然不能修改常数据成员的值，但是它能修改除了常数据成员以外的其他数据成员的值。

对于上面两点，例 11.8 将予以说明。

例 11.8 常成员函数和一般成员函数对常数据成员和一般数据成员的访问合法性说明。

```
#include <iostream>
using namespace std;
class Point
{
    int x;                          // 一般数据成员
    const int y;                    // 常数据成员
public:
    Point(int a = 0, int b = 0) : x(a), y(b) { }
    int fun()                       // A，一般成员函数
    {
        x = 5;                      // 修改一般数据成员x，合法
        y = 6;                      // 修改常数据成员，    非法
        return x + y;               // 读取x和y，          合法
    }
    int fun() const                 // B，常成员函数
    {
        x = 5;                      // 修改一般数据成员x，非法
        y = 6;                      // 修改常数据成员，    非法
        return x + y;               // 读取x和y，          合法
    }
};
```

因此，常数据成员在任何情况下都是不可以被修改的，常成员函数除了不可以修改任何数据成员之外，其他操作都是合法的。

3）const 是函数类型的一部分，在声明和定义常成员函数时都要加关键字 const，而且 const 也参与重载函数的区分。如例 11.8 中的 A 行和 B 行，其函数名相同，它们是重载函数，通过 const 关键字区分，这是一种区分重载函数的方法。在第 5 章曾介绍过，重载函数可以通过参数的个数和类型区分。

4）常对象只能调用常成员函数。

对于以上两点，例 11.9 将予以说明。

例 11.9 const 参与区分重载函数。

```
#include <iostream>
using namespace std;
class Point
{
    int x;
    const int y;
public:
    Point(int a = 0, int b = 0) : x(a), y(b) { }
    int fun();
    int fun() const;                        // 类中声明有关键字const
};
int Point::fun()
{
    return x + y;
}
int Point::fun() const                      // 类外定义也必须有关键字const
{
    return x - y;
}
int main()
{
    Point p1(1, 8);
    const Point p2(1, 8);
    cout << p1.fun() << ',' ;               // p1调用的是第1个fun()函数
    cout << p2.fun() << endl;               // p2调用的是第2个fun()函数
    return 0;
}
```

程序中有两个重载的 fun() 函数，其中第 2 个是常成员函数。主函数中的 p2 是常对象，因此它调用的函数是常成员函数，即常对象调用常成员函数。p1 是普通对象，它调用的是第 1 个普通的重载成员函数。

程序的运行结果是：

```
9,-7
```

5）常对象的值是不能修改的，但是在实际应用中往往会碰到这样的要求：修改常对象中的某个数据成员。此时可将数据成员定义为 mutable 类型。

例如：

```
class Sample
{
    mutable int x;
public:
    Sample(int a=0): x(a) {  }
    void Set( ) const { x = 5; }
};
int main( )
{
    const Sample s(8);
    s.Set( );                       // 合法操作
    return 0;
}
```

6）常成员函数（即 const 成员函数）只能调用常成员函数，不能调用非 const 成员函数，因为如果调用了，则常成员函数可能通过非 const 成员函数修改数据成员的值。

第 12 章　继承和派生

12.1　继承的基本概念

第 10 章和第 11 章介绍了面向对象程序设计的第一个特性——封装性，本章介绍第二个特性——继承性。继承性提供了在已有类的基础上扩展出新类的机制，可以减少重复代码的编写工作，是软件重用的基础。

例如已定义了一个类 A，它具有一些属性（用数据成员描述）和行为（用成员函数实现）。可对 A 类加以扩展，即增加一些属性和行为，构成一个新类 B。B 类将 A 类已有的属性和行为继承下来。在定义 B 类时，对已继承的 A 类的属性和行为的代码不需要重新编写，只需对新增加的属性和行为的代码进行编写，即减少了大量重复代码的编写工作。A 类称为“基类”或“父类”，B 类称为“派生类”或“子类”。A 派生了 B，或称 B 继承了 A。派生类是对基类的扩充，如图 12-1 所示。

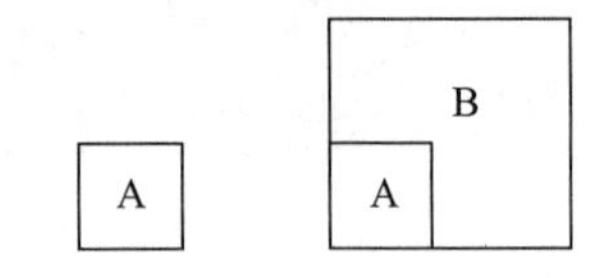

图 12-1　派生类是对基类的扩充

在 C++ 中，从基类的个数角度来说，继承分两种：**单一继承**和**多重继承**。当派生类仅由一个基类派生时，称为单一继承；当派生类由多个基类派生时，称为多重继承。图 12-2a 表示单一继承，有三个类即“人员类”、“学生类”和“教师类”。人员类具有一些公共的属性，如姓名、年龄、性别、身高、体重等；学生类除了具备人员类的属性外，还增加了学号、所学专业、课程、成绩等属性；同理，教师类除了具备人员类的属性外，还增加了职工号、部门、专业、讲授课程、工资等属性。图 12-2a 中存在着两个单一继承关系，第一个是“学生类”继承“人员类”，第二个是“教师类”继承“人员类”。“学生类”继承“人员类”就是在定义学生类时，增加定义学生类的属性，而基类的属性被继承下来，此时学生类具有姓名、年龄、性别、身高、体重、学号、所学专业、课程和成绩等属性，是一个“完整”的类。教师类与学生类的继承原理是一样的。图 12-2b 表示多重继承，“日期类”具有年、月、日等属性，“时间类”具有时、分、秒等属性，“日期时间类”多重继承日期类和时间类，就是将两个基类的属性“组合”出一个完整的日期时间类。在日期时间类中，虽然没有增加属性，却具有年、月、日、时、分、秒属性。

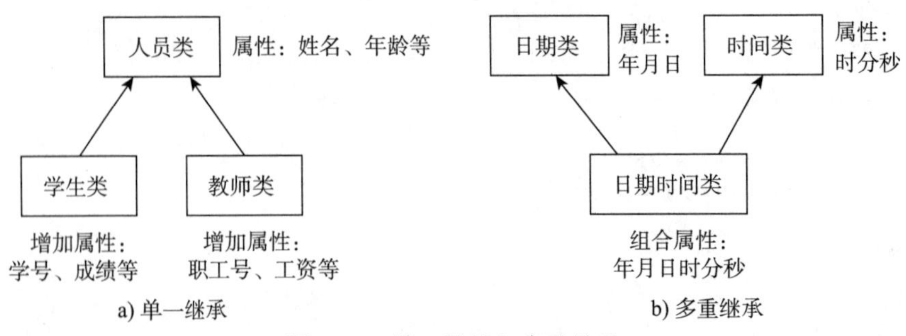

图 12-2　单一继承和多重继承

12.2　单一继承

在单一继承方式下，定义派生类的一般格式为：

```
class <派生类名>: [<继承方式>] <基类名>
{
      [[private:]   // 私有成员  ⎫
       ...]                      ⎪
      [public:      // 公有成员  ⎬ 定义派生类新成员
       ...]                      ⎪
      [protected:   // 保护成员  ⎭
       ...]
};
```

继承方式有三种，它们是 public——公有继承（派生），private——私有继承（派生），protected——保护继承（派生）。< 继承方式 > 如果省略，表示私有继承，即类的默认继承方式是私有的。这三种继承方式有什么区别呢？本节将分别介绍该单一继承关系下的公有继承、私有继承和保护继承。

如图 12-3 所示的继承关系是单一继承，A 类是基类，B 类是派生类。

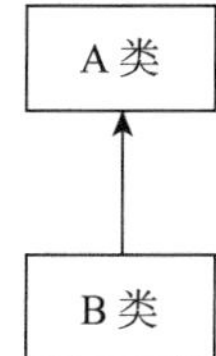

图 12-3　单一继承

12.2.1　公有继承（派生）

如图 12-3 所示的继承关系，若 B 是对 A 的公有继承（或称 A 公有派生 B），则定义格式如下：

```
class A
{
     ...
};
class B: public A    // 公有继承A
{
     ...
};
```

在公有继承时，B 类继承了 A 类的所有成员。A 中的 public 和 protected 成员在 B 类中仍然是 public 和 protected 成员，而 A 中的 private 成员虽然被 B 类继承下来了，但在 B 类中不可直接访问，参见表 12-1。

表 12-1　不同继承方式下，基类成员的访问权限在派生类中的变化

继承方式	在基类 A 中	在派生类 B 中	在 B 类外（如通过类 B 的对象）
public（公有）	public 成员	仍为 public 成员	可直接访问
	protected 成员	仍为 protected 成员	不可直接访问
	private 成员	不可直接访问	不可直接访问
private（私有）	public 成员	变为 private 成员	不可直接访问
	protected 成员	变为 private 成员	不可直接访问
	private 成员	不可直接访问	不可直接访问
protected（保护）	public 成员	变为 protected 成员	不可直接访问
	protected 成员	仍为 protected 成员	不可直接访问
	private 成员	不可直接访问	不可直接访问

从表 12-1 中可以看出，无论何种继承方式，基类的 private 成员在派生类中均不可直接访问。在公有继承的派生类中，基类的 public 成员和 protected 成员的访问权限保持不变。在私有继承的派生类中，基类的 public 成员和 protected 成员的访问权限均变成了私有的。在保护继承

的派生类中，基类的 public 成员变成了保护成员，而 protected 成员的访问权限保持不变。对于任何继承方式，除了基类的私有成员在派生类内不可直接访问以外，其他访问权限的成员在派生类内均可直接访问。

从表 12-1 中还可以看出，只有公有继承的基类的公有成员在派生类外（如通过派生类对象）可直接访问，即通过派生类对象只能直接访问公有继承的基类公有成员；其他的任何继承方式下任何的基类成员通过派生类对象都无法直接访问。

例如，有如下定义：

```
class A
{
private:
    int ax;
protected:
    int ay;
public:
    int az;
    int f1() { ... };
    int Getax() { return ax; }
    void Setax(int x) { ax = x; }
};
class B : public A          // 公有继承
{
private:
    int bx;
protected:
    int by;
public:
    int bz;
    void f2() { ... };
    float f3() { ... };
};
```

B 类继承 A 类后，将 A 类的所有成员“变为”自己的成员，相当于在没有 A 类的情况下对 B 类做如下独立定义：

```
class B
{
private:  int  ax;      // M
private:
    int bx;
protected:
    int ay;
    int by;
public:
    int az;
    int bz;
    int f1( ) {...};
    int Getax( ) { return ax; }
    void Setax( int x ) { ax = x; }
    void f2( ) {...};
    float f3( ) {...};
};
```

B 类的斜体加粗部分是从 A 类继承的成员，可把它们当成 B 类“自己的”成员使用。注意 M 行，虽然 A 类的 ax 成员被继承下来了，即它已经是 B 类的数据成员，但 B 类内部的成员函数却不可以直接访问它，如果需要访问它，还必须通过 A 类的公有成员函数接口（如 Getax()、Setax() 函数）。从形式上看 B 类共有 6 个数据成员、5 个成员函数，其中有 3 个数据成员（ax、 ay 和 az）和 3 个成员函数（f1()、Getax() 和 Setax()）是从基类继承的。在以继承方式建立一个新类 B 类时，从基类 A 继承的 3 个成员函数的代码在 B 类中不需要重新编写，就好像是 B 类自己编写的一样，这就是代码重用，是继承的优点。代码重用在进行大规模程序开发时可以避免很多代码的重复编写工作。

例 12.1 定义“点”类 Point，由“点”类公有派生出“圆”类 Circle。

```
#include <iostream>
using namespace std;
#define PI 3.14159
class Point                                             // 定义“点”类
{
    int x, y;                                           // “点”的坐标
public:
    int z;
    Point(int a = 0, int b = 0) : x(a), y(b) { }
    int Getx() {  return x;  }
    int Gety() {  return y;  }
    void Setxy(int a, int b) { x = a; y = b; }
    void ShowPoint() { cout << "Point:(" << x << ',' << y << ")\n"; }
};
class Circle : public Point                             // A，定义“圆”类
{
    int r;                                              // “圆”的半径
public:
    Circle(int x, int y, int ra) : Point(x, y)          // B
    {
        r = ra;
    }
    void Setr(int ra) { r = ra; }                       // 设置圆的半径
    double Area() { return PI*r*r; }                    // 求圆的面积
    void Move(int x_offset, int y_offset)               // 将圆心坐标平移
    {
        int x1 = Getx();                                // C
        int y1 = Gety();                                // D
        x1 += x_offset;  y1 += y_offset;
        Setxy(x1, y1);                                  // E
    }
    void ShowCircle()
    {
        ShowPoint();                                    // F
        cout << "Radius: " << r << '\t';
        cout << "Area: " << Area() << endl;             // G
    }
    friend void fun();
};
void fun()
{
    Circle c(1, 1, 1);
    c.z;
}
int main()
{
    Circle c(0, 0, 2); // (0,0)表示圆心坐标的初值，2表示半径的初值
    c.ShowCircle();
    c.Move(2, 2);
    c.ShowCircle();
    c.Setxy(0, 0);      // H，重新设置圆心坐标
    c.Setr(1);          // 重新置半径值
    c.ShowCircle();
    return 0;
}
```

程序中A行表示Circle类公有继承Point类。B行冒号后Point(x, y)的作用是调用基类的构造函数，以初始化基类的x、y两个私有成员。基类Point中的公有成员函数Getx()、Gety()、Setxy()、ShowPoint()被继承下来，变成Circle类“本身的”公有成员函数。所以在C、D、E、F行可以直接调用它们，就像在G行中调用Circle类本身的成员函数Area()一样。

主函数中定义了一个Circle类对象c，c是一个独立的圆形对象，具有半径、圆心属性，可以设置半径、圆心的值。编程时可将Circle类作为一个完整的类，就像Point类不存在一样。面向对象程序设计方法中继承的优点就在于此，系统提供了已定义好的一些通用基类，用户可以根据具体的应用，在这些通用基类的基础上构建新类。在派生类中，可以直接使用基类的代码，但却不需要重新编写这些代码。这样可以加快软件开发的速度，保障软件开发的质量。继承性是软件重用的基础。

就本例而言，如果独立定义Circle类，即Circle类的定义不是建立在Point类的基础之上，那么在定义Circle类时，作为Circle类自身的操作，必然要编写与Point类操作（如Setxy()、Getx()、Gety()等）相同的代码。如果仅定义一个Circle类，独立建立Circle类的方式与用继承的方式建立Circle类的方式比较，好像没有节省多少代码的编写工作。但是，请试想如果没有Point类，要独立建立多个图形类，如圆类、长方形类、正方形类、三角形类等，在各个独立的类中均需要重复编写与Point类的操作相同的代码，代码重复编写工作量还是很大的，这种重复工作是没有必要的。C++提供的继承机制，可以将相同的操作代码放在基类Point中，各个派生类只要继承这些公共操作即可。

例12.1的运行结果是：

```
Point:(0,0)
Radius: 2       Area: 12.5664
Point:(2,2)
Radius: 2       Area: 12.5664
Point:(0,0)
Radius: 1       Area: 3.14159
```

12.2.2　私有继承（派生）

在如图12-3所示的单一继承关系中，若B是对A的私有继承（或称A私有派生B），则定义格式如下：

```
class A
{
    ...
};
class B: private A     // 私有继承A
{
    ...
};
```

从表12-1中可知，在私有继承时，基类中的public和protected成员在派生类中均变成了private成员，在派生类中可直接访问；而基类中的private成员虽然被派生类继承下来了，但在派生类中不可直接访问。

例如，有如下定义：

```
class A
{
private:
    int ax;
protected:
    int ay;
```

```
public:
    int az;
    int f1() { ... };
    int Getax() { return ax; }
    void Setax(int x) { ax = x; }
};
class B : private A                // 私有继承
{
private:
    int bx;
protected:
    int by;
public:
    int bz;
    void f2() { ... };
    float f3() { ... };
};
```

则相当于对 B 类做如下定义：

```
class B
{
private: int ax;        // M
private:
    int bx;
    int ay;
    int az;
    int f1() { ... };
    int Getax() { return ax; }
    void Setax(int x) { ax = x; }
protected:
    int by;
public:
    int bz;
    void f2(){ ... };
    float f3(){ ... };
};
```

B 类的斜体加粗部分是从 A 类继承下来的，可把它们当成 B 类“自己的”成员使用。同样注意 M 行，虽然 A 类的 ax 成员被继承下来了，它已经是 B 类的数据成员，但在 B 类内部却不可以直接访问，如果需要访问它，必须通过 A 类的公有成员函数接口。在 B 类中，6 个从基类继承的成员中除了 ax 不可以直接访问以外，其余的 5 个在 B 类的类体中都是能够直接访问的。

如果将例 12.1 的 A 行改写成“class Circle : private Point”，就变成了私有继承，那么基类 Point 中的所有公有成员函数派生到 Circle 类中，均变成了私有成员函数。此时，程序中 H 行通过派生类对象直接访问私有成员函数 Setxy() 就是非法的。

由于私有继承用得不多，不再详细叙述。

12.2.3 保护继承（派生）

如果将例 12.1 的 A 行改写成“class Circle : protected Point”，就变成了保护继承。从表 12-1 中可知，在保护继承时，基类中的 public 和 protected 成员在派生类中均变为 protected 成员，它们在派生类内部都是可以直接访问的；同理，基类中的 private 成员虽然被派生类继承下来了，但在派生类中不可直接访问。

由于保护继承用得也不多，也不再详细叙述。

12.2.4 private 成员和 protected 成员的区别

对一个单独的类来说，private 成员和 protected 成员都是在类内可以直接访问的，在类外不可以直接访问，在这方面没有什么区别。但是介绍了类的继承特性以后，可以了解一下它们的区别。

在有继承的情况下，无论何种继承方式，private 成员都无法在派生类中被直接访问。而对于 protected 成员，无论何种继承方式，在派生类中都是可以被直接访问的。这就是 protected 成员的优势。

现在的问题是，在什么情况下基类的 protected 成员的类内直接访问特性能传递到派生类的派生类中，这要根据不同的派生方式而定。

1）对于公有派生或保护派生，基类的 protected 成员在派生类中依然保持 protected 访问权限。因此，protected 成员的类内直接访问特性可以被继续传递到派生类的派生类中。

2）对于私有派生，基类的 protected 成员在派生类中变成了 private 成员，此时基类的 protected 成员在派生类内部可以直接访问，但是无法在派生类的派生类中被直接访问。在继承或派生链中，一旦出现私有继承，基类成员的“类内直接访问特性”就无法在派生类中继续传递下去。

protected 成员的优点是：既可以在本类中实现数据的隐藏（类内可直接访问、类外不可被直接访问），又可以将其类内直接访问特性传递到派生类中（在派生类中可直接访问、类外不可直接访问）。private 成员只能实现本类中的数据隐藏，而不能将其类内直接访问特性传递到派生类中。所以，一般来说，在类的继承体系中，将类的数据成员的访问权限定义为 protected 较好。

12.3 多重继承

一个派生类有多个基类，称为多重继承。定义多重继承的一般格式为：

```
class <派生类名>: <继承方式1> <基类名1>, <继承方式2> <基类名2>,…,<继承方式n> <基类名n>
{
    //以下定义派生类新成员
    [[private:]     // 私有成员 ┐
        ... ]                   │
    [public:        // 公有成员 ├ 定义派生类新成员
        ... ]                   │
    [protected:     // 保护成员 ┘
        ... ]
};
```

例 12.2 先定义“点”类 Point 和“半径”类 Radius，再由 Point 类和 Radius 类多重派生出“圆”类 Circle。本例中的多重继承关系如图 12-4 所示。

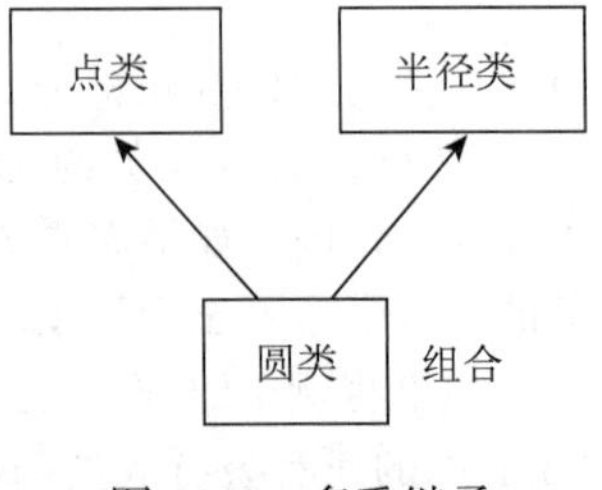

图 12-4 多重继承

```
#include <iostream>
using namespace std;
#define PI 3.14159
class Point
{
protected:                                                                  // A
    int x, y;
public:
    Point(int a = 0, int b = 0){ x = a; y = b; }
    void ShowPoint(){ cout << "Point:(" << x << ',' << y << ")\n"; }
    int Getx() { return x; }
    int Gety() { return y; }
    void Setxy(int a, int b){ x = a; y = b; }
};
class Radius
```

```
{
protected:                                                          // B
    int r;
public:
    Radius(int ra = 0){ r = ra; }
    void Setr(int ra){ r = ra; }
    int Getr()     { return r; }
};
class Circle : public Point, public Radius                          // C
{
public:
    Circle(int x, int y, int ra) : Point(x, y), Radius(ra) { }      // D
    double Area() { return PI*r*r; }                                // E
    void Move(int x_offset, int y_offset)
    {
        x += x_offset; y += y_offset;                               // F
    }
    void ShowCircle()
    {
        ShowPoint();
        cout << "Radius: " << r << '\t';
        cout << "Area: " << Area() << endl;
    }
};
int main()
{
    Circle  c(0, 0, 2); // （0,0）表示圆心坐标的初值，2表示半径的初值
    c.ShowCircle();
    c.Move(2, 2);
    c.ShowCircle();
    c.Setxy(0, 0);
    c.Setr(1);
    c.ShowCircle();
    return 0;
}
```

程序中的C行表示Circle是由两个基类即Point和Radius公有派生出来的。在D行，Circle类的构造函数本身没有代码（注意函数体为空），它通过调用基类的构造函数来初始化基类的数据成员。在A行和B行中，将基类的数据成员定义成保护成员，这样既可以在基类中隐藏数据成员，又可以在公有派生类中直接访问这些数据成员（例如程序中的E行和F行直接访问基类的r、x和y成员），这样的处理比在例12.1中派生类通过基类的公有成员函数访问基类私有成员方法的代码书写简单、程序执行效率高。本例再次说明基类protected成员的优势。

例12.2程序的运行结果为：

```
Point:(0,0)
Radius: 2        Area: 12.5664
Point:(2,2)
Radius: 2        Area: 12.5664
Point:(0,0)
Radius: 1        Area: 3.14159
```

请比较例12.1和例12.2的主函数和运行结果，它们是一样的，但Circle类的创建方式不一样。例12.1中用单一派生的方式由点类Point派生出了Circle类；而在例12.2中由多重派生的方式由点类Point和半径类Radius多重派生出了Circle类。无论采用何种方式创建Circle类，类的使用方式是一样的。

12.4 基类成员的初始化

12.4.1 基类的构造函数和析构函数的调用顺序

从例 12.2 的 D 行可知，若一个类是由多个基类派生出来的，则在定义派生类构造函数时，需要调用基类的构造函数，初始化基类成员。

派生类构造函数的一般格式是：

```
ClassName :: ClassName(args) : Base1(arg_1), Base2(arg_2), ...,Basen(arg_n)
{  <派生类自身的构造函数体>  }
```

其中 ClassName 是派生类的类名，Base1，Base2，…，Basen 是基类的类名。args 是派生类自身构造函数的形参列表，arg_1，arg_2，…，arg_n 是调用基类构造函数的实参列表。

派生类构造函数的执行顺序为：首先依次调用基类构造函数 Base1()，Base2()，…，Basen()，然后执行 <派生类自身的构造函数体>。

析构函数的执行顺序为：首先执行派生类自身的析构函数体，然后按 ~Basen()，…，~Base2()，~Base1() 的顺序调用基类的析构函数，即析构函数的执行顺序与构造函数相反。

例 12.3 多重继承时，基类构造函数和析构函数的调用顺序。

```
#include <iostream>
using namespace std;
class Base1
{
protected:
    int data1;
public:
    Base1(int a = 0)
    {
        data1 = a;
        cout << "Base1 Constructor\n";
    }
    ~Base1()
    {
        cout << "Base1 Destructor\n";
    }
};
class Base2
{
protected:
    int data2;
public:
    Base2(int a = 0)
    {
        data2 = a;
        cout << "Base2 Constructor\n";
    }
    ~Base2() {  cout << "Base2 Destructor\n";  }
};
class Derived : public Base1, public Base2              // A
{
    int d;
public:
    Derived(int x, int y, int z) : Base1(x), Base2(y)       // B
    {
        d = z;  cout << "Derived Constructor\n";
    }
    ~Derived() {  cout << "Derived Destructor\n";  }
    void Show( )
    {
```

```
        cout << data1 << ',' << data2 << ',' << d << endl;
    }
};
int main()
{
    Derived  c(1, 2, 3);
    c.Show();
    return 0;
}
```

本例中 Base1 和 Base2 是两个独立定义的类，它们多重派生出派生类 Derived。在 Derived 类的构造函数的成员初始化列表中，调用基类的构造函数的顺序并不是由 B 行冒号后的书写顺序决定的，而是由 A 行的继承顺序决定的，即使将 B 行改写成“Derived(int x, int y, int z) : Base2(y), Base1(x)”，构造函数的调用顺序依然不变，仍然是先调用 Base1 的构造函数然后再调用 Base2 的构造函数，程序的运行结果也不变。

例 12.3 程序的运行结果是：

```
Base1 Constructor
Base2 Constructor
Derived Constructor
1,2,3
Derived Destructor
Base2 Destructor
Base1 Destructor
```

12.4.2 对象成员构造函数和析构函数的调用顺序

若派生类中除了包含基类成员，还包含对象成员，则在派生类的构造函数的初始化成员列表中不仅要列举基类的构造函数，也要列举对象成员的构造函数。

例 12.4 基类成员、对象成员的构造函数和析构函数的调用顺序。

```
#include <iostream>
using namespace std;
class Base1
{
protected:
    int data1;
public:
    Base1(int a = 8)
    {
        data1 = a;
        cout << data1 << ", Base1 Constructor\n";
    }
    ~Base1() { cout << data1 << ", Base1 Destructor\n"; }
};
class Base2
{
protected:
    int data2;
public:
    Base2(int a = 9)
    {
        data2 = a;
        cout << data2 << ", Base2 Constructor\n";
    }
    ~Base2() { cout << data2 << ", Base2 Destructor\n"; }
};
class Derived :public Base1, public Base2                      // A
{
```

```
    int d;
    Base1  b1, b2;                                                      // B
public:
    Derived(int x, int y, int z) : Base1(x), Base2(y), b1(x + y), b2(x + z)//C
    {
        d = z; cout << "Derived Constructor\n";
    }
    ~Derived() { cout << "Derived Destructor\n"; }
    void Show() { cout << data1 << ',' << data2 << ',' << d << endl; }
};
int main()
{
    Derived  c(1, 2, 3);
    c.Show();
    return 0;
}
```

程序的运行结果是：

```
1, Base1 Constructor                 // 初始化基类Base1时的输出
2, Base2 Constructor                 // 初始化基类Base2时的输出
3, Base1 Constructor                 // 构造对象成员b1时的输出
4, Base1 Constructor                 // 构造对象成员b2时的输出
Derived Constructor                  // 派生类自身构造函数的输出
1, 2, 3
Derived Destructor                   // 派生类析构函数的输出
4, Base1 Destructor                  // 析构对象成员b2时的输出
3, Base1 Destructor                  // 析构对象成员b1时的输出
2, Base2 Destructor                  // Base2析构函数的输出
1, Base1 Destructor                  // Base1析构函数的输出
```

从运行结果可以看出，C++将派生类构造函数的调用顺序处理成：**先调用基类的构造函数，再调用对象成员的构造函数，最后调用对象自身的构造函数**。而且调用基类构造函数的顺序是由A行的继承顺序决定的，调用对象成员构造函数的顺序是由B行对象的定义顺序决定的，即使将C行成员初始化列表中的对基类、对象成员的初始化顺序做任意调换，如“b2(x+z), Base2(y), b1(x+y), Base1(x)”，程序的运行结果也不变。

从运行结果还可以看出，**析构函数的调用顺序与构造函数相反**。

在定义对象和撤销对象时，构造函数和析构函数是必须要调用的。例如，若将C行改写成：

```
Derived(int x, int y, int z)
```

即编程者未显式调用基类和对象成员的构造函数，但系统仍然要依次自动调用基类和对象成员的构造函数，注意此时调用的是缺省构造函数，程序的运行结果变为：

```
8, Base1 Constructor
9, Base2 Constructor
8, Base1 Constructor
8, Base1 Constructor
Derived Constructor
8, 9, 3
Derived Destructor
8, Base1 Destructor
8, Base1 Destructor
9, Base2 Destructor
8, Base1 Destructor
```

12.4.3 关于构造函数和析构函数的继承问题

前述章节已介绍，C++的派生类继承基类的成员，包括数据成员和成员函数。例如基类的私

有数据成员被派生类继承后，即使在派生类中不能直接访问，但它也被继承了。请特别注意，**基类的构造函数和析构函数不会被派生类继承**，而只能通过派生类的构造函数或析构函数自动调用，完成对基类数据成员的初始化或清理工作。

虽然在 C++11 标准里给出了派生类继承基类构造函数的定义和描述，但目前还没有 C++ 软件能够支持该标准。请读者参阅相关书籍。

12.5 二义性和支配规则

12.5.1 二义性（访问冲突）

在多重继承中，当在派生类中出现两个以上同名的可直接访问的基类成员时，便出现了二义性。二义性有时被称为访问冲突。

例 12.5 访问二义性。本例的继承关系如图 12-5 所示。

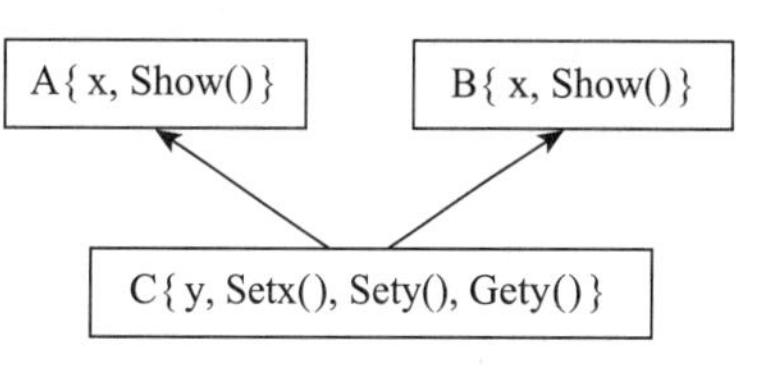

图 12-5 多重继承引发二义性

```
#include <iostream>
using namespace std;
class A
{
protected:
    int  x;
public:
    void Show(){ cout << "x=" << x << '\n'; }
    A(int a = 0){ x = a; }
};
class B
{
protected:
    int  x;
public:
    void Show(){ cout << "x=" << x << '\n'; }
    B(int a = 0){ x = a; }
};
class C : public A, public B              //公有继承A和B
{
    int  y;
public:
    void Setx(int a) { x = a; }           //D，类内访问x出现二义性
    void Sety(int b) { y = b; }
    int Gety(){ return y; }
};
int main()
{
    C c;
    c.Setx(35);
    c.Sety(300);
    c.Show();                             //E，类外访问Show( )出现二义性
    return 0;
}
```

A 类和 B 类具有同名成员 x 和 Show()，它们均被继承到 C 类中。因此，在 C 类的内部访问 x 或 Show() 时，以及在 C 类的外部访问 Show() 时，都存在着二义性问题。如在 D 行访问 x 时，编译器无法判断访问的是哪一个基类的 x。在 E 行访问 Show() 时，编译器依然无法判断访问的是哪一个基类的 Show()。解决方法有两种，第一种是在定义基类时，保证一个基类中的成员名与另一个基类中的成员名不相同。显然，这不是一个好的解决办法。第二种是在派生类中使用作用域运算符来限定所访问的成员是属于哪一个基类的。格式为：

<基类类名> :: <成员名>

例 12.6 解决例 12.5 的访问二义性。

```
#include <iostream>
using namespace std;
class A
{
protected:
    int  x;
public:
    void Show(){ cout << "x=" << x << '\n'; }
    A(int a = 0){ x = a; }
};
class B
{
protected:
    int  x;
public:
    void Show(){ cout << "x=" << x << '\n'; }
    B(int a = 0){ x = a; }
};
class C : public A, public B                    //公有继承A和B
{
    int  y;
public:
    void SetAx(int a) { A::x = a; }             //D1，注意这两行如何解决二义性
    void SetBx(int a) { B::x = a; }             //D2
    void Sety(int b) { y = b; }
    int Gety(){ return y; }
};
int main()
{
    C c;
    c.SetAx(35);
    c.SetBx(45);
    c.Sety(300);
    cout << "A::"; c.A::Show();             //E1，注意这两行如何解决二义性
    cout << "B::"; c.B::Show();             //E2
    cout << "y=" << c.Gety() << endl;
    return 0;
}
```

程序的运行结果是：

```
A::x=35
B::x=45
y=300
```

当把派生类作为基类，继续派生出新的派生类时，这种限定作用域的运算符不能嵌套使用，如下形式的使用方式是不允许的：

<类名1>::<类名2>::<类名3> … ::<成员名>

在例 12.7 中给出解决多层继承时访问冲突的办法。

例 12.7 解决多层继承中的访问冲突，本例的多层继承关系如图 12-6 所示。

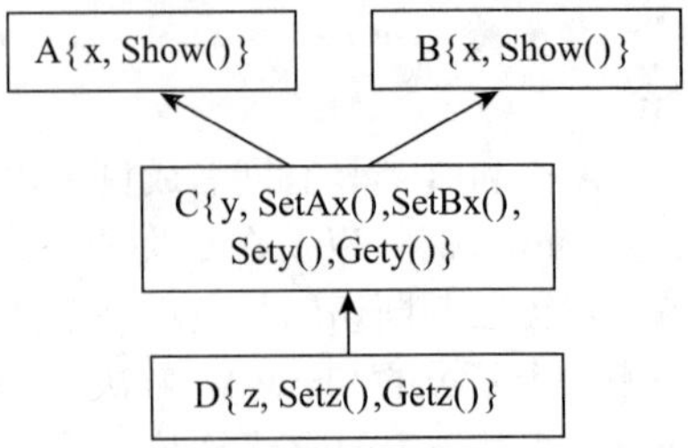

```
#include <iostream>
using namespace std;
class  A
```

A{x, Show()}
B{x, Show()}
C{y, SetAx(),SetBx(), Sety(),Gety()}
D{z, Setz(),Getz()}

图 12-6 多层多重继承中的冲突

```
{
protected:
    int x;
public:
    void Show() { cout << "x=" << x << '\n'; }
};
class  B
{
protected:
    int x;
public:
    void Show() { cout << "x=" << x << '\n'; }
};
class  C : public A, public B         //公有继承 A、B 类
{
    int y;
public:
    void SetAx(int a) { A::x = a; }
    void SetBx(int a) { B::x = a; }
    void Sety(int b) { y = b; }
    int Gety() { return y; }
};
class  D : public C                   //公有继承 C 类
{
    int z;
public:
    void Setz(int a) { z = a; }
    int Getz() { return z; }
};
int main(void)
{
    D d;
    d.SetAx(10);  d.SetBx(20);  d.Sety(30);  d.Setz(40);
    cout << "A";
    d.C::A::Show();                               //E
    cout << "B";
    d.C::B::Show();                               //F
    cout << "y=" << d.Gety() << '\n';
    cout << "z=" << d.Getz() << '\n';
    return 0;
}
```

A 类和 B 类具有同名成员 x 和 Show()，它们被继承到 D 类中，继承链是 D→C→A 和 D→C→B。根据前述作用域运算符不能嵌套使用的原则，编译器在 E 行和 F 行报错。

最简单的解决办法是，只要把 E 行和 F 行改写成“d.A::Show();”和“d.B::Show();”即可。另一种解决办法是，在 C 类中增加成员函数：

```
void ShowA( ) {  cout << "x=" << A::x << '\n';  }
void ShowB( ) {  cout << "x=" << B::x << '\n';  }
```

再将 E 行和 F 行改写成“d.ShowA();”和“d.ShowB();”即可。

修改后，程序的运行结果如下：

```
Ax=10
Bx=20
y=30
z=40
```

由于 C++ 是通过作用域运算符来解决访问二义性问题，因此规定**任一基类在派生类中只能**

被直接继承一次，否则访问冲突无法通过作用域运算符解决。

例如：

```
class  A
{
public:
    float  x;
    ...
};
class B: public A, public A    //错误的
{... };
```

B 类直接继承 A 类两次，B 类中若欲访问基类的 x，无法通过基类的类名区分是哪个基类的 x。

12.5.2　支配规则

在 C++ 中，允许派生类中新增加的成员名与其基类的成员名相同，这种同名并不产生访问二义性（或称访问冲突）。在派生类中访问同名成员时，若直接用成员名访问，则访问的是派生类自身的成员；若使用作用域运算符进行基类类名限定，则访问的是基类的同名成员，即对同名成员的访问，派生类优先，这种优先关系称为**支配规则**。

例 12.8　支配规则示例。

```
#include <iostream>
using namespace std;
class A
{
protected:
    int x;
public:
    void Set(int a) { x = a; }
    void Show() { cout << "x=" << x << '\n'; }
};
class B : public A
{
protected:
    int x;                                          // x 成员与基类的成员x 同名
public:
    void SetAx(int a) { A::x = a; }                 // C，访问的是基类A的x
    void SetBx(int a) { x = a; }                    // D，访问的是派生类B的x
    void Show() { cout << "x=" << x << endl; }
};
int main(void)
{
    B b;
    b.SetAx(1);
    b.SetBx(2);
    b.A::Show();                                    // E，访问的是基类A的Show( )
    b.Show();                                       // F，访问的是派生类B的Show( )
    return 0;
}
```

程序的运行结果如下：

```
x=1
x=2
```

12.6 虚基类

如图 12-7a 的多重继承关系中，在 D 类中包含了基类 A 的两个拷贝，所以一个 D 类对象包含了两份 A 类对象的数据成员。此时在类 D 的成员函数中，若欲访问 A 的成员 x，则必须以 B::x 和 C::x 区分，例 12.9 中说明了此种情况。

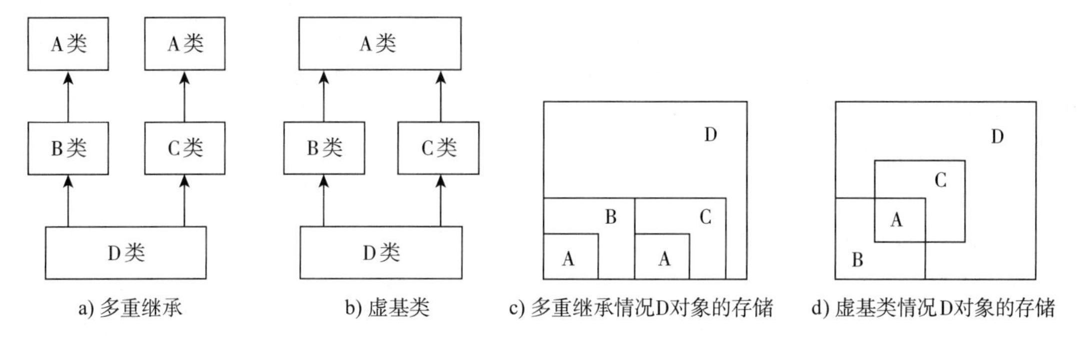

a) 多重继承　b) 虚基类　c) 多重继承情况D对象的存储　d) 虚基类情况D对象的存储

图 12-7　多重继承与虚基类

例 12.9　实现图 12-7a 中的类继承体系，在派生类 D 中具有两个基类拷贝。

```
#include <iostream>
using namespace std;
class A
{
protected:
    int x;
public:
    A(int a = 0) : x(a) { }
};
class B : public A
{
protected:
    int y;
public:
    B(int a = 0, int b = 0) :A(a), y(b){ }
};
class C : public A
{
protected:
    int z;
public:
    C(int a = 0, int c = 0) :A(a), z(c){ }
};
class D : public B, public C
{
protected:
    int k;
public:
    D(int a1 = 0, int a2 = 0, int b = 0, int c = 0, int d = 0) :
                              B(a1, b), C(a2, c), k(d)      // E，续上一行
    { } //D类构造函数的函数体
    void Show()
    {
        cout << "x1=" << B::x << ", ";                        // F
        cout << "x2=" << C::x << ", ";                        // G
        cout << "y=" << y << ", ";
        cout << "z=" << z << ", ";
        cout << "k=" << k << endl;
```

```
    }
};
int main(void)
{
    D obj(1, 2, 3, 4, 5);
    obj.Show();
    return 0;
}
```

主函数中D类的对象obj包含了从两个继承链中继承的A类的成员x，如图12-7c所示。在程序的F行和G行，用类名限定指出访问的x是从哪个继承链中继承的A类的x。在E行，调用了基类的构造函数。

程序的运行结果是：

```
x1=1, x2=2, y=3, z=4, k=5
```

在多重派生中，若欲使公共的基类在派生类中只有一个拷贝，即得到图12-7b的继承关系，可将基类A说明成**虚基类**。说明虚基类的方法是在派生类B、C的定义中，在基类的类名前加上关键字virtual。一般格式为：

```
class <类名> : virtual <继承方式> <基类名>
{  …  };
```

或

```
class <类名> : <继承方式> virtual <基类名>
{  …  };
```

注意画线部分，即“<继承方式>”和“virtual”的前后顺序可任意，一般使用前一种格式。

例12.10 虚基类的例子，实现图12-7b中的虚基类继承体系。

```
#include <iostream>
using namespace std;
class A
{
protected:
    int x;
public:
    A(int a = 0) : x(a) { }
};
class B : virtual public A                                    // E
{
protected:
    int y;
public:
    B(int a = 0, int b = 0) :A(a), y(b){   }
};
class C : public virtual A                                    // F
{
protected:
    int z;
public:
    C(int a = 0, int c = 0) :A(a), z(c){   }
};
class D : public B, public C
{
protected:
    int k;
public:
```

```
    D(int a1 = 0, int a2 = 0, int b = 0, int c = 0, int d = 0) :
                                  B(a1, b), C(a2, c), k(d)      // G，续上一行
    { }    //D类构造函数的函数体
    void Show()
    {
        cout << "x=" << x << ", ";                              // H
        cout << "y=" << y << ", ";
        cout << "z=" << z << ", ";
        cout << "k=" << k << endl;
    }
};
int main(void)
{
    D obj(1, 1, 2, 3, 4);
    obj.Show();
    return 0;
}
```

程序的运行结果是：

```
x=0, y=2, z=3, k=4
```

注意在 E 行、F 行虚基类的说明。A 类是虚基类，它的数据成员在 D 的对象中只有一份拷贝（如图 12-7d 所示），因此在 H 行对 x 的访问不会出现二义性。在 G 行调用了基类的构造函数，由于作为独立类的 B 类和独立类的 C 类，它们分别又会通过 B 的构造函数或通过 C 的构造函数调用基类 A 的构造函数，用 a1 或 a2 去初始化基类 A 的 x，会产生矛盾（即使在本例中 a1 和 a2 的值相同），在这种情况下，C++ 编译器约定 B 类或 C 类调用 A 类的构造函数都无效，而是在 D 的构造函数中直接调用 A 类的构造函数，但是在本题 G 行的成员初始化列表中编程者没有显式调用 A 类的构造函数，因此系统自动调用 A 类的缺省构造函数。所以输出 x=0。当然编程者也可以在 G 行显式地直接调用 A 类的构造函数，例如若将 G 行改写为：

```
D(int a1=0, int a2=0, int b=0, int c=0, int d=0) :B(a1, b), C(a2, c), A(a1) , k(d)
```

则程序的运行结果变为：

```
x=1, y=2, z=3, k=4
```

请特别注意，在 12.4.1 节中已介绍，基类的构造函数的调用顺序按照其继承顺序。现在又引入了虚基类，那么如果派生类有多个基类，这些基类有些是虚基类有些是非虚基类，基类构造的调用顺序又如何呢？结论是**先调用虚基类的构造函数，再调用非虚基类的构造函数**，虚基类的构造函数按虚基类的继承顺序调用，非虚基类的构造函数按非虚基类的继承顺序调用。

例 12.11　虚基类和非虚基类构造函数的调用。

```
#include <iostream>
using namespace std;
class A
{
public:
    A() { cout << "A"; }
    ~A() { cout << "~A"; }
};
class B
{
public:
    B() { cout << "B"; }
    ~B() { cout << "~B"; }
};
class C
```

```
{
public:
    C() { cout << "C"; }
    ~C() { cout << "~C"; }
};
class D
{
public:
    D() { cout << "D"; }
    ~D() { cout << "~D"; }
};
class E : virtual public B, public A, public D, virtual public C    // G
{   // E类的类体是空的
};
int main()
{
    E c;
    return 0;
}
```

程序的运行结果是：

```
BCAD~D~A~C~B
```

程序中E类的类体是空的，因此系统自动生成一个缺省构造函数，依次调用各基类的缺省构造函数。注意G行对基类不同的继承形式，B类和C类是虚基类，A类和D类是非虚基类，而系统约定的调用基类构造函数的顺序是，先按继承顺序调用虚基类的构造函数即调用B和C的构造函数，再按继承顺序调用非虚基类的构造函数，即调用A和D的构造函数。注意析构函数的调用顺序相反。

12.7 访问基类成员和对象成员的成员

在12.5.1节中已介绍，为了避免访问基类成员的二义性，C++规定同一个基类不可以被直接继承两次以上。在有些应用中一个类必须具有两个已有类的对象，如何解决这个问题呢？例12.12给出了一种办法，在本例中首先定义一个点类Point，因为两点构成一条直线，在定义线类Line时，可用两个Point类的对象作为Line类的对象成员。例12.13给出了另一种办法，即将一个点作为基类成员，第2个点作为派生类的新增成员，定义派生类Line。

12.7.1 访问对象成员的成员

例12.12 访问对象成员的成员。

```
#include <iostream>
#include <cmath>
using namespace std;
class Point
{
    int x, y;
public:
    Point(int a = 0, int b = 0)   { x = a; y = b; }
    void Setx(int a){ x = a; }
    void Sety(int a){ y = a; }
    int Getx(){ return x; }
    int Gety(){ return y; }
    void Show()
    {
        cout << "point(" << x << ',' << y << ")\n";
    }
```

```
};
class Line
{
    Point p1, p2;                                       // 对象成员
public:
    Line(int x1, int y1, int x2, int y2) : p1(x1, y1), p2(x2, y2) // A
    { }
    double Length()
    {
        int x1, y1, x2, y2;
        x1 = p1.Getx(); y1 = p1.Gety();                 // B，访问对象成员p1的成员
        x2 = p2.Getx(); y2 = p2.Gety();                 // C，访问对象成员p2的成员
        return sqrt((x1 - x2)*(x1 - x2) + (y1 - y2)*(y1 - y2));
    }
    void Show()
    {
        p1.Show();                                      // D，访问对象成员p1的成员
        p2.Show();                                      // E，访问对象成员p2的成员
        cout << "Length=" << Length() << endl;
    }
};
int main()
{
    Line  line(0, 0, 1, 1);
    line.Show();
    return 0;
}
```

本程序的运行结果是：

```
point(0, 0)
point(1, 1)
Length=1.41421
```

程序中首先定义 Point 类，然后定义 Line 类，Point 类和 Line 类不是继承关系。Point 类的两个对象 p1 和 p2 是 Line 类的对象成员，在程序的 A 行调用对象成员构造函数。访问对象成员的成员，与访问一般对象的成员遵循同样的规则，如程序中的 B、C、D 和 E 行。

12.7.2 访问基类成员

例 12.13 访问基类成员。

```
#include <iostream>
#include <cmath>
using namespace std;
class Point
{
protected:
    int x, y;     //定义x、y为保护成员，以使在公有派生类中可直接访问它们
public:
    Point(int a = 0, int b = 0)    { x = a; y = b; }
    void Setx(int a) { x = a; }
    void Sety(int a) { y = a; }
    int Getx() { return x; }
    int Gety() { return y; }
    void Show()
    {
        cout << "point(" << x << ',' << y << ")\n";
    }
};
```

```
class Line : public Point                                    // 公有继承
{
protected:
    int x1, y1;
public:
    Line(int a, int b, int c, int d) : Point(a, b)       // 调用基类构造函数
    {
        x1 = c; y1 = d;
    }
    double Length()
    {
        return sqrt((x - x1)*(x - x1) + (y - y1)*(y - y1));  // A
    }
    void Show()
    {
        Point::Show();                                       // 访问基类成员函数Show( )
        cout << "point(" << x1 << ',' << y1 << ")\n";
        cout << "Length=" << Length() << endl;
    }
};
int main()
{
    Line  line(0, 0, 1, 1);
    line.Show();
    return 0;
}
```

例 12.12 和例 12.13 的主函数和运行结果均一样，即使用 Line 类对象的方式没有差别。但 Line 类的实现是不一样的，例 12.12 中 Line 类不是通过继承方式实现的，而是独立定义的类，它包含了 Point 类的两个对象成员，通过公有函数接口访问对象成员的成员，参见例 12.12 程序中的 B、C、D 和 E 行。而例 12.13 中，Line 类是通过继承方法实现的，在 Line 类中可以直接访问基类的成员 x 和 y，参见例 12.13 程序中的 A 行。

12.8 赋值兼容

同类对象之间可以相互赋值，那么派生类对象与其基类对象之间是否能相互赋值呢？**赋值兼容规则为：可以将公有派生类的对象赋值给基类对象，反之不允许。**

例 12.14 赋值兼容规则。

```
#include <iostream>
using namespace std;
class Point
{
protected:
    int x, y;                                                // 保护成员
public:
    Point(int a = 0, int b = 0) { x = a; y = b; }
    void Show()
    {
        cout << "point(" << x << ',' << y << ")\n";
    }
};
class Line : public Point                                    // 公有继承
{
protected:
    int x1, y1;
public:
    Line(int a, int b, int c, int d) : Point(a, b)       //调用基类构造函数
```

```
        {
            x1 = c; y1 = d;
        }
};
int main()
{
    Line line(2, 2, 6, 6);
    Point p;
    p = line;                   // A
    p.Show();
    return 0;
}
```

程序中A行将公有派生类的对象line的值赋给基类对象p，结果p获得的值是line对象中从基类继承的数据成员x和y的值，所以程序的运行结果是：

```
Point(2, 2)
```

赋值兼容与限制可归结为以下五点：

1）公有继承的派生类对象能赋值给基类对象，私有或保护继承的派生类对象不可以赋值给基类对象。

2）公有继承的派生类对象赋值给基类对象时，系统将派生类对象中从基类继承来的成员赋给基类对象。这一点可以从例12.14的运行结果看出。回顾图12-1，可知派生类对象是基类对象的扩充，将派生类对象赋值给基类对象是合理的，基类获取的是派生类对象中基类的部分。

3）不能将基类对象赋值给派生类对象，因为派生类对象是基类对象的扩充，如果能赋值，则派生类对象扩充的部分将无值可赋。

4）在公有继承的情况下，可将派生类对象的地址赋给基类的指针变量，如“Point *ptr = &line;”。

5）在公有继承的情况下，派生类对象可初始化基类的引用，如“Point &refp = line;”。

注意，在最后两种情况下，通过基类指针或引用只能访问派生类对象中从基类继承下来的成员，而不能访问派生类中增加的成员。

第13章　多　态　性

多态性是面向对象程序设计的重要特性，它与前面介绍过的封装性和继承性构成面向对象程序设计的三大特性。这三大特性是彼此关联的，封装性是基础，继承性是关键，而多态性是补充。

多态分为静态多态和动态多态。函数重载、运算符重载（在本章介绍）以及模板（在第15章介绍）都是属于静态多态，也称编译时多态。动态多态（在本章介绍）也称运行时多态，即在程序运行阶段才能确定的关系，例如某些函数的调用关系在编译阶段无法确定，到了运行阶段才能确定。多态是建立在虚函数基础之上的。本章首先回顾函数重载，然后介绍运算符重载，最后介绍运行时多态。

13.1　函数重载

所谓函数重载是指赋予一个函数名多个含义。C++ 允许在相同的作用域内以相同的名字定义若干具有不同功能（一般来说是类似功能）的函数，它们可以是普通函数也可以是类的成员函数，这两种情况在前面的章节中都有例子说明。C++ 编译器在处理重载函数的调用时，是根据函数的参数类型和参数个数来区分调用哪一个函数的，即若有多个同名函数，只要它们的参数类型或参数个数不同，编译器就能区分调用哪一个函数。如果两个函数的参数类型和参数个数完全一样，唯有返回值不同，则它们不能构成重载函数。另外，在 11.3.2 节也介绍过，常成员函数的关键字 const 也能区分重载函数。

例 13.1　定义一个字符串 String 类，对其构造函数进行重载。

```
#include <iostream>
#include <cstring>
using namespace std;
class String
{
    int Length;                                    // 字符串长度
    char *Strp;                                    // 字符串首指针
public:
    String();                                      // 重载构造函数1
    String(char *s);                               // 重载构造函数2
    String(String &s);                             // 重载构造函数3
    void Print()
    {
        cout << "String=" << Strp << endl;
        cout << "Length=" << Length << endl;
    }
    ~String(){ if (Strp)delete[]Strp; }            // 析构函数
};
String::String()                                   // 构造函数1:将字符串初始化为空串""
{
    Length = 0;
    Strp = new char[Length + 1];
    *Strp = '\0';
}
String::String(char *s)                            // 构造函数2:用s指向的串初始化本类字符串
{
```

```
    Length = strlen(s);
    Strp = new char[Length + 1];
    strcpy(Strp, s);
}
String::String(String &s)                    // 构造函数3:拷贝构造函数
{
    Length = s.Length;
    Strp = new char[Length + 1];
    strcpy(Strp, s.Strp);
}
int main()
{
    char *sp = "This is a string.";
    String str1;                             // 调用重载构造函数1
    String str2(sp);                         // 调用重载构造函数2
    String str3(str2);                       // 调用重载构造函数3
    str1.Print();
    str2.Print();
    str3.Print();
    return 0;
}
```

程序的运行结果是：

```
String=
Length=0
String=This is a string.
Length=17
String=This is a string.
Length=17
```

本例中重载了构造函数，其他成员函数同样可以重载。一般来说重载函数是功能相似的一组函数，它们提供了使用相同功能的不同形态。如本例中 String() 提供初始化空串的方法，String(char *s) 提供用字符串指针初始化串的方法，而 String(String &s) 提供了用已有串初始化新串的方法。

13.2 运算符重载

C++ 中针对基本数据类型量进行运算时，运算符的含义是预先定义好的，不允许编程者改变。C++ 的运算符能否适用于导出数据类型呢？例如，若定义了新的“复数”类型，c1 和 c2 是两个复数类对象，能否进行 c1+c2 运算呢？回答是肯定的，但需要使用运算符重载机制。例如，对运算符“+”进行重载后，它就能适用于两个复数类对象的相加。运算符重载是通过定义运算符重载函数实现的，在函数体中，对运算符作用于新类型运算量上的意义做明确规定。

13.2.1 运算符重载的几点说明

1. 可以重载的运算符

在 C++ 中可以重载的运算符有 42 个，见表 13-1。

表 13-1 C++ 中可以重载的运算符

+	–	*	/	%	^	&
|	~	!	,	=	<	>
<=	>=	++	––	<<	>>	==

（续）

!=	&&	||	+=	－＝	*=	/=
%=	^=	&=	|=	<<=	>>=	[ ]
( )	－>	－>*	new	delete	new[]	delete[]

2. 不可以重载的运算符

在C++中不可以重载的运算符有5个，见表13-2。

表13-2　C++中不可以重载的运算符

条件运算符	? :
成员访问运算符	.
成员指针访问运算符	.*
作用域运算符	::
求字节数运算符	sizeof

3. 重载运算符的限制

1）只能对C++自身提供的运算符重载，不可臆造新的运算符。

2）重载运算符时，不允许改变运算符的语法结构。例如不能改变运算符的操作数个数，二元运算符只能重载成二元运算符，一元运算符只能重载成一元运算符。

3）重载运算符时，不允许改变运算符的优先级和结合性。

13.2.2　运算符重载的两种方式

运算符重载的原理是：一个运算符是一个具有特定意义的符号，只要告诉编译器在“看到”这个符号时完成什么操作即可，而这种操作是在运算符重载函数中实现的。一般地，运算符重载函数的实现有两种方式，即成员函数实现和非成员函数实现，而非成员函数方式实现又分为友元函数实现和普通函数（即非成员非友元函数）实现。首先介绍成员函数实现。

1. 重载为类的成员函数

若用成员函数实现运算符的重载，则在类内定义运算符重载函数的格式为：

```
<数据类型> operator <重载运算符>( [<参数列表>] )
{ … }
```

在类外定义运算符重载函数的格式为：

```
<数据类型> <类名>::operator <重载运算符> ( [<参数列表>] )
{ … }
```

例如，欲重载加法“+”运算符，画线部分可写成operator +。将运算符重载函数的定义格式与一般成员函数的定义格式比较，“operator <重载运算符>”相当于一个函数名，选用operator作为关键字是为了与普通成员函数区别，当编译器看到关键字operator时，就知道这是一个运算符重载函数。

例13.2　用类的成员函数实现复数类的运算符重载。

```
#include <iostream>
using namespace std;
class Complex
{
    double Real, Image;
public:
    Complex(double r = 0, double i = 0)          // A，构造函数
    {
        Real = r; Image = i;
    }
```

```
    Complex operator+(const Complex &c);          // B，重载二元"加法"运算符
    Complex operator+(double r);                  // C，重载二元"加法"运算符
    Complex operator-(const Complex &c);          // 重载二元"减法"运算符
    Complex operator-(double r);                  // 重载二元"减法"运算符
    Complex operator-(void);                      // D，重载一元"负号"运算符
    Complex operator*(const Complex &c);          // 重载二元"乘法"运算符
    Complex operator/(const Complex &c);          // 重载二元"除法"运算符
    void Show()
    {
        cout << Real;
        if (Image>0)
            cout << '+' << Image << 'i';          // 如果是正数，应显式输出正号
        else
            if (Image<0) cout << Image << 'i';   // 如果是负数，自动输出负号
        cout << endl;
    }
};
Complex Complex::operator +(const Complex &c)    // 重载二元"加法"运算符
{
    return Complex(Real+c.Real, Image+c.Image); // 构造一个临时对象作为返回值
}
Complex Complex::operator+(double r)             // 重载二元"加法"运算符
{
    return Complex(Real + r, Image);             // 构造一个临时对象作为返回值
}
Complex Complex::operator-(const Complex &c)     // 重载二元"减法"运算符
{
    Complex t;
    t.Real = Real - c.Real;
    t.Image = Image - c.Image;
    return t;
}
Complex Complex::operator-(double r)             // 重载二元"减法"运算符
{
    Complex t;
    t.Real = Real - r;
    t.Image = Image;
    return t;
}
Complex Complex::operator-(void)                 // 重载一元"负号"运算符
{
    return Complex(-Real, -Image);
}
Complex Complex::operator*(const Complex &c)     // 重载二元"乘法"运算符
{
    double r, i;
    r = Real*c.Real - Image*c.Image;
    i = Real*c.Image + Image*c.Real;
    return Complex(r, i);
}
Complex Complex::operator/(const Complex &c)     // 重载二元"除法"运算符
{
    double t, r, i;
    t = c.Real*c.Real + c.Image*c.Image;
    r = (Real*c.Real + Image * c.Image) / t;
    i = (Image*c.Real - Real*c.Image) / t;
    return Complex(r, i);
}
int main()
{
    Complex c1(2, 3), c2(4, -2), c3;
```

```
    cout << "c1="; c1.Show();
    cout << "c2="; c2.Show();
    c3 = 5.0;                                       // E
    cout << "c3="; c3.Show();
    c3 = c1 + c2;                                   // F
    cout << "c1+c2="; c3.Show();
    c3 = c1 + 5;                                    // G
    cout << "c1+5="; c3.Show();
    c3 = c1 - c2;
    cout << "c1-c2="; c3.Show();
    c3 = c1 - 5;
    cout << "c1-5="; c3.Show();
    c3 = -c1;                                       // H
    cout << "-c1="; c3.Show();
    c3 = c1*c2;
    cout << "c1*c2="; c3.Show();
    c3 = c1 / c2;
    cout << "c1/c2="; c3.Show();
    c3 = (c1 + c2)*(c1 - c2)*c2 / c1;
    cout << "(c1+c2)*(c1-c2)*c2/c1="; c3.Show();
    return 0;
}
```

程序的运行结果是：

```
c1=2+3i
c2=4-2i
c3=5
c1+c2=6+1i
c1+5=7+3i
c1-c2=-2+5i
c1-5=-3+3i
-c1=-2-3i
c1*c2=14+8i
c1/c2=0.1+0.8i
(c1+c2)*(c1-c2)*c2/c1=31.8462+25.2308i
```

注意程序中的 E 行，由于赋值号两边的数据类型不一致，C++ 自动处理成“c3=Complex(5.0);”，调用 A 行的构造函数（第一个形参 r 的值为 5.0，注意第二个形参 i 使用默认值 0）完成将 double 类型的常量 5.0 转换成 Complex 类型的对象，赋值给 c3。这种利用构造函数进行类型转换的技术在 10.2.5 节中已做介绍。

运算符的重载本质上是函数重载，C++ 按照约定的函数名来调用重载函数。如 F 行中的 c1+c2，编译器将 c1+c2 解释成“c1.operator+(c2);”，即转化成通过对象 c1 调用成员函数 operator+，参数是 c2。即编译器将 F 行处理成“c3=c1.operator+(c2);”，调用 B 行定义的重载函数。同理，编译器将 G 行处理成“c3=c1.operator+(5);”，调用 C 行定义的重载函数，调用时将实参 5 转化成 double 型量赋值给形参 r。有了 B 行和 C 行两种加法运算符重载的定义形式，才有 F 行和 G 行的两种运算符的使用形式。

要特别注意，H 行的负号是一个一元运算符，编译器将“c3=-c1;”处理成“c3=c1. operator-();”，调用的是 D 行定义的重载函数。

其他的二元运算符如减法、乘法和除法的重载与二元加法运算符的重载原理相同，编译器同样转换成对应运算符重载函数的调用。

请注意，当成员函数重载二元运算符时，成员函数有一个参数。二元运算的第一个运算量是调用运算符重载函数的对象自身，第二个运算量是成员函数的参数。当成员函数重载一元运算符时，成员函数没有参数，一元运算的唯一运算量就是调用运算符重载函数的对象自身。

2. 重载为非成员函数

非成员函数方式实现运算符重载又分为友元函数实现和普通函数（即非成员非友元函数）实现。

（1）重载为友元函数

若使用友元函数实现运算符重载，则在类内定义友元重载函数的格式为：

```
friend <数据类型> operator <重载运算符> ( [<参数列表>] )
{ … }
```

由于友元函数是非成员函数，一般不在类内定义友元函数，在类内只对友元函数做声明。在类内声明后，则在类外定义友元重载函数的格式为：

```
<数据类型> operator <重载运算符> ( [<参数列表>] )
{ … }
```

例 13.3　用友元函数实现复数类的运算符重载。

```
#include <iostream>
using namespace std;
class Complex
{
    double Real, Image;
public:
    Complex(double r = 0, double i = 0)                              //A
    {
        Real = r; Image = i;
    }
    friend Complex operator+(const Complex &c1, const Complex &c2);    // B
    friend Complex operator+(const Complex &c, double r);              // C
    friend Complex operator-(const Complex &c1, const Complex &c2);
    friend Complex operator-(const Complex &c, double r);
    friend Complex operator-(const Complex &c);                        // D
    friend Complex operator*(const Complex &c1, const Complex &c2);
    friend Complex operator/(const Complex &c1, const Complex &c2);
    void Show()
    {
        cout << Real;
        if (Image>0) cout << '+' << Image << 'i';  //如果是正数，必须输出正号
        else if (Image<0) cout << Image << 'i';    //如果是负数，自动输出负号
        cout << endl;
    }
};
Complex operator +(const Complex &c1, const Complex &c2)         // 重载二元"加法"
{
    return Complex(c1.Real + c2.Real, c1.Image + c2.Image);
}
Complex operator+(const Complex &c, double r)                    // 重载二元"加法"
{
    return Complex(c.Real + r, c.Image);
}
Complex operator-(const Complex &c1, const Complex &c2)          // 重载二元"减法"
{
    Complex t;
    t.Real = c1.Real - c2.Real;
    t.Image = c1.Image - c2.Image;
    return t;
}
Complex operator-(const Complex &c, double r)                    // 重载二元"减法"
{
```

```
    Complex t;
    t.Real = c.Real - r;
    t.Image = c.Image;
    return t;
}
Complex operator-(const Complex &c)                         // 重载一元"负号"运算符
{
    return Complex(-c.Real, -c.Image);
}
Complex operator*(const Complex &c1, const Complex &c2) // 重载二元"乘法"
{
    double r, i;
    r = c1.Real*c2.Real - c1.Image*c2.Image;
    i = c1.Real*c2.Image + c1.Image*c2.Real;
    return Complex(r, i);
}
Complex operator/(const Complex &c1, const Complex &c2) // 重载二元"除"法
{
    double t, r, i;
    t = c2.Real*c2.Real + c2.Image*c2.Image;
    r = (c1.Real*c2.Real + c1.Image * c2.Image) / t;
    i = (c1.Image*c2.Real - c1.Real*c2.Image) / t;
    return Complex(r, i);
}
int main()
{
    Complex c1(2, 3), c2(4, -2), c3;
    cout << "c1="; c1.Show();
    cout << "c2="; c2.Show();
    c3 = 5.0;                                               // E
    cout << "c3="; c3.Show();
    c3 = c1 + c2;                                           // F
    cout << "c1+c2="; c3.Show();
    c3 = c1 + 5;                                            // G
    cout << "c1+5="; c3.Show();
    c3 = c1 - c2;
    cout << "c1-c2="; c3.Show();
    c3 = c1 - 5;
    cout << "c1-5="; c3.Show();
    c3 = -c1;                                               //H
    cout << "-c1="; c3.Show();
    c3 = c1*c2;
    cout << "c1*c2="; c3.Show();
    c3 = c1 / c2;
    cout << "c1/c2="; c3.Show();
    c3 = (c1 + c2)*(c1 - c2)*c2 / c1;
    cout << "(c1+c2)*(c1-c2)*c2/c1="; c3.Show();
    return 0;
}
```

注意此程序的主函数与例 13.2 一样，运行结果也一样。

编译器对 E 行的处理与例 13.2 一样，调用构造函数实现类型的自动转换。由于本例是通过友元函数实现的重载，编译将 F 行中的“c1+c2”处理成“operator+(c1, c2);”，即对友元函数 operator+() 的调用，调用的是 B 行定义的重载函数。同理，编译器将 G 行处理成“c3=operator+(c1, 5);”，调用 C 行定义的重载函数。注意 B 行和 C 行的函数定义在类体外，类体中只有声明。

要特别注意，H 行的负号是一个一元运算符，编译器将“c3=-c1;”处理成“c3=operator-(c1);”，调用的是 D 行定义的重载函数。

编译器对其他二元运算符（如二元减法、二元乘法、二元除法）的处理与二元加法一样。

对二元运算符，友元运算符重载函数有两个参数；对一元运算符，友元运算符重载函数只有

一个参数。

友元函数不是类的成员函数（即非成员函数），在类外定义时不需要类名限定。

（2）重载为非成员非友元函数

定义友元的目的是在友元函数中直接访问类的私有成员。实际上，还可以通过类的公有函数接口访问类的私有成员，所以不使用友元也可实现运算符重载，即使用一般的运算符重载函数（非成员非友元函数）实现运算符的重载。但是这种实现方法增加了公有函数接口的调用时间，不值得提倡。例 13.4 给出了这种实现方法。

例 13.4 使用非成员、非友元函数实现运算符的重载。

```
#include <iostream>
using namespace std;
class Complex
{
    double Real, Image;
public:
    Complex(double r = 0, double i = 0) { Real = r; Image = i; }
    void SetReal(double Real) { Complex::Real = Real; }
    void SetImage(double Image) { Complex::Image = Image; }
    double GetReal() { return(Real); }
    double GetImage() { return(Image); }
    void Show()                                    // 其实现与例13.2或例13.3一样
    {
        cout << Real;
        if (Image>0) cout << '+' << Image << 'i' << endl;
        else if (Image<0) cout << Image << 'i' << endl;
    }
};
Complex operator +(Complex &c1, Complex &c2)       // A
{
    Complex t;
    t.SetReal(c1.GetReal() + c2.GetReal());
    t.SetImage(c1.GetImage() + c2.GetImage());
    return t;
}
int main()
{
    Complex c1(2, 3), c2(4, 8), c3;
    c3 = c1 + c2;                                  // B
    c3.Show();
    return 0;
}
```

程序的运行结果是：

```
6+11i
```

程序中的 A 行实现的是一个二元运算符“+”的运算符重载函数，它是一个非成员非友元函数，函数名是 operator+。编译器将 B 行的“c1+c2”处理成“operator+(c1, c2);”，即调用 A 行实现的运算符重载函数 operator+()。请读者将本例与例 13.3 程序中的 F 行加法运算的处理进行比较，从调用函数的形式上看是一样的，但函数体内部的处理不一样，例 13.3 定义的 operator+() 函数为类的友元函数，而本例定义的 operator+() 函数为非成员非友元函数，但它们的非成员特性是一样的。

3. 两种重载方式的比较

在例 13.2 和例 13.3 中，将运算符重载为类的成员函数和友元函数后，在主函数中使用运算符的形式上没有什么差别。考虑下面的表达式：

```
c+5.6    //c是Complex类型的对象
```

若重载为类的成员函数，编译器将其处理成 c.operator+(5.6)。若重载为友元函数，编译器将其处理成 operator+(c, 5.6)。两种情况在实际执行时都不会出现问题。

对于表达式5.6+c，若重载为友元函数，编译器将其处理成operator+(5.6, c)，实参5.6是double型量，在函数调用时实参自动转换成形参类型的量并赋值给形参，相当于operator+(Complex(5.6), c)，程序可以正常运行。如果将例 13.3 中的主函数改为：

```
int main()
{
    Complex c1(2, 3), c2;
    c2 = c1 + 5.6;     c2.Show();
    c2 = 5.6 + c1;     c2.Show();
    return 0;;
}
```

则运行结果为：

```
7.6+3i
7.6+3i
```

而若重载为成员函数，则编译器将表达式 5.6+c 处理成 5.6.operator+(c)，显然这种处理无法正确调用 Complex 类的成员函数。因此，对一般的二元运算符重载为友元函数比重载为成员函数更优越。但是对于赋值运算符，将其重载为成员函数较好，因为赋值运算符是一个二元运算符，其语法格式为 < 变量 >=< 表达式 >，赋值号左边即第一个运算量必须是变量（对象），通过对象调用成员函数是正常的。若重载为友元，则可能会出现 5.6=c 这样的表达式，与赋值表达式的语义不一致，无法实现重载。实际上赋值运算符只能重载为成员函数，这个概念在后续第 4 点，还有本章 13.2.6 节会有介绍。

4. 何时必须重载 = 和 += 运算符

对于任意一个类，如果编程者没有显式定义赋值运算符重载函数，C++ 编译器会自动生成赋值运算符重载函数 operator=，完成两个同类对象的直接赋值。例如编译器为例 13.4 中 Complex 类自动生成的赋值运算符重载函数是：

```
Complex & Complex::operator=(Complex &c)
{
    Real = c.Real;
    Image = c.Image;
    return *this;          // *this是对象自身
}
```

在例 13.4 中，若有“Complex c1(2, 3), c2;”，则编译器将“c2=c1;”处理成“c2.operator=(c1);”，本质上执行的是“c2.Real=c1.Real; c2.Image=c1. Image;”。operator=() 函数返回的是对象的引用，即对象的别名，这也符合一般赋值运算的规则，赋值表达式“c2=c1”的值应该是 c2 对象的值，函数的返回值是 *this，即 c2。

如果类中没有指针指向动态申请的存储空间，则编程者不需要定义赋值运算符重载函数，使用系统自动生成的默认赋值运算符重载函数即可。**但是如果类中有指针指向动态分配的存储空间，编程者就必须定义赋值运算符重载函数**，如不定义，就会出现问题，下面给出两个例子予以说明。

例 13.5 在类中，用字符数组实现字符串，没有指针指向动态申请的存储空间。

```
#include <iostream>
```

```
#include <cstring>
using namespace std;
class Student
{
    char Num[10];    //学号，注意：用数组实现
    char Name[10];   //姓名，注意：用数组实现
    int Score;        //成绩
public:
    Student(char num[] = NULL, char name[] = NULL, int score = 0)
    {
        if (num)strcpy(Num, num);
        else Num[0] = '\0';
        if (name)strcpy(Name, name);
        else Name[0] = '\0';
        Score = score;
    }
    void Show()
    {
        cout << "Num=" << Num << '\t' << "Name=" << Name;
        cout << '\t' << "Score=" << Score << endl;
    }
};
int main()
{
    Student stud1("01201", "Mary", 88), stud2;
    stud2 = stud1;                                   // A
    stud1.Show();
    stud2.Show();
    return 0;
}
```

程序的运行结果是：

```
Num=01201       Name=Mary       Score=88
Num=01201       Name=Mary       Score=88
```

编程者在类中没有定义赋值运算符重载函数，C++ 自动生成的默认的赋值运算符重载函数是：

```
Student & Student::operator = (Student &s)
{
    strcpy(Num, s.Num);
    strcpy(Name, s.Name);
    Score = s.Score;
    return *this;
}
```

程序中 A 行“stud2 = stud1;”进行对象整体赋值，C++ 将其处理成 stud2.operator=(stud1)，本质上实现的是：

```
strcpy(stud2.Num, stud1.Num);
strcpy(stud2.Name, stud1.Name);
stud2.Score = stud1.Score;
```

即将两个对象自身的各个成员逐一赋值，对象 stud1 存储空间中的所有内容被复制到对象 stud2 的存储空间中，如图 13-1 所示。程序能正确运行，不会出现任何问题。

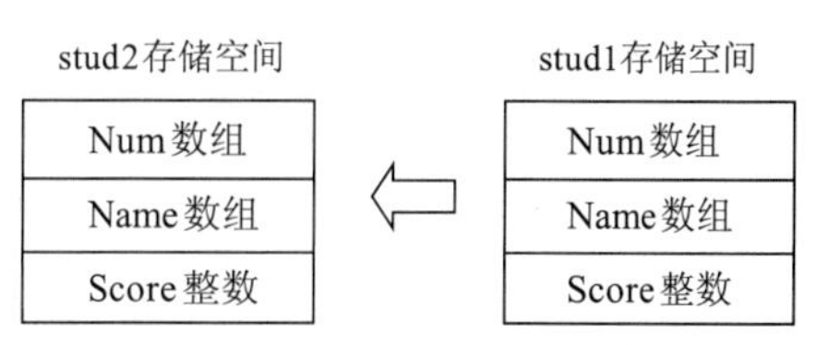

图 13-1 同类对象赋值

例 13.6 在类中，用指针实现字符串，即字符串的空间是动态分配的。

```
#include <iostream>
#include <cstring>
using namespace std;
class Student
{
    char *Nump;         // 学号，注意：用指针实现
    char *Namep;        // 姓名，注意：用指针实现
    int Score;          // 成绩
public:
    Student(char *nump = NULL, char *namep = NULL, int score = 0)
    {
        if (nump)
        {
            Nump = new char[strlen(nump) + 1];
            strcpy(Nump, nump);
        }
        else Nump = NULL;
        if (namep)
        {
            Namep = new char[strlen(namep) + 1];
            strcpy(Namep, namep);
        }
        else Namep = NULL;
        Score = score;
    }
    ~Student()
    {
        if (Nump)delete[]Nump;
        if (Namep)delete[]Namep;
    }
    void Show()
    {
        if (Nump) cout << "Num=" << Nump << '\t';
        if (Namep) cout << "Name=" << Namep << '\t';
        cout << "Score=" << Score << endl;
    }
};
int main()
{
    Student stud1("01201", "Mary", 88), stud2;
    stud2 = stud1;                          // A
    stud1.Show();
    stud2.Show();
    return 0;
}
```

程序能正确编译，运行时，输出的两行结果和例 13.5 一样，但程序执行结束时（即主函数结束时），会出现运行时错误。原因是什么？

本例编程者依然没有定义赋值运算符重载函数，系统自动生成的赋值运算符重载函数是：

```
Student &Student::operator = (Student &s)
{
    Nump = s.Nump;
    Namep = s.Namep;
    Score = s.Score;
    return *this;
}
```

程序中 A 行 “stud2=stud1;” 进行对象整体赋值，C++ 将其处理成对赋值运算符重载函数的调用，即 stud2.operator=(stud1)，本质上实现的是：

```
stud2.Num = stud1.Num;
stud2.Name = stud1.Name;
stud2.Score = stud1.Score;
```

即仅类体自身的成员指针赋值，赋值后 stud2 的两个指针与 stud1 的两个对应的指针相等，指向对应的相同的动态空间，如图 13-2 所示。

默认的赋值运算符重载函数完成的赋值与例 10.10 中给出的“浅拷贝”构造函数完成的代码类似，请读者比较图 13-2 和图 10-2，图 13-2 是默认的赋值运算符函数执行的结果，而图 10-2 是“浅拷贝”构造函数执行的结果。

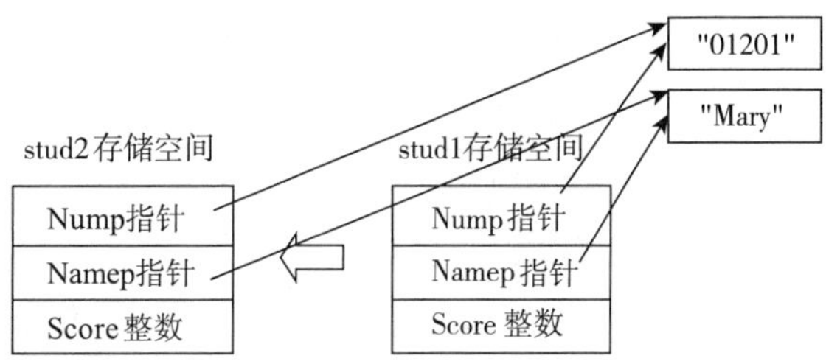

图 13-2 含有指针并指向动态空间的同类对象的赋值

程序运行结束时，首先撤销对象 stud2，调用析构函数释放 stud2 的两个指针成员指向的字符串空间。然后撤销对象 stud1，也调用析构函数释放 stud1 的两个指针成员指向的字符串空间，但此时这两个字符串空间已经不存在了，所以出现了运行错误。

解决这个问题的方法是为例 13.6 中的 Student 类增加赋值运算符重载函数，即在类体中增加如下函数定义：

```
Student & operator = (const Student &stud)                    // 返回值为对象自身的引用
{
    if (this == &stud)                                        // B，处理对象自身赋值
        return *this;
    if (Nump)delete[]Nump;                                    // C，释放对象自身的原串空间
    if (Namep)delete[]Namep;                                  // D，释放对象自身的原串空间
    if (stud.Nump)                                 // 根据赋值对象的空间大小给被赋值对象分配空间
    {
        Nump = new char[strlen(stud.Nump) + 1];               // E
        strcpy(Nump, stud.Nump);                              // F
    }
    else Nump = NULL;
    if (stud.Namep)                                // 根据赋值对象的空间大小给被赋值对象分配空间
    {
        Namep = new char[strlen(stud.Namep) + 1];             // G
        strcpy(Namep, stud.Namep);                            // H
    }
    else Namep = NULL;
    Score = stud.Score;
    return *this;                                             // *this是对象自身
}
```

B 行用于处理对象自身赋值，即若出现 stud1=stud1，则返回对象自身 stud1（即 *this）。如果没有此处理，则 C 和 D 两行会将 stud1 的动态空间释放，导致出错。

由于各对象的指针成员 Nump 和 Namep 指向的串空间大小不一定一样，所以在赋值运算符重载函数中必须首先释放被赋值对象的原串空间（参见 C、D 两行），然后再按照赋值对象的串空间大小给被赋值对象分配同样大小的串空间（参见 E、G 两行），然后复制字符串到被赋值对象中（参见 F、H 两行）。

若定义了赋值运算符重载函数，主函数中 A 行赋值后，内存的存储状况如图 13-3 所示，此时程序运行就没有问题了。

例 13.6 中编程者定义的赋值运算符重载函数完成的赋值与例 10.10 中给出的拷贝构造函数完成的“深拷贝”代码类似，区别是在赋值运算符重载函数中被赋值的对象是一个已知对象（对象之前已创建），需要撤销原动态空间，而拷贝构造函数创建的是一个新对象，没有原空间可撤销。

另外赋值运算符重载函数还要考虑对象自身赋值的情况（见B行）。请读者比较图13-3和图10-3，图13-3是赋值运算符函数执行的结果，而图10-3是“深拷贝”构造函数执行的结果，相同点是把对象自身的数据成员和动态空间同时复制一份。

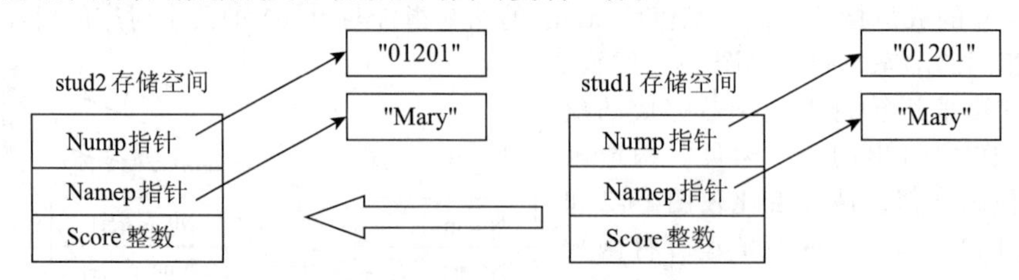

图13-3 赋值运算符重载后的对象赋值结果

关于赋值运算符重载函数的说明：

1）只能使用成员函数实现。

2）不能被派生类继承。

3）不能定义为虚函数。虚函数的概念参见13.4.1节。

4）若编程者未显式定义赋值运算符重载函数，C++会自动生成；但对于复合赋值运算符，如+=、*=等，C++不会自动生成对应的运算符重载函数，必须由编程者自行定义。

5. 对于+=、=等运算符，重载函数的返回值为void类型或本类类型的区别

例13.7 +=运算符重载函数的返回值为void。

```
#include <iostream>
using namespace std;
class Complex
{
    double Real, Image;
public:
    Complex(double r = 0, double i = 0) { Real = r; Image = i; }
    void operator+=(const Complex &c)                    // A，返回值为void型
    {
        Real += c.Real;
        Image += c.Image;
    }
    void Show()
    {
        cout << Real;
        if (Image>0) cout << '+' << Image << 'i';  // 如果是正数，必须输出正号
        else if (Image<0) cout << Image << 'i';    // 如果是负数，自动输出负号
        cout << endl;
    }
};
int main()
{
    Complex c1(2, 3), c2(4, -2);
    cout << "c1="; c1.Show();
    cout << "c2="; c2.Show();
    c1 += c2;                                 // B
    cout << "c1+=c2;c1="; c1.Show();
    return 0;
}
```

程序的运行结果是：

```
c1=2+3i
c2=4-2i
c1+=c2;c1=6+1i
```

程序中的 B 行被处理成 c1. operator+=(c2)，调用的是 A 行定义的函数。

如果有对象连续赋值的表达式 c1+=c2+=c3，由于复合赋值运算符+= 的运算结合性是自右向左的，编译器将表达式处理成 c1. operator+=(c2. operator+=(c3))，注意画线部分是第一次赋值，先执行，表达式的结果是 void 类型，此时若欲做第二个赋值就不行了。如果将上例中的 operator+=() 重载函数改写成：

```
Complex operator+=(const Complex &c) // 返回值为本类类型的对象
{
    Real += c.Real;
    Image += c.Image;
    return *this;
}
```

则 c2. operator+=(c3) 的结果是一个 Complex 对象，继续做 c1. operator+=(...) 就没有问题了。

6. 对于 +=、= 等运算符，返回本类对象与返回本类对象的引用的区别

比较下面几例。先看第一个例子：

```
Complex Complex ::operator+=(const Complex &c)
{
    Real += c.Real;
    Image += c.Image;
    return *this;
}
```

此函数的返回值为本类对象。C++ 的处理是：用返回的对象值 *this 初始化内存临时对象（调用拷贝构造函数），从本函数返回到调用处后，用内存临时对象作为函数返回的结果。

再看第二个例子：

```
Complex Complex ::operator+=(const Complex &c)
{
    Real += c.Real;
    Image += c.Image;
    Complex temp = *this;
    return temp;
}
```

C++ 的处理是：调用拷贝构造函数，用返回的对象值 temp 初始化内存临时对象，内存临时对象作为调用函数的结果。

从上面两个例子可以看出，若重载函数返回的是对象，则返回 *this 和返回 temp 均可，因为不管返回的是什么，系统用 return 后面的对象初始化内存临时对象，即函数的返回值在内存临时对象中，即使被调函数中的全部局部对象都被撤销了，内存临时对象的值还在。内存临时对象在主调函数中使用完毕，立刻被撤销。值得注意的是，用 *this 或 temp 初始化内存临时对象时，需要调用拷贝构造函数，因此若对象有动态分配的存储空间，则必须由编程者定义拷贝构造函数。

再看第三个例子：

```
Complex & Complex ::operator+=(const Complex &c)
{
    Real += c.Real;
    Image += c.Image;
    return *this;
}
```

第三个例子的返回值为本类对象的引用，不需要初始化内存临时对象，返回值是对象自身，即 *this。被调函数结束后，*this 仍然存在，即 this 指向的对象空间仍然存在。主调函数中可使

用 *this 作为调用结果。因为函数返回时不需要初始化内存临时对象，所以程序执行的效率较高。因此像 +=、= 等改变对象值的重载函数最好返回对象的引用。

第四个例子如下：

```
Complex & Complex ::operator+=(const Complex &c)
{
    Real += c.Real;
    Image += c.Image;
    Complex temp = *this;
    return temp;
}
```

此例有问题。因返回的是引用，系统要求在流程返回到函数调用处时，函数调用的结果即被引用的对象 temp 应该是存在的。但是 temp 是局部对象，被调函数结束时其空间是被撤销的。这就产生了矛盾。因此若函数返回引用，不能将被调函数的局部对象作为返回值。

通过上述四个例子得出结论：若返回引用，则 return 语句中的对象必须是在被调函数结束后仍然存在的对象；若返回对象，则 return 语句中的对象可以是任意对象，不管函数返回后该对象是否存在。

例 13.8 对于字符串类，重载 = 运算符，返回对象自身的引用。

```
#include <iostream>
#include <cstring>
using namespace std;
class String
{
    char *Strp;
public:
    String(char *s = 0)                                    // 构造函数
    {
        if (s)
        {
            Strp = new char[strlen(s) + 1];
            strcpy(Strp, s);
        }
        else Strp = 0;
    }
    String & operator = (String & s)                       // A，赋值运算符重载函数
    {
        if (this == &s) return *this;
        if (Strp) delete[]Strp;
        if (s.Strp)
        {
            Strp = new char[strlen(s.Strp) + 1];
            strcpy(Strp, s.Strp);
        }
        else Strp = 0;
        return *this;
    }
    ~String()                                              // 析构函数
    {
        if (Strp) delete[]Strp;
    }
    void Show()
    {
        cout << Strp << endl;
    }
};
int main()
{
```

```
    String str1("Sample String1");
    String str2;
    str2 = str1;                                    // 对象赋值运算
    str2.Show();                                    // 输出 Sample String1
    return 0;
}
```

就本例而言，可以不定义拷贝构造函数，程序能正确运行。因为赋值运算符重载函数返回的是对象的引用，所以不需要调用拷贝构造函数初始化内存临时对象。但是若将程序中 A 行的函数头改为：String operator = (String & s)，即返回本类对象，此时要使用返回的对象去初始化内存临时对象，因类中有动态申请的字符串空间，则必须增加定义拷贝构造函数。增加定义拷贝构造函数如下：

```
String(String & s)  // 拷贝构造函数
{
    if (s.Strp)
    {
        Strp = new char[strlen(s.Strp) + 1];
        strcpy(Strp, s.Strp);
    }
    else Strp = 0;
}
```

7. 调用拷贝构造函数和赋值运算符重载函数的时机

例 13.9 比较调用拷贝构造函数和赋值运算符重载函数的时机。

```
#include <iostream>
using namespace std;
class Complex
{
    double Real, Image;
public:
    Complex(double r = 0, double i = 0)                  // 构造函数
    {
        Real = r; Image = i;
    }
    Complex(Complex &c)                                  // 拷贝构造函数
    {
        Real = c.Real; Image = c.Image;
        cout << "Call copy " << Real << ' ' << Image << "\n";
    }
    Complex operator=(const Complex &c)                  // 赋值运算符重载函数
    {
        Real = c.Real;
        Image = c.Image;
        cout << "Call operator=() " << Real << ' ' << Image << "\n";
        return *this;                                    //A, 初始化内存临时对象
    }
    void Show()
    {
        cout << Real;
        if (Image>0) cout << '+' << Image << 'i';
        else if (Image<0) cout << Image << 'i';
        cout << endl;
    }
};
int main()
{
    Complex c1(2, 3), c2(4, -2);
    Complex c3 = c1;                    //B, 调用拷贝构造函数，等价于Complex c3(c1);
    cout << "Section1" << endl;
    c1 = c2;                            //C, 调用赋值运算符重载函数
```

```
    cout << "Section2" << endl;
    c1.Show();
    c3.Show();
    return 0;
}
```

程序的运行结果如下：

```
Call copy 2 3                          // 程序中B行的输出
Section1
Call operator=() 4 -2                  // 程序中C行调用 = 重载函数时的输出
Call copy 4 -2                         // 程序中A行，返回值*this初始化内存临时对象时的输出
Section2
4-2i
2+3i
```

在创建新对象时调用拷贝构造函数对新对象进行初始化，如程序中的 B 行和 A 行。在 B 行用 c1 初始化 c3。在 A 行函数返回时，用 *this 初始化内存临时对象。程序中的 C 行在进行对象赋值时，调用的是赋值运算符重载函数，而不是拷贝构造函数。

13.2.3 类型转换函数——将本类对象转换成其他类对象

C++ 允许不同数据类型变量之间相互赋值，赋值时系统会自动进行类型转换。

例如，若有“ Complex c(3, 2); double x = 6.2;”，则进行 c = x 和 x = c 赋值运算时，C++ 将处理成 c = Complex(x) 和 x = double(c)，即将赋值运算符右边的值转换成与左边变量类型一致的量，然后赋值。对于第一种情况 c = Complex(x)，C++ 调用构造函数完成转换，结果复数 c 的实部为 6.2、虚部为 0，请参阅例 13.2 的 E 行，同时参阅 10.2.5 节的例 10.13。对于第二种情况 x = double(c)，必须为 Complex 类定义一个**类型转换函数**，才能将对象 c 转换成 double 型量并赋值给 x。

在类内定义类型转换函数的一般格式为：

```
operator <目标数据类型>( )
{ ... }
```

在类外定义类型转换函数的一般格式为：

```
<类名>::operator <目标数据类型>( )
{ ... }
```

类型转换函数的功能是：将 <类名> 类对象转换成 <目标数据类型> 类对象，并作为函数返回值。注意：①该函数不能指定参数。②该函数不能指定返回值类型，因返回值类型已确定为 <目标数据类型>。③该函数的函数名是“ operator <目标数据类型>”。④类型转换函数只能用成员函数实现，不能用非成员函数实现。

例 13.10 类型转换函数的定义和使用。

```
#include <iostream>
using namespace std;
class Complex
{
    double Real, Image;
public:
    Complex(double r = 0, double i = 0) : Real(r), Image(i) { }
    operator double()        // A，类型转换函数，将Complex类型转换成double类型
    {
        return Real;
    }
};
int main()
```

```
{
    Complex c(3, 2);
    double x;
    x = c;              // B
    cout << "x=" << x << endl;
    return 0;
}
```

编译器第一步将 B 行处理成 “x = double (c);”，进而处理成 “x = c.operator double ();”，调用 A 行的类型转换函数，将 Complex 类型转换成 double 类型，即函数返回值为 c 对象的实部(一个 double 类型的量)。

程序的运行结果是：

```
x=3
```

例 13.11 成员函数和类型转换函数的比较。

```
#include <iostream>
using namespace std;
class RMB                                                // 定义一个"人民币"类
{
    int Yuan, Jiao, Fen;                                 // 元、角、分
public:
    RMB(int y = 0, int j = 0, int f = 0)
    {
        Yuan = y; Jiao = j; Fen = f;
    }
    operator int()                                       // 转换成整数值(结果单位：分)
    {
        return (Yuan * 100 + Jiao * 10 + Fen);
    }
    operator double()                                    // 转换成实数值(结果单位：元)
    {
        return (Yuan + double(Jiao) / 10 + double(Fen) / 100);
    }
    int GetFen()                                         // 用成员函数转换成"分"值
    {
        return (Yuan * 100 + Jiao * 10 + Fen);
    }
};
int main()
{
    RMB  r(23, 8, 6);
    int r1, r2, r3;
    r1 = r;                         //A, 处理成 r1 = int(r);本质与B行一致
    r2 = int(r);                    //B, 处理成 r2 = r.operator int( );
    r3 = r.GetFen();                //C, 调用成员函数得到分值
    cout << "r1=" << r1 << endl;
    cout << "r2=" << r2 << endl;
    cout << "r3=" << r3 << endl;
    double d;
    d = r;                          //D, 处理成 d = r.operator double( );
    cout << "d=" << d << endl;
    return 0;
}
```

程序的运行结果如下：

```
r1=2386
r2=2386
r3=2386
d=23.86
```

程序中的B行写出了类型显式转换的形式，其效果与A行等价。C行调用成员函数实现了与类型转换int同样的功能。A、B、C三行的三种方式其功能是一样的，显然，A行中的方式最方便自然。注意D行的转换，转换的结果可以根据需要定义，见程序中的注释。

13.2.4 其他运算符的重载

1. 重载++、-- 运算符

在C++中，一元运算符++和--比较特别，它们有前置和后置两种形式。这两个运算符的重载既可以用成员函数又可以用友元函数实现。以“++”运算符为例，若用成员函数实现重载，在类外定义前置++运算函数的一般格式为：

```
<数据类型> <类名>::operator++ ( )
{ ... }
```

在类外定义后置++运算函数的一般格式为：

```
<数据类型> <类名>::operator++ (int)
{ ... }
```

其中，参数int用于区分前后置运算，实际使用时，一般不给实参，当然也可给出实参，但实参没有实际意义。

若用友元函数实现重载，在类内定义前置++运算函数的一般格式为：

```
friend <数据类型> operator++ (<类名> &obj )
{ ... }
```

在类内定义后置++运算函数的一般格式为：

```
friend <数据类型> operator++ (<类名> &obj, int)
{ ... }
```

其中，参数int用于区分前后置运算。

也可在类外定义友元函数。方法是在类内说明友元函数，即在函数原型前加关键字friend。友元函数的函数实现在类外定义，定义格式是上述格式去掉关键字friend，参见例13.12。

假定一种货币只有元和角两种单位，1元等于10角，++和--分别表示加、减1角。例13.12中定义一个类Money，实现了++和--运算符的各种形式的重载。

例13.12 实现++和--的前置和后置运算符重载。

```
#include <iostream>
using namespace std;
class Money                                                    // 定义Money类
{
    int Yuan, Jiao;                                            // 数据成员：元、角
public:
    Money(int y = 0, int j = 0)
    {
        Yuan = y; Jiao = j;
    }
    Money(double d)
    {
        Yuan = int(d); Jiao = int((d - Yuan) * 10);
    }
    Money operator++();                                        //①用成员函数实现前置++，函数声明
    Money operator++(int);                                     //②用成员函数实现后置++，函数声明
    friend Money operator--(Money &m);                         //③用友元函数实现前置--，函数声明
    friend Money operator--(Money &m, int);                    //④用友元函数实现后置--，函数声明
```

```
    void Show(char *s)
    {
        cout << s << ':' << Yuan << "," << Jiao << endl;
    }
};
Money Money::operator++()                        //①用成员函数实现前置++，函数实现
{
    Jiao++;
    if (Jiao >= 10)
    {
        Yuan += 1; Jiao -= 10;
    }
    return *this;
}
Money Money::operator++(int)                     //②用成员函数实现后置++，函数实现
{
    Money temp = *this;                          // 保存对象原始值
    Jiao++;
    if (Jiao >= 10)
    {
        Yuan += 1; Jiao -= 10;
    }
    return temp;                                 // 返回对象原始值
}
Money operator--(Money &m)                       //③用友元函数实现前置--，函数实现
{
    if (m.Jiao == 0)
    {
        m.Yuan -= 1; m.Jiao = 10;
    }
    m.Jiao--;
    return m;
}
Money operator--(Money &m, int)                  //④用友元函数实现后置--，函数实现
{
    Money temp = m;                              //保存对象的原始值
    if (m.Jiao == 0)
    {
        m.Yuan -= 1;                             // 借位，借一当十
        m.Jiao = 10;
    }
    m.Jiao--;
    return temp;                                 // 返回对象原始值
}
int main(void)
{
    Money m(15, 3), m1, m2, m3, m4;
    m.Show("m");
    m1 = ++m;                                    // 处理成：m1 = m.operator++( );
    cout << "m1=++m;\n"; m1.Show("m1"); m.Show("m");
    m2 = m++;                                    // 处理成：m2 = m.operator++(int);
    cout << "m2=m++;\n"; m2.Show("m2"); m.Show("m");
    m3 = --m;                                    // 处理成：m3 = operator--(m);
    cout << "m3=--m;\n"; m3.Show("m3"); m.Show("m");
    m4 = m--;                                    // 处理成：m4 = operator--(m, int );
    cout << "m4=m--;\n"; m4.Show("m4"); m.Show("m");
    Money m5(8.5);
    m5.Show("m5");
    return 0;
}
```

程序的运行结果是：

```
m:15,3
m1=++m;
m1:15,4
m:15,4
m2=m++;
m2:15,4
m:15,5
m3=--m;
m3:15,4
m:15,4
m4=m--;
m4:15,4
m:15,3
m5:8,5
```

程序的功能参见注释。在后置运算中，如函数②和④，由于函数必须返回对象原始值，所以先用一个临时对象 temp 保存对象原始值，然后再进行对象的 ++、-- 运算，最后返回对象的原始值。在前置运算中，如函数①和③，由于返回值是 ++、-- 操作完成后的对象自身的值，为了提高效率，可将函数的返回值改写为返回引用：

```
Money & Money::operator++()//①用成员函数实现前置++，函数实现，返回对象自身的引用
{
    Jiao++;
    if (Jiao >= 10)
    {
        Yuan += 1; Jiao -= 10;
    }
    return *this;
}
Money & operator--(Money &m)//③用友元函数实现前置--，函数实现，返回参数对象的引用
{
    if (m.Jiao == 0)
    {
        m.Yuan -= 1; m.Jiao = 10;
    }
    m.Jiao--;
    return m;
}
```

注意①和③两个函数的返回值可以是对象的引用。为什么②和④两个函数的返回值类型不能改写成对象的引用呢？因为它们返回的是局部对象，而局部对象在函数结束时将被撤销，函数结束后就不存在了，但流程返回到主函数后，还需要使用被调函数的返回值。②和④两个函数的返回值暂存在内存临时对象中。

用成员函数实现前置 ++（即函数①），返回值可以是对象也可以是引用，如下所示。这两种实现方法有什么区别呢？

```
Money Money::operator++()
{                       //返回对象
    Jiao++;
    if (Jiao >= 10)
    {  Yuan += 1; Jiao -= 10;  }
    return *this;
}
```

```
Money & Money::operator++()
{                       //返回引用
    Jiao++;
    if(Jiao>=10)
    {  Yuan += 1; Jiao -= 10; }
    return *this;
}
```

若写出如下主函数：

```
int main(void)
```

```
{
    Money m(15, 3);
    ++(++(++m));
    m.Show("m");
    return 0;
}
```

如果前置 ++ 的返回值为对象，则程序的输出为“ m ：15, 4”，这个运算结果是非预期的。如果前置 ++ 的返回值为引用，则程序的输出为“ m ：15, 6”，这个运算结果是预期的。原因是什么？对于表达式 ++(++(++m))，先计算内层 (++m)，如果返回值为对象，则 ++m 的运算结果是内存临时对象，外层的两次 ++ 是针对不同的两个内存临时对象进行的，结果 m 的值只在内层被加了一次。如果前置 ++ 的返回值为引用，则对于表达式 ++(++(++m))，先计算内层 (++m)，++m 的运算结果就是 m 自身，外层的两次 ++ 依然作用在 m 自身上，结果 m 的值被加了三次。

*2. 重载下标运算符

在 C++ 中使用数组时，系统不做下标是否越界的语法检查。例如已知定义“ int a[10], i=15;”，则若在程序中有语句“a[i]=8;”，它可以通过 C++ 编译器的语法检查，即编译时不报错。但是程序一旦运行，就可能出现意想不到的运行错误，因为访问的 a[15] 不是本数组的合法存储空间，可能访问到其他变量的空间。而且对于这种运行错误，系统不会指出错误点在程序中的具体位置，一般初学者很难找到错误原因。学习了运算符重载后，现在可以定义一个功能更强大的数组类，通过重载完成数组下标合法性的检查，运行时一旦出现下标越界错误，程序会给出错误原因。同时还可以通过运算符重载实现数组整体赋值等功能。

下标运算符重载函数的定义格式是：

```
<数据类型> <类名>::operator[] ( <参数表> )
{ ... }
```

例 13.13 定义数组类，实现下标越界检查和数组整体赋值。

```
#include <iostream>
#include <cstring>
#include <cstdlib>
using namespace std;
class Array
{
    int Length;                                          // 数组元素个数
    int *Arrp;                                           // 数组首指针
public:
    Array(int size = 0);
    ~Array() {  if (Arrp) delete[]Arrp;  }
    int GetLen() {  return Length;  }
    int & operator[](int index);
    void operator=(Array &arr);
};
Array::Array(int size)
{
    Length = size;
    Arrp = NULL;
    if (Length)
    {
        Arrp = new int[Length];
        memset(Arrp, 0, sizeof(int)*Length);             // A
    }
}
int & Array::operator[](int index)                       // B，返回引用
{
```

```
    if (index >= Length || index<0)
    {
        cout << "Error: 下标 " << index << " 越界\n";      // C
        exit(1);
    }
    return Arrp[index];
}
void Array::operator=(Array &arr)                          // D
{
    if (this == &arr)
    {
        cout << "数组自身赋值" << endl;
        return;
    }
    if (Arrp)delete[]Arrp;
    Length = arr.Length;
    Arrp = NULL;
    if (Length)
    {
        Arrp = new int[Length];
        for (int i = 0; i<arr.GetLen(); i++)
            Arrp[i] = arr.Arrp[i];
    }
}
int main()
{
    int size, i;
    cin >> size;                                           // 输入数组的大小
    Array arr1(size), arr2;
    for (i = 0; i<size; i++)
        cin >> arr1[i];                                    // E
    arr2 = arr1;                                           // F，数组整体赋值
    for (i = 0; i<arr2.GetLen(); i++)
        cout << arr2[i] << '\t';                           // G
    cout << endl;
    cout.flush();
    arr2[5] = 3;                                           // H
    cout << arr2[5] << endl;
    return 0;
    arr2 = arr2;                                           // I
}
```

程序中 A 行 memset() 函数的功能是将内存中从 Arrp 开始的 sizeof(int)*Length 字节清零。自 D 行起定义了赋值运算符重载函数——operator= 函数，因此可以进行 F 行数组对象的整体赋值，C++ 将 arr2=arr1 处理成 arr2.operator=(arr1)。

自 B 行起定义了下标运算符重载函数 operator[](), 因此 C++ 编译器会将 E 行的 arr1[i] 处理成 arr1.operator[ ](i)，函数 operator[ ]() 返回的是数组下标为 i 的元素的引用，所以 E 行的 cin 输入的值被赋给数组第 i 个元素。C++ 对 G 行中的 arr2[i] 以及 H 行中的 arr2[5] 的处理同 arr1[i]。对程序的第一次运行，当运行到 E 行时，由于下标越界，所以程序会显示出错信息。对程序的第二次运行，由于下标没有越界，所以运行不会出错。

程序的第一次运行状况如下（其中画线部分是用户的输入）：

```
4 <Enter>
1  2  3  4 <Enter>
1           2           3           4
Error: 下标 5 越界
```

程序的第二次运行状况如下（其中画线部分是用户的输入）：

```
8 <Enter>
1 2 3 4 5 6 7 8 <Enter>
1        2        3        4        5        6        7        8
3
数组自身赋值                                //程序I行的输出
```

对于下标运算符的重载，要注意以下几点：

1）只能通过成员函数实现，不能通过非成员函数实现。

2）该重载函数只能是非静态成员函数。

3）该重载函数只能有一个参数。

由于该函数只能有一个参数，参数的一般意义是下标，所以只能对一维数组重载。对于多维数组，如果希望重载，解决办法有两种：一种是将多维数组看成一维数组来处理；另一种方法是通过下面将要介绍的函数调用运算符来处理。

*3. 重载函数调用运算符

在 C++ 中，把函数名后的括号“()”作为函数调用运算符。函数调用运算符重载函数的格式是：

```
<数据类型> <类名>::operator( )( <参数表> )
{ ... }
```

其中参数个数可以是 0 个或多个。

注意：函数调用运算符的重载只能通过成员函数实现，不能通过非成员函数实现。

例 13.14 定义矩阵类（相当于二维数组），实现下标越界检查。

```
#include <iostream>
#include <cstring>
#include <cstdlib>
using namespace std;
class Matrix
{
    int Rows, Cols;                          // 二维数组的行数、列数
    int *Mptr;                               // 数组空间起始指针（用一维空间存放二维数组）
public:
    Matrix(int r = 0, int c = 0)             // A，构造函数
    {
        Rows = Cols = 0;
        Mptr = NULL;
        if (r && c)
        {
            Rows = r;
            Cols = c;
            Mptr = new int[r*c];                     // 将二维数组看成一维数组
            memset(Mptr, 0, r*c*sizeof(int));    // 存储空间清零
        }
    }
    ~Matrix() { if (Mptr)delete[]Mptr; }
    int & operator ( )(int i, int j)                 // B，运算符重载函数，返回引用
    {
        if (i<0 || i >= Rows || j<0 || j >= Cols)
        {
            cout << "("<<i<<","<<j<<") 下标越界!\n";
            exit(2);
        }
        return *(Mptr + i*Cols + j);                 // C，返回第i行第j列元素的引用
    }
    int GetRows() { return Rows; }
```

```
    int GetCols() { return Cols; }
};
int main()
{
    Matrix m(4, 4);                              // D
    int i, j;
    for (i = 1; i <= m.GetRows(); i++)
        for (j = 1; j <= m.GetCols(); j++)
            cin >> m(i, j);                      // E
    for (i = 1; i <= m.GetRows(); i++)
    {
        for (j = 1; j <= m.GetCols(); j++)
            cout << m(i, j) << '\t';
        cout << endl;
    }
    return 0;
}
```

该函数实现输入、输出二维数组全体元素。程序 D 行定义了一个二维数组对象 m，调用 A 行定义的构造函数完成二维数组存储空间的分配及初始化。B 行定义的运算符重载函数 operator() 用于完成访问该二维数组下标为 i 和 j 的任意元素。C++ 将 E 行中的 m(i, j) 处理成 m.operator() (i, j)，该函数返回的是二维数组第 i 行第 j 列元素的引用（见程序中 C 行），所以 E 行输入的数据赋给了数组第 i 行第 j 列元素。

程序的运行结果如下（其中画线部分是用户的输入）：

```
1 2 3 4<Enter>
(1,4) 下标越界!
```

表示当输入第 4 个数时，程序的 E 行执行的是 " cin>>m(1, 4);"，第二维下标越界了，出错并结束程序的执行。注意出错原因：主函数中两个双重循环的下标变量 i 和 j 都是从 1 开始的，但实际上应该从 0 开始。应将主函数修改如下：

```
int main()
{
    Matrix m(4, 4);
    int i, j;
    for (i = 0; i<m.GetRows(); i++)
        for (j = 0; j<m.GetCols(); j++)
            cin >> m(i, j);
    for (i = 0; i< m.GetRows(); i++)
    {
        for (j = 0; j<m.GetCols(); j++)
            cout << m(i, j) << '\t';
        cout << endl;
    }
    return 0;
}
```

则程序的运行状况如下（其中画线部分是用户的输入）：

```
1 2 3 4<Enter>
5 6 7 8<Enter>
9 10 11 12<Enter>
13 14 15 16<Enter>
1       2       3       4
5       6       7       8
9       10      11      12
13      14      15      16
```

例 13.15 通过重载函数调用运算符来实现数学函数 $f(x, y)=(x+5)y$ 的抽象。

```
#include <iostream>
using namespace std;
class F
{
public:
    double operator( )(double x, double y)
    {
        return (x + 5)*y;
    }
};
int main()
{
    F f;
    cout << "f(1.5, 2.2)=" << f(1.5, 2.2) << endl;       //A
    cout << "f(1.2, 9.3)=" << f(1.2, 9.3) << endl;       //B
    return 0;
}
```

程序的运行结果如下：

```
f(1.5, 2.2)=14.3
f(1.2, 9.3)=57.66
```

编译器将 A 行的“f(1.5, 2.2)”处理成“f.operator()(1.5, 2.2)”。B 行同理。

*4. 重载 new 和 delete 运算符

new 和 delete 运算符用于动态申请和释放存储空间。如果没有特殊需求，使用系统本身定义的 new 和 delete 运算符就可以动态申请和释放用户定义的新类型的对象空间。当用户使用 new 和 delete 运算符时，系统自动调用新类型的构造函数和析构函数。

例 13.16 使用系统本身的 new 和 delete 运算符解决对象空间的动态分配和释放。

```
#include <iostream>
#include <cstring>
using namespace std;
class String
{
    int Length;
    char *Strp;                                          // 指向串的指针
public:
    String();                                            // 重载构造函数1
    String(char *s);                                     // 重载构造函数2
    String(String &s);                                   // 重载构造函数3
    void Print()
    {
        cout << "String=" << Strp << endl;
        cout << "Length=" << Length << endl;
    }
    ~String()                                            // 析构函数
    {
        if (Strp) delete[]Strp;
        cout << "Destructor\n";
    }
};
String::String()                                         // 定义重载构造函数1
{
    Length = 0;
    Strp = new char[Length + 1];
    *Strp = '\0';
```

```
    cout << "Constructor 1\n";
}
String::String(char *s)                           // 定义重载构造函数2
{
    Length = strlen(s);
    Strp = new char[Length + 1];
    strcpy(Strp, s);
    cout << "Constructor 2\n";
}
String::String(String &s)                         // 定义重载构造函数3
{
    Length = s.Length;
    Strp = new char[Length + 1];
    strcpy(Strp, s.Strp);
    cout << "Constructor 3\n";
}
int main()
{
    String *ptr1, *ptr2;
    ptr1 = new String("Student");                 // 调用重载构造函数2
    ptr2 = new String(*ptr1);                     // 调用重载构造函数3
    ptr1->Print();
    ptr2->Print();
    delete ptr1;
    delete ptr2;
    return 0;
}
```

程序的运行结果是：

```
Constructor 2
Constructor 3
String=Student
Length=7
String=Student
Length=7
Destructor
Destructor
```

在例 13.16 中，在构造函数和析构函数中使用 new 和 delete 运算符，它只能动态申请和释放对象的数据成员指针指向的动态空间。对象自身数据成员的存储空间如 Length 和 Strp 的空间是系统分配的。下面介绍由编程者定义的 new 和 delete 运算符重载函数，它们用来分配和释放对象自身数据成员的存储空间。

重载 new 运算符的格式为：

```
void * <类名>::operator new( size_t size[, <参数表>] )
{ ... }
```

其中，返回值是一个任意类型的指针 void *。函数的第一个参数必须是 size_t 类型。在 C++ 中已对 size_t 做了预先定义：

```
typedef unsigned int size_t;
```

size_t 是数据类型名，它与 unsigned int 等价，因此形参 size 是一个无符号整型量，它表示分配给对象自身的存储空间的字节数。这个参数是系统自动产生的，它的值是 new 运算符重载函数所在类的对象的长度。<参数表>按实际需要给定，可有可无。通常，new 重载后，其功能仍然是分配 size 字节的存储空间给对象自身，并返回该空间的起始地址。当然，根据需要在 new 重载函数中还可以做一些其他的操作，如动态分配数据成员指针指向的空间。

重载 delete 运算符的格式为：

```
void <类名>::operator delete( void *p[, size_t size ] )
{ ... }
```

该函数没有返回值。它至少要有一个参数 p，是一个任意类型的指针，通常是 new 运算符得到的指针；第二个参数是可选的，如果有，表示待释放的空间的长度，它的类型必须是 size_t。一般来说，重载 delete 函数完成的主要功能仍然是释放 p 指向的空间，也可以释放数据成员指针指向的动态空间。

关于 new 和 delete 运算符的重载，有以下 3 点说明：

1）只能通过成员函数实现，不能通过非成员函数实现。

2）总是重载为静态的成员函数。不管是否使用了关键字 static，编译器总是将这两个重载函数看成是静态成员函数。

3）不能是虚函数。

例 13.17 重载 new 和 delete 运算符。

```
#include <iostream>
#include <cstring>
using namespace std;
class String
{
    int Length;
    char *Strp;
public:
    void * operator new(size_t size);                   // 重载运算符new 函数1
    void * operator new(size_t size, char *str);        // 重载运算符new 函数2
    void * operator new(size_t size, String &s);        // 重载运算符new 函数3
    void Print()
    {
        cout << "String=" << Strp << endl;
        cout << "Length=" << Length << endl;
    }
    void operator delete(void *p)                       // A重载 delete
    {
        if (p)
        {
            String *t = (String *)p;
            if (t->Strp) delete[](t->Strp);
            delete[](char *) p;
        }
        cout << "Delete \n";
    }
};
void * String::operator new(size_t size)                // B
{
    String *p = (String *)new char[size];
    p->Length = 0;
    p->Strp = new char[p->Length + 1];
    *(p->Strp) = '\0';
    cout << "New 1\n";
    return (void *)p;
}
void * String::operator new(size_t size, char *str)     // C
{
    String *p = (String *)new char[size];
    p->Length = strlen(str);
    p->Strp = new char[p->Length + 1];
    strcpy(p->Strp, str);
    cout << "New 2\n";
```

```
    return (void *)p;
}
void * String::operator new(size_t size, String &s)      // D
{
    String *p = (String *)new char[size];
    p->Length = s.Length;
    p->Strp = new char[p->Length + 1];
    strcpy(p->Strp, s.Strp);
    cout << "New 3\n";
    return (void *)p;
}
int main()
{
    String *ptr1, *ptr2, *ptr3;
    ptr1 = new String;                                   // E
    ptr2 = new ("Student")String;                        // F
    ptr3 = new (*ptr2)String;                            // G
    ptr1->Print();
    ptr2->Print();
    ptr3->Print();
    delete ptr1;                                         // H
    delete ptr2;
    delete ptr3;
    return 0;
}
```

程序的运行结果为：

```
New 1
New 2
New 3
String=
Length=0
String=Student
Length=7
String=Student
Length=7
Delete
Delete
Delete
```

由于 new 和 delete 运算符总是重载为静态成员函数，而静态的成员函数是属于类的，所以程序中 E 行的“new String;”被处理成“(String *)String::operator new(sizeof (String));”，调用 B 行的函数，将返回值转换成 String * 类型赋值给 ptr1。程序中 F 行的“new ("Student") String;”被处理成“(String *)String::operator new(sizeof(String), "Student");”，调用 C 行的函数，将返回值转换成 String * 类型赋值给 ptr2。程序中 G 行的“new (*ptr2)String;”被处理成“(String *) String::operator new(sizeof(String), (*ptr2));”，调用 D 行的函数，将返回值转换成 String * 类型赋值给 ptr3。

程序中 H 行的“delete ptr1;”被处理成“String::operator delete((void *)ptr1);”，调用 A 行的函数。

本例 3 个 new 运算符重载函数中，除了申请 String 类对象自身的空间外，还为指针成员 Strp 申请了它所指向的串空间。在 delete 运算符重载函数中，首先释放 Strp 指向的串空间，然后释放 String 类对象自身的空间。

13.2.5 字符串类

在 C++ 中，系统提供的字符串处理能力较弱，如不能使用赋值运算符进行字符串的直接赋值，而必须使用 strcpy 函数进行字符串赋值；不能使用加法运算符连接两个字符串，而必须使用 strcat 函数进行字符串的连接。本节建立一个字符串类作为运算符重载的综合示例，通过运算符重载实现字符串的直接赋值、相加、比较等运算。对字符串的操作就像对一般数据的操作一样方便。

下述例 13.18 定义字符串类 String，在类中重载“=”运算符，以实现字符串的直接赋值；重载“+”运算符，以实现两个字符串的连接；重载“-”运算符，以实现从一个字符串中删除子串；重载“>”、“<”、“==”运算符，以实现字符串的直接比较；类中也定义了类型转换函数，用以将 String 对象赋值给一般的字符串指针。类中还定义了一些其他函数，详见下面的说明。

例 13.18 定义字符串类 String，测试重载的运算符以及成员函数。

在本例中，String 类的完整定义放在头文件“Li1318.h”中，对类进行测试的主函数放在源文件“Li1318.cpp”中。

```
// Li1318.h
class String
{
protected:
    int Length;                             // 字符串的长度
    char *Strp;                             // 指向字符串的指针
public:
    String( ){ Strp=NULL; Length=0; }       // 缺省构造函数
    String(const char *s);                  // 构造函数，以字符指针作为参数
    String(const String &);                 // 拷贝构造函数，以对象的引用作为参数
    ~String( )                              // 析构函数
    { if(Strp) delete [ ] Strp; }
    const char *IsIn(const char) const;     // 返回参数字符在字符串中第一次出现的地址
    bool IsSubStr(const char *) const;      // 判断参数字符串是否为子串
    void Show( )                            // 输出字符串
    { if(Strp) cout << Strp << '\n'; }
    int GetLen( ) { return Length; }        // 返回字符串的长度
    const char * GetString( )               // 返回字符串首指针
    { return Strp; }
    operator const char* ( ) const          // A，类型转换函数，返回指向常量的字符串指针
    { return (const char *) Strp; }
    String & operator = (String &);         // 重载赋值运算符
    friend String operator+(const String &, const String &);// 友元实现+重载
    friend String operator-(const String &, const char *);  // 友元实现-重载
    bool operator < (const String &) const;      // 重载小于运算符
    bool operator > (const String &) const;      // 重载大于运算符
    bool operator == (const String &) const;     // 重载恒等于运算符
};
String::String(const char *s)                    // 构造函数，以字符指针作为参数
{
    if(s)
    {
        Length = strlen(s);
        Strp = new char[Length+1];
        strcpy(Strp, s);
    }
    else
    { Strp = NULL; Length = 0; }
}
String::String(const String &s)                  // 拷贝构造函数，以对象的引用作为参数
{
    Length = s.Length;
    if(s.Strp)
    {
        Strp = new char[Length+1];
```

```
        strcpy(Strp, s.Strp);
    }
    else Strp = NULL;
}
const char *String::IsIn(const char c) const    // B，返回参数字符在字符串中
                                                // 第一次出现的地址
{
    char *p = Strp;

    while(*p)
      if(*p++ == c) return --p;
    return NULL;
}
bool String::IsSubStr(const char *s) const  // 判断s所指向的字符串是否为类中
                                            // 字符串的子串。若是，返回真；否则返回假
{
    if(strstr(Strp, s)) return true;        // C，strstr()为字符串处理库函数
    else return false;
}
String & String::operator = (String &s)     // 实现赋值运算符重载
{
    if( this == & s ) return *this;         // D，处理字符串自身赋值
    if(Strp) delete [ ] Strp;               // 释放对象自身的空间
    Length = s.Length;
    if(s.Strp)
    {
        Strp = new char[Length+1];
        strcpy(Strp, s.Strp);
    }
    else Strp = NULL;
    return *this;
}
String operator+(const String &s1, const String &s2) // 连接两个字符串
{
    String t;

    t.Length = s1.Length + s2.Length;
    t.Strp = new char [ t.Length + 1 ];
    strcpy(t.Strp, s1.Strp);
    strcat(t.Strp, s2.Strp);
    return t;
}
String operator-(const String &s1, const char *s2)   //E，删除s1中第一次出现的s2
{
    String t;
    char *p1 = s1.Strp, *p2;
    int i = 0, len = strlen(s2);

    if(p2 = strstr(s1.Strp, s2))                     // 如果是子串
    {
        t.Length = s1.Length - len;
        t.Strp = new char[t.Length+1];
        while(p1<p2)
            t.Strp[i++] = *p1++;
        p1+=len;
        while(t.Strp[i++] = *p1++);
        return t;
    }
    else
        return s1 ;
}
```

```
bool String::operator < (const String &s) const  // 重载小于运算符，成员函数实现
{ return(strcmp(Strp, s.Strp)<0 ); }
bool String::operator > (const String &s) const  // 重载大于运算符，成员函数实现
{ return(strcmp(Strp, s.Strp)>0 ); }
bool String::operator == (const String &s) const // 重载恒等于运算符，成员函数实现
{ return(strcmp(Strp, s.Strp)==0); }
```

```
//Li1318.cpp
#include <iostream>
#include <cstring>
using namespace std;
#include "Li1318.h"
void Test_IsIn(char c, String &s)          // 测试类的成员函数IsIn( )
{
    cout << "\'" << c << "\' in "; s.Show();
    if (s.IsIn(c))                          // s.IsIn(c)返回的是c第一次在s中出现的地址
        cout << "Yes: " << s.IsIn(c) << endl;
    else
        cout << "No! \n";
}
void Test_IsSubStr(char *sp, String &s)  // 测试类的成员函数IsSubStr( )
{
    cout << "\"" << sp << "\" in "; s.Show();
    if (s.IsSubStr(sp))
        cout << "Yes! \n";
    else
        cout << "No! \n";
}
int main(void)
{
    String s1("C++程序设计 "), s2, s3("学生学习 ");
    String s, s5;
    s1.Show();
    s2 = s1;                                // 测试运算符"="
    s2.Show();
    s = s3 + s2;                            // 测试运算符"+"以及运算符"="
    s.Show();
    s5 = s - s1;                            // 测试字符串相减运算符"-"
    s5.Show();
    String s6 = "C++ programming! ";
    Test_IsIn('g', s6);                     // 判断一个字符是否在"串"中
    Test_IsIn('k', s6);
    Test_IsSubStr("prog", s6);              // 判断字符串是否是"串"的子串
    Test_IsSubStr("red", s6);
    cout << "s1 = "; s1.Show();
    cout << "s3 = "; s3.Show();
    if (s1>s3)                              // 字符串比较
        cout << "s1 > s3\n";
    else if (s1<s3)                         // 字符串比较
        cout << "s1 < s3\n";
    else if (s1 == s3)                      // 字符串比较
        cout << "s1 == s3\n";
    const char *sp1, *sp3;
    sp1 = s1;                               // F
    sp3 = s3;
    cout << sp3 << sp1 << endl;
    cout << s3.GetString() << endl;
    return 0;
}
```

程序的运行结果是：

```
C++程序设计
C++程序设计
学生学习 C++程序设计
学生学习
'g' in C++ programming!
Yes: gramming!
'k' in C++ programming!
No!
"prog" in C++ programming!
Yes!
"red" in C++ programming!
No!
s1 = C++程序设计
s3 = 学生学习
s1 < s3
学生学习 C++程序设计
学生学习
```

本例中若干成员函数的参数列表圆括号后跟有一个关键字 const，如程序中 A 行，它们是常成员函数。有关常数据成员和常成员函数的概念参见 11.3 节。

B 行中 IsIn() 函数的功能是判断字符参数 c 是否存在于字符串中，如果存在，返回其第一次出现时的地址，否则返回空指针 NULL。注意：函数的返回值类型是 const char * 型指针，即指向常量的指针。在主调函数中不能通过该指针修改它指向的类中字符串的内容，以保护类中的字符串。

在 C 行使用一个字符串处理系统函数 strstr()，该函数的原型在头文件 cstring 中，其原型为" char *strstr(const char * s1, const char * s2)"，其功能是，若 s2 是 s1 的子串，则返回 s2 在 s1 中第一次出现时的起始地址；若不是子串，返回空指针 NULL。

D 行的目的是处理字符串自身赋值，即若在主函数中出现" s1 = s1;"，则赋值运算符重载函数不做任何处理，直接返回 s1 的值。

E 行中的 String operator-(const String &s1, const char *s2) 函数重载了减法"—"运算符，其功能是：删除 s1 中第一次出现的子串 s2，返回删除子串后的结果字符串；如果 s1 中没有出现 s2，则返回初始的 s1。

系统将 F 行中的" sp1 = s1;"处理成" sp1 = s1.operator const char *();"，调用 A 行开始的类型转换函数，将 String 类转换成 const char * 类。

例 13.19 从字符串类 String 派生出新字符串类 Str，说明重载运算符的继承性。

```
#include <iostream>
#include <cstring>
using namespace std;
#include "Li1318.h"                          // 注意本例包含例13.18的头文件
class Str : public String                   // 定义String类的派生类Str
{
public:
    Str() :String(){ }                      // 调用基类构造函数
    Str(char *ps) :String(ps){ }            // 调用基类构造函数
    Str(Str &s) :String(s){ }               // 调用基类构造函数
    Str operator+(Str &s)                   // A
    {
        Str t;
        t.Length = Length + s.Length;
        t.Strp = new char[t.Length + 1];
        strcpy(t.Strp, Strp);
        strcat(t.Strp, s.Strp);
        return t;
    }
    Str operator = (Str &s)                 // B
```

```
    {
        if (this == &s) return *this;              //处理字符串自身赋值
        if (Strp) delete[] Strp;
        Length = s.Length;
        if (s.Strp)
        {
            Strp = new char[Length + 1];
            strcpy(Strp, s.Strp);
        }
        else Strp = NULL;
        return *this;
    }
};
int main(void)
{
    Str s1("学生学习 "), s2("C++程序设计 ");
    Str s3(s2), s4, s5;
    cout << "s1 = "; s1.Show();
    cout << "s2 = " << s2 << endl;              // C，调用继承来的“类型转换”函数
    cout << "s3 = " << s3 << endl;
    s4 = s2;                                    // 字符串整体赋值，使用重新定义的重载函数
    cout << "s4 = s2 = " << s4 << endl;
    s5 = s1 + s2;                               // 字符串拼接，使用重新定义的重载函数
    cout << "s5 = s1 + s2; s5 = " << s5 << endl;
    cout << "p = " << s2.IsIn('+') << endl;    // 使用继承来的成员函数
    if (s2>s3)                                  // 使用继承来的字符串比较运算符 >
        cout << "s2 > s3\n";
    else if (s2 < s3)                           // 使用继承来的字符串比较运算符 <
        cout << "s2 < s3\n";
    else if (s2 == s3)                          // 使用继承来的字符串比较运算符 ==
        cout << "s2 == s3\n";
    return 0;
}
```

程序的运行结果是：

```
s1 = 学生学习
s2 = C++程序设计
s3 = C++程序设计
s4 = s2 = C++程序设计
s5 = s1 + s2; s5 = 学生学习 C++程序设计
p = ++程序设计
s2 == s3
```

Str 类公有继承 String 类，没有增加数据成员。String 类中定义了运算符“+”的重载函数，是用友元函数实现的。因为友元函数不是类的成员函数，所以在派生类中没有继承。在 Str 类的 A 行用成员函数重新定义了“+”的重载函数。同理，String 类中的运算符“-”也是友元实现的，在 Str 类中没有重新定义“-”的重载函数，所以在 Str 类中不可使用运算符“-”。

虽然在基类中用成员函数重载了“=”运算符，但 C++ 规定派生类是不能继承“=”运算符重载函数的，所以在 Str 类中的 B 行重新定义了赋值运算符“=”的重载函数。另外，成员函数 operator=() 也不能被定义为虚函数，参见 13.4.1 节。

编译器把 C 行处理成“cout << " s2 = " << (const char *)s2 << endl;”，原因在第 14 章中给出。在此仅做简单解释。cout 是系统预先定义的标准输出流类（ostream 类）的对象。在头文件 ostream 中可以看到，在 ostream 类中对运算符“<<”进行了重载，可以用它输出 C++ 基本数据类型的量。例如，“int x = 5; cout << x;”，编译器会把“cout << x;”处理成“cout.operator <<(x);”，调用输出流类的成员函数 operator<< 输出 x。对用户定义的新类型，C++ 并没有预先定义插入运算符重载函数，所以不能用插入运算符“<<”输出 Str 类型的数据。

第 14 章会介绍如何定义插入运算符（<<）重载函数，实现输出用户定义的新类型数据。

对 C 行的简化是“cout<< s2;”，编译器是如何处理的呢？

注意以下原则：当对象（如 cout）参与运算时，编译器首先查看该运算符（如 << 运算符）是否是对象所属类（如 ostream 类）的成员函数实现的运算符：①若是，则调用成员函数来实现运算。②若不是，编译器试图将非成员函数作为重载的运算符。③若再不是，编译器尝试将参与运算的第 2 个对象（如 s2）转换成本类能处理的类型进行运算。④若仍不成功，则编译器报错。

程序中 C 行就是编译器判断到第③步时，用 Str 类中定义的类型转换函数（Str 类从 String 类继承了类型转换函数，见例 13.18 中的头文件 Li1318.h 中的 A 行）将 s2 转换成 (const char *)s2 后，再调用系统已定义的插入运算符重载函数 operator<< 处理的。如果将该类型转换函数删除，则编译器对例 13.19 中的 C 行报错：“ error C2679: binary '<<' : no operator defined which takes a right-hand operand of type 'class Str' (or there is no acceptable conversion)”。意思是对于二元运算符“ <<”，没有定义以一个类型是 Str 作为右操作数的运算符重载函数（或者没有可适用的类型转换）。注意，cout<< s2 是二元运算，cout 是左操作数，s2 是右操作数。

13.2.6 运算符重载函数小结

1）运算符重载函数可以通过成员函数也可以通过非成员函数实现，非成员函数包括友元函数。

2）对于用户定义的新类型，只能重载为成员函数的运算符有：赋值运算符（=）、函数调用运算符（()）、下标运算符（[]）、指针访问成员运算符（->）、动态空间申请运算符（new）、动态空间释放运算符（delete），以及“类型转换运算符”（如 operator int()、operator char *() 等）。

3）对于用户定义的新类型，只能重载为非成员函数的运算符有：>>、<<。参阅 14.5 节（重载插入和提取运算符）。

4）运算符重载函数的形参不允许有默认值。因为形参对应参加运算的实际运算量，而实际运算量是不能缺省的。

5）运算符重载函数的形参至少有一个导出数据类型（即用户定义的新类型）的量。如果没有，就是针对基本数据类型的运算符重载，而 C++ 针对基本数据类型的运算含义是不允许改变的。实际上系统已经重载了基本数据类型量的各种运算，编程者只要直接使用即可。

6）C++ 中唯一不能被派生类继承的是赋值运算符重载函数，其他的运算符重载函数都能被派生类继承。

7）如果用户未显式定义赋值运算符重载函数，编译器会自动生成一个，完成数据成员的简单赋值（类似于浅拷贝构造函数，即仅完成对象自身的数据成员赋值）。

注意：若用户未显式定义，编译器自动为“类”生成的成员函数有缺省构造函数（前提是未显式定义任何构造函数），拷贝构造函数、析构函数以及赋值运算符重载函数。例如，若用户定义一个“空”类：“class A { };”，则系统自动为 A 类生成上述 4 个成员函数。构造、析构函数的自动生成参见第 10 章相关内容。

13.3 静态联编

联编是指计算机程序彼此关联的过程，在本章中指函数间调用关系的确定。按照联编所确定的时刻不同，可分为两种：静态联编和动态联编。

静态联编是指联编出现在编译链接阶段，又称为早期联编，通过静态联编可实现静态多态。如前面介绍的函数重载、运算符重载都属于静态多态，函数调用关系的确定都是在编译阶段。

例 13.20 普通函数的静态联编。

```
#include <iostream>
```

```
using namespace std;
int add(int a, int b){ return(a + b); }                  // 重载函数1
double add(double a, double b) { return(a + b); }        // 重载函数2
int main()
{
    cout << add(1, 2) << '\t';                           // 编译时确定调用重载函数1
    cout << add(1.1, 2.2) << '\n';                       // 编译时确定调用重载函数2
    return 0;
}
```

程序运行输出：

```
3       3.3
```

对本例，在编译阶段，编译器根据参数的个数和类型确定调用哪一个函数，这就是静态联编。

例 13.21 类的成员函数的静态联编。

```
#include <iostream>
using namespace std;
class Point                                              // 定义点类
{
protected:
    double x, y;                                         // 点坐标值
public:
    Point(double a = 0, double b = 0) { x = a; y = b; }
    double Area() { return 0.0; }                        // 函数1
};
class Rectangle : public Point                           // 定义长方形类，继承点类
{
protected:
    double x1, y1;                  // 长方形右下角点的坐标值，基类中x, y为左上角坐标点
public:
    Rectangle(double a=0, double b=0, double c=0, double d=0):Point(a, b)
    {
        x1 = c; y1 = d;
    }
    double Area(){ return (x - x1)*(y - y1); }           // 函数2
};
class Circle : public Point                              // 定义圆类，继承点类
{
protected:
    double r;                                  // 半径，基类中x, y为圆心坐标点
public:
    Circle(double a = 0, double b = 0, double c = 0) :Point(a, b)
    {
        r = c;
    }
    double Area() { return 3.14*r*r; }                   // 函数3
};
double CalcArea(Point &p)                                // 一般函数，非成员函数
{
    return(p.Area());                                    // A，编译连接时确定调用函数1
}
int main()
{
    Rectangle r(0, 0, 1, 1);
    Circle c(0, 0, 1);
    cout << CalcArea(r) << '\t';
    cout << CalcArea(c) << '\n';
    return 0;
}
```

程序运行输出：

```
0      0
```

主函数调用两次一般函数 CalcArea()，这两次传递的参数分别为 Point &p = r 和 Point &p = c，即基类对象引用派生类对象，那么 p 引用的是派生类对象中基类的部分，因为 p 是 Point 类对象，则程序中 A 行的 p.Area() 在编译时确定调用函数 1，即 Point 类的 Area() 成员函数。这是通过静态联编实现的。

能否找到一种机制，让 CalcArea() 函数变成一个通用的求面积的函数，即在调用 CalcArea() 函数时，根据实参对象的不同而求出不同形状的面积呢？即 CalcArea(r) 求长方形 r 的面积，而 CalcArea(c) 求圆形 c 的面积。答案是可以的，利用 C++ 提供的动态联编技术即可完成该项工作。

13.4　动态联编和虚函数

程序中若出现函数调用，但在编译阶段无法确定调用哪一个函数，只有到了程序的运行阶段才能确定调用哪一个函数，这就是动态联编。动态联编又称滞后联编、晚期联编。动态联编技术实现动态多态，C++ 中提供的动态联编技术是通过虚函数实现的。

13.4.1　虚函数的定义和使用

在类内，将成员函数定义成虚函数的格式为：

```
virtual <数据类型> <函数名>( [<参数列表>] )  // 注意关键字 virtual
{ ... }
```

例 13.22　将成员函数定义成虚函数，以实现动态联编。

```
#include <iostream>
using namespace std;
class Point                                              // 定义点类
{
protected:
    double x, y;                                         // 点坐标值
public:
    Point(double a = 0, double b = 0){ x = a; y = b; }
    virtual double Area(){ return 0.0; }                 // 虚函数1
};
class Rectangle :public Point                            // 定义长方形类，继承点类
{
protected:
    double x1, y1;              // 长方形右下角点的坐标值，基类中x, y为左上角坐标点
public:
    Rectangle(double a=0, double b=0, double c=0, double d=0) :Point(a, b)
    {
        x1 = c; y1 = d;
    }
    virtual double Area(){ return (x - x1)*(y - y1); }  // 虚函数2
};
class Circle :public Point                               // 定义圆类，继承点类
{
protected:
    double r;                                  // 半径，基类中x, y为圆心坐标点
public:
    Circle(double a = 0, double b = 0, double c = 0) :Point(a, b)
    {
        r = c;
    }
    virtual double Area(){ return 3.14*r*r; }            // 虚函数3
```

```
};
double CalcArea(Point &p)                              // 一般函数，非成员函数
{
    return(p.Area());                          // A，编译连接时保留3个Area()函数入口地址
}
int main()
{
    Point p(1, 2);
    Rectangle r(0, 0, 1, 1);
    Circle c(0, 0, 1);
    cout << CalcArea(p) << '\t' << CalcArea(r) << '\t' << CalcArea(c) << '\n';
    return 0;
}
```

程序的运行结果是：

```
0       1       3.14
```

注意程序中三个画线的 Area() 函数，它们都被定义成了虚函数。主函数调用 3 次一般函数 CalcArea()，3 次传递的参数分别为 Point &p = p、Point &p = r 和 Point &p = c，即基类对象引用派生类对象。由于函数 Area() 是虚函数，这时 C++ 规定 A 行 p.Area() 函数调用的处理方法是：在编译阶段不确定调用哪一个函数，而是在此处保留 3 个虚函数 Area() 的 3 个入口地址。在程序运行阶段，根据实参的类型来确定调用 3 个虚函数中的哪一个。例如，若实参是 Rectangle 类对象，则在 A 行调用的是“虚函数 2”，以此类推。

关于虚函数的使用，有以下几点说明：

1）当在基类中把成员函数定义为虚函数后，若派生类欲定义同名虚函数，则派生类中的虚函数必须与基类中的虚函数同名，且函数的参数个数、参数类型必须完全一致，否则属于函数的重载，而不是虚函数。

2）续第 1 点，此时基类中虚函数前的关键字 virtual 不能缺省，派生类中同名虚函数前的关键字 virtual 可以缺省，缺省后仍然是虚函数。

3）动态多态必须通过**基类对象的引用**或**基类对象的指针**调用虚函数才能实现。例如可以将例 13.22 改写成如下形式，运行结果不变。

```
// ……                              // 类的定义部分一样，在此省略
double CalcArea(Point *p)           // 形参是基类对象的指针
{
    return(p->Area());              //通过指针调用成员函数
}
int main()
{
    Point p(1, 2);
    Rectangle r(0, 0, 1, 1);
    Circle c(0, 0, 1);
    cout << CalcArea(&p) << '\t' << CalcArea(&r) << '\t' << CalcArea(&c) << '\n';
                                                              // 实参是指针
    return 0;
}
```

4）友元函数不能定义为虚函数，因为友元函数不是类的成员函数。

5）静态成员函数不能定义为虚函数，因为静态成员函数属于类，与具体的某个对象无关。

6）内联函数不能定义为虚函数，因为内联函数的调用处理是在编译时刻，即在编译时刻，用内联函数的实现代码替换函数调用，运行时内联函数已不存在；而虚函数的调用是动态联编，即运行时刻决定调用哪一个函数。

7）不能将构造函数定义为虚函数，但可将析构函数定义为虚函数。如果类的构造函数中有

动态申请的存储空间，则应在析构函数中释放该空间，此时，建议将析构函数定义为虚函数，以便实现撤销对象时的多态性，参见 13.4.2 节例 13.26。

8）虚函数与一般函数相比，调用时的执行速度要慢一些。这是因为，为了实现动态联编，编译器为每个含有虚函数的对象增加指向虚函数地址表的指针，通过该指针实现虚函数的间接调用。因此，除非要编写通用程序并且必须使用虚函数才能完成其功能，否则一般不要使用虚函数。

9）在一般成员函数中调用虚函数，遵循动态多态规则。但若在构造函数中调用虚函数，不遵循动态多态规则，即调用的是类自身的虚函数，参见例 13.23 和例 13.24。

例 13.23 成员函数调用虚函数。

```
#include <iostream>
using namespace std;
class A
{
public:
    virtual void fun1()                                     // D, 虚函数
    {
        cout << "A::fun1" << '\t';
        fun2();
    }
    void fun2()
    {
        cout << "A::fun2" << '\t';
        fun3();                                             // E
    }
    virtual void fun3()                                     // F, 虚函数
    {
        cout << "A::fun3" << '\t';
        fun4();
    }
    void fun4()
    {
        cout << "A::fun4" << '\n';
    }
};
class B : public A
{
public:
    void fun3()                                             // 虚函数，因其函数原型与基类相同
    {
        cout << "B::fun3" << '\t';
        fun4();
    }
    void fun4()
    {
        cout << "B::fun4" << '\n';
    }
};
int main()
{
    A  a;
    B  b;
    a.fun1();
    b.fun1();                                               // G
    return 0;
}
```

程序的运行结果是：

```
A::fun1 A::fun2 A::fun3 A::fun4
A::fun1 A::fun2 B::fun3 B::fun4
```

请注意程序中 fun1() 和 fun3() 是虚函数，而 fun2() 和 fun4() 不是虚函数。程序第一行的输出很好理解，第二行的输出较难理解。B 类共有 6 个成员函数，其中从基类 A 继承了 4 个函数，B 类中 fun1() 和 fun2() 函数分别只有一个，都是从基类 A 继承的，而 fun3() 和 fun4() 函数分别有两个，一个是从 A 类继承的，另一个是 B 类自身定义的。程序 G 行中 b.fun1() 首先调用 A 类的 fun1()，fun1() 中调用 fun2() 仍然调用的是 A 类的 fun2()，那么 fun2() 调用 fun3() 时，调用的是 A 类的 fun3() 还是 B 类的 fun3() 呢？注意，在一个成员函数中调用其他成员函数时，系统是通过对象自身的指针 this 调用的，A 类中的 fun2() 实际被处理成如下形式：

```
void fun2()
{
    cout << "A::fun2" << '\t';
    this->fun3();                    // E
}
```

此时，this 是基类 A 类型的指针，但它指向派生类对象 b。因为在执行 G 行时，会将指向派生类对象 b 的指针传递给 fun1() 进而传递给 fun2() 函数，所以在执行到 E 行时，由于调用的 fun3() 函数是虚函数，调用的自然就是派生类 B 的 fun3() 函数了。即当基类的指针指向派生类对象时，若通过它调用虚函数，则它指向的是哪个类的对象，调用的就是哪个类的虚函数。

注意：在本例中，如果没有把基类的 fun1() 和 fun3() 定义成虚函数，即把 D 行和 F 行的 virtual 关键字去掉，则程序的运行结果是：

```
A::fun1 A::fun2 A::fun3 A::fun4
A::fun1 A::fun2 A::fun3 A::fun4
```

本例通过一般成员函数（非构造函数）调用虚函数，遵循虚函数调用的动态多态规则。例 13.24 说明在构造函数中调用虚函数，不遵循动态多态规则，即构造函数中调用虚函数时调用的是自身类的虚函数。

例 13.24　在构造函数中调用虚函数。本例中，类的派生关系如图 13-4 所示。

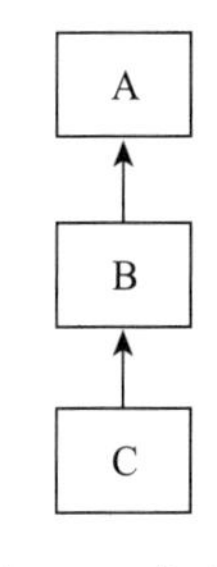

图 13-4　例 13.24 中类的派生关系

```
#include <iostream>
using namespace std;
class A
{
public:
    A() { fun(); }
    virtual void fun()                          // D    虚函数
    {
        cout << "A::fun" << '\t';
    }
};
class B : public A
{
public:
    B() { fun(); }
    void fun()                                  // 虚函数，缺省关键字virtual
    {
        cout << "B::fun" << '\t';
    }
    void g() { fun(); }                         // E
};
class C : public B
{
public:
    C() { fun(); }
```

```
    void fun()                        // 虚函数，缺省关键字virtual
    {
        cout << "C::fun" << '\n';
    }
};
int main()
{
    C c;                              // F
    c.g();                            // G
    return 0;
}
```

程序的运行结果是：

```
A::fun  B::fun  C::fun
C::fun
```

本例中 A、B 和 C 三个类的 fun() 函数都是虚函数。程序第一行的输出是在 F 行中创建对象 c 时产生的。创建 C 类对象时，按顺序执行 A、B、C 三个类的构造函数。注意，虽然在 B、C 的构造函数中没有显式地调用其直接基类的构造函数，编译器仍然会自动调用基类的缺省构造函数。在 A、B、C 三个类的构造函数中均调用了虚函数 fun()，C++ 规定它们调用的是各自类自身的虚函数，所以有第一行的输出。至于第二行为什么输出的是“C::fun”而不是“B::fun”，道理同例 13.23 中的一样，可将 B 类中的 g() 函数理解为：

```
void g( ) {  this->fun( );  }
```

this 是 B 类型的指针。G 行的调用 c.g() 将派生类对象 c 的指针传递给了基类 B 的指针 this，即基类指针指向派生类对象，由于 fun() 是虚函数，调用的自然是 C 类的 fun() 函数。如果将 D 行的 virtual 去掉，则程序的运行结果如下：

```
A::fun  B::fun  C::fun
B::fun
```

当派生类中函数的原型与基类中的虚函数原型一致时，在派生类中的该函数才是虚函数，否则在派生类中的该函数是重载函数，而不是虚函数。此概念在例 13.25 中予以说明。

例 13.25　比较虚函数和重载函数。

```
#include <iostream>
using namespace std;
class A
{
public:
    virtual void fun()
    { cout << "A::fun" << '\n'; }
};
class B : public A
{
public:
    void fun(int x=0)//重载函数
    { cout << "B::fun" << '\n'; }
};
int main()
{   B b;
    A *pa = &b;
    pa->fun();
    b.fun();
    return 0;
}
```

```
#include <iostream>
using namespace std;
class A
{
public:
    virtual void fun()
    { cout << "A::fun" << '\n'; }
};
class B : public A
{
public:
    void fun()             // 虚函数
    { cout << "B::fun" << '\n'; }
};
int main()
{   B b;
    A *pa = &b;
    pa->fun();
    b.fun();
    return 0;
}
```

运行结果：A::fun　　　　　　　　运行结果：B::fun
　　　　　B::fun　　　　　　　　　　　　　B::fun

两个方框中的程序运行结果不同，请读者自行分析原因。

13.4.2 虚析构函数

前面已介绍，如果类的构造函数中有动态申请的存储空间，在析构函数中需释放该空间。此时，应将析构函数定义为虚函数，以实现通过基类指针释放它所指向的派生类对象时的动态多态。

例 13.26 虚析构函数。

```
#include <iostream>
#include <cstring>
using namespace std;
class base
{
    char *baseptr;
public:
    base()
    {
        baseptr = new char[100];
        strcpy(baseptr, "In class base");
        fc();
    }
    virtual void fc(){ cout << baseptr << endl; }          // D
    virtual ~base()                                         // E
    {
        delete[]baseptr;
        cout << "Delete [ ]baseptr" << endl;
    }
};
class A : public base
{
    char *Aptr;
public:
    A()
    {
        Aptr = new char[100];
        strcpy(Aptr, "In class A");
        fc();                                               // F
    }
    void f() { fc(); }                                      // G
    ~A()
    {
        delete[]Aptr;
        cout << "Delete [ ]Aptr" << endl;
    }
};
class B : public A
{
    char *Bptr;
public:
    B()
    {
        Bptr = new char[100];
        strcpy(Bptr, "In class B");
    }
    void fc() { cout << Bptr << endl; }
    ~B()
```

```
        {
            delete[]Bptr;
            cout << "Delete [ ]Bptr" << endl;
        }
};
int main(void)
{
    B b;                                          // H
    b.f();                                        // K
    base *p = new B;                              // M
    delete p;                                     // N
    return 0;
}
```

程序的输出结果是：

```
In class base
In class base
In class B
In class base
In class base
Delete [ ]Bptr
Delete [ ]Aptr
Delete [ ]baseptr
Delete [ ]Bptr
Delete [ ]Aptr
Delete [ ]baseptr
```

在本例中，由基类 base 派生出 A 类，再由 A 类派生出 B 类，如图 13-5 所示。注意每个类的构造函数中都申请了动态存储空间，在析构函数中释放该空间。在 D 行将函数 fc() 说明成虚函数，在 E 行将析构函数也说明成了虚函数。

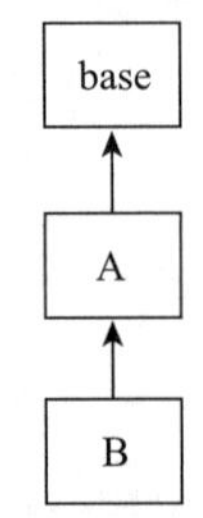

图 13-5　例 13.26 中类的派生关系

在程序的 H 行，定义 B 类对象 b。系统在创建对象 b 时，依次调用 base 类、A 类、B 类的构造函数。在 base 类的构造函数中，调用虚函数 fc()，输出 "In class base"。注意在构造函数中调用虚函数遵循静态联编规则，即调用的是自身类中的虚函数，参见例 13.24。在 A 类的构造函数中，调用虚函数 fc()，由于 A 类没有定义 fc() 函数，所以调用的是从基类继承的 fc() 函数，仍然输出 "In class base"。在 B 类的构造函数中，没有输出。

在程序的 K 行，调用的是 B 类中从 A 类继承的 f() 函数。G 行中 f() 函数中调用的 fc() 函数是虚函数，应调用 B 类的 fc() 函数，输出 “ In class B ”。原因是，在类的一般函数中调用虚函数遵循动态多态规则，参见例 13.23 和例 13.24。

在 M 行定义了一个基类指针 p，它指向一个动态申请的派生类 B 的对象，系统在创建该动态对象时，同理按顺序调用各基类的构造函数，输出两个 “In class base”。

N 行释放由 p 指向的派生类对象，由于已将析构函数定义成了虚函数，所以系统调用的是派生类对象的析构函数。而在执行 B 类的析构函数时，系统自动按顺序调用 B 类、A 类、base 类的析构函数，释放每个类动态申请的空间。依次输出 Delete [ ]Bptr、Delete [ ]Aptr、Delete [ ] baseptr。

在 main() 函数结束前，撤销对象 b，同样按顺序调用基类 B、A 和 base 的析构函数，依次输出 Delete [ ]Bptr、Delete [ ]Aptr、Delete [ ]baseptr。

值得注意的是：如果没有把析构函数定义成虚函数，即删除程序 E 行中的关键字 virtual，那么在 N 行释放 p 指向的对象时，因 p 是 base 类指针，则只调用基类 base 的析构函数。运行结果如下：

```
In class base
In class base
In class B
In class base
In class base
Delete [ ]Bptr
Delete [ ]Aptr        ——> 不输出此两行
Delete [ ]baseptr
Delete [ ]Bptr
Delete [ ]Aptr
Delete [ ]baseptr
```

与前面的运行结果比较，少了两行。这就意味着，在 N 行释放由 p 指向的 B 类动态对象时，因为 p 是 base 类型的指针，仅释放了基类 base 的动态空间，派生类 A 类和 B 类的动态空间没有被释放。因此程序中存在潜在的错误。

如果把析构函数定义成虚函数，若基类指针 p 指向的是派生类对象，当撤销 p 指向的对象时，调用的是它所指向的派生类对象的析构函数，这是遵循动态多态规则的。而在执行派生类对象的析构函数时，系统会按照正常析构函数的执行顺序执行，即依次由派生类到基类调用析构函数。此时程序中就不会存在错误了。

13.5　纯虚函数和抽象类

在定义一个基类时，会遇到这样的情况：无法给出某些成员函数的具体实现。例如，描述一个图形形状的 Shape 类，从抽象思维的角度考虑，该形状应该具备一些公共的数值属性（如图形的颜色等）以及一些通用的操作（如求图形的面积、绘制该图形等）。这些操作都是通过成员函数实现的。在描述抽象的 Shape 类时，无法真正给出这些通用操作的具体实现（即函数定义）。如果由抽象的 Shape 类派生出具体的形状如"点"类 Point、"长方形"类 Rectangle、"圆"类 Circle 等，在派生类中即可给出通用操作（求面积和绘制形状）的具体实现，而且每个派生类形状对这些通用操作的具体实现是不同的。

C++ 中，把基类中没有给出具体实现的函数定义为**纯虚函数**，一般格式为：

```
virtual <数据类型> <函数名>( [<参数列表>] ) = 0;
```

注意，该定义中没有函数体，即没有函数的具体实现部分，函数体代之以"= 0"。这与将虚函数定义成空函数是有区别的，如若将虚函数定义为空函数，格式如下：

```
virtual <数据类型> <函数名>( [<参数列表>] )
{  }
```

此定义中的函数体是"{　}"，它表示在函数体中不做任何工作。

含有纯虚函数的类称为**抽象类**。例 13.27 中定义抽象类 Shape，并由 Shape 类派生出若干具体图形类，在派生类中实现纯虚函数。

例 13.27　抽象类、纯虚函数的定义和使用。类的派生关系如图 13-6 所示。

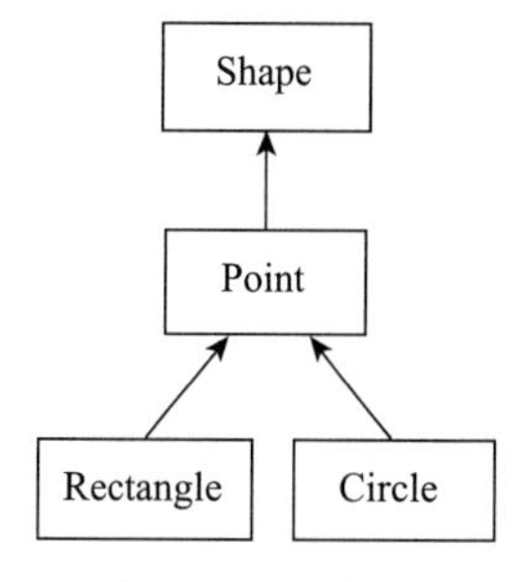

图 13-6　例 13.27 中类的派生关系

```
#include <iostream>
using namespace std;
class Shape                                    // 抽象的形状类
```

```
{
public:
    virtual double Area() = 0;                          // 抽象的求面积的纯虚函数
    virtual void Draw() = 0;                            // 抽象的绘制图形的纯虚函数
};
class Point :public Shape                               // 点类
{
protected:
    double x, y;                                        // 点的坐标值
public:
    Point(double a = 0, double b = 0){ x = a; y = b; }
    double Area() { return 0.0; }                       // 基类纯虚函数Area()的具体实现
    void Draw() { cout << "Draw Point!\n"; }            // 基类纯虚函数Draw()的具体实现
};
class Rectangle :public Point                           // 长方形类
{
protected:
    double x1, y1;              // 长方形右下角点的坐标值，基类中x, y为左上角坐标点
public:
    Rectangle(double a=0, double b=0, double c=0, double d=0):Point(a, b)
    {
        x1 = c; y1 = d;
    }
    double Area()                                       // 基类纯虚函数Area()的具体实现
    {
        return (x - x1)*(y - y1);
    }
    void Draw()                                         // 基类纯虚函数Draw()的具体实现
    {
        cout << "Draw Rectangle!\n";
    }
};
class Circle :public Point                              // 圆类
{
protected:
    double r;                                           // 半径，基类中x, y为圆心坐标点
public:
    Circle(double a = 0, double b = 0, double c = 0) :Point(a, b){ r = c; }
    double Area() { return 3.14*r*r; }                  // 基类纯虚函数Area()的具体实现
    void Draw()                                         // 基类纯虚函数Draw()的具体实现
      {
          cout << "Draw Circle!\n";
    }
};
double CalcArea(Shape &s)                               // A，通过基类对象的引用实现动态多态
{
    return(s.Area());
}
void DrawShape(Shape *sp)                               // B，通过基类对象的指针实现动态多态
{
    sp->Draw();
}
int main()
{
    Point p(1, 2);
    Rectangle r(0, 0, 1, 1);
    Circle c(0, 0, 1);
    cout << CalcArea(p) << '\t' << CalcArea(r) << '\t' << CalcArea(c) << '\n';
    DrawShape(&p);
    DrawShape(&r);
    DrawShape(&c);
```

```
    return 0;
}
```

程序的运行结果是：

```
0       1       3.14
Draw Point!
Draw Rectangle!
Draw Circle!
```

本例中 Shape 是抽象类，由它派生出 Point 类，再由 Point 类派生出 Rectangle、Circle 类。在三个派生类中，均给出对基类中定义的两个纯虚函数的实现。

使用抽象类和纯虚函数的目的是编写通用函数，增加编程的灵活性。如本例中 CalcArea(Shape &s) 和 DrawShape (Shape *sp) 就是计算面积和绘制图形的通用函数。如何达到编写通用函数的目的？一般是在抽象的基类中提供函数实现的统一接口，如 Area() 和 Draw() 函数，它们必须是虚函数（含纯虚函数），程序中 A 行（或 B 行）调用函数的格式是统一的，即通过基类的引用（或基类的指针）调用虚函数。由于各派生类对函数 Area() 和 Draw() 给出不同的具体实现方法，所以在实际运行时 A 行（或 B 行）调用的是不同的函数，调用的是哪一个函数是依据形参 s 所引用的（或形参 sp 所指向的）实参具体对象而定的。A 行函数 CalcArea(Shape &s) 的形参 s 是基类 Shape 类对象，是实参对象（Shape 的派生类对象）的引用，它引用的是哪一个对象，调用的就是该对象所属派生类的那个 Area() 函数。B 行函数 DrawShape(Shape *sp) 的形参 sp 是基类指针，它指向实参对象，指向哪个对象，调用的就是该对象所属派生类的 Draw () 函数。

注意，本例实现的计算面积的通用函数比较自然，即求 Shape 形状的面积。回顾例 13.22 中的函数 CalcArea(Point &p)，表面看来 “ p.Area() ” 用于计算基类 Point 的对象 p 的面积，实际上可通过动态多态实现求派生类 Rectangle 和 Circle 的对象的面积，但编写程序时仍然感觉比较不自然，因为形参 Point 类对象引用实参 Rectangle 和 Circle 对象，表面看来是计算 Point 对象的面积，实际计算的却是 Rectangle 对象和 Circle 对象的面积。使用抽象类实现的例 13.27 中的程序与日常思维逻辑保持一致。如计算面积的通用函数 double CalcArea(Shape &s) 的形参是 Shape 类对象，函数中计算的是通用 Shape 形状的面积，计算的是哪种形状的面积由实参对象表示的形状决定。

使用抽象类中的纯虚函数提供“统一的方法”（即纯虚函数），利用 C++ 提供的动态多态机制，达到用统一的调用方法得到“不同的实现”（即不同派生类中对纯虚函数的不同实现）的目的。

有关纯虚函数和抽象类的使用，说明如下：

1）抽象类只能做派生类的基类，不能定义抽象类的对象。

2）若派生类实现了基类所有的纯虚函数，则派生类就不再是抽象类了。若派生类没有实现基类所有的纯虚函数，则派生类依然是抽象类。

3）在一般正常使用的情况下，纯虚函数没有函数体。从语法的角度上说，纯虚函数可以给出函数体。

例 13.28 给出纯虚函数的函数体。

```
#include <iostream>
using namespace std;
class A
{
public:
    virtual void fun() = 0 { cout << "virtual fun=0" << endl; }
};
class B : public A
{
```

```
public:
    virtual void fun() { cout << "virtual fun" << endl; }
};
int main()
{
    B b;
    b.fun();
    b.A::fun();  // 调用纯虚函数的函数体
    return 0;
}
```

程序的运行结果是：

```
virtual fun
virtual fun=0
```

注意，即使给出了纯虚函数的函数体，该函数依然是纯虚函数，含有该纯虚函数的类依然是抽象类，即在本例中 A 类是抽象类。

下面通过两个较复杂的例子，说明抽象类的精彩应用。

*** 例 13.29** 定义一个双向链表，实现插入结点、删除结点、查找结点、输出链表中全体结点的操作。

分析：对任何链表的基本操作，如插入结点、删除结点、查找结点等，就操作本身来说都是相同的，不同点在于链表结点的值不同。如一个整型链表，其结点是包含一个整型值的结构体变量；一个学生链表，其结点是包含一个学生数据的结构体变量。

本例中完成通用链表的实现，链表的基本操作部分共用，但链表的数据对象不同、数据对象自身的操作不同。链表结构如图 13-7 所示。

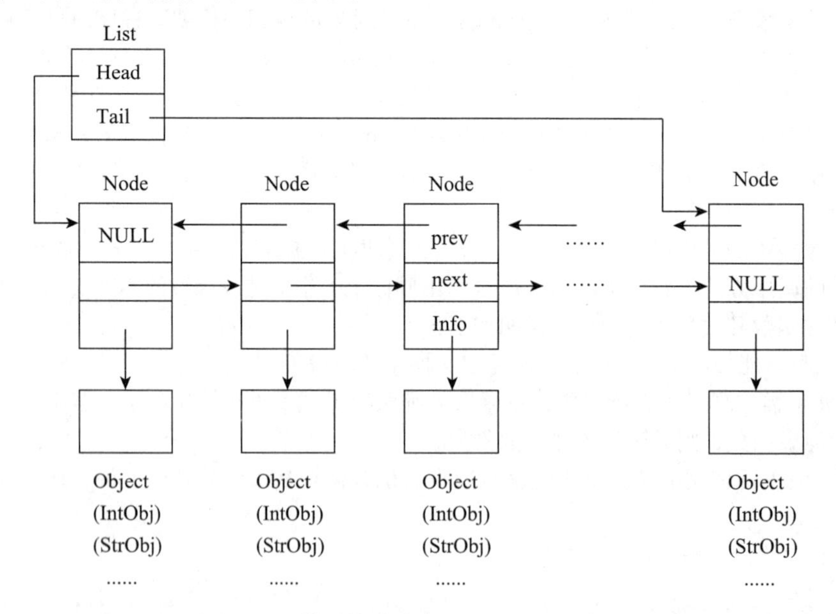

图 13-7 使用抽象类产生的双向链表结构

本例涉及三个类。

第一个类为数据对象类 Object，它是抽象类，存放链表结点的数据信息，结点类 Node 中有一个指针指向它。在 Object 类中定义了三个虚函数，一是比较两个 Object 结点值是否相等，二是显示该结点的详细数据信息，三是虚析构函数。

第二个类是链表结点类 Node，它是实现链表链接的结点，包含三个指针成员，分别指向前一结点、指向后一结点、指向数据对象 Object。

第三个类是链表类 List，它包含两个指针，即指向链表首结点和指向链表尾结点的指针。List 类是 Node 类的友元类，表示在 List 类的所有成员函数中均可以直接访问 Node 类的私有成员，以方便操作。一个 List 对象就是一个通用的链表，它实现链表通用的基本操作。这些链表操作与具体数据对象 Object 无关。

如果希望实现一个具体的链表，必须由抽象类 Object 派生出具体的数据对象类，如本例中由 Object 派生出整型数据对象类 IntObj，用以实现整型对象链表。例 13.30 中由 Object 派生出字符串数据对象类 StrObj，用以实现字符串对象链表。即如果用户想实现任何数据对象的链表，只要从 Object 类派生出所希望的数据对象类，List 链表操纵的结点的数据对象就是该派生类数据对象，而链表基本操作的实现在 List 类中完成，不需要用户编写程序实现链表基本操作。这样就实现了通用链表算法。

上述三个类的定义放在头文件 Li1329.h 中。派生类 IntObj 及主函数的定义放在源程序文件 Li1329.cpp 中。

```
// Li1329.h                                          // 链表的通用操作部分
#include <iostream>
#include <cstring>
using namespace std;
class Object                                         // 数据对象抽象类，用于派生实际数据对象
{
public:
    Object( ){ }
    virtual bool IsEqual(Object &)=0;                // 纯虚函数，完成两个数据对象的比较
    virtual void Show( )=0;                          // 纯虚函数，显示数据对象
    virtual ~Object( ){ }                            // 虚析构函数
};
class Node                                           // 链表结点类
{
    Object *Info;                                    // 指向数据对象的指针
    Node *Prev, *Next;                               // 指向前、后链表结点的指针
public:
    Node( ){ Info = NULL; Prev = NULL; Next = NULL; }
    void FillInfo(Object *obj)                       // 使Node结点的Info指针指向数据对象
    { Info = obj; }
    friend class List;                               // 将List类定义为Node类的友元类
};
class List                                           // 双向链表类
{
    Node *Head, *Tail;                               // 链表首、尾指针
public:
    List( ){ Head = Tail = NULL; };                  // 置为空链表
    ~List( ){ DeleteList( ); }
    void AddNode(Node*);                             // 在链表尾加入一个结点
    void DeleteNode(Node*);                          // 从链表中摘除一个结点
    Node * LookUp(Object&);                          // 在链表中查找指定结点
    void ShowList( );                                // 输出链表中全部结点的数据对象信息
    void DeleteList( );                              // 释放链表中全部结点空间
};
void List::AddNode(Node * p)                         // 在链表尾加入一个由p指向的结点
{
    if(Head == NULL)                                 // 条件成立，为空链表，此时插入第一个结点
    {
        Head = Tail = p;                             // 链首和链尾均指向该结点
        p->Next = p->Prev = NULL;                    // 将该结点的前、后指针置为空指针
    }
    else                                             // 链表不空，将该结点加入链表尾
```

```
    {
        Tail->Next = p;                     // 原链表尾结点的后指针指向该结点
        p->Prev = Tail;                     // 该结点的前指针指向原链表尾结点
        p->Next = NULL;                     // 该结点的后指针为空指针
        Tail = p;                           // 将链表的尾指针指向新加入的结点
    }
}
void List::DeleteNode(Node * p)             // p指向待摘除的结点，该结点一定存在
{
    if(p == Head)                           // 待摘除的结点是首结点
        if(p == Tail)                       // 此条件若成立，表示链表中只有一个结点
            Head = Tail = NULL;
        else
        {
            Head = p->Next;                 // 摘除首结点
            Head->Prev = NULL;
        }
    else
    {                                       // 待摘除的结点不是首结点
        p->Prev->Next = p->Next;            // 置其前一结点的后指针
        if(p == Tail)                       // 待摘除的结点是尾结点
            Tail = p->Prev;                 // 重置链表尾指针
        else
            p->Next->Prev = p->Prev;        // 置其后一结点的前指针
    }
}
Node * List::LookUp(Object & obj)           // A，在链表中查找值为obj的结点
{
    Node *p = Head;
    while(p)
    {
        if(p->Info->IsEqual(obj))           // B，调用派生类的IsEqual(obj)函数
            return p;                       // 若找到要查找的结点，返回该结点的指针
        p = p->Next;
    }
    return NULL;                            // 若找不到，则返回空指针
}
void List::ShowList( )                      // 输出链表中全部结点的值
{
    Node *p = Head;
    while(p)
    {
        p->Info->Show( );                   // C，调用派生类的Show( )函数
        p = p->Next;
    }
    cout << endl;
}
void List::DeleteList( )                    // 释放链表中全部结点空间
{
    Node *p;

    while(Head)
    {
        p = Head;
        Head = Head->Next;
        delete p->Info;                     // D，先释放数据对象的动态空间
        delete p;                           // 再释放Node结点的动态空间
    }
    Tail = NULL;
}
```

```
//Li1329.cpp                                // 派生类及测试函数
```

```
#include "Li1329.h"
class IntObj : public Object                    // 从抽象类Object派生整型数据对象类IntObj
{
    int data;
public:
    IntObj(int x = 0){ data = x; }
    void SetData(int x){ data = x; }
    bool IsEqual(Object &obj)                   // E，数据对象比较函数的实现
    {
        IntObj &temp = (IntObj &)obj;           // F，引用类型转换
        return(data == temp.data);              // 相等返回true，否则返回false
    }
    void Show( )                                // G，显示数据对象函数的实现
    {
        cout << "Data=" << data << '\t';
    }
};
int main(void)
{
    IntObj *p;
    Node *pn;
    List list;                                  // 定义一个链表
    for (int i = 1; i<5; i++)                   // 建立一个含有4个结点的双向链表
    {
        p = new IntObj(100 + i);                // 动态建立一个数据对象，即IntObj对象，p指向它
        pn = new Node;                          // 动态建立一个链表结点，pn指向它
        pn->FillInfo(p);                        // H，使链表结点的Info指针指向数据对象
        list.AddNode(pn);                       // 将pn指向的Node结点加入链表
    }
    list.ShowList();
    IntObj da;                                  // 定义数据对象da
    da.SetData(102);                            // 给数据对象赋值
    pn = list.LookUp(da);                       // K，在链表中查找数据对象为da的结点
    if (pn) list.DeleteNode(pn);                // 若找到，则删除该结点，该结点由pt指向
    list.ShowList();
    if (pn) list.AddNode(pn);                   // 将pn指向的结点重新加入链表
    list.ShowList();
    return 0;
}
```

程序的运行结果是：

```
Data=101        Data=102        Data=103        Data=104
Data=101        Data=103        Data=104
Data=101        Data=103        Data=104        Data=102
```

例中的 IntObj 是从抽象类 Object 派生而来的。程序中的 E 行和 G 行，根据具体的数据对象实现了从基类继承来的纯虚函数 IsEqual() 和 Show()。IntObj 类没有显式定义析构函数，C++ 编译系统自动生成一个空的析构函数，它是对基类 Object 虚析构函数的实现。

程序中的 H 行调用 FillInfo() 函数，实参是派生类对象的指针，形参是基类指针，查看 Node 类的 FillInfo() 函数可知，Node 结点的 Info 指针指向的是派生类对象。程序中的 K 行调用 list.LookUp(da) 函数，实参是 IntObj 类对象，跟踪到 A 行，LookUp() 函数的形参是 Object& 类对象，即基类对象 obj 引用派生类实参对象 da。B 行调用 IsEqual(obj) 函数，由于 Node 结点的 Info 指针指向的是派生类对象，所以调用的是派生类整型数据对象的 IsEqual() 函数，即 E 行的函数。B 行函数调用的实参是 Object& 类对象，E 行形参也是 Object& 类对象，F 行语句“IntObj &temp = (IntObj &)obj;”将 Object& 类对象 obj 转化成 IntObj& 类对象并赋值给 temp。从 K 行追踪到 F 行，参数经过了 IntObj → Object& → Object& → IntObj& 的转化过程，F 行的 temp 是

最初 K 行中的对象 da 的引用，即在 IsEqual(obj) 函数中比较的当前 Node 结点的数据对象与形参 da 数据对象的整数值。

由于 Node 结点的 Info 指针指向的是派生类对象，所以 C 行调用的是派生类的 Show() 函数，显示的是派生类数据对象的值。

若欲建立不同数据对象的链表，在程序的 B 行和 C 行，调用的 IsEqual() 函数和 Show() 函数是虚函数，不同的派生类数据对象对这两个虚函数的实现不同。由于 Node 类的 FillInfo() 函数将 Node 类结点的 Info 指针（该指针是基类 Object 类型的指针）指向派生类数据对象，指向哪个对象就调用那个对象所属类的这两个函数。实现了使用相同的接口实现不同操作的动态多态性。

还有一点值得注意，D 行释放由 Info 指向的数据对象，系统自动调用析构函数。由于已将基类 Object 的析构函数定义为虚析构函数，此时 p->Info 指向的是哪个派生类的对象，调用的就是那个类的析构函数。本例中数据对象 IntObj 中没有动态申请的空间，系统自动生成的析构函数是空的，程序能正确运行；似乎不需要将基类的析构函数定义为虚析构函数，但是如果数据对象中有动态申请的存储空间，基类的析构函数就必须定义为虚析构函数。这一点将在例 13.30 中予以说明。例 13.30 建立一个数据对象为字符串（有动态申请的空间）的双向链表，数据对象也是从抽象类 Object 派生出来的。

*** 例 13.30** 利用例 13.29 中链表的通用算法，实现处理字符串数据对象的双向链表。

```
//Li1330.cpp                           // 派生类及测试函数
#include "Li1329.h"
class StrObj :public Object            // 从抽象类Object派生字符串数据结点类StrObj
{
    char *Sptr;
public:
    StrObj(){ Sptr = NULL; }
    StrObj(char *s)
    {
        if (s)
        {
            Sptr = new char[strlen(s) + 1];
            strcpy(Sptr, s);
        }
        else
            Sptr = NULL;
    }
    ~StrObj(){ if (Sptr) delete[]Sptr; }                 // M
    void SetStr(char *);
    bool IsEqual(Object &obj);
    void Show();
};
void StrObj::SetStr(char *s)
{
    if (Sptr)delete[]Sptr;
    if (s)
    {
        Sptr = new char[strlen(s) + 1];
        strcpy(Sptr, s);
    }
    else
        Sptr = NULL;
}
bool StrObj::IsEqual(Object &obj)                        // 重新定义结点比较函数
{
```

```
    StrObj &temp = (StrObj &)obj;                          // 类型转换
    return(strcmp(Sptr, temp.Sptr) == 0);
}
void StrObj::Show()                                        // 重新定义显示结点数据函数
{
    cout << "String=" << Sptr << endl;
}
int main(void)
{
    StrObj *p;
    Node *pn;
    List list;
    char s[100];
    for (int i = 1; i<5; i++)
    {
        cout << "Input a String: ";
        cin.getline(s, 100);                               // 输入一行字符串
        p = new StrObj(s);
        pn = new Node;
        pn->FillInfo(p);
        list.AddNode(pn);
    }
    list.ShowList();
    StrObj da;
    cout << "Input a Search String:";
    cin.getline(s, 100);                                   // 输出待查找字符串
    da.SetStr(s);
    pn = list.LookUp(da);
    if (pn) list.DeleteNode(pn);                           // 删除该字符串
    list.ShowList();
    if (pn) list.AddNode(pn);                              // 重新加入该字符串
    list.ShowList();
    return 0;
}
```

程序的运行结果是（其中画线部分是用户的输入）：

```
Input a String: C++<Enter>
Input a String: study<Enter>
Input a String: visual<Enter>
Input a String: program<Enter>
String=C++
String=study
String=visual
String=program
Input a Search String:study
String=C++
String=visual
String=program
String=C++
String=visual
String=program
String=study
```

因为 StrObj 类中有动态申请的存储空间，本例需要显式定义析构函数，即在 M 行由用户实现基类的虚析构函数。将基类析构函数定义为虚析构函数是必需的。

从本例再次看出，头文件 Li1329.h 中是链表基本操作的通用类。若要产生不同数据对象的新链表，只需从抽象数据对象 Object 类派生出所需的数据对象类，该派生类对基类的虚函数给出

特殊的实现，即可实现以该数据对象为结点数据所构建的双向链表。无论抽象类 Object 的派生类的数据对象如何变化，Node 类和 List 类本身均不需要做任何修改，它们实现链表类的通用操作，即使用虚函数可以实现通用程序设计。

VS 2013 的基础类库 MFC 的建立就是使用了这种技术，在基础类库中建立了大量的抽象类，供编程者派生出适合自己应用的类，重用系统提供的代码，用户站在“巨人”的肩膀上，很容易实现自己的应用。

第 14 章　输入输出流

14.1　输入输出基本概念

14.1.1　输入输出流

计算机程序在执行时被调入内存，此时将程序称为内部程序。程序在执行过程中需要从外部设备输入数据，处理后将结果数据输出到外部设备。对输入而言，外部设备可能是键盘和数据文件等；对输出而言，外部设备可能是显示器、打印机和数据文件等。这些外部设备有一些对应于真正的物理设备，有一些不是物理设备（如数据文件），因此有时将外部设备称为逻辑设备。

数据在逻辑设备和内存之间的传递就像水流一样，所以形象地称之为数据流。如图 14-1 所示。

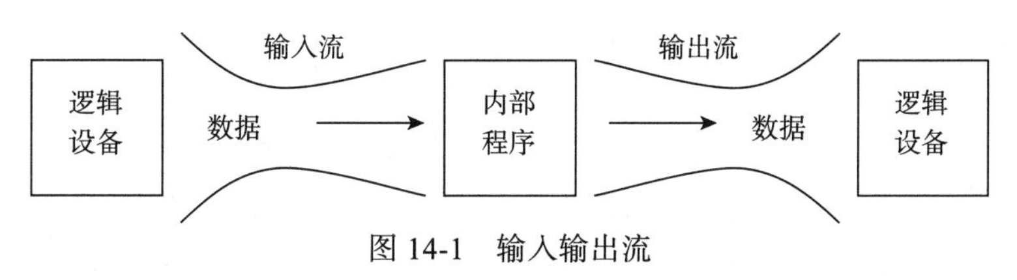

图 14-1　输入输出流

14.1.2　文本流、二进制流和数据文件

数据流分成文本流和二进制流，分别对应于文本文件和二进制文件。在文本流中，数据是一串 ASCII 字符，存储的是字符的 ASCII 码。例如，对于数据 12345，如果把它放进文本流中，它被看成字符串 "12345"，在流中的信息为一串 ASCII 码，其十六进制形式和二进制形式如图 14-2 所示。

ASCII字符串	'1'	'2'	'3'	'4'	'5'
文本流（十六进制形式）	31	32	33	34	35
文本流（二进制形式）	00110001	00110010	00110011	00110100	00110101

图 14-2　文本流示意

在文本文件中，文本数据 12345 占用 5 字节。

例如 Windows 操作系统中的记事本文件是文本文件（.txt 文件），再如 C++ 源程序文件（.cpp 文件）也是文本文件。

在二进制流中的数据是其内存映像，即数据在内存中的表示形式是什么，它在二进制流中的形式就是什么。例如若数值 12345 以 int 型量存储，其在内存中的形式和二进制流中的形式相同，如图 14-3 所示。

在二进制文件中，整型量 12345 占用 4 字节。

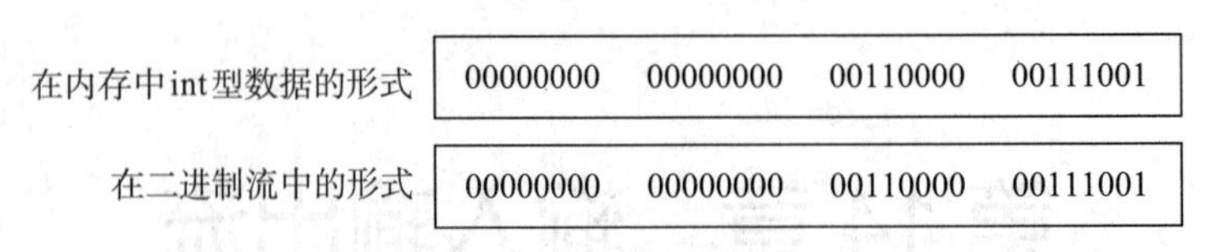

图 14-3 二进制流示意

在数据流中，不管是文本流或二进制流，都是以字节为单位衡量数据量的多少。

14.1.3 缓冲

在进行输入输出时，计算机中央处理器（CPU）要跟外部设备打交道。每进行一次输入输出，CPU 都要驱动一次外部设备，而外部设备的操作速度与 CPU 的运行速度相比是非常慢的，即外部设备的操作速度与 CPU 的操作速度不匹配。计算机的输入输出处理系统采用“缓冲”技术来解决这个问题。以输出操作为例，在内存中开辟一个输出缓冲区，程序中的每次输出都不是立刻直接输出到外部设备上的，而是首先送往缓冲区中，当缓冲区满后或缓冲区不满但程序干预时，才将缓冲区中的数据成批送往输出设备，这样的处理方式可以减少系统对外部设备的驱动次数，提高输出速度。

引入缓冲的目的是为了解决 CPU 的运行速度和外部设备操作速度不匹配的矛盾。先将数据写入缓冲区，再成批输出。成批写出数据比一个一个写出数据节约时间，因为减少了物理设备驱动的次数。带缓冲的输入输出系统如图 14-4 所示。

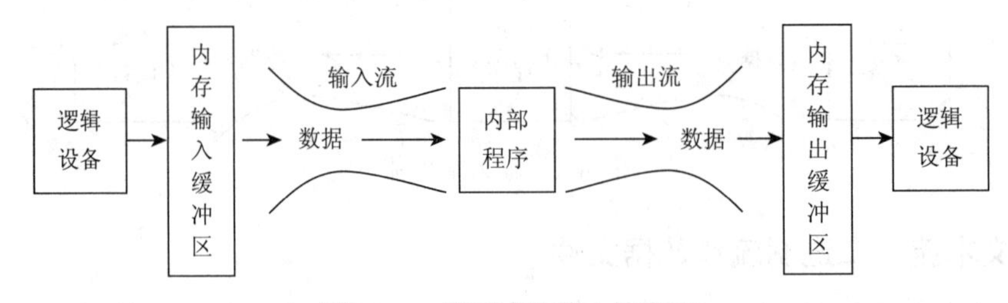

图 14-4 带缓冲的输入输出流

从图 14-4 中可以看出，在带缓冲的输入输出系统中，CPU 不是直接跟外部设备交换数据，而是通过内存缓冲区与外部设备交换数据。CPU 的速度与内存的存取速度相差不大，所以 CPU 与内存缓冲区交换数据（即缓冲输入输出）基本上不影响程序本身的执行速度。

C++ 也提供了非缓冲输入输出系统，用在需要的场合，如在输出出错信息时，需要立刻输出，而不能经过缓冲再输出。

14.2 输入输出类库

14.2.1 基本输入输出流类体系

C++ 预先定义了很多类，给用户提供一些基本的通用基础程序（又称基础类库），用户只要弄清楚这些类的功能，直接使用即可。编程者可以在这些基础程序之上派生出属于自己的应用程序，这样可以节省很多软件开发的时间。不同的应用有不同的类库。**请注意本章介绍的输入输出流类体系是基于 VS 2013 的。**

对于输入输出操作，系统也预先定义了一组“类”，用于完成数据的“流动（输入输出）”，称为输入输出类库。类库中定义了多个类，这些类彼此有继承和派生关系，形成了基本输入输出流类体系，如图 14-5 所示。

图 14-5 中每个框中都是一个类名，这些类分别在头文件 xiosbase、ios、ostream、istream 和

iostream 中定义。ios_base 表示流的一般特征，其中定义了有关输入输出的格式控制等所需的一些基本的枚举常量。ios 是 ios_base 的派生类，它是其他输入输出流类的基类。istream 类用于管理输入，提供了一些输入方法。ostream 类用于管理输出，提供了一些输出方法。ios 是 istream 类和 ostream 类的虚基类。iostream 类是从 istream 和 ostream 多重继承而来，它继承了输入输出方法。图 14-5 中 streambuf 不是 ios 类的派生类，它的作用是管理输入输出流类的缓冲区。ios 类中有一个指针成员，指向 streambuf 类的对象。在 VS 2013 中，这五个类 ios、istream、ostream、iostream 和 streambuf 还有另外一个等价的名字，即 basic_ios、basic_istream、basic_ostream、basic_iostream 和 basic_streambuf。

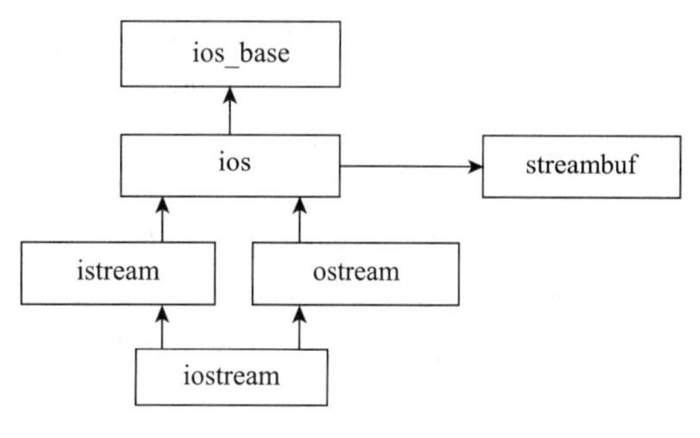

图 14-5　基本输入输出流类体系

在头文件 iostream 中定义了几个输入输出流类的对象，用于完成输入输出工作，它们是：

1）cin，它是 istream 类的对象，即输入流对象，默认对应标准输入设备，通常为键盘。

2）cout，它是 ostream 类的对象，即输出流对象，默认对应标准输出设备，通常为显示器。

3）cerr，它是 ostream 类的对象，即输出流对象，默认对应标准错误流设备，通常为显示器，非缓冲输出。

4）clog，它是 ostream 类的对象，即输出流对象，默认对应标准错误流设备，通常为显示器，缓冲输出。

因此程序中若需要进行标准设备的输入输出操作，即需要使用 cin 和 cout 对象，则程序必须包含头文件 iostream。cin 和 cout 的使用读者应该很熟悉了。那么如何使用 cerr 和 clog？实际上 cerr 与 clog 都是输出流对象，使用它们的语法格式与 cout 是一样的，它们的区别是：cerr 是非缓冲输出，即直接把错误信息送到显示器；而 clog 是缓冲输出，即输出信息首先送往内存输出缓冲区，待缓冲区满了或在一定的触发条件下，系统再将缓冲区中的内容送往显示器。下面给出例子说明 cerr 和 clog 的使用格式。

例 14.1　使用 cout、cerr 和 clog。

```
#include <iostream>
#include <cmath>
using namespace std;
int main()
{
    double x;
    cout << "Please input x:";
    cin >> x;
    if (x<0)
        cerr << x << " is not a positive number!\n";
    else
        clog << "The square root of " << x << " is " << sqrt(x) << endl;
    return 0;
}
```

本例中的 cout、cerr 和 clog 的作用相同，均用于输出。例如，程序的一次运行状况如下：

```
Please input x:2<Enter>
The square root of 2 is 1.41421
```

14.2.2 用运算符重载实现基本数据类型量的输入输出

C++ 如何实现通过对象 cin 和 cout 完成基本数据类型量的输入输出工作？第 3 章介绍的输入方法为，如已知“int x, y;”则语句“cin>>x>>y;”可实现输入，语句“cout<<x<<y;”可实现输出。“>>”称为**提取运算符**，“<<”称为**插入运算符**。提取和插入操作与本章介绍的基本输入输出流类有什么关系呢？下面以提取运算符为例予以说明。对于 C++ 的运算符“>>”，其基本含义是完成位运算中的右移；但 C++ 预先将其重载为“提取运算符”，实现对 C++ 基本数据类型数据的提取（从输入流中提取数据，即输入）。运算符重载函数是在 istream 类的定义中作为成员函数实现的（在 VS 2013 头文件中实际的定义书写与下述给出的代码不一样，但本质是一样的）：

```
class istream : virtual public ios {
public:
    ……
    istream& operator>>(char *);          // A，字符串输入重载函数
    ……
    istream& operator>>(char &);          // B，char型量输入重载函数
    ……
    istream& operator>>(int &);           // C，int型量输入重载函数
    ……
    istream& operator>>(double &);        // D，double型量输入重载函数
    ……
};
```

可以看出，在 istream 类中对 C++ 的所有基本数据类型的量均重载了提取运算符。由于“>>”运算符的结合性是自左至右的，C++ 编译器将“cin>>x>>y;”解释成“(cin.operator>>(x)).operator>>(y);”。在重载函数内部由系统实现输入操作，用户不必关心输入实现的细节。

同理，在 ostream 类的类体中对 C++ 的所有基本数据类型的量均给出了插入运算符重载函数的定义，将基本的位运算中的左移运算符“<<”重载为“插入运算符”，向输出流中插入数据，完成输出。

例 14.2 在 istream 类中，重载提取运算符“>>”和插入运算符“<<”的含义。

```
#include <iostream>
using namespace std;
int main()
{
    int x, y;
    cin >> x >> y;          // 等价于: (cin.operator>>(x)).operator>>(y);
    cout << x << endl;      // 等价于: (cout.operator<<(x)).operator<<(endl);
    cout << y << endl;      // 等价于: (cout.operator<<(y)).operator<<(endl);
    return 0;
}
```

请注意上述 istream 类中的 A、B、C、D 四行中重载函数的返回值均为 istream 类的对象的引用，这是为了实现连续的输入操作，如本例中的 (cin.operator>>(x)) 完成 cin>>x，重载函数的返回值为 cin 本身。当 x 的输入完成后，将 (cin.operator>>(x)) 代换成 cin，继续执行 cin.operator>>(y)，即进行 cin>>y 操作。

对 C++ 所有基本类型的量，在 istream 类和 ostream 类中均重载了提取和插入运算符，注意这些重载函数都是类（指 istream 类和 ostream 类）的成员函数实现的。而对编程者定义的新的数据类型，C++ 不可能预先定义提取和插入运算符重载函数，因为 C++ 不可能预料编程定义何种新类型，这时需要编程者自行定义提取和插入运算符的重载函数，参见 14.5 节。

14.2.3 缺省的输入输出格式

1. 缺省的（默认的）输入格式

在使用 cin 和提取运算符“>>”输入数据时，默认按下述几点处理：

1）cin 是缓冲流，当一行输入结束按回车键（Enter）时，操作系统将用户输入的内容放入内存输入缓冲区，然后输入操作函数才开始从缓冲区提取数据。

2）对整型量，默认以十进制数输入。

3）输入数据的类型必须与提取数据的变量类型一致，否则会出错。但这种错误不会终止程序的执行，而是将系统的出错状态对应错误标志置为“真”。例如，对语句“int x, y; cin>>x>>y;”，若在程序执行时输入：e 15<Enter>，则系统提取 x 时就出错了，但程序不会终止，还会继续执行。

4）输入数据时，在缺省的情况下，数据之间要以“空白字符”分隔。C++ 中有三个空白字符，分别为：<Space> 键（空格键）、<Tab> 键（制表键）或 <Enter> 键（回车键）。

例如：对语句“int x, y; cin>>x>>y;”，运行时输入“1<Space>2<Enter>”，或输入“1<Tab>2<Enter>”，或输入“1<Enter>2<Enter>”，都能将 1 和 2 正确输入给 x 和 y。

又如：“char s1[20], s2[20]; cin>>s1>>s2;”在输入字符串时，输入“ab<Space> cd<Enter>”，或输入“ab<Tab>cd<Enter>”，或输入“ab<Enter>cd<Enter>”，结果字符串 s1 和 s2 获得的值均为 "ab" 和 "cd"。

注意，回车键 <Enter> 有两个作用：①表示一行结束，即将当前行的输入数据连同回车键自身送入输入缓冲区，然后系统进行提取操作。②作为输入数据的分隔符。

但是，如果输入的是单个字符，则字符之间有无分隔符均可；若输入的是其他类型的量，则数据之间一定要用空白字符分隔。如“char c1, c2, c3; cin>>c1>>c2>>c3;”，程序运行时，可输入“a<Space>b<Tab>c<Enter>”，或输入“ab<Tab>c<Enter>”，或输入“a<Enter>b<Enter>c<Enter>”，或输入“abc<Enter>”，在上述情况下，三个变量 c1、c2 和 c3 获得的值均为 'a'、'b' 和 'c'。应注意，一行最后输入的总是回车键，因为输入回车后，系统才开始提取工作。

使用缺省方式输入数据有一定的局限，如输入字符型数据时，无法将空格作为一个字符输入；在输入字符串时，无法输入带空格的字符串。如“char s[20]; cin>>s;”，若运行时输入“Good morning! <Enter>”，则 s 提取得到的值是“Good”而不是“Good morning!”。本章稍后将介绍如何通过其他方法改变默认的输入格式。

2. 缺省的（默认的）输出格式

不同类型量的缺省的输出格式不同：

1）输出整型量：默认输出的数制是十进制、域宽为 0、右对齐、空格填充。

2）输出实型量：默认以小数点格式输出，精度 6 位（即有效数字是 6 位数）、域宽为 0、右对齐、空格填充。若整数部分超过 7 位或有效数字在小数点后第 4 位之后，则自动转为科学记数法格式输出。

3）输出字符或字符串：默认的输出格式是域宽为 0、右对齐、空格填充。

注意，上述描述中的“域宽”应该是最小域宽，即当输出一个数据时，所占用的最少的字符个数。如果数据的实际宽度超过了规定的“域宽”，则按实际宽度输出。“域宽为 0”表示按实际长度输出，因为数据的宽度肯定大于 0。如果数据的实际宽度小于规定的“域宽”，则用预先设定的填充字符将输出的字符个数填充到与“域宽”相同的宽度。可以用操纵算子 setw() 设置一个数据的最小输出域宽，见例 14.3。

例 14.3 标准输出的默认输出格式。

```
#include <iostream>
```

```
#include <iomanip>
using namespace std;
int main()
{
    double d1 = 12.3456789, d2 = 123456.789, d3 = 0.0000123456;
    cout << d1 << ',' << d2 << ',' << d3 << endl;
    cout << setw(10) << d1 << ',' << setw(10) << d2 << ','
                                << setw(10) << d3 << endl;    // A
    char s[10] = "abcd", c = 'k';
    cout << s << ',' << setw(4) << c << endl;
    return 0;
}
```

程序的运行结果是：

```
12.3457,123457,1.23456e-005
□□□12.3457,□□□□123457,1.23456e-005
abcd,□□□k
```

注意："□"表示空格，在屏幕上显示为空白。变量 d1 和 d2 的值的有效数字超过了 6 位，按默认精度只输出了前 6 位，第 7 位四舍五入。变量 d3 的第一位有效数字在小数点后第 4 位之后，则自动转为科学记数法格式输出。setw(10) 表示设定下一个输出数据的最小域宽为 10，它仅对其后的第 1 个输出项有效，因此程序中的 A 行在输出 d1、d2 和 d3 之前都做了 setw(10) 设定，以保证每个输出量的最小域宽均为 10。A 行变量 d1 实际输出 7 个字符（含小数点），而设定的输出最小域宽为 10，因默认的对齐方式为右对齐，所以前面补三个空格。变量 d3 实际输出 12 个字符，超过了设定的最小域宽 10，则按实际域宽输出。

一般来说，使用缺省的输入输出格式就可以了。但有时为了一些特殊要求（如希望按左对齐方式输出数据或希望输出八进制数、十六进制数据等），系统提供了改变输入输出格式的方法，将在 14.3 节中介绍。

14.3 输入输出格式控制

缺省的输入输出格式不能满足一切需要，本节介绍两种方法让编程者根据需要设置输入输出格式。这两种方法分别是：使用成员函数进行格式控制和使用操纵算子进行格式控制。

14.3.1 使用成员函数进行格式控制

在 ios_base 类中给出了若干成员函数用于控制输入输出格式，亦定义了一些用于格式控制的标志位，所有的标志位构成格式状态字。表 14-1 列出了常用格式控制成员函数原型及其功能。表 14-2 列出了 ios_base 格式标志位的含义，其中最后三行为组合标志位。格式控制函数需要使用 ios_base 格式标志位。

表 14-1 常用格式控制成员函数的意义

成员函数原型	功　能
long setf(long , long)	将标志字的某些位置新值，第二个参数指定待清除的若干标志位（一般是表 14-2 最后三行的组合标志位），第一个参数指定设置其中一个标志位，返回设置前的标志字
long setf(long)	将参数指定的标志位置为 1，参数为表 14-2 中的标志位
long unsetf(long)	将参数指定的标志位置为 0，参数为表 14-2 中的标志位
int width([int])	用参数值设置新的域宽；若无参数，返回当前域宽（缺省域宽为 0）
char fill([char])	用参数值设置新的填充字符；若无参数，则返回当前的填充字符（缺省填充字符为空格）
int precision([int])	用参数值设置新的精度；若无参数，则返回当前的精度（缺省值为 6）

表 14-2　ios_base 格式标志位的含义（表中 O 代表 Output，I 代表 Input）

标志位（枚举常量）	含　义	适用输入 / 输出
ios_base::skipws	跳过输入中的空白字符	I
ios_base::left	输出数据左对齐	O
ios_base::right	输出数据右对齐	O
ios_base::internal	输出数据的符号或表示数制的前导字符左对齐，数据本身右对齐，中间为填充字符	O
ios_base::dec	输入 / 输出十进制数	I/O
ios_base::oct	输入 / 输出八进制数	I/O
ios_base::hex	输入 / 输出十六进制数	I/O
ios_base::showbase	输出数据时带有表示数制的前导字符（0 或 0x）	O
ios_base::showpoint	浮点数输出时带有小数点	O
ios_base::uppercase	用大写字母输出十六进制数	O
ios_base::showpos	输出正数前面的“+”号	O
ios_base::scientific	用科学表示法输出浮点数（指数形式）	O
ios_base::fixed	用小数点表示法输出浮点数（小数点形式）	O
ios_base::unitbuf	每次输出后，立即刷新输出流	O
ios_base::basefield	ios_base::dec | ios_base:: oct | ios_base::hex　三种数制	I/O
ios_base::adjustfield	ios_base::left | ios_base::right | ios_base::internal　三种对齐方式	O
ios_base::floatfield	ios_base::scientific | ios_base::fixed　两种浮点数格式	O

表 14-2 中用 ios_base:: 作用域限定的标志位均可以用 ios:: 替代，如 ios_base::left 亦可写为 ios::left，因为这些标志位虽然是在 ios_base 类中定义的，但 ios 是 ios_base 的派生类，而 istream 和 ostream 又是 ios 的派生类，所以通过 istream 和 ostream 的对象 cin 或 cout 使用这些标志位也可用 ios:: 限定，即用 ios_base:: 或 ios:: 限定均可，参见图 14-5。为了简便，后续例子基本上都使用 ios:: 做限定。

cin 和 cout 是 ios 类的公有派生类（即 istream 类和 ostream 类）的对象，由于派生类继承了基类的成员函数，cin 和 cout 自然可以使用表 14-1 中的成员函数进行输入输出格式控制。

下面列举几个例子，说明怎样使用格式控制成员函数实现输入输出格式控制。

例 14.4　使用成员函数，控制输出格式。

```
#include <iostream>
using namespace std;
int  main()
{
    int x = 165, y = 142;      // (165)10=(245)8=(a5)16,   (142)10=(216)8=(8e)16
    cout.setf(ios_base::oct, ios_base::basefield);// A, 设置为八进制输出格式
    cout << x << ',' << y << endl;
    cout.setf(ios_base::showbase);  // B, 输出表示数制的前导字符
    cout << x << ',' << y << endl;
    cout.width(8);                  // C, 设置输出域宽为8, 只对其后第一个数据项有效
    cout.fill('*');                 // 设置填充字符为 *, 一直有效
    cout.setf(ios_base::left, ios_base::adjustfield);// D, 设置输出为左对齐
    cout << x << ',' << y << endl;
    cout.setf(ios_base::hex, ios_base::basefield);   // E, 设置为十六进制输出格式
```

```
    cout << x << ',' << y << endl;
    cout.unsetf(ios_base::showbase);// F，取消输出表示数制的前导字符
    cout << x << ',' << y << endl;
    return 0;
}
```

程序的运行结果为：

```
245, 216
0245, 0216
0245****, 0216
0xa5, 0x8e
a5, 8e
```

程序中 A 行函数调用的意义为，将第二个参数指定的原三种数制标志位清除，然后设置为第一个参数指定的数制 ios::oct，即八进制，本质上就是从三种数制中选其中的一种进行设置。B 行设置的意义是，输出时数据前面带表示数制的前导字符。八进制数的前导字符为 0，十六进制数的前导字符为 0x。C 行设置的意义是，输出数据的最小域宽为 8，只对其后第一个输出数据项有效。D 行设置的意义是，设置为从第二个参数指定的三种对齐方式中选择一种即第一个参数指定的左对齐方式。E 行设置的意义与 A 行类似。F 行的设置表示取消输出表示数制的前导字符。

注意本例用 ios_base:: 限定格式标志位，从下一个例子开始，一般用 ios:: 限定格式标志位。

例 14.5 使用成员函数，控制输入格式。

```
#include <iostream>
using namespace std;
int main()
{
    char c, str[80];
    int i = 0;
    cin >> c;          // A，在此行之前加入语句cin.unsetf(ios::skipws);
    while (c != '\n')
    {
        str[i++] = c;
        cin >> c;
    }
    str[i] = '\0';
    cout << str << endl;
    return 0;
}
```

此程序的运行状况如何？表面看来，当输入“ abcd<Enter>”后，程序输出 abcd 后停止。但是程序会一直不停地运行下去：

```
abcd<Enter>
efg<Enter>
hij<Enter>
......
```

原因是：默认情况下，ios::skipws 的状态为“真”，表示跳过空白字符，即空白字符作为数据之间的分隔符不被提取，“<Enter>”是空白字符之一，其意义是 '\n', '\n' 不会被提取，因此变量 c 的值永远不会等于 '\n'。解决办法是在程序的 A 行之前加入语句“cin.unsetf(ios::skipws);”，其意义是将 ios::skipws 的状态改为“假”，即不跳过空白字符，这时输入“ abcd<Enter>”后，while 循环结束。

例 14.6 使用成员函数，控制输入格式。

```
#include <iostream>
```

```
using namespace std;
int main()
{
    char c1, c2, c3;
    cin.unsetf(ios::skipws);                        // A, 设置为不跳过空白字符
    cin >> c1 >> c2 >> c3;                          // B
    cout << c1 << c2 << c3 << '#' << endl;
    cin.setf(ios::skipws);                          // C, 设置为跳过空白字符
    int x, y;
    cin.setf(ios::hex, ios::basefield);             // 设置输入数据为十六进制数
    cin >> x >> y;
    cout << x << ',' << y << endl;                  // 默认输出十进制数
    return 0;
}
```

在A行，设置不跳过空白字符，即在进行提取操作时，空白字符也作为一个字符被提取，而不是作为输入数据之间的分隔符。

程序的一次运行状况如下：

```
a b c<Enter>                // a、b、c之间分别有一个空格
a b#
10 20<Enter>                // 10和20之间有一个空格
12, 16
```

在进行B行的提取操作后，c1、c2和c3提取得到的值分别是'a'、' '（空格）和'b'，这可以从输出结果得到验证。此时输入缓冲区中的下一个字符是字母c前面的空格。程序在C行重新设置为跳过空白字符。下面x和y提取的值分别是十六进制的c和10，它们对应的十进制数分别是12和16，于是输出12和16。输入缓冲区中余下的20就没有用了。

若将程序中的C行删除，则运行状况为：

```
a b c<Enter>
a b#
4582944,5987280
```

产生这个结果的原因是：在正确提取了c1、c2和c3的值后，输入缓冲区中的下一个字符是空格，继续提取x的值时出错，后续也无法提取y的值。这种提取数据时出现的错误并不中断程序的执行，程序继续执行完毕，但提取的数据不正确。

例 14.7 使用成员函数，控制浮点数的输出精度。

```
#include <iostream>
using namespace std;
int main()
{
    double x = 12.3456789;
    int pre = cout.precision();                          // 获得缺省精度
    cout << "default precision = " << pre << endl;
    cout << x << endl;
    cout.precision(4);                                   // 设置精度
    cout << x << endl;
    cout.precision(6);
    cout.setf(ios::fixed, ios::floatfield);              // A, 设置以小数点表示法格式输出
    cout << x << endl;
    cout.precision(2);
    cout << x << endl;
    cout.setf(ios::scientific, ios::floatfield); // B, 设置以科学表示法格式输出
    cout << x << endl;
    return 0;
}
```

程序的运行结果是：

```
default precision = 6
12.3457             // 6位有效数字
12.35               // 4位有效数字
12.345679           // 小数点后6位数字
12.35               // 小数点后2位数字
1.23e+001           // 小数点后2位数字
```

特别要注意浮点数精度的含义，在没有设置以小数点表示法格式或以科学表示法格式输出之前，精度的含义是指输出数据的**有效数字的位数**。一旦设置了以小数点表示法格式或以科学表示法格式输出（程序的 A 行或 B 行）之后，精度的含义就变成**小数点后数字的位数**了。

14.3.2 使用操纵算子进行格式控制

对于前面介绍的使用成员函数进行格式控制的方法，每次进行格式控制时都要通过 cin 和 cout 独立调用成员函数，即独立写一行函数调用语句。下面介绍使用操纵算子（manipulator，又译为“操作子”）进行格式控制的方法，格式控制内嵌在 cin、cout 语句中，不需要独立写一行语句。表 14-3 中列出了常用操纵算子及其功能，它们在 C++ 不同的头文件中定义。注意，若使用表中最后五个带参数的操纵算子，则需要包含头文件 iomanip。

表 14-3 常用操纵算子的功能

操纵算子	功能	适用于输入／输出
dec	设置为十进制数	I/O
oct	设置为八进制数	I/O
hex	设置为十六进制数	I/O
ws	跳过输入流中的前导空白字符	I
endl	插入一个换行符（'\n'），并刷新输出流	O
ends	插入一个标志字符串结尾的空字符，适用于“字符串”流类	O
flush	刷新输出流，即将输出缓冲区中的数据全部输出到外部设备中	O
setiosflags(long)	用参数指定的标志位，设置状态字（x_flags）的相应位	I/O
resetiosflags(long)	取消参数指定的标志位的设置	I/O
setfill(int)	设置填充字符	O
setprecision(int)	设置浮点数的精度（缺省精度为 6 位）	O
setw(int)	设置域宽（只对其后的第一个数据项有效）	O

例 14.8 使用操纵算子控制输入输出格式。

```
#include <iostream>
#include <iomanip>
using namespace std;
int main()
{
    int x, y, a, b;
    cin >> hex >> x >> y;          //输入十六进制数
    cin >> oct >> a >> b;          //输入八进制数
    cout << setw(8) << setfill('*') << x << ','
                    << setfill('$') << setw(4) << y << endl;
    cout << setiosflags(ios::left) << a << ',' << setw(8) << b << endl;
    return 0;
}
```

注意设置域宽操纵算子 setw() 只对其后的第一个数据项有效。“setiosflags(ios::left)”表示设置左对齐。

程序的运行状况如下：

```
10 20<Enter>
10 20<Enter>
******16,$$32
8,16$$$$$$
```

例 14.9 使用操纵算子控制浮点数的输出精度。

```
#include <iostream>
#include <iomanip>
using namespace std;
int main()
{
    double x = 12.3456789;
    cout << x << endl;
    cout << setprecision(4) << x << endl;
    cout.setf(ios::fixed, ios::floatfield);       // 设置以小数点表示法格式输出
    cout << x << endl;
    cout.setf(ios::scientific, ios::floatfield); // 设置以科学表示法格式输出
    cout << setprecision(2) << x << endl;
    return 0;
}
```

程序的运行结果如下：

```
12.3457              // 6位有效数字
12.35                // 4位有效数字
12.3457              // 小数点后4位数字
1.23e+001            // 小数点后2位数字
```

在默认情况下，输出精度为 6 位，表示有效数字位数。当设置使用小数点表示法格式或科学表示法格式输出后，该精度表示输出数据小数点后的位数。参见例 14.7。

*** 例 14.10** 使用操纵算子控制输出格式，输出菱形。

本程序的功能是，输出一个由星号 * 组成的菱形，要求输入的 n 为奇数，表示行数。例如，若程序输入的 n 为 5，则输出的图形为：

```
  *
 ***
*****
 ***
  *
```

程序如下：

```
#include <iostream>
#include <iomanip>
using namespace std;
int main()
{
    int i, n, w;
    cout << "Please input an odd number: ";
    cin >> n;                                        // 输入一个奇数行数
    for (i = 0; i<n; i++)
    {
        if (i<n / 2) w = n / 2 - i;
        else w = i - n / 2;
```

```
        if (i != n / 2)
            cout << setfill(' ') << setw(w) << ' '; // ' '表示空格，输出每行的前导空格
        if (i<n / 2) w = i * 2 + 1;
        else w = n - (i - n / 2) * 2;
        cout << setfill('*') << setw(w) << '*';      // 输出每行的*号
        cout << endl;
    }
    return 0;
}
```

14.4 使用成员函数实现输入输出

前面已介绍，istream 类和 ostream 类通过重载运算符 “>>” 和 “<<” 实现 C++ 基本类型数据的提取和插入（即输入和输出）操作。现在介绍通过调用 istream 类和 ostream 类的成员函数实现数据的输入和输出。

14.4.1 输出成员函数

在 ostream 类中定义了一些公有成员函数，它们用来实现输出以及有关输出的一些特殊控制。常用的输出函数见表 14-4。

表 14-4 ostream 类的常用输出成员函数

函 数	功 能

ostream& put(char);
ostream& put(unsigned char);
ostream& put(signed char);
	输出一个字符

ostream& write(const char *, int);
ostream& write(const unsigned char *, int);
ostream& write(const signed char *, int);
	输出指定个数的字符

ostream& flush( );	刷新输出流

put 函数用于输出一个字符。write 函数用于输出指定个数的字符，第一个参数指定输出字符的起始地址，第二个参数指定输出字符的个数。flush 函数用于刷新输出流，即将输出缓冲区中的内容立刻送往输出设备。

例 14.11 输出成员函数的使用。

```
#include <iostream>
using namespace std;
int main()
{
    int x = 97, y = 98;
    char c1 = 'A', c2 = 'B';
    cout << c1 << c2 << char(x) << char(y) << endl;                // A
    cout.put(c1).put(c2).put(char(x)).put(char(y)).put('\n');    // B
    char s[100] = "programming\nlanguage\n";
    cout.write(s, 5);                                              // C
    cout.write(s + 5, 5);                                          // D
    cout.write(s + 10, 5);                                         // E
    cout << endl;
    return 0;
}
```

程序中 A 行和 B 行的功能一样。C 行输出 5 个字符 “progr”，D 行输出 5 个字符 “ammin”，E 行输出 5 个字符 “g\nlan”，其中，'\n' 为一个字符，实际输出换行符。

程序的输出结果是：

```
ABab
ABab
programming
lan
```

14.4.2 输入成员函数

在 istream 类中定义了一些公有成员函数，它们用来实现输入以及有关输入的一些特殊控制。常用的输入函数见表 14-5。

表 14-5 istream 类的常用输入成员函数

函　　数	功　　能
int istream::get( );	（1）读入一个字符，该字符作为函数的返回值

istream& istream::get(char &);
istream& istream::get(unsigned char &);
istream& istream::get(signed char &);
	（2）读入一个字符，该字符通过引用参数返回

istream& istream::get(char *, int , char='\n');
istream& istream::get(unsigned char *, int , char='\n');
istream& istream::get(signed char *, int , char='\n');
	（3）读入一行字符，不读取行尾标志，即行尾标志依然留存在输入缓冲区中

istream& istream::getline(char *, int , char='\n');
istream& istream::getline(unsigned char *, int , char='\n');
istream& istream::getline(signed char *, int , char='\n');
	（4）读入一行字符，读取并舍弃行尾标志

istream& read(char *, int);
istream& read(unsigned char *, int);
istream& read(signed char *, int);
	（5）读入指定个数的字符

istream& ignore(int =1, int =EOF);	跳过第一个参数指定个数的字符
int gcount( );	获得前一次读取字符的个数
int peek( );	获得输入流中的下一个字符值，但不提取
istream& putback(char);	将一个字符退回到输入流中
istream& unget();	将读入的最后一个字符退回到输入流中

表 14-5 中前面五组函数分别用于输入字符或字符串。第 1 组函数的功能是：从输入流中提取一个字符，并将该字符作为返回值。第 2 组函数的功能也是从输入流中提取一个字符，并将该字符赋给参数字符变量。对于第 1 组和第 2 组函数，在输入时，不跳过空白字符，即把空白字符也作为字符提取；而不像用提取运算符“ >>”提取字符时，在默认的情况下，把空白字符作为分隔符，即不提取空白字符。

第 3 组和第 4 组函数，均用于提取一行字符。提取的字符串存放在由第一个参数指向的存储空间中，第二个参数指定一次最多提取的字符个数，第三个参数指定行尾标志，默认值是 '\n'。假定第二个参数的值为 n，在提取时，若输入流当前行中的字符个数少于 n，则提取到行尾标志为止；若输入流当前行中的字符个数大于或等于 n，则提取前 n−1 个字符，自动加上字符串结尾标志 '\0' 形成字符串，存放到第一个参数指向的存储空间中，输入流中余下的字符留待后续提取。用户可以根据实际需要，用第三个参数指定特定的行尾标志。第 3 组和第 4 组函数的区别是：第 3 组函数在提取完一行字符串后，行尾标志仍然留在了输入流中；而第 4 组函数在提取完一行字符串后，行尾标志已被提取并丢弃，即提取并存入内存中的字符串结尾处没有字符 '\n'，而代之以 '\0'。

第 5 组函数的功能是读入指定个数的字符，并存入内存。第二个参数指定读入的字符个数，第一个参数是读入字符在内存中的存储起始地址。下面给出例子说明 istream 类中输入成员函数的使用。

例 14.12 输入成员函数的使用。

程序完成的功能是，输入若干行字符（假定每行少于 20 个字符），输出每行的字符个数，最后将最长的行及其长度输出。

```
#include <iostream>
#include <cstring>
using namespace std;
int main()
{
    char buf[20], max[20];
    int cnum, mc = 0;
    while (cin.getline(buf, 20))    // A，提取一行字符，读取并舍弃行尾标志'\n'
    {
        cnum = cin.gcount();        // B，获取A行的getline( )实际读取的字符个数
        if (cnum>mc)
        {
            mc = cnum;
            strcpy(max, buf);
        }
        cout << "len=" << cnum - 1 << "," << buf << endl;  // C
    }
    cout << "max len=" << mc - 1 << "," << max << endl;   // D
    return 0;
}
```

A 行中的 getline 函数若正确提取了数据，则返回“真”；若遇输入流结束，提取不到数据，则返回“假”。cin.getline(buf, 20) 表示最多提取 19 个字符，加一个字符串结尾标志 '\0' 后存入 buf。在输入时若输入 Ctrl+z，则表示输入流结束，getline 提取不到数据，返回“假”，程序结束 A 行控制的循环。注意 B 行，输入流中的行尾标志 '\n' 被统计在 cnum 中，所以在输出字符串长度时需要减 1，见程序中的 C 行和 D 行。

程序的运行状况是：

```
an apple<Enter>
len=8, an apple
very good<Enter>
len=9, very good
pear?<Enter>
len=5, pear?
ok!<Enter>
len=3, ok!
^Z<Enter>                   // 按Ctrl+z键，表示结束输入。
max len=9, very good
```

在例 14.12 中，使用 getline 函数提取一行字符，也可以使用 get 函数完成同样的功能。将例 14.12 改写为例 14.13，并注意 getline 函数与 get 函数的区别。

例 14.13 使用 get 函数读入一行数据的功能，实现与例 14.12 同样的功能。

```
#include <iostream>
#include <cstring>
using namespace std;
int main()
{
    char buf[20], max[20];
    int cnum, mc = 0;
```

```
    while (cin.get(buf, 20))        // 不提取'\n'
    {
        cnum = cin.gcount();
        cin.get();                  // 提取("吃掉")每行结束的'\n'
        if (cnum>mc)
        {
            mc = cnum;
            strcpy(max, buf);
        }
        cout << "len=" << cnum << "," << buf << endl;    // cnum不需要减 1
    }
    cout << "max len=" << mc << "," << max << endl;
    return 0;
}
```

例 14.14 使用 getline 函数实现特殊输入要求。

程序以“时分秒”的格式输入时间，即输入格式是 hh:mm:ss，要求将“时分秒”分成三个字符串提取。例如，若输入“12:05:16”，则提取的字符串分别为 "12"、"05" 和 "16"，最后输出这三个串。

```
#include <iostream>
#include <iomanip>
using namespace std;
int main()
{
    char hh[10], mm[10], ss[10];
    cin>>ws; // 跳过输入中的前导空白字符，仅对其后的第一个输入项有效，操纵算子见表14-3
    cin.getline(hh, 10, ':');
    cin.getline(mm, 10, ':');
    cin.getline(ss, 10, '\n');
    cout << hh << ':' << mm << ':' << ss << endl;
    return 0;
}
```

程序的运行状况是：

```
   12:05:16<Enter>    // 前面输入若干空白字符
12:05:16
```

例 14.15 使用 get 函数和 ignore 函数。

```
#include <iostream>
using namespace std;
int main()
{
    char c;
    for (int i = 0; i<3; i++)
    {
        cin.ignore(2);        // 跳过两个字符
        do
        {
            cin.get(c);
            cout.put(c);
        } while (c != '\n');
    }
    return 0;
}
```

程序的输出结果是：

```
milk man<Enter>
```

```
lk man
postman<Enter>
stman
a student<Enter>
student
```

14.5 重载插入和提取运算符

C++ 基本数据类型量的输入输出是通过运算符重载函数来实现，即在 istream 类和 ostream 类中预先定义了提取运算符（>>）和插入运算符（<<）的运算符重载成员函数。例如已知“int x;”，编译器将“cin>>x;”解释成“cin.operator>>(x);”，调用 istream 类的成员函数完成输入。而对于编程者自行定义的新的数据类型如复数 Complex 类、日期 Date 类和时间 Time 类等，能否直接使用“>>”和“<<”进行对象的提取和插入操作呢？即如果定义了两个复数类对象“Complex c1, c2;”是否可以用“cin>>c1;”或“cout<<c2;”实现复数对象的整体输入输出？回答是可以实现，但必须首先由编程者自行定义运算符重载函数，重载运算符“>>”和“<<”。

因为对于“cin>>c1;”或“cout<<c2;”这样的运算，第一个运算量是 istream 类或 ostream 类的对象，而 istream 类和 ostream 类是系统预先定义好的，所以对新的数据类型的提取（>>）和插入（<<）运算符的重载函数不可能通过 istream 类或 ostream 类的成员函数实现，而**只能通过新类型的非成员函数实现**，一般定义为新类型的友元函数。

例 14.16 用友元函数实现复数类对象插入和提取运算符的重载。

```
#include <iostream>
using namespace std;
class Complex
{
    double Real, Image;
public:
    Complex(double r = 0, double i = 0)
    {
        Real = r; Image = i;
    }
    friend istream& operator>>(istream &, Complex &);      // 友元函数声明
    friend ostream& operator<<(ostream &, Complex &);      // 友元函数声明
};
istream& operator>>(istream &in, Complex &c)
{
    in >> c.Real >> c.Image;
    return in;
}
ostream& operator<<(ostream &out, Complex &c)
{
    out << c.Real;
    if (c.Image>0)
        out << '+' << c.Image << 'i';              // 如果是正数，应显式输出正号
    else
        if (c.Image<0)
            out << c.Image << 'i';                 // 如果是负数，自动输出负号
    out << endl;
    return out;
}
int main()
{
    Complex c1(1, 2), c2;
    cout << c1;
    cout << "Please input c1 & c2:\n";
    cin >> c1 >> c2;                               // A
```

```
    cout << c1 << c2;                              // B
    return 0;
}
```

程序的运行状况如下：

```
1+2i
Please input c1 & c2:
5 8<Enter>
7 -3<Enter>
5+8i
7-3i
```

对本例，插入和提取运算符重载函数定义成Complex类的友元函数，而不能定义成Complex类的成员函数，因为插入或提取运算符重载函数的第一个参数（cin或cout）是非Complex类的对象。

定义友元函数的目的是可以在友元函数中直接访问类的私有成员，但私有成员的访问也可以通过公有函数接口实现。因此，可以将插入和提取操作运算符重载函数定义为非成员非友元函数，在例14.17中予以说明。

例 14.17 用非成员非友元函数实现复数类对象插入和提取操作运算符的重载。

```
#include <iostream>
using namespace std;
class Complex
{
    double Real, Image;
public:
    Complex(double r = 0, double i = 0) { Real = r; Image = i; }
    void SetReal(double r) { Real = r; }
    void SetImage(double r) { Image = r; }
    double GetReal() { return Real; }
    double GetImage() { return Image; }
};
istream& operator>>(istream &in, Complex &c) //非成员非友元函数
{
    double r, i;
    in >> r >> i;
    c.SetReal(r);
    c.SetImage(i);
    return in;
}
ostream& operator<<(ostream &out, Complex &c) //非成员非友元函数
{
    double r, i;
    r = c.GetReal(); i = c.GetImage();
    out << r;
    if (i>0) out << '+' << i << 'i';            // 如果是正数，应显式输出正号
    else if (i<0) out << i << 'i';              // 如果是负数，自动输出负号
    out << endl;
    return out;
}
int main()
{
    Complex c1(1, 2), c2;
    cout << c1;
    cout << "Please input c1 & c2:\n";
    cin >> c1 >> c2;
    cout << c1 << c2;
```

```
    return 0;
}
```

本例用非成员非友元的方法实现了插入和提取运算符的重载。本例的功能与例 14.16 一样。但是一般来说不提倡这种做法，因为通过调用公有成员函数访问私有数据成员，降低了程序的运行效率。

例 14.18　用非成员非友元函数实现日期类对象插入和提取操作运算符的重载。

程序的功能是，定义了一个日期类 Date，它的三个数据成员分别表示年、月、日。要求定义重载函数实现日期对象的插入和提取工作。日期的输入格式为“ yyyy/mm/dd”，其中 yyyy 表示年，最多 4 位数；mm 和 dd 分别表示月和日，最多两位数。输出格式为“ yyyy/mm/dd”，年、月、日固定为 4 位、2 位和 2 位。例如输入 2016/8/1，则输出 2016/08/01。注意，本程序对输入日期的合法性未做检查，感兴趣的读者可以自行编制函数检查日期的合法性。

```
#include <iostream>
#include <cstring>
using namespace std;
class Date
{
    int year, month, day;                           // 年、月、日
    void itoa(int n, char *s, int fixlen)           // A
    {
        int i, j, t;
        for (i = 0; n; n = n / 10, i++)
            s[i] = n % 10 + '0';
        for (; i<fixlen; i++)
            s[i] = '0';
        s[i] = '\0';
        for (j = 0; j<i / 2; j++)                       // 逆置
        {
            t = s[j]; s[j] = s[i - 1 - j]; s[i - 1 - j] = t;
        }
    }
    int atoi(char *s)                                   // B
    {
        int n = 0;
        for (; *s; s++)    n = n * 10 + *s - '0';
        return(n);
    }
public:
    Date(int y = 0, int m = 0, int d = 0) : year(y), month(m), day(d) {}
    void InputDate(istream &in)
    {
        char y[10], m[10], d[10];
        in.getline(y, 10, '/');                         // C
        in.getline(m, 10, '/');                         // D
        in.getline(d, 10, '\n');                        // E
        year = atoi(y);
        month = atoi(m);
        day = atoi(d);
    }
    void ShowDate(ostream &out)
    {
        char DateStr[20];
        char temp[10];
        itoa(year, DateStr, 4);
        itoa(month, temp, 2);
```

```
        strcat(DateStr, "/");
        strcat(DateStr, temp);
        itoa(day, temp, 2);
        strcat(DateStr, "/");
        strcat(DateStr, temp);
        out << DateStr;
    }
};
istream& operator>>(istream &in, Date &d)          // F
{
    d.InputDate(in);
    return in;
}
ostream& operator<<(ostream &out, Date &d)         // G
{
    d.ShowDate(out);
    return out;
}
int main()
{
    Date d1(1999, 3, 8), d2(2003, 5, 16);
    cout << d1 << endl << d2 << endl;
    cin >> d1;
    cout << d1 << endl;
    return 0;
}
```

程序的一次运行结果如下：

```
1999/03/08
2003/05/16
2016/8/1<Enter>
2016/08/01
```

程序中 A 行定义了一个私有成员函数 void itoa(int n, char *s, int fixlen)，它的功能是将整数 n 转换成固定长度 fixlen 的字符串，存放在 s 指向的空间中，若 n 不足 fixlen 位，则前面补 0。例如已知“char s[20];”，若有调用 itoa(2003, s, 4)，则结果 s 中的字符串为 "2003"；若有调用 itoa(8, s, 4)，则结果 s 中的字符串为 "0008"。该函数可以用一个更简单的方法实现：

```
void itoa(int n, char *s, int fixlen)
{
    int i;
    s[fixlen] = '\0';
    for (i = fixlen - 1; n>0; i--, n /= 10)
        s[i] = n % 10 + '0';
    for (; i >= 0; i--) s[i] = '0';
}
```

程序中 B 行定义了一个私有成员函数 int atoi(char *s)，它的功能是将参数指向的字符串转换成整数，作为函数的返回值。例如，若有“int y; char s[20] = "1999";”，当调用“y = atoi(s);”后，y 得到整数值 1999。

程序中 C 行和 D 行提取的一行以 '/' 结尾，E 行提取的一行以 '\n' 结尾。这三行用于分别提取所输入日期中的年、月、日三个部分。

程序中 F 行和 G 行定义了 Date 类的插入和提取运算符重载函数，它们是用非成员非友元函数实现的。

14.6 文件流类

标准输入设备和标准输出设备的输入输出控制在前面已作了较详细的描述。本节主要介绍磁盘文件的输入输出。

磁盘文件是存放在磁盘上的一组信息的集合，一般用文件名标识，文件中所包含的信息就是文件的内容。磁盘文件分为文本文件和二进制文件。在文本文件中存放的是“文本流”，即表示信息的一串字符的 ASCII 码。在二进制文件中存放的是“二进制流”，是信息在内存中的二进制表示，即内存映像。在“流”中的数据是以字节为单位的。C++ 中专门定义了一组文件流类，用于处理文件的读写操作。

14.6.1 文件流类体系

基本文件流类体系如图 14-6 所示，请与图 14-5 比较。

在文件流类体系中，ios_base 类是所有输入输出流类的基类，其他的类均是从该类派生出来的。注意最下面的四个类 filebuf、ifstream、ofstream 和 fstream 均是用于管理文件输入输出的类，这些类的类名的第一个或第二个字母为 f，表示 file（文件）的意思。filebuf 类管理文件的输入输出缓冲区，在用户的程序中一般不涉及该类；ifstream 类用于管理文件的输入，即从文件中提取数据；ofstream 类用于管理文件的输出，即向文件插入数据；fstream 类用于管理文件的输入和输出，即完成文件中数据的提取和插入操作。

在 VS 2013 中，这四个类 filebuf、ifstream、ofstream 和 ftream 还有另外一个等价的名字，即 basic_filebuf、basic_ifstream、basic_ofstream 和 basic_fstream，它们都是在头文件 fstream 中定义的，所以一般涉及文件操作的程序都要包含头文件 fstream。

由于 ifstream 类、ofstream 类和 fstream 类均是 istream 类或 ostream 类的派生类，所以 istream 类或 ostream 类中提供的有关输入输出的函数，被文件流类继承了，在文件操作中同样适用。

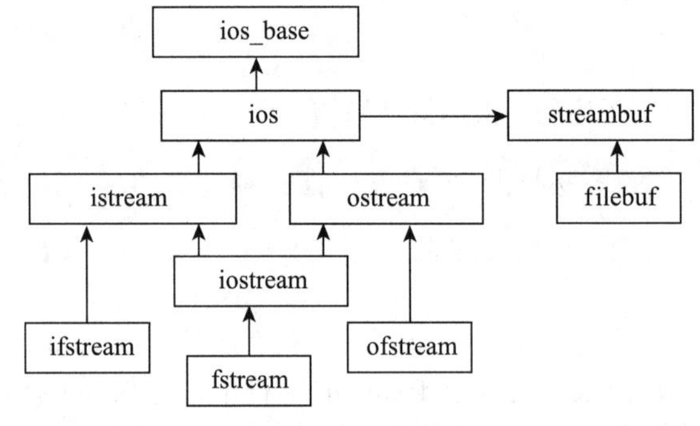

图 14-6 基本文件流类体系

14.6.2 文件的打开和关闭

使用文件流类，必须包含头文件 fstream。对文件的操作过程一般如下：

1）定义一个文件流对象。

2）打开文件。

3）对文件进行读写操作。

4）关闭文件。

下面分别进行详细介绍。

1. 定义一个文件流对象

例如：

```
ifstream  infile;    // A
ofstream  outfile;   // B
fstream  iofile;     // C
```

A 行定义一个文件的输入流对象 infile，可用它与一个输入文件建立关联。B 行定义一个文件的输出流对象 outfile，可用它与一个输出文件建立关联。C 行定义一个文件的输入输出流对象 iofile，可用它与一个输入输出文件建立关联；输入输出文件是指既可从该文件中提取信息，又可向该文件插入信息。

一个文件流对象必须与一个具体文件建立关联，才能通过该文件流对象读写与其关联的文件。如何建立关联？这就是“打开文件”操作完成的工作。

2. 打开文件

可以使用如下两种方法打开文件：

（1）使用成员函数 open 打开文件

通过文件流对象调用成员函数 open，打开文件，与具体待读写的文件建立关联。例如：

```
infile.open("data.txt");        //打开文本文件data.txt 用于输入（读）
outfile.open("data.txt");       //打开文本文件data.txt 用于输出（写）
iofile.open("data.txt");        //打开文本文件data.txt 用于读和写
```

下面具体介绍 open 函数的语法格式。三个文件流类 ifstream、ofstream 和 fstream 各自定义了自己的文件打开成员函数 open（参见标准头文件 fstream），这些 open 函数有多个重载函数，下面仅介绍基本的三个，它们的函数原型分别为：

```
void ifstream::open(const char *, int = ios_base::in);
void ofstream::open(const char *, int = ios_base::out);
void fstream::open(const char *, int = ios_base::in | ios_base::out);
```

open 函数的第一个参数指定待打开的文件名，用字符串表示，如 "data.txt"。文件名可以是不带路径（或带路径）的文件名。不带路径的文件名指定文件的相对存储位置，如 "data.txt" 表示该文件存储在程序的当前工作目录下，即与编程者的源程序在同一个文件夹中。带路径的文件名指定文件的绝对存储位置，如 "D:\\prog\\data.txt" 表示文件 data.txt 存储在 D 盘 prog 文件夹中。注意字符串中的双反斜杠表示一个 '\' 字符。因为在 C++ 中，反斜杠是转义字符的起始字符，是一个特殊字符，所以如果欲表示一个“真正的”反斜杠字符，C++ 规定在反斜杠之前再加一个反斜杠，即双反斜杠表示一个 '\' 字符。

open 函数的第二个参数指定文件的打开模式，ifstream 类和 ofstream 类的 open 函数的该参数的形参缺省值分别是 ios_base::in 和 ios_base::out，分别表示文件默认的打开模式是输入和输出。fstream 类的 open 函数的该参数的形参缺省值是“ ios_base::in | ios_base::out”，表示文件默认的打开模式是输入输出，即文件既可以输入又可以输出。文件的基本打开模式在 ios_base 类中已预先定义，它们是多个公有枚举常量，其意义在表 14-6 中给出。

表 14-6　文件的基本打开模式

打开模式	意　　义
ios_base:: in	以输入（读）方式打开文件
ios_base::out	以输出（写）方式打开文件
ios_base::ate	打开已有文件，文件指针位于文件尾
ios_base::app	以输出模式打开文件，对文件追加（增补）内容
ios_base:: trunc	以截断方式打开文件
ios_base:: binary	以二进制方式打开文件
ios_base:: _Nocreate	不创建新文件（备注：VC++6.0 中是 nocreate）
ios_base:: _Noreplace	不替换方式（备注：VC++6.0 中是 noreplace）

文件的打开模式 ios_base::in 和 ios_base::out 等，亦可写成 ios::in、ios::out 等，因为一般是 ios 类的派生类对象使用这些枚举常量，用 ios 足以限定其基类 ios_base 的枚举常量。注意：后续例子经常用 ios:: 限定。

表 14-6 列出的是文件的基本打开模式，有些可以单独使用，有些必须组合使用，可以用运算符“|”来组合各种打开模式。常用的文件打开模式（及组合）有：

```
ios::in                           // 以读方式打开文本文件，若文件不存在，则打开失败
ios::out                          // 以写方式打开文本文件，若文件不存在，则自动创建之；
                                     若文件存在，则清除文件原内容
ios::in|ios::binary               // 以读方式打开二进制文件
ios::out|ios::binary              // 以写方式打开二进制文件
ios::in|ios::out                  // 以读写方式打开文本文件
ios::in|ios::out|ios::binary      // 以读写方式打开二进制文件
ios::out|ios::app                 // 以追加写方式打开文本文件，用于输出
ios::out|ios::binary|ios::app     // 以追加写方式打开二进制文件，用于输出
ios::out|ios::_Nocreate           // 以写方式打开文本文件，若文件存在，则打开成功，清除文件
                                     原内容；若文件不存在，打开不成功，open不会自动创建新
                                     文件
ios::out|ios::_Noreplace          // 以写方式打开文本文件，若文件存在，则打开不成功；若文件
                                     不存在，则打开成功，清除文件原内容
```

（2）使用类的构造函数打开文件

除了可以使用成员函数 open 打开文件，也可以使用三个文件流类 ifstream、ofstream 和 fstream 的构造函数打开文件。这三个类各自定义了自己的构造函数，用于在定义文件流对象的同时打开文件。这些构造函数的原型分别为：

```
ifstream::ifstream(const char *, int = ios_base::in);
ofstream::ofstream(const char *, int = ios_base::out);
fstream::fstream(const char *, int = ios_base::in | ios_base::out);
```

请注意，这三个构造函数的参数与 open 函数一样，其意义也是一样的。

因此，定义流对象并打开文件可以分两步完成，即：

```
ifstream infile;                  // 定义文件输入流对象
infile.open("data.txt");          // 调用成员函数open打开文件
```

亦可等价地用如下一步完成：

```
ifstream infile("data.txt");  //定义文件输入流对象，在构造函数中打开文件
```

3. 对文件进行读写操作

文件打开后即可读写其中的内容。通过文件流对象对文件进行提取和插入操作、调用读写函数等，其使用格式与 cin 和 cout 流对象一样。因为无论是标准输入输出流对象 cin、cout，还是本节介绍的文件输入输出流对象，它们都是 istream 和 ostream 类或其派生类（派生类继承基类的成员）的对象，均可使用 istream 和 ostream 类中重载的插入提取运算符和输入输出成员函数。后续会给出若干例子说明文件输入输出流对象的使用。

文件的内容被看成数据流，在对文件进行读写时，其读写位置指针从数据流中扫过。读写位置指针是进行提取和插入操作的当前点，如图 14-7 所示。如果将文件比作磁带，则文件的读写位置指针就像读写磁带的磁头一样。

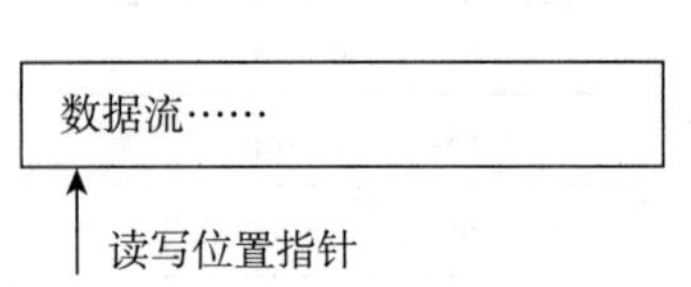

图 14-7　读写位置指针示意

文件打开初始，读写位置指针一般在文件的首部，当进行提取或插入操作时，读写位置指针自动向后移动。

4. 关闭文件

文件读写完毕需要关闭它，为什么需要关闭呢？因为当打开一个文件时，系统要为文件的使用分配一定的系统资源，如缓冲区等，关闭文件的作用是释放文件所占用的系统资源。

三个文件流类 ifstream、ofstream 和 fstream 各自定义了自己的关闭文件的成员函数，原型分别为：

```
void ifstream::close( );
void ofstream::close( );
void fstream::close( );
```

可以分别通过三个文件流对象 infile、outfile 和 iofile 调用 close 函数关闭上述已打开的文件：

```
infile.close( );
outfile.close( );
iofile.close( );
```

当编程者在程序中没有关闭自己打开的文件时，在程序运行结束时系统会撤销文件流对象，自动调用文件流对象的析构函数关闭已打开的文件。虽然程序结束时系统会自动关闭已打开文件，但一般系统对同时可打开的文件数是有限制的，所以编程者及时关闭已使用完毕的文件是一个好的习惯。编程者关闭文件的另一个好处是，关闭一个文件流后还可以将该文件流对象关联到其他文件上。

14.6.3 文本文件的读写

文件流对象被打开以后，其使用方式与标准输入输出流对象 cin 和 cout 的使用方式一样，可以使用提取运算符（>>）和插入运算符（<<）从文件中提取数据或将数据插入文件，亦可使用 istream 类和 ostream 类的成员函数进行输入输出操作。下面给出若干例子予以说明。

例 14.19 编写程序将数值 1~100 及每个数的平方根写入文件 sqrttable.txt。

```
#include <iostream>
#include <fstream>
#include <cmath>
using namespace std;
int main()
{
    double x;
    ofstream out;                                   // 定义一个输出流对象
    out.open("sqrttable.txt");                      // A, 打开文本文件sqrttable.txt
    for (x = 1; x <= 100; x++)
        out << x << '\t' << sqrt(x) << endl;        // 将结果写入文件
    out.close();                                    // 关闭文件
    return 0;
}
```

因涉及文件操作，在程序的开头必须包含头文件 fstream。程序中 A 行通过输出流 ofstream 类对象 out 调用 open 函数打开文件，默认的打开模式为 ios::out，open 函数自动创建文件 sqrttable.txt。本程序运行时，屏幕上只显示“Press any key to continue”，运行结束后，读者可以在自己的当前工作目录中找到并打开文本文件 sqrttable.txt，观察其内容，文件内容如下：

```
1   1
2   1.41421
3   1.73205
......              // 中间省略
99  9.94987
100 10
```

例 14.20 编写程序，显示文本文件的内容（这是第 1 种实现方法，第 2 种实现方法参见例 14.21）。

```
#include <iostream>
#include <fstream>
#include <cstdlib>
using namespace std;
int main()
{
    char filename[40], line[80];
    ifstream  infile;
    cout << "Please input a filename: ";
    cin >> filename;                                    // A
    infile.open(filename);                              // B
    if (!infile)                                        // C
    {
        cout << "Can not open file: " << filename << endl;
        exit(1);                                        // D
    }
    while (infile.getline(line, 80))                    // E
        cout << line << endl;
    infile.close();                                     // F
    return 0;
}
```

程序在 A 行输入一个文本文件名，在 B 行打开该文件，注意 ifstream 类的对象 infile 调用成员函数 open，默认的打开模式为 ios::in。如果打开成功，则文件流对象 infile 的值为非 0 值，若打开不成功，则 infile 的值为 0。所以在 C 行根据 infile 的值判断打开是否成功，若打开不成功，则在 D 行用 exit 函数结束程序的运行。exit 函数的参数为返回码，操作系统可以根据该返回码进行相应的处理，初学 C++ 的读者不必太多关心。如果使用 exit 函数，则在程序的开头必须包含头文件 cstdlib，因为 exit 函数的声明在该头文件中。程序在 E 行通过对象 infile 调用成员函数 getline 输入一行字符串，如果 getline 函数提取成功，则返回非 0 值，若提取不成功（如当遇到文件结束符时，提取不成功），则返回 0 值。自 E 行开始的循环做如下处理：从文本文件中读入一行，向标准输出设备输出一行，直到文本文件中的内容读完，即将一个文本文件的内容全部显示在屏幕上。最后在 F 行关闭该文件。

运行该程序时，可以输入任意一个已存在的文本文件的文件名，如一个扩展名为 .cpp 的源程序文件名，或一个扩展名为 .txt 的记事本文件名，程序在屏幕上显示该文件内容。假如输入了一个不存在的文本文件的文件名，则 B 行的 open 函数打开文件不成功，程序输出信息“Can not open file: …”，然后结束运行。

例 14.20 利用读入一行、显示一行的方式编写程序。下面将程序改写为读入一个字符、显示一个字符的方式，实现同样的显示文本文件的功能。

例 14.21 编写程序，显示文本文件的内容（这是第 2 种实现方法，第 1 种实现方法参见例 14.20）。

```
#include <iostream>
#include <fstream>
#include <cstdlib>
using namespace std;
int main()
{
    char filename[40], ch;
    fstream  infile;                              // A
    cout << "Please input a filename: ";
    cin >> filename;
```

```
    infile.open(filename, ios::in);                     // B, 一般应给出第二个实参
    if (!infile)
    {
        cout << "Can not open file: " << filename << endl;
        exit(1);
    }
    infile.unsetf(ios::skipws);                         // C
    while (infile >> ch)                                // D
        cout << ch;
    infile.close();                                     // F
    return 0;
}
```

A 行定义的是 fstream 类的对象，它是完成输入输出操作的对象。B 行调用 open 函数时，第二个实参一般应给出，因为 fstream 类的 open 函数的第二个形参的缺省值是“ ios::in | ios::out”，即打开的文件是用于输入输出的，假如欲打开的文件不存在，程序也会创建该文件；而本程序是用于显示一个已存在的文本文件，不允许创建新文件，因此一般应指定文件以输入模式打开。C 行设置的提取状态为：提取时，不跳过空白字符，即空白字符也作为一个字符被提取出来。D 行进行提取操作，若提取成功，infile>>ch 返回非 0 值；若提取不成功，则返回 0 值。

因为 get 在做提取操作时不跳过空白字符，因此如果使用成员函数 get 进行提取操作，则程序中方框部分的内容可改写为：

```
while(infile.get(ch))                           // D
    cout<<ch;
```

例 14.22 编写一个程序用于复制文本文件。

```
#include <iostream>
#include <fstream>
#include <cstdlib>
using namespace std;
int main()
{
    char infilename[40], outfilename[40], ch;                   // A
    cout << "Please input an input file name: ";
    cin >> infilename;
    fstream  infile(infilename, ios::in);                       // B
    if (!infile)
    {
        cout << "Can not open input file: " << infilename << endl;
        exit(1);
    }
    cout << "Please input an output filename: ";
    cin >> outfilename;
    fstream  outfile(outfilename, ios::out);                    // C
    if (!outfile)
    {
        cout << "Can not open output file: " << outfilename << endl;
        exit(2);
    }
    while (infile.get(ch))
        outfile << ch;                                          // D
    infile.close();
    outfile.close();
    return 0;
}
```

程序在 A 行定义了两个字符数组 infilename 和 outfilename 分别用于存放源文件名和目标文

件名。程序在 B 行和 C 行定义输入流对象 infile 和输出流对象 outfile 并利用构造函数分别打开对应文件，注意它们都是 fstream 类的对象，B 行和 C 行的第二个参数一般需要指定。在 D 行使用插入运算符对目标文件进行插入操作。

在 C 行用 ios::out 方式打开文件，若目标文件不存在，则系统创建一个新文件作为目标文件；若目标文件已存在，则系统首先删除该文件，然后再以相同的文件名创建一个新目标文件。所以为了防止一个已存在的文件被误删除，可以将 C 行改为：

```
fstream  outfile(outfilename, ios::out|ios::_Noreplace);        // C
```

此时，若目标文件已存在，则打开不成功，程序结束，目标文件就不会被误删除了。

读者可以用此程序复制一个文本文件，然后用例 14.20（或例 14.21）程序验证复制的目标文件和源文件内容是否一样。

如果将例 14.22 的 B 行和 C 行分别改为：

```
fstream  infile(infilename, ios::in|ios::binary);              // B
fstream  outfile(outfilename, ios::out|ios::binary);           // C
```

即以二进制方式打开文件，则本程序可用于复制任意类型的文件。如复制图像文件（如扩展名为 .bmp、.jpg 的文件）、音频视频文件（如扩展名为 .rm、.mp3、.mp4 的文件）、可执行文件（如扩展名为 .exe、.com 的文件）、Word 文档（如扩展名为 .docx、.rtf 的文件）等。请读者自行验证程序的正确性。

例 14.23 编写一个程序从一个文本文件 source.txt 中读入若干整数，用选择法将这些整数排成升序，将排序后的结果写入另一个文本文件 target.txt 中。注意两个文件均存储在 d 盘的 data 文件夹中。

```
#include <iostream>
#include <fstream>
#include <cstdlib>
using namespace std;
void sort(int *a, int n)
{
    int i, j, p, t;
    for (i = 0; i<n - 1; i++)
    {
        p = i;
        for (j = i + 1; j<n; j++)
        if (a[j]<a[p]) p = j;
        if (p != i)
        {
            t = a[i]; a[i] = a[p]; a[p] = t;
        }
    }
}
int main()
{
    int a[100], i, n;
    fstream in, out;
    in.open("d:\\data\\source.txt", ios::in);           // A
    if (!in)
    {
        cout << "Can not open source.txt!" << endl;
        exit(1);
    }
    out.open("d:\\data\\target.txt", ios::out);         // B
    if (!out)
    {
```

```
            cout << "Can not open target.txt!" << endl;
            exit(2);
        }
        i = 0;
        while (in >> a[i]) i++;           // 循环结束后，i是已读入整数的个数
        n = i;
        sort(a, n);
        for (i = 0; i<n; i++)
            out << a[i] << "  ";
        out << endl;
        in.close();
        out.close();
        return 0;
    }
```

在程序运行前准备好输入数据文件 source.txt，存入 d 盘的 data 文件夹中，内容可以如下(其中的数值以及每行的数据个数可以是任意的)：

```
2   3   10   45   33   8   9   20   45   67   888   3
7   2   32   -2   0       -1
```

程序运行结束后，打开 d 盘 data 文件夹中的文件 target.txt，查看数据是否已按升序排序。

***例 14.24** 编写程序完成一种编译预处理工作，将一个 .cpp 源文件中的注释语句删除。注释语句有两种形式，第一种为每行的“//”后至行尾的内容为注释；第二种为在“/*”和“*/”之间的内容是注释。注释语句是给编程者看的，对产生目标文件没有用处，所以编译器在预处理阶段将注释语句删除，然后对结果源程序进行编译（当然正式编译之前可能还要做其他的编译预处理工作）。这里做两个假定：①注释语句不出现在字符串常量内，而且注释不能嵌套使用。②源程序的每行不超过 1000 个字符。

例如将源程序 test.cpp 中的注释删除后，产生的结果源程序为 test1.cpp，它们的内容如下：

test.cpp

```
/*******************************
*     请思考此程序的功能?          *
*******************************/
#include <iostream>
#include <cstring>
using namespace std;
void swap(char s1[], char s2[])
{
    char t;
    t = *s1; *s1 = *s2; *s2 = t;
}
int main()
{
    char s1[] = "BD", s2[] = "AB";
    if (strcmp(s1, s2)>0)/* comment */
        swap(s1, s2);
    cout << s1 << ',';        // comment1
    cout << s2 << endl;       // comment2
    return 0;
}
```

test1.cpp

```

#include <iostream>
#include <cstring>
using namespace std;
void swap(char s1[], char s2[])
{
    char t;
    t = *s1; *s1 = *s2; *s2 = t;
}
int main()
{
    char s1[] = "BD", s2[] = "AB";
    if (strcmp(s1, s2)>0)
        swap(s1, s2);
    cout << s1 << ',';
    cout << s2 << endl;
    return 0;
}
```

例 14.24 程序的处理过程是，将源程序文件 test.cpp 看成字符流，程序循环依次读入每个字符（相当于读写位置指针扫过字符流），若当前字符处于注释中则舍弃，否则将其写入结果源程序文件 test1.cpp。读写位置指针有两种状态，当指针在正常语句位置时，为状态 1；当指针在“/*”

和“*/”之间时，为状态 2。初始时，设定为状态 1。循环依次读入字符，若读入不成功，退出循环，结束程序；若读入成功则预读下一个字符，做如下工作。若当前为状态 1，则又分三种情况：①若当前字符为 '/'，其下一个字符为 '*'，则将读写位置指针向后移动一个字符，并进入状态 2；②若当前字符为 '/'，其下一个字符仍为 '/' 则将本行后续的所有字符读出（'\n' 不读出）并舍弃，即不写到结果文件中，仍然保持状态 1；③否则，将当前字符写入结果文件，仍然保持状态 1。若当前为状态 2，则若当前字符为 '*'，其下一个字符为 '/'，则将读写位置指针向后移动一个字符，进入状态 1。转到循环开始，继续读入下一字符。

程序如下：

```
#include <iostream>
#include <fstream>
#include <cstdlib>
using namespace std;
int main()
{
    char ch1, ch2, temp[1000];      // ch1为当前字符，ch2为预读取的下一字符
    int state = 1;                  // state 为读写位置指针当前状态
    fstream  infile("test.cpp", ios::in);
    if (!infile)
    {
        cout << "Can not open source file: test.cpp" << endl;
        exit(1);
    }
    fstream  outfile("test1.cpp", ios::out);
    if (!outfile)
    {
        cout << "Can not open target file: test1.cpp" << endl;
        exit(2);
    }
    while (infile.get(ch1))
    {
        ch2 = infile.peek();                                    // A
        if (state == 1)
        {
            if (ch1 == '/' && ch2 == '*')
            {
                infile.get();
                state = 2;
            }
            else if (ch1 == '/' && ch2 == '/')
                infile.get(temp, sizeof(temp));                 // B
            else
                outfile.put(ch1);
        }
        else if (ch1 == '*' && ch2 == '/')
        {
            infile.get();
            state = 1;
        }
    }
    infile.close();
    outfile.close();
    return 0;
}
```

A 行 peek() 函数（见表 14-5）的功能是预读取输入流中的下一个字符，但不提取，即不移动读写位置指针。程序中 B 行的功能是：将当前行注释忽略，即读入源程序当前行后续内容并舍弃，但不读取 '\n'。

注意此程序对一些特殊情况未做考虑（如嵌套注释、字符串中出现双反斜杠的情况等）。读者如果有兴趣，可以考虑这些特殊情况，并对本程序做进一步改进。

请读者思考程序 test.cpp 的功能，它的正确输出为：AD, BB。另外请思考，为什么 test1.cpp 的第一行是一个空行。

14.6.4 二进制文件的读写

二进制文件的读写与文本文件原理上类似，其特点是：一般读写“一片”数据，即指定数据流的起始位置和读写字节数，然后成片进行读写。一般使用 ostream 类的成员函数 write() 向二进制文件中写数据，使用 istream 类的成员函数 read() 从二进制文件中读数据。这两个成员函数的功能说明在表 14-4 和表 14-5 中，这里再次列出它们的原型（重载函数的原型之一）：

```
ostream& write(const char *, int);
istream& read(char *, int);
```

第一个参数指定内存中的一个起始地址，第二个参数指定一次读写的字节数。write() 函数将内存中起始地址开始的指定个数的字节的内容写入文件中。read() 函数从文件中读入指定字节的数据并存入内存以起始地址开始的一片存储区中。下面举例说明二进制文件的读写。

例 14.25 程序的功能是从键盘输入若干学生的信息，写入二进制文件，再从该二进制文件中读出学生的信息，输出到屏幕上。

```
#include <iostream>
#include <fstream>
#include <cstdlib>
#include <cstring>
using namespace std;
struct student                          // 定义一个结构体类型
{
    char name[10];                      // 姓名
    char id[10];                        // 学号
    int score;                          // 分数
};
#define LEN  sizeof(student)
int main()
{
    student st;
    fstream file("stud.dat", ios::out | ios::binary);// 以二进制方式打开输出文件
    if (!file)
    {
        cout << "Can not open output file: stud.dat" << endl;
        exit(1);
    }
    cin >> st.name;
    while (strcmp(st.name, "#") != 0)           // 循环输入时，以输入姓名为 "#" 结束
    {
        cin >> st.id >> st.score;               // 循环从键盘输入学生信息
        file.write((char *)&st, LEN);           // A，一次写出LEN字节的内存数据
        cin >> st.name;
    }
    file.close();                               // 关闭与file关联的文件
    student sts[100];
    int i = 0, j;
    file.open("stud.dat", ios::in | ios::binary);  // 重复使用file对象
    if (!file)
    {
        cout << "Can not open input file: stud.dat" << endl;
        exit(2);
```

```
    }
    while (file.read((char *)(sts + i), LEN))          // B，一次读入LEN字节的数据
        i++;                                           // 循环结束后，i是正确读入的结构体元素个数
    for (j = 0; j<i; j++)                              // 循环向屏幕输出学生信息
        cout << sts[j].name << '\t' << sts[j].id << '\t' << sts[j].score << endl;
    file.close();
    return 0;
}
```

程序的一次运行状况如下：

```
wss 0101 80<Enter>
tyy 0102 90<Enter>
czz 0103 85<Enter>
#<Enter>
wss     0101    80
tyy     0102    90
czz     0103    85
```

程序中 A 行 (char *)&st 表示将结构体变量 st 的起始地址转换成 char* 类型的地址。A 行一次向结果文件中写 LEN 字节。程序中 B 行 (char *)(sts + i) 表示结构体数组元素 sts[i] 在内存中的起始地址，一次从文件中读入 LEN 字节存入内存。

例 14.26 二进制文件的读写（eof () 函数的使用）。

已知一个文本文件 data.txt，其中已存放了按升序排列的若干整数。假定文本文件 data.txt 的内容如下：

```
1  2  4  6  9  10  11  15  17  21  22  23  25  26  28  29  30  32
```

编写一个程序将其中的整数读出并写到二进制文件 data.bin 中。二进制文件 data.bin 中的第 1 个数必须是后续写出的整数个数。然后再从二进制文件中读入全部整数值，输出到屏幕上。

```
#include <iostream>
#include <fstream>
#include <cstdlib>
using namespace std;
int  main()
{
    int a[100], n = 0;
    ifstream  infile("data.txt");
    if (!infile)
    {
        cout << "Can not open input file: data.txt" << endl;
        exit(1);
    }
    while (!infile.eof())                              // A
        infile >> a[n++];
    infile.close();
    ofstream  outfile("data.bin", ios::out | ios::binary);
    if (!outfile)
    {
        cout << "Can not open output file: data.dat" << endl;
        exit(2);
    }
    outfile.write((char *)&n, sizeof(int));            // B
    outfile.write((char *)a, n*sizeof(int));           // C
    outfile.close();
    int b[100], m = 0, i;
    infile.open("data.bin", ios::in | ios::binary);    // D
    infile.read((char *)&m, sizeof(int));              // E
```

```
    infile.read((char *)b, m*sizeof(int));              // F
    infile.close();
    for (i = 0; i < m; i++)
        cout << b[i] << "  ";
    cout << endl;
    return 0;
}
```

程序中 A 行的 eof() 函数（参见 14.8 节）是 ios_base 类定义的成员函数，用于判断文件流类对象的读写位置指针是否到达文件结尾。当到达文件结尾时，eof() 函数的返回值为“真”；当没有到达文件结尾时，eof() 函数的返回值为“假”。程序中的 B 行将整数的个数写到结果文件中，程序中的 C 行将内存中从数组 a 的起始地址开始的连续的 n 个整数的存储区中的内容，一次写入二进制结果文件中。程序中 D 行将前面已关闭的输入流对象 infile 关联到二进制文件 data.bin 上，E 行读入整数个数，F 行将 m 个整数一次性从文件读入 b 数组中，然后显示其全体元素值。

14.7 文件的随机访问

在图 14-7 中看到，文件被打开初始，一般读写位置指针停留在文件的首部，当进行提取或插入操作时，读写位置指针自动向后移动，这称为文件的顺序读写（顺序访问）。在某些情况下，若只需要读取文件中的部分内容，这些内容不在文件的开始部分（如在文件的中间部分），亦可能分散在文件中的不同部位，此时可将文件读写指针直接移动到待读写位置处进行读写，这就是文件的随机读写（随机访问）。

istream 类和 ostream 类提供了移动读写位置指针的成员函数，通过它们控制读写位置指针的移动，实现文件的随机读写。这些成员函数的原型如表 14-7 所示。

表 14-7 istream/ostream 类读写位置指针移动成员函数

函　数	功　能
istream & istream::seekg(pos_type)	将“读”位置指针定位于参数指定绝对位置
istream & istream::seekg(off_type, ios_base::seek_dir)	将“读”位置指针定位于参数指定相对位置　// A
pos_type & istream::tellg( )	返回“读”指针的当前位置
ostream & ostream::seekp(pos_type)	将“写”位置指针定位于参数指定绝对位置
ostream & ostream::seekp(off_type, ios_base::seek_dir)	将“写”位置指针定位于参数指定相对位置　// B
pos_type & ostream::tellp( )	返回“写”指针的当前位置

前三个函数，函数名以 g 结尾（g 是英文单词 get 的第一个字符，表示获取数据），适用于输入流操作。后三个函数，函数名以 p 结尾（p 是英文单词 put 的第一个字符，表示输出），适用于输出流操作。

参数中的类型 pos_type（即 position type 位置类型），表示指定读写位置的绝对位置。参数中类型 off_type（即 offset type 相对位置类型），表示指定读写位置的相对位置。读写位置是这样规定的，文件流中的第 1 个字符位置为 0，第二个字符位置为 1，以此类推。pos_type 和 off_type 类型其本质都是整型类型。off_type 类型的参数其数值如果是正数，表示向文件流结尾方向；如果是负数，表示向文件流开始方向。

A 行和 B 行两个函数的第二个参数表示读写位置指针移动的起始位置，第一个参数表示从起始位置开始的相对位移量。第二个参数中的 seek_dir 是一个在 ios_base 类中定义的公有枚举类型 _Seekdir，其枚举常量如表 14-8 所示，表示移动读写位置指针的起始位置。

例如 infile.seekg(100, ios::cur) 表示将文件输入流对象 infile 的读写位置指针从当前位置开始向文件结尾方向移动100字节。而 infile.seekg(–100, ios::cur) 表示将读写位置指针从当前位置开始向文件开始方向移动100字节。

表 14-8　Seek_dir 枚举类型的枚举常量

枚举常量	意　义
ios_base::beg	从文件开始处（begin）
ios_base::cur	从当前位置处（current）
ios_base::end	从文件结束处（end）

例 14.27　文件的随机访问。

程序的功能是：将 Fibonacci 数列的前40项写入二进制文件 fib.bin，然后读出并显示其中的奇数项，每行显示5个数。该数列的第1项和第2项均为1，从第3项开始，每一项的值都是其紧邻的前两项之和，数列为 1, 1, 2, 3, 5, 8, 13, 21, 34……。程序如下：

```
#include <iostream>
#include <fstream>
#include <cstdlib>
#include <iomanip>
using namespace std;
int main()
{
    fstream  iofile("fib.bin", ios::out | ios::binary);          // A
    iofile.close();                                               // B
    iofile.open("fib.bin", ios::in | ios::out | ios::binary);    // C
    if (!iofile)
    {
        cout << "Can not open file: fib.bin" << endl;
        exit(1);
    }
    long pos = iofile.tellp();                                    // D
    cout << "Begin posi=" << pos << endl;
    int f1 = 1, f2 = 1, i;
    for (i = 0; i<20; i++)
    {
        iofile.write((char*)&f1, sizeof(int));
        iofile.write((char*)&f2, sizeof(int));
        f1 = f1 + f2;
        f2 = f2 + f1;
    }
    pos = iofile.tellp();                                         // E
    cout << "End posi=" << pos << endl;
    iofile.seekg(0);                                              // F
    for (i = 0; i<20; i++)
    {
        iofile.read((char*)&f1, sizeof(int));                    // G
        iofile.seekg(sizeof(int), ios::cur);                     // H
        cout << setw(10) << f1;
        if ((i + 1) % 5 == 0) cout << endl;
    }
    iofile.close();
    return 0;
}
```

程序中A行创建一个二进制文件，B行关闭它。然后在C行打开一个输入输出二进制文件。为什么需要A、B两行，因为C行文件打开模式中有 ios::in，用于读入的待打开的文件如果不存在，则打开文件失败，所以必须预先创建该文件，C行才能成功打开。D行定义了一个 long 类型的变量 pos，并将文件打开时的初始文件读写位置赋予它。当向文件中写完40个数后，在E行将当前的读写位置再次赋予它，然后输出。F行在不关闭文件的情况下将读写位置重新定位于文件的起始，G 行读入奇数项数据，H 行跳过偶数项数据。程序的运行结果如下：

```
Begin posi=0
End posi=160
         1         2         5        13        34
        89       233       610      1597      4181
     10946     28657     75025    196418    514229
   1346269   3524578   9227465  24157817  63245986
```

例 14.28 文件的随机访问。

在例 14.26 中产生了一个非递减数据序列的二进制文件 data.bin，文件中的第 1 个数是序列中的数据个数。编写程序，在不读出文件中全部数据的情况下，用二分法查找任意一个数是否在序列中。如果存在，给出它在序列中的序号，否则输出“Not found!”。数据序列见例 14.26，约定序号从 1 开始。

程序如下：

```
#include <iostream>
#include <fstream>
#include <cstdlib>
using namespace std;
int  main()
{
    fstream  infile("data.bin", ios::in | ios::binary);
    if (!infile)
    {
        cout << "Can not open file: data.bin" << endl;
        exit(1);
    }
    int n, x, y, low, mid, high;
    streampos p1, p2 = -1;
    infile.read((char*)&n, sizeof(int));          // 读入序列中数据个数
    cout << "Please input x: ";
    cin >> x;                                      // 输入待查找的x
    low = 1; high = n;
    while (low <= high)
    {
        mid = (low + high) / 2;
        p1 = mid * 4;
        infile.seekg(p1);                          // 将读写位置指针移到中间数据起始位置
        infile.read((char*)&y, sizeof(int));
        if (x == y){ p2 = p1; break; }             // 找到x
        else if (x<y) high = mid - 1;
        else low = mid + 1;
    }
    if (p2>0) cout << "Position = " << p2 / 4 << endl;
    else cout << "Not found!\n";
    infile.close();
    return 0;
}
```

程序第一次运行状况：

```
Please input x: 10<Enter>
Position = 6
```

程序第二次运行状况：

```
Please input x: 200<Enter>
```

```
Not found!
```

二分法查找即折半查找，参见第 7 章例 7.12。与顺序查找法相比，二分法（亦称折半法）查找有序数据序列时效率较高，尤其是当数据量较大时。本程序在二分法查找过程中读取的数据个数较少。

14.8 输入输出流的出错处理

在使用流进行输入输出操作时，可能会出现一些错误。例如当程序中需要输入整型量时，在输入流中却出现了字符；当读写位置指针已到达文件结尾处时，程序试图从文件继续读取数据。C++ 提供一套类机制，用于检测输入输出流状态，以发现错误并清除错误状态。

在 ios_base 类中定义了公有的枚举类型 _Iostate，其枚举常量如表 14-9 所示，表示输入输出操作的状态。

当 ios_base::failbit 为真时，表示输入输出操作失败，如程序中要求输入整型量，但在输入流中却出现了字符，无法正确完成输入操作，结果输入操作失败。当 ios_base::badbit 为真时，表示试图进行非法操作，如向只读文件中写数据。

表 14-9　_Iostate 枚举类型的枚举常量

枚举常量	意　义
ios_base:: goodbit	表示状态正常
ios_base:: eofbit	表示到达文件结尾
ios_base:: failbit	表示 I/O 操作失败
ios_base:: badbit	表示试图进行非法操作

ios_base 类提供了几个成员函数，用于检测输入输出流操作过程中是否出错以及清除出错状态。这些函数的原型及功能如表 14-10 所示。

表 14-10　输入输出流状态检测、清除函数

函数原型	功　能
iostate rdstate( )	返回当前状态字
bool operator!( )	运算符重载，与 fail( ) 函数功能相同
bool bad( )	如果 badbit 为真，返回真，否则返回假
void clear(io_state=0)	用参数设置新的状态字，默认值为 0，表示清除所有出错状态
bool eof ( )	如果 eofbit 为真，返回真，否则返回假
bool fail( )	如果 badbit 或 failbit 为真，返回真，否则返回假
bool good( )	如果无任何错误返回真，否则返回假

下面列举几个例子说明表 14-10 中函数的使用，例如：

```
ifstream infile("in1.dat");
if(infile.good( ))                      // 检测文件是否打开成功
{
    cout<<"open success\n";
    ...                                 // 若打开成功，完成相应处理
}
```

又如：

```
ifstream infile("in2.dat", ios::in);
if( infile.fail( ) )                    // 检测文件是否打开失败
{
    cout<<"open fail\n";
    ...                                 // 若打开失败，完成相应处理
}
```

infile.fail() 可改写为 !infile。因为 C++ 系统将 !infile 处理成 infile.operator!()，它与 infile.

fail() 函数功能相同。所以在前面的例子中，经常用下述格式判断文件打开失败：

```
if(!infile )                    // 等价于 if(infile.fail( ))
{
    ...                         // 文件打开失败
}
```

再如：

```
while( !infile.eof( ) )         // 当未到达文件结尾时，循环读取数据
{
    infile>>x;
    ...                         // 完成相应处理
}
```

如果输入输出操作出现错误，在错误处理完毕后，可以用 clear() 函数清除出错状态。如 infile.clear() 用于清除 infile 文件流出错状态，cin.clear() 用于清除标准输入流出错状态。下面举例说明（以下程序输入 5 个数并计算平均数）：

```
#include <iostream>
using namespace std;
int main()
{
    double aver = 0, a[5];
    for (int i = 0; i<5; i++)
    {
        cout << "请输入第" << i + 1 << "个数：";
        cin >> a[i];
        aver += a[i];
        cout << "a[" << i << "]=" << a[i] << endl;
    }
    aver /= 5;
    cout << "aver=" << aver << endl;
    return 0;
}
```

运行时，要求正确无误地输入 5 个数值，但实际操作时有可能发生输入错误，如若第 3 个数输入错误，则程序的一次执行过程可能如下：

```
请输入第1个数：1<Enter>
a[0]=1
请输入第2个数：2<Enter>
a[1]=2
请输入第3个数：x<Enter>
a[2]=7.04934e-308
请输入第4个数：a[3]=4.52995e-307
请输入第5个数：a[4]=4.52995e-307
aver=0.6
```

程序一旦遇到一个错误的输入，会继续运行，但从第 3 个数开始，提取工作不能正常完成。为了保证程序在遇到错误的输入时，能跳过错误，继续重新输入正确的数据，可以加入一些出错检测及清除错误状态的操作。改进后的程序如例 14.29 所示。

例 14.29 出错处理函数的使用。

```
#include <iostream>
using namespace std;
int main()
{
    double aver = 0, a[5];
```

```
    char temp[80];
    for (int i = 0; i<5; i++)
    {
        cout << "请输入第" << i + 1 << "个数: ";
        cin >> a[i];
        while (cin.rdstate())       // 若输入有错误
        {
            cin.clear();            // 清除出错状态，但错误输入依然留在输入缓冲区中
            cin.getline(temp, 80); // 将缓冲区中的错误输入连同回车一起读入temp，丢弃
            cout << temp << "为非法输入!\n";
            cout << "请重新输入第" << i + 1 << "个数: ";
            cin >> a[i];
        }
        aver += a[i];
    }
    aver /= 5;
    cout << "aver=" << aver << endl;
    return 0;
}
```

程序的一次运行状况如下：

```
请输入第1个数: 1<Enter>
请输入第2个数: 2<Enter>
请输入第3个数: x<Enter>
x为非法输入!
请重新输入第3个数: !<Enter>
!为非法输入!
请重新输入第3个数: 3<Enter>
请输入第4个数: 4
请输入第5个数: 5
aver=3
```

*第 15 章　模　　板

在 C++ 中可以利用模板（Template）技术来设计函数与类，使得这些用户定义的函数和类就好像是一篇文章的模板一样，可以通过代入不同的数据产生格式相同而内容不同的文章。程序设计者利用模板功能便可以使得函数的返回值、接收的参数或者类的数据成员成为程序设计者所希望的任何一种数据类型。模板功能不但大幅度提高了函数与类的灵活性，同时也减轻了程序设计者维护程序的工作量，从此程序员可以利用模板技术来结束对大量类似代码的重复书写工作。本章主要介绍模板的定义和使用方法。

15.1　函数模板

什么是模板？为什么要使用模板？

在编写程序时，经常遇到这样的情况：若干程序单元（如函数定义或者类定义等）中除了所处理的数据类型不同，程序代码是一样的。

例如求两个数据的最大值，考虑到需要处理不同的数据类型，所以一般采用重载（overloaded）技术。具体实现如例 15.1 所示。

例 15.1　使用函数重载实现对多种数据类型求两个数据的最大值。

```
#include <iostream>
using namespace std;
int  max(int num1, int num2)                           //重载函数①
{
    return  num1 > num2 ? num1 : num2;
}
double  max(double d1, double d2)          //重载函数②
{
    return  d1 > d2 ? d1 : d2;
}
char  max(char  ch1, char  ch2)                        //重载函数③
{
    return   ch1 > ch2 ? ch1 : ch2;
}
int  main( )
{
    int     m1 = max(100, 200);             //A
    double  m2 = max(7.8, 5.1);             //B
    char    m3 = max('T', 'M');             //C
    cout << "The maxium of 100 and 200 is: " << m1 << endl;
    cout << "The maxium of 7.8 and 5.1 is: " << m2 << endl;
    cout << "The maxium of 'T' and 'M' is: " << m3 << endl;
    return 0;
}
```

程序中定义了三个重载函数，其差别只在于参数的数据类型与返回值的数据类型不一样。程序中的 A、B、C 三行分别调用对应的重载函数①、②、③，实现了对整数、浮点数与字符数据类型的处理。

使用函数重载方法解决上述问题，优点是不需要给函数重复取名，调用函数的代码比较简洁。但是，函数重载的本质依然是一种人工复制代码段的方法，并没有降低书写程序和修改程序的工作量。如果需要修改函数功能时，必须对所有同名的重载函数中完全相同的算法进行完全相同的修改。

编译预处理技术中的宏定义可以在一定程度上解决代码复制问题。例如可将例 15.1 改写为完全等效的程序如下：

```
#include <iostream>
using namespace std;
#define  max(x,y)   ( ((x) > (y))  ? (x) : (y) )
int  main( )
{
    int     m1 = max(100, 200);              //D
    double  m2 = max(7.8, 5.1);              //E
    char    m3 = max('T', 'M');              //F
    cout << "The maxium of 100 and 200 is: " << m1 << endl;
    cout << "The maxium of 7.8 and 5.1 is: " << m2 << endl;
    cout << "The maxium of 'T' and 'M' is: " << m3 << endl;
    return 0;
}
```

由于预处理技术只对文本进行替换处理，不考虑数据类型，所以一段宏代码可以对不同的数据类型进行处理。例如程序中的 D、E、F 三行可进行正确的宏替换处理。

但是宏也存在自身不可克服的缺点。正是由于预处理机制不考虑宏的数据类型，因此在编译程序时，C++ 编译器中先进的数据类型检测机制被避开了，不能检查到具体的代码错误位置。具体实现如例 15.2 所示。

例 15.2 使用宏实现求两个数据的最大值中存在的问题。

```
#include  <iostream>
using namespace std;
#define  max(x,y)   ( ((x) > (y))  ? (x) : (y) )
int  main()
{
    float a,b;
    char c;
    cin >> a >> c;
    b = max( a, c );               //A
    cout << b << endl;
    return 0;
}
```

在例 15.2 中，由于宏的参数没有数据类型，在预处理器作参数替换的时候不考虑数据类型。到正式编译时，A 行已经被替换为表达式：

```
b = ( ((a) > (c)) ? (a) : (c) );
```

C++ 编译器根据数据类型自动转换规则把 c 变量的类型也转换为 float 类型进行计算，编译器不会出现任何错误或警告的提示。而程序中将 float 类型数值和 char 类型 ASCII 码进行数值的比较是没有意义的。如果是函数的参数传递，由于形参有数据类型，C++ 编译器如果发现实参和形参的数据类型不一致会给出警告。所以在程序中使用宏，有时会增加程序调试的难度。

在例 15.1 中，除了所使用的参数类型以外，每一个重载函数的实际操作定义部分可以说是完全一样的。如果能够把数据类型和算法代码相分离，将数据类型也变成参数之一，在使用算法代码时临时指定数据类型，就可以实现算法代码与多种数据类型之间的多个对应关系。同一段算法代码就可以“以不变应万变”地处理多种数据类型了。

C++ 中提供的模板功能可以解决上述的问题，而又不存在使用宏定义解决代码复制时所产生的缺点。模板把功能代码段的“算法”和算法中“计算数据的数据类型”区分开来。编程者可以先写算法的程序代码，而在定义算法时不确定实际计算数据的数据类型，然后在使用算法时再根据实际获得的数据类型来确定使用何种数据类型进行数值计算。

模板有两种，一种是函数模板（Function Template），另一种是类模板（Class Template）。函数模板是函数的抽象；类是对象的抽象与描述，而类模板是类的抽象。下面分别进行介绍。

15.1.1　函数模板的定义和使用

1. 函数模板的定义

利用关键字 template 按照特定的格式来书写函数，可以在函数中将数据类型也作为参数，这种特殊的函数写法就称为函数模板。函数模板代表了一组函数，能够依据在程序运行过程中被使用的情况动态地决定这些数据类型参数当时真正的数据类型，而其返回值的数据类型也同样可以利用模板的方式来动态地确定。定义函数模板的格式如下：

```
template  < <模板形参表> >
<函数定义>
```

函数模板的定义以关键字 template 开始，接着在符号“<”和“>”之间给出该函数的模板形式参数。<模板形参表>中可以包含一个或多个<模板形参>，如果有多个，必须用逗号隔开。模板形参可以有三种形式：

1）typename　<参数名>

2）class　<参数名>

3）<数据类型>　<参数名>

第一种和第二种形式中的关键字 typename 和 class 完全等价，在旧版本 C++ 中只支持关键字 class，新版本 C++ 中两种关键字都支持，而且建议尽量使用关键字 typename。第三种形式中<数据类型>可以是 C++ 基本数据类型或构造数据类型，<参数名>可以是任意的合法标识符。

用 typename 或 class 关键字定义的参数称为虚拟类型参数，在实际调用函数时会被自动替换为确定的数据类型。用<数据类型>定义的参数称为常规参数，具有确定的数据类型，不需要替换。当函数模板只有一个虚拟类型参数时，参数名通常写成 T。

2. 函数模板使用的一般格式

在实际使用函数模板时将虚拟类型参数替换为具体的数据类型，这种确定了数据类型的函数称为模板函数。C++ 编译系统根据传给函数模板的不同数据类型生成一组模板函数。模板函数的调用格式如下：

```
<模板函数名>  [ < <模板实参表> > ] ( <函数实参表> )
```

在调用模板函数的时候，C++ 编译系统需要足够的数据类型信息，以便确定虚拟类型参数应该被替换成哪一种数据类型。数据类型信息的确定流程是：首先编译器扫描<模板实参表>，根据模板实参表中列出的数据类型来顺序替换对应的虚拟类型参数。在没有<模板实参表>的情况下，编译器还要扫描<函数实参表>，根据<函数实参表>中实参与形参的对应关系来进行虚拟类型参数的替换。如果程序员确信通过<函数实参表>就已经可以让编译器进行正确的数据类型替换，则<模板实参表>可以省略，大多数情况下<模板实参表>都不需要书写。例 15.3 说明了一般函数模板的使用方法。

例 15.3　使用函数模板实现对多种数据类型求两个数据的最大值。

```
#include  <iostream>
using namespace std;
template  <typename T>             //定义函数模板的<模板形参表>
T  myMax(T  var1, T  var2)         //定义函数模板的<函数定义>
```

```
{
    return  var1 > var2 ? var1 : var2;
}
int  main( )
{
    int     m1 = myMax(100, 200);                   //A
    double  m2 = myMax(7.8, 5.1);                   //B
    char    m3 = myMax('T', 'M');                   //C
    cout << "The maxium of 100 and 200 is:  " << m1 << endl;
    cout << "The maxium of 7.8 and 5.1 is:  " << m2 << endl;
    cout << "The maxium of 'T' and 'M' is:  " << m3 << endl;
    return 0;
}
```

例 15.3 与例 15.1 实现的功能基本上是一样的。唯一的差别在于例 15.3 中使用了函数模板技术来实现对各种不同的数据类型的数据做完全相同的处理。其中 T 是一个虚拟类型参数，它既可以作为函数的形参类型，又可以作为函数的返回值类型。

当编译器编译到 A 行程序时，会将实参表中的数据类型传递给函数模板，根据当时的数据类型由函数模板生成一个重载函数，即模板函数。这时，由于实参类型为 int，函数中所有的虚拟类型参数 T 都会被替换为 int，编译器自动生成的模板函数为：

```
int  max (int  var1, int  var2)           //由A行调用产生
{
    return  var1 > var2 ? var1 : var2;
}
```

同理，当编译到 B 行和 C 行时，编译器自动生成的模板函数为：

```
double  max (double  var1, double  var2)              //由B行调用产生
{
    return  var1 > var2 ? var1 : var2;
}
char  max (char  var1, char  var2)                    //由C行调用产生
{
    return  var1 > var2 ? var1 : var2;
}
```

例 15.4 说明了函数模板的特殊用法，在无法仅靠函数实参的类型确定虚拟类型参数替换规则的时候，必须在调用模板函数时给出具体的 < 模板实参表 >。

例 15.4 使用函数模板进行数据类型转换。

```
#include  <iostream>
using namespace std;
template  <typename T, typename T1>
T  cast(T1  x)
{
    return  x;
}
int  main( )
{
    int     a = 10;
    float   b;
    b = cast <float, int> (a);    //A
    cout << b << endl;
    return 0;
}
```

例 15.4 中函数模板 cast 有两个虚拟类型参数 T 和 T1。函数 cast 的功能是把数据类型 T1 的

数据转换成数据类型 T。在程序的 A 行如果写成：

```
b = cast (a);
```

<函数实参表>中只有一个实参，编译器无法确定变量 a 的 int 型应该替换给哪一个虚拟类型参数，因此编译器报错。而 A 行给出了<模板实参表>，指明第一个数据类型为 float，第二个数据类型为 int，编译器优先根据模板实参表中的数据类型进行虚拟类型参数的替换，避免了错误。

函数模板实现技术根据实际数据类型自动生成一系列具有相同算法而数据类型不同的函数，从而解决了手工复制并修改具有相同算法而仅仅数据类型不同的函数的编程方式，提高了程序编写和维护的效率。函数重载技术实现的优点是可以使得被重载的各个函数的函数体实现不同的算法，而模板函数技术则不可以，因此在实现同名函数处理的时候，要注意根据具体情况选择不同的实现技术。

关于函数模板的几点说明：

1）在定义<模板形参表>时，每一个数据类型参数的前面都必须书写一个关键字，以下的定义格式是错误的：

```
template  <typename T1, T2>  Type1  func(T1 a, T2 b)  {...}
```

在虚拟类型参数 T2 的前面遗漏了关键字 typename，这样的程序是无法编译通过的。

2）由于例 15.3 中定义函数模板 myMax 时，所设置的两个参数的类型是一样的。因此，当调用 max 生成模板函数时，若给予模板的两个实际参数的数据类型不一样，将发生错误。例如：

```
int  val = max(7.8, 30);            //错误
```

此时，编译器遇到第一个实参时会将虚拟类型参数 T 解释成 double 类型，但是当它发现第二次出现 T 的地方不能再将其解释成 double 类型时，便发生错误。当模板函数中的某个数据类型参数一旦被确认后，便不可以再改变，这时可以使用强制类型转换运算符来改变不符合已经被确认的数据类型的变量。例如，以下的语句就可以避免上述的错误：

```
double  val = max(7.8, (double)30);
```

通过上面的说明可以看出，当使用模板技术时，C++ 编译器使用了数据类型检测机制，可以在编译时预先防止程序的书写错误。

3）调用模板函数时，<模板实参表>在大多数情况下可以缺省，但在某些情况下不可以缺省。

①函数模板有多个虚拟类型参数，而在生成模板函数时函数实际参数不足以让编译器确认每一个虚拟类型参数，此时必须明确给出<模板实参表>。例 15.4 说明了这种情况。

②虚拟类型参数没有出现在模板函数的形参表中，编译器无法根据函数实参与形参的对应关系来确定虚拟类型参数要替换成哪一种数据类型。例 15.5 说明了这种情况。

例 15.5　使用函数模板进行平均成绩的计算。

```
#include  <iostream>
using namespace std;
template  <typename T >
T  average(float  a[], int  n)
{
    float  ave = 0;
    for(int i = 0; i < n; i++ )
        ave += a[i];
    return  ave/n;
```

```
}
int  main( )
{
    float   score[] = {65, 70, 53, 90, 84.5, 99, 81, 72, 43.5, 77 };
    int  aver;
    aver = average < int > (score, 10);                    //A
    cout << "平均成绩: " << aver << endl;
    return 0;
}
```

程序中 A 行生成模板函数时，给出模板实参 int，将最后的平均成绩转换成整数。如果不给出 < 模板实参表 >，编译器将无法确定虚拟类型参数 T 的数据类型。

4）当 < 模板形参表 > 中出现常规参数时，在调用函数模板时，必须给出对应的实参。

例 15.6 具有常规参数的函数模板的定义和使用。

```
#include  <iostream>
using namespace std;
template < typename  T, int  k >
T  fun(T  var1, T  var2)
{
    return  (var1+var2) / k;
}
int  main()
{
    float  a,b;
    cin >> a >> b;
    float  result = fun <float,5> (a,b);          //A
    cout << "计算结果: " << result << endl;
    return 0;
}
```

例 15.6 中，< 模板形参表 > 中的 k 是常规参数，数据类型为 int，在函数中可以直接使用 k。由于 k 是模板形参，只能通过 < 模板实参表 > 传递实参的值给它。A 行给出了模板实参表，为了与 < 模板形参表 > 一一对应，首先写 float 数据类型与虚拟类型参数 T 对应，随后的数据 5 就是传给 k 的具体实参数值。由于编译器优先根据 < 模板实参表 > 中的数据类型进行虚拟类型参数的替换，所以虚拟类型参数 T 被替换为 float，而常规参数 k 也被确定为数值 5，程序就可以正确运行了。

另外，C++ 规定，函数模板的模板形参表中常规参数不能有缺省值。如在例 15.6 中，若将函数模板的第一行定义为

```
template < typename  T, int  k=3>
```

则是非法的。

5）在定义和使用函数模板时，特别容易造成指针的使用错误。下面通过例 15.7 来说明在函数模板中指针的正确使用方法。

例 15.7 使用函数模板计算数组中的最大值。

```
#include  <iostream>
using namespace std;
template  < typename T >
T  Max(T* array, int size=0)
{
    T max = array[0];
    for(int i=1; i<size; i++)
        if(max < array[i])
          max = array[i];
```

```
    return  max;
}
int  main( )
{
    int     Array1[ ] = {1, 0, 32, 4, 5, 16, 7, 28, 9, 12};
    double  Array2[ ] = {1.2, 22.3, 3.4, 0.4, 5.6, 6.7, 17.8, 8.9, 7.9, 10.1};
    int     max1=Max(Array1, 10); //函数模板生成Max(int* array, int size) 模板函数
    double  max2=Max(Array2, 10);//函数模板生成Max(double* array, int size) 模板函数
    cout << "The maximum number in integer array is: " << max1 << endl;
    cout << "The maximum number in double floating array is: " << max2 << endl;
    return 0;
}
```

程序例 15.7 中定义了一个用来求数组中所有元素的最大值的函数 Max()，由于数值数组可能是整数数组或者浮点数数组等，而求数组中所有元素的最大值的算法是一样的，因此可以采用函数模板技术。

函数模板 Max 中定义了一个数据类型为 T 的指针形参 array 和一个整型形参 size。当调用函数 Max() 的时候特别要注意，第一个实际参数必须是地址（指针变量或者数组名），以保证数据类型的一致性。

6）在函数模板中存在多个虚拟类型参数时，如虚拟类型参数 T1 和 T2，T1 与 T2 虽然名称不同并且可以代表不同的数据类型，但是它们也可以是相同的数据类型（根据调用时的实参类型，它们可以被替换为相同的数据类型）。具体应用如例 15.8 所示。

例 15.8　使用函数模板求不同数据类型数据的最大值。

```
#include  <iostream>
using namespace std;
template  < typename T1, typename T2>
T1  max(T1 var1, T2 var2)
{
    return  var1 > var2 ? var1 : var2;
}
int  main( )
{
    int  m1 = max(30,7.56);      //A，函数模板被解释成max(int, double) 模板函数
    int  m2 = max(70, 'k');      //B，函数模板被解释成max(int, char) 模板函数
    int  m3 = max(100,300);      //C，函数模板被解释成max(int, int) 模板函数
    cout << "The maxium of 30 and 7.56 is: " << m1 << endl;
    cout << "The maxium of 70 and 'k' is: " << m2 << endl;
    cout << "The maxium of 100 and 300 is: " << m3 << endl;
    return 0;
}
```

在程序例 15.8 中，A 行和 B 行调用 max 函数时，编译器将 T1 和 T2 解释为不同的类型。而 C 行调用 max 函数时，T1 和 T2 就都被解释成 int 类型。

由于多个虚拟类型参数的函数模板的这个特性，往往会在使用的时候造成错误。如下列语句所示：

```
template  <typename T1, typename T2>                    //多个虚拟类型参数
T1  Max(T1 var1, T2 var2)
{
    return  var1 > var2 ? var1 : var2;
}
template  <typename T>                                  //单个虚拟类型参数
T  Max(T var1, T var2)
{
    return  var1 > var2 ? var1 : var2;
}
```

初看起来，上面的两个函数模板并不相同，完全可以并存。但是下面的语句却会造成编译器在调用函数时出现函数不确定的情况：

```
int  m1 = max(10,20);
```

因为调用函数时两个函数模板都符合被调用的条件，所以编译器不能确定到底应该使用哪个函数模板。因此用户在使用多个虚拟类型参数的函数模板时必须要特别注意这种错误。解决这个问题的方法十分简单，只要尽量保留多个虚拟类型参数的函数模板，去掉单个虚拟类型参数的函数模板即可。

7）函数模板除了定义的方式不同于一般函数外，其他的书写规则还是与一般函数相同的。它的函数定义部分也可以被定义为 static、extern、inline 等函数形式。例如：

```
template  <typename T>
inline  T  max(T var1, T var2)  {…}
template  < typename T>
static  T  Sum(T* array, int size=0)  {…}
```

注意：关键字 inline、static 等必须写在 template <typename T> 之后、函数定义之前。

15.1.2 模板函数的重载

如果用户运行前面的程序例 15.3，会发现输出的结果与程序例 15.1 完全一样，函数模板的确能够解决处理不同数据类型的问题，并且整个程序的设计和维护效率也大幅度提高了。

但仅仅依靠函数模板无法解决所有的问题，例如针对例 15.3 中定义的模板，若用户想获取两个字符串的最大值，写出如下的模板调用语句：

```
char * m2 = max("Kate","Mary");
```

则编译器产生的模板函数为：

```
char*  max(char* var1, char* var2)
{
    return  var1 > var2 ? var1 : var2;
}
```

这样会导致函数体中比较的是两个字符串的首地址，无法达到用户比较字符串内容的要求。

当函数模板无法对于每一种数据类型都能得到预期的结果时，可以特别为某种数据类型设计一个与该函数模板同名的一般函数，即在函数模板生成的一系列模板函数之外又定义了一个特殊的重载函数，我们将其称为重载模板函数。重载模板函数与一般重载函数的概念是一样的。程序例 15.9 实现了重载模板函数。

例 15.9 使用重载模板函数实现求多种数据类型数据比较的最大值。

```
#include  <iostream>
#include  <cstring>
using namespace std;
template  <typename T>
T  myMax(T var1, T var2)                                //函数模板
{
    return  var1 > var2 ? var1 : var2;
}
char*  myMax(const char* str1, const char* str2)     //A, 重载模板函数
{
    if(strcmp(str1,str2)>=0)
        return  (char*)str1;
    else
        return  (char*)str2;
```

```
}
int  main( )
{
    int      m1 = myMax(100, 200);          //函数模板生成myMax(int, int) 模板函数
    double  m2 = myMax(7.8, 5.1);          //函数模板生成myMax(double, double) 模板函数
    char*    m3 = myMax("Mary","Kate");     //调用重载模板函数myMax(char*, char*)
    cout << "The maximum of 100 and 200 is:  " << m1 << endl;
    cout << "The maximum of 7.8 and 5.1 is:  " << m2 << endl;
    cout << "The maximum of \"Mary\" and \"Kate\" is:  " << m3 << endl;
    return 0;
}
```

在程序例 15.9 中为了特别处理字符串比较的情况，在 A 行给出了一个重载模板函数的定义。由于是将一般函数与模板函数进行重载，当调用 myMax() 函数的时候，系统会优先匹配非模板函数的函数 myMax()，如果在非模板函数的函数中找不到匹配的函数，系统才会对函数模板进行数据类型转换匹配，产生对应的模板函数。可以认为在 C++ 中，被重载的同名函数中的一般函数的优先级要高于模板函数。

15.1.3　函数模板的重载

15.1.2 节中介绍的函数模板的特殊处理方法，其实就是函数模板与一般函数的重载。除此以外，函数模板之间也可以进行重载。本节对这一技术作简单介绍。

函数模板的重载与一般函数的重载在概念和方法上是完全一样的，利用函数模板的 < 函数形参表 > 的不同，可以为函数模板提供重载。例如以下函数模板 multiply 的定义便说明了如何实现函数模板的重载技术：

```
template  <typename T>  T  multiply(T var1, T var2) {…}
template  <typename T>  T  multiply(T var1, int var2) {…}
template  <typename T>  T  multiply(T var1, char* var2) {…}
```

可以看到，上面定义的三个函数模板，其函数名称、返回值的类型完全相同，只是 < 函数形参表 > 中的参数类型不完全相同。这和我们前面学过的普通函数的重载语法是完全一致的。

利用函数模板的重载不仅可以解决不同数据类型的参数问题，还可以解决参数个数不同的问题，使得函数模板的应用能力进一步地增强。

必须注意，一个函数是否可以被重载，在于函数的 < 函数形参表 > 是否相同而不在于返回值是否相同。同理，以下两个函数模板就并非是重载的关系：

```
template  <typename T>  T  multiply(T var1, T var2) {…}
template  <typename T>  T*  multiply(T var1, T var2) {…}
```

在设计函数模板时容易犯的另外一个错误是，认为以下两个函数模板是重载的关系：

```
template  <typename T1>  T1  multiply(T1 var1, T1 var2) {…}
template  <typename T2>  T2  multiply(T2 var1, T2 var2) {…}
```

前面说过，虚拟类型参数 T1 和 T2 所代表的实际数据类型只是在函数被真正调用时才由编译器确定，虚拟类型参数的名称本身没有任何实际意义，即参数名是 T1 或者 T2 并没有任何差别。因此上面的两个函数模板其实是一模一样的函数模板，如果将上面的两个定义写在同一个程序段中，就会造成函数模板的重复定义，编译器会在编译的过程中发现这个错误并向用户报警。程序例 15.10 说明了如何在应用程序中实现函数模板的重载。

例 15.10　使用重载函数模板实现求不同数据类型数组的最大值。

```
#include  <iostream>
using namespace std;
```

```
template  <typename T>
T  Max(T* array, int size=0)
{
    T m = array[0];
    for(int i=1; i<size; i++)
        if(m < array[i])
           m = array[i];
    return  m;
}
//重载函数模板
template  <typename T>
T  Max(T* array1, T* array2, int size=0)
{
    T  m = array1[0];
    if(m < array2[0])
        m = array2[0];
    for(int i=1; i<size; i++)
    {
        if(m < array1[i])  m = array1[i];
        if(m < array2[i])  m = array2[i];
    }
    return  m;
}
int  main( )
{
    int  Array1[ ] = {1, 0, 32, 4, 5, 16, 7, 28, 9, 12};
    int  Array2[ ] = {11, 120, 31, 14, 52, 16, 77, 18, -9, 20};
    double  Array3[ ] = {1.2, 22.3, 3.4, 0.4, 5.6, 6.7, 17.8, 8.9, 7.9, 10.1};
    int     max1 = Max(Array1, 10);
    double  max2 = Max(Array3, 10);
    int     max3 = Max(Array1, Array2, 10);
    cout << "The maximum number in integer array1 is: " << max1 << endl;
    cout << "The maximum number in double floating array is: " << max2 << endl;
    cout << "The maximum number in two integer arrays is: " << max3 << endl;
    return 0;
}
```

程序例 15.10 是在程序例 15.7 的基础上再加入一个重载的 Max 函数模板修改而成的。原来的 Max 函数模板用来求一个数组中所有元素的最大值，新加入的 Max 函数模板扩展了形式参数的定义，可以接收两个数据类型相同的数组，并且求两个数组中的所有元素的最大值。与原来的 Max 函数模板一样，它也要指明每个需要求和的数组元素的个数。

15.2 类模板

如果一个程序中需要设计多个类，每个类的结构和函数代码都一样，仅仅是数据类型不一样，基本处理方法是代码复制。

例 15.11 定义多个结构相同的类，分别实现不同数据类型数组的处理。

```
#include  <iostream>
using namespace std;
class maxInt              // 求一个动态申请的整型数组元素的最大值
{
    int *a;
    int size;
public:
    maxInt(int *array=NULL, int n=0)
    {
        size=n;
        if(size>0)
```

```
        {
            a = new int[size];
            for(int i=0; i<size; i++) a[i]=array[i];
        }
        else
            a=NULL;
    }
    int maxValue()
    {
        int max = a[0];
        for(int i=1; i<size; i++)
            if(max < a[i]) max = a[i];
        return  max;
    }
    ~maxInt() { if(a) delete[]a; }
};
class maxDouble              // 求一个动态申请的双精度实型数组元素的最大值
{
    double *a;
    int size;
public:
    maxDouble(double *array=NULL, int n=0)
    {
        size=n;
        if(size>0)
        {
            a = new double[size];
            for(int i=0; i<size; i++) a[i]=array[i];
        }
        else
            a=NULL;
    }
    double maxValue()
    {
        double max = a[0];
        for(int i=1; i<size; i++)
            if(max < a[i]) max = a[i];
        return  max;
    }
    ~maxDouble() { if(a) delete[]a; }
};
int  main( )
{
    int  Array1[10] = {1, 0, 32, 4, 5, 16, 7, 28, 9, 12};
    double  Array2[8] = {1.2, 22.3, 3.4, 0.4, 5.6, 6.7, 17.8, 8.9};
    maxInt m1(Array1, 10);
    maxDouble m2(Array2, 8);
    cout << "The maximum in integer array is: " << m1.maxValue() << endl;
    cout << "The maximum in doublearray is: " << m2.maxValue() << endl;
    return 0;
}
```

可以看出，maxInt 类和 maxDouble 类的数据成员和成员函数的处理都一样，只是数据类型不同。通过代码复制的方法实现类定义会增加代码量，也不利于维护。例如，如果需要修改一个处理函数，则需要对两个类的同一成员函数做相同的修改。如果有更多的相同结构的类，则维护工作量更大。

上一节介绍的函数模板通过把数据类型抽象成为参数的方法，解决了函数代码复制问题。下面介绍为了同样的目的而设计的类模板（Class Template）。

15.2.1 类模板的定义和使用

如同利用函数模板技术可以解决如何用一个函数定义处理不同数据类型的数据的问题，利用类模板也可以解决如何让一个类定义能够处理不同数据类型数据的问题。通过一个类模板，可以生成一系列数据类型不同的模板类，类模板与模板类的关系如同函数模板与模板函数的关系，都是抽象与具体的关系。

类模板的定义格式如下：

```
template  < <模板形参表> >
<类定义>
```

类模板的定义与函数模板的定义类似，以关键字 template 开始，接着是在符号“<”和“>”之间定义模板形式参数，<模板形参表>是由一个或多个模板形参组成的。最后是类的定义部分。与一般的类定义的不同之处在于这里的<类定义>要用<模板形参表>中的虚拟类型参数修饰它的某些成员，使模板类独立于任何具体的数据类型。在<类定义>中，虚拟类型参数可以当作实际数据类型，用来定义类体中的成员函数和数据成员。

在完成类模板的定义后，可以像普通类一样定义类的对象，用类模板定义对象的格式如下：

```
<类名> < <模板实参表> > <对象名>;
```

或

```
<类名> < <模板实参表> > <对象名> ( <构造函数实参表> );
```

在定义对象的过程中，编译系统会根据需要自动地生成相应的类定义，这种依据类模板生成类定义的过程称为类模板的实例化。一个类模板可以对应不同数据类型而产生不同的类定义。

例如将例 15.11 中的两个类抽象为类模板，程序的完整实现如例 15.12。

例 15.12 用类模板实现例 15.11 同样的功能。

```
#include  <iostream>
using namespace std;
template <typename T>
class maxElem
{
    T *a;
    int size;
public:
    maxElem(T *array=NULL, int n=0)
    {
        size=n;
        if(size>0)
        {
            a = new T[size];
            for(int i=0; i<size; i++) a[i]=array[i];
        }
        else
            a=NULL;
    }
    T maxValue()
    {
        T max = a[0];
        for(int i=1; i<size; i++)
            if(max < a[i]) max = a[i];
        return  max;
    }
    ~maxElem() { if(a) delete[]a; }
};
```

```
int  main( )
{
    int  Array1[10] = {1, 0, 32, 4, 5, 16, 7, 28, 9, 12};
    double  Array2[8] = {1.2, 22.3, 3.4, 0.4, 5.6, 6.7, 17.8, 8.9};
    maxElem <int>m1(Array1, 10);  //A，定义类对象时，给出虚拟类型的实际类型 int
    maxElem <double>m2(Array2, 8); //B，定义类对象时，给出虚拟类型的实际类型 double
    cout << "The maximum in integer array is: " << m1.maxValue() << endl;
    cout << "The maximum in doublearray is: " << m2.maxValue() << endl;
    return 0;
}
```

程序中的 A 行有两个作用，一是自动生成一个数据类型 T 为 int 的实际的类，二是自动生成该类的对象 m1；B 行的作用类似。模板类定义对象的时候，由于不能通过参数传递的方法来确认虚拟类型参数对应的具体数据类型，必须要使用 <模板实参表> 来告诉编译器数据类型的对应关系。

下面给出的例 15.13 使用类模板实现多种数据类型向量的处理，同时也说明了如何在类体外定义类模板的成员函数。

例 15.13　使用类模板实现多种数据类型向量的处理。

所谓向量就是一个连续存储数据的空间，数组就是一种向量存储结构，在例 15.13 中用指针指向动态生成的内存空间实现向量存储。

```
#include  <iostream>
#include  <iomanip>
using namespace std;
template  < typename  T >
class  Vector
{
private:
    T*  data;
    int    size;
public:
    Vector(const  int  s);
    ~Vector( );
    T&  operator [ ] (const  int  index);                    //A
    void  operator = (T value);                              //B
};
template  <typename T>                                       //C
Vector <T> :: Vector(const  int  s)
{
    if( s > 0 )
    {
        size = s;
        data = new T[size];
        for(int i=0; i<size; i++)data[i] = 0;
    }
}
template  <typename T>
Vector  <T> :: ~Vector( )
{
    if( data )delete [] data;
}
template  <typename T>
T&  Vector  <T> :: operator[ ](const  int  index)
{
    if(index>=size || index<0)
    {
        cout<< "向量下标越界错误！" << endl;
        exit(1);
```

```
        }
        else
            return  data[index];
    }
    template  <typename T>
    void  Vector  <T> :: operator = (T value)
    {
        for(int i=0; i<size; i++)data[i] = value;
    }
    int  main( )
    {
        int num,i;
        cout << "请输入需要建立的向量的元素个数: ";
        cin >> num;
        Vector <int>      iVector(num);          //D, 建立整型向量对象
        Vector <double>  dVector(num);          //E, 建立双精度浮点型向量对象
        Vector <char>     cVector(num);          //F, 建立字符型向量对象
        for(i=0; i<num; i++)
        {
            iVector[i] = i;
            dVector[i] = i;
        }
        cVector ='A';
        cout.setf(ios::showpoint);               //显示浮点数的小数部分
        cout << setw(10) << "iVector" << setw(15) << "dVector" << "  " << "cVector" << endl;
        for(i=0; i<num; i++)
        {
            cout << setw(10) << iVector[i] << setw(15) << dVector[i]<< "  " << cVector[i]
                << endl;
        }
        return 0;
    }
```

在例 15.13 中定义了一个简单的类模板 Vector，其中数据成员 data 是一个用类的虚拟类型参数定义的指针变量，用以存放向量空间的起始地址。在类模板定义中，A 和 B 两行中还使用了运算符重载技术定义了“[ ]”和“=”两个运算符成员函数，其中运算符“[ ]”的重载函数返回值为虚拟类型参数的引用。返回值为引用类型，返回的是变量的别名，这样的运算符可以在赋值号的左侧接收数值。

在定义了类模板的具体结构以后，还需要分别具体定义类的成员函数。在模板外对成员函数的定义格式如下：

```
template <模板形参表>
[<数据类型>] <类名> < <模板形参名列表> > :: <函数名> ( <函数形参表> )
<函数体>
```

其中，<数据类型>指定函数的返回值类型。<模板形参名列表>就是由<模板形参表>中定义的参数名组成的序列。与<模板形参表>不同的是，<模板形参名列表>中只有参数名，没有 typename 等关键字。模板形参可以是虚拟类型参数，也可以是常规参数。类模板的<模板形参表>中定义的虚拟类型参数可以作为数据成员的类型、成员函数的返回值类型、成员函数形参的类型和成员函数体内变量的类型。

例 15.13 中的 4 个成员函数均是在类模板的定义之外实现的。读者可以将函数的具体实现与函数定义格式比对。

下面以从 C 行开始的构造函数为例，进一步说明成员函数在类模板之外的定义在语法格式上的要求。在类外定义成员函数时，关于类模板的说明部分的定义必须要与成员函数所属的类模板的<模板形参表>定义部分完全一致。例如下面说明的画线部分要完全一致：

```
template  <typename T>
class  Vector  {…};                              //模板类
…
template  <typename T>
Vector <T> :: Vector(const int s)  {…}          //模板类的成员函数
```

由于成员函数定义于类的结构之外，因此在实际定义时还要加上作用域运算符，用来指明其所属的类。由于该类是一个类模板，因此在指定作用域运算符时必须要加上 < 模板形参名列表 > 以分辨成员函数将来是属于此类模板产生的哪一种数据类型的模板类，如下面语句中的画线部分的内容所示：

```
Vector <T> :: Vector (const  int  s)  {…}
```

在成员函数定义的最后是函数名、函数形参列表和函数体等和一般函数相同的定义部分。上述复杂的定义方式使得在程序的运行过程中，当数据类型参数被确定为一个具体的数据类型并生成了对应这个数据类型的对象后，就可以按照一般的数据类型那样来访问类的成员变量和成员函数。

类模板在使用的时候必须由程序设计者自己指明该类模板希望被解释成哪一种数据类型的模板类，参见例 15.13 中的 D、E 和 F 三行。而在前面介绍的函数模板的使用中，其数据类型的确定既可以由用户指定又可以由编译器根据用户传递的实际参数的数据类型自动进行替换。这是类模板与函数模板之间的差别之一。

除了写法不同之外，类模板与函数模板的实现原理还是一样的。它们都是利用了数据类型的动态替换技术，用一个类模板或者函数模板在程序运行的时候动态地生成一系列数据类型不同的类（及对象）或者函数。它们生成的多个类（及对象）或者函数之间，彼此独立，拥有自己的运行空间。所以，在说明模板时必须加入足够的信息，以防止计算机在具体生成类（及对象）或者函数时发生错误。这也导致了模板定义书写格式的复杂性。

在例 15.13 中，利用循环语句将数组所需要的数据一一读入，这里特别需要注意中间的执行语句：

```
iVector[i] = i;
dVector[i] = i;
```

编译器在识别程序的时候，按照从左向右的顺序进行扫描。首先扫描到 iVector[i]，由于对象 iVector 所对应的类中有“[ ]”运算符的重载函数，因此编译器会将 iVector[i] 解释成 iVector.operator [ ](i)。之后编译器会继续扫描，当扫描到符号“=”时，虽然对象 iVector 所对应的类中也有“=”运算符重载函数，但这时的“=”前面并不是一个 iVector 对象，因此“=”只能被解释成普通的等于号，整个语句也就被解释成：

```
( iVector.operator[ ](i) ) = i;
```

同理，浮点数类型的操作也是被解释成：

```
( dVector.operator[ ](i) ) = i;
```

此外，由于运算符“[ ]”的重载函数位于等于号的左方，被解释以后的语句如上所示，这就意味着要将变量 i 的值赋值给重载函数的返回值。如果重载函数的返回值的类型是一个普通变量类型，则返回的值代表一个数值常量，数值常量不可修改，上述语句不能编译运行。因此重载函数的返回值必须是一个左值（Lvalue，即可以被赋值的变量或者对象），所以该运算符重载函数的返回值数据类型被定义为引用类型。这样才可以将 i 的值赋给函数返回的引用变量所对应的内存空间，从而使得数组元素获得数值。

在例 15.13 程序中，真正会调用运算符“=”的重载函数的语句是：

```
cVector = 'A';
```

由于这时“=”前面是一个 cVector 对象，并且该对象所对应的类中存在运算符“=”的重载函数，因此编译器将语句解释成：

```
cVector.operator=( 'A' );
```

这样，程序会执行“=”操作符重载函数中的循环语句，将 cVector 对象中的所有元素都赋值为字符 'A'。

例 15.13 的程序运行状况如下：

```
请输入需要建立的数组的元素个数：5<Enter>
        iVector       dVector     cVector
           0          0.00000      A
           1          1.00000      A
           2          2.00000      A
           3          3.00000      A
           4          4.00000      A
```

类模板在使用时必须注意：

1）与函数模板相同，在类模板的数据类型参数定义中，关键字 class 可以代替关键字 typename，两者完全等价。如果使用关键字 class 定义类模板的数据类型参数，则在类模板的定义中就使用了两次关键字 class。例如：

```
template  < class   T >
class   Vector   {…};     //模板类
```

这里的两个关键字 class 具有不同的含义。< 模板形参表 > 中的 class 表示 T 是一种数据类型，而类名 Vector 前面的 class 则是用来表示 Vector 是一个 C++ 的类。读者在书写和阅读时要防止由于混淆含义而造成的错误。建议在 < 模板形参表 > 使用关键字 typename 定义虚拟类型参数，而不要使用 class 关键字。

2）与函数模板不同的是，函数模板的常规参数不允许有缺省值，而类模板的常规参数允许有缺省值。例如：

```
template < typename  T, int  k=3>  void  fun( … ) { … }       //函数模板，错误
template < typename  T, int  k=3>  class  Vector { … };       //类模板，正确
```

与函数形参表缺省值规则一样，类模板中带有缺省值的常规参数的定义必须在右侧连续定义，不能间隔无缺省值常规参数的定义，也不能左侧连续定义有缺省值的常规参数而右侧出现无缺省值常规参数。

3）类模板的虚拟类型参数也允许有缺省值，其缺省值必须是已经存在的数据类型。例如：

```
template < typename T1=char,  typename T2=int > //虚拟类型参数带有缺省值
class  A
{
private:
    T1 m1;
    T2 m2;
public:
    A (T1 x, T2 y) : m1(x), m2 (y) { … }
    …
};
```

虚拟类型参数的缺省值也要求右侧连续定义，如果一个虚拟类型参数具有一个缺省值，所有后续虚拟类型参数必须也要具有缺省值：

```
template < typename T1=int,  typename T2> class B;              // 错误
template < typename T1,  typename T2=int> class C;              // 正确
```

在使用这样的模板时，可以忽略部分或者全部具有缺省值的参数，也可以不忽略具有缺省值的参数。下面的例子展示了类模板 A 的两个实例化过程。第一个实例显式地指定了所有的参数；第二个实例忽略了最后一个参数：

```
int main()
{
    A < int, double >  c1(0,0.0);          // 没有使用缺省值
    A < bool >  c2(true, 6);               // 第二个参数使用了缺省值
}
```

特别注意：在生成具体对象时，如果类模板的所有参数都具有缺省值并且都使用缺省值，那么 <模板实参表> 的空表“< >”也不可以省略。例如：

```
A   e3( 'a', 8);       //错误，忽略了<>
A <> e4 ('a', 8);      //正确，实际效果等价于 A <char, int>
```

15.2.2　类模板的友元函数

在前面的章节中我们学习了类的定义和使用，关于类的一个重要的应用就是友元函数。类模板与一般类相同，其中也可以定义友元函数，并且定义的方法和注意事项也与一般类相同。但是由于类模板毕竟是一种数据类型可以变化的类，它的友元函数也自然会存在与数据类型参数相关联的特殊写法，因此我们根据是否使用了数据类型参数将类模板的友元函数分为一般友元函数和特殊友元函数。所谓一般友元函数是指该友元函数没有使用任何类模板的虚拟类型参数，即没有使用虚拟类型参数的友元函数。例如：

```
template  <typename T>
class  Array  {
    friend  void  display(int size);       //一般友元函数
    …
}
```

在上面的友元函数的定义中，没有使用类模板的虚拟类型参数 T，所以该友元函数是一般友元函数。

类模板中还可以使用两种特殊形式的友元函数。这两种特殊的友元函数都或多或少地使用了模板类的虚拟类型参数，但是由于使用的程度不同，因此使用效果也不同。具体介绍如下。

1）绑定的类模板的友元函数（bounded class template friend function）。这种友元函数使用的虚拟类型参数与其所属的类的虚拟类型参数完全相同，好像友元函数的可变数据类型被其所属的类的可变数据类型所束缚了。

例如，友元函数的定义如下：

```
template  < typename T >
class  <类名>
{
    friend  void  函数名 (类名 <T> 形参1, …);
    friend   T   函数名 (类名 <T> 形参1, int 形参2, …);
    …
};
```

在上面的友元函数中只使用了类模板的虚拟类型参数 T 和基本数据类型 int，可以认为绑定的类模板的友元函数就是使用了虚拟类型参数的一般友元函数。

在使用绑定的类模板的友元函数的程序中，对于每一个由类模板产生的模板类来说，都有一

个具有对应数据类型的友元函数。同时，每个由模板类生成的对象也都可以使用对应的友元函数来完成操作。假设我们为程序例15.13中定义的类模板按照如下方式扩充友元函数：

```
template  < typename T >
class  Vector
{
    friend  void  display(Vector <T> array);
    friend   T   get(Vector <T> array, int index);
    …
};
```

然后，同样生成三个不同数据类型的类对象：

```
Vector <int>      iVector(num);           // 建立整型向量对象
Vector <double>   dVector(num);           // 建立双精度浮点型向量对象
Vector <char>     cVector(num);           // 建立字符型向量对象
```

其中，int类型的类对象会产生所有数据类型参数为int的友元函数，如下所示：

```
friend  void  display( Vector <int> array);
friend  int  get( Vector <int> array,  int  index);
```

同理，double数据类型与char数据类型的类对象也有与自己的数据类型相同的友元函数：

```
friend  void  display(Vector <double> array);
friend  int  get(Vector <double> array, const int index);
friend  void  display(Vector <char> array);
friend  int  get(Vector <char> array, const int index);
```

带有画线部分是由类名和<模板实参表>组成的，在友元函数中可以把画线部分看成特定数据类型。类模板生成对象实例时，指定不同的数据类型替换虚拟类型参数就会产生这样一种特定数据类型，在友元函数中书写的时候必须要书写完整。

2）非绑定的类模板的友元函数（unbounded class template friend function）。这种友元函数使用的虚拟类型参数与其所属的类的虚拟类型参数不完全相同，友元函数可以定义自己的虚拟类型参数，其使用起来要比上一种友元函数更加灵活和自由。

这种友元函数的定义格式如下：

```
template  < typename T >
class  <类名>
{
    template  <typename TT>  friend  void  函数名 (类名<TT> 参数1, …);
    template  <typename TT>  friend  T  函数名 (类名<TT> 参数1, int 参数2, …);
    …
};
```

在上面的友元函数中没有使用类模板的虚拟类型参数T，而是使用了自己定义的一个新的虚拟类型参数TT。可以认为非绑定的类模板的友元函数就是在类模板中定义的友元函数模板。

这种友元函数由于对使用的灵活度要求较高，因此定义起来也要比前一种绑定的模板类的友元函数复杂。这种友元函数本身就是一个函数模板，因此在定义时函数的最前面要增加template关键字和友元函数自身的<模板形参表>。这是非绑定的模板类的友元函数的主要特征。

我们同样为例15.13中程序定义的类模板按照非绑定的类模板的友元函数方式扩充友元函数，扩充的效果如下所示：

```
template  < typename T >
class  Vector
{
    template  < typename TT>  friend  void  display(Vector <TT> array);
```

```
    template  < typename TT>  friend  T  get(Vector <TT> array, int index);
    ...
};
```

则在 display() 函数中，TT 是友元函数自己定义的虚拟类型参数，而不是像前一种友元函数那样，必须要使用所属的类模板定义的虚拟类型参数。这种情况相当于将类模板与函数模板相结合，在定义类模板的友元函数时使用了函数模板的技术。这种类模板的某个确定数据类型的对象通过使用友元函数既可以处理本身数据类型的数据，也可以处理非本身数据类型的数据，可以形成对象的友元函数和所处理数据的数据类型之间的一对多的关系。例如：

```
Vector <int>     iVector(num);          // 建立整型向量对象
Vector <double>  dVector(num);          // 建立双精度浮点型向量对象
Vector <char>    cVector(num);          // 建立字符型向量对象
```

其中 iVector 对象的友元函数 display 可以：

```
display(iVector);               //处理本身数据类型的数据
display(dVector);               //处理double类型的数据
display(cVector);               //处理char类型的数据
```

这时，iVector 对象的友元函数 display 与各对象之间的关系就是一个一对多的关系。同样，dVector 和 cVector 对象的友元函数 display 也同样可以实现上述的一对多关系。下面在例 15.14 程序中综合说明类模板的友元函数的定义和使用。

例 15.14　使用类模板的友元函数实现多种数据类型向量的处理。

```
#include  <iostream>
#include  <iomanip>
using namespace std;
template  < typename T >
class  Vector
{
    template < typename TT > friend  ostream&  operator<<(ostream& os, Vector <TT>
        &array);   // A
private:
    T* data;
    int    size;
public:
    Vector(int s);
    ~Vector( );
    T&  operator [ ] (const  int  index);
    void  operator = (T  value);
};
template  <typename T>
Vector <T> :: Vector(int s)
{
    size = s;
    data = new T[size];
    for(int i=0; i<size; i++)
        data[i] = 0;
}
template  <typename T>
Vector  <T> :: ~Vector( )
{
    delete  [ ] data;
}
template  <typename T>
T&  Vector  <T> :: operator[ ](const int index)
{
    return  data[index];
```

```
}
template  <typename T>
void  Vector  <T> :: operator = (T value)
{
    for(int i=0; i<size; i++)
        data[i] = value;
}
template  <typename TT>
ostream&  operator << (ostream& os, Vector <TT> &array)
{
    for(int i=0; i<array.size; i++)
        os << array.data[i] << endl;
    return  os;
}
int  main( )
{
    int num;
    cout << "请输入需要建立的数组的元素个数: ";
    cin >> num;
    Vector <int>     iVector(num);            // 建立整型向量对象
    Vector <double>  dVector(num);            // 建立双精度浮点型向量对象
    Vector <char>    cVector(num);            // 建立字符型向量对象
    iVector = 100;
    dVector = 7.56;
    cVector = 'A';
    cout.setf(ios::showpoint);                 //显示浮点数的小数部分
    cout << "The integer type class:" << endl << iVector << endl;
    cout << "The double floating type class:" << endl << dVector << endl;
    cout << "The character type class:" << endl << cVector << endl;
    return 0;
}
```

在例15.14程序中的类模板Vector中定义了一个非绑定的类模板的友元函数，见程序中的A行。该函数使用了运算符重载技术重载了运算符“<<”，使得类模板Vector可以用于各种数据类型对象的数据输出。

注意：目前大多数新版的编译器都对绑定的类模板的友元函数支持不好，所以建议程序员尽量使用非绑定的类模板的友元函数形式。

15.2.3 类模板的特殊处理

与函数模板一样，模板类有时也必须要对某一种数据类型做特殊的处理。这时可以像15.1.2节中的模板函数的处理方法一样，定义一个用于处理特殊情况的模板类。在定义这个特别类的时候，只要将虚拟类型参数定义为所要特别处理的数据类型就行了。如果类模板中只是某个成员函数无法适应某个数据类型，则不需要对类模板本身做特殊处理，只要对该类模板重新定义一个处理这个特殊情况的成员函数即可。这时，其实是对类模板中的成员函数做重载运算。

例如，若例15.13中的类模板Vector中的赋值运算符成员函数对于字符串类型（char *）的处理无法达到要求，则程序设计者可以重新定义一个新的进行特殊处理的成员函数来处理字符串类型的数据：

```
template  < >
void  Vector <char *> :: operator =(char *value)
{
    //重新定义函数体的实际操作部分
    …
}
```

也可以对整个模板类重新定义一个特别的类，使得这个特殊类型的类有一个完整的定义。例如：

```
template  < >
class  Vector  <char *>
{
    friend  ostream&  operator << (ostream& os,  Vector <char *> &array);
private:
    char**  data;
    int    size;
public:
    Vector(const int size);
    ~Vector( );
    char&  operator [ ] (const int index);
    void  operator = (char *temp);
};
```

在这个特别类的定义中，类的起始部分不再使用关键字 template 和数据类型参数列表，但是类名称的后面必须加上已经定义的数据类型，以表明该类是专门用来处理某种数据类型的特别类。这种特别类模板的定义方法称为直接实例化（Explicit Instantiation）。此外，必须注意的是，虽然特别类的定义不必与原来类模板中的定义完全相同，但是一旦定义了处理某种数据类型的特殊类，则将来所有属于该数据类型的对象的数据成员和成员函数的定义和使用便都由该特别类负责，而不可以使用任何由类模板产生的模板类中的数据成员和成员函数。这也与前面的函数模板的特殊处理情况类似，特别类的优先级高于类模板，系统先对特别类进行匹配，一旦找到了符合条件的特别类，就不会再对类模板进行匹配和类型转换操作了，例 15.15 将予以说明。

例 15.15　使用类模板的特别类实现对字符数据的特殊处理。

```
#include  <iostream>
using namespace std;
template  < typename T >
class  Test
{
private:
    T  val;
public:
    Test(T  var):val(var){}
    friend  ostream&  operator << (ostream& os, Test<T> &value)
    {
        os<<value.val<<endl;
        return os;
    }
};
//类模板的特别类，用以处理char数据类型
template  < >
class  Test  <char>
{
private:
    char  val;
public:
    Test(char  var):val(var){}
    void  operator = (char var);
};
int  main( )
{
    Test<int>     t1(30);          //生成整数类型对象
    Test<char>    t2('C');         //生成字符类型对象
```

```
    cout << t1;
    cout << t2;                          //错误，char型特别类没有重载定义<<运算符
    return 0;
}
```

在例 15.15 中，由于对象 t2 的数据类型是字符类型，因此是由特别类 Test<char> 来定义的，而该类中没有重载定义“<<”运算符，所以想要通过输出运算符函数来将对象输出到屏幕是错误的。而 t1 对象的数据类型是整数类型，是由一般 Test 类模板所定义的，并且该类模板中重载定义了“<<”运算符，因此可以直接通过插入运算符函数来将对象输出到屏幕上。如果希望 t2 的数据也能正常输出，必须在特别类 Test<char> 中也重载定义“<<”运算符。

15.3 总结

本章针对程序设计中经常出现的程序模块算法相同，仅仅是处理的数据类型不同的情况，介绍了几种基本处理方法：

1）代码复制方法，包括函数重载。

2）编译预处理方法，使用宏定义。

但是，无论使用上述的哪一种方法，都存在一定的弊端。代码复制会增加程序设计的工作量，同时不便于修改和维护。使用宏定义，无法利用编译器的数据类型检验功能，不利于程序调试。

本章介绍了相对于上述两种方法更好的程序设计技术——模板技术。通过本章的学习，我们可以掌握函数模板和类模板的各种定义和使用方法。可以利用模板的概念来解决大量需要用相同的算法来处理不同数据类型数据的情况，还可以在一般的函数模板和类模板无法处理某些特别的数据类型时，通过定义特别的函数和类的方法来进行特殊处理。通过对比，可以看出模板技术是 C++ 程序设计中解决相同代码仅数据类型变化的最佳技术。

C++ 模板语法使得“数据类型”也可以以参数的形式出现，在实际使用时，可以将某种数据类型作为参数传递给模板。有了模板，你可以拥有宏的“只写一次”、系统自动替换的优点；也可以获得重载函数的“数据类型检验”的优点。

本章介绍类模板和函数模板两种技术。虽然类模板和函数模板的设计目的一致，但是类模板与函数模板的应用目的是不同的，它们之间在实现上有着许多的不同，设计类模板要比设计函数模板复杂和困难得多。函数模板的调用既可以由编译器根据用户传递的函数参数类型自动选择匹配进行参数类型替换，也可以由程序设计者自己指定虚拟类型参数的实际数据类型进行参数类型替换，而类模板在使用的时候则必须由程序设计者自己指明该类模板希望按照哪一种数据类型解释和生成一个实际的类（模板类），这是在使用上的极大不同。

由于函数模板和类模板使用方便灵活，在目前的面向对象程序设计中已经占据了重要的地位。在 C++ 标准链接库中，几乎所有程序代码都以模板写成。例如，微软公司的 Visual C++ 的核心类库 MFC 中专门有一组类使用了模板技术，它们统称为基本模板类（Template-Based Classes）。C++ 标准链接库提供各式各样的功能：对对象和数值排序的各种算法、管理各种元素的数据结构（链表和队列等）、支持各种字符集的字符串等。用户只要代入不同的数据类型，就可以直接使用标准链接库提供的各种现成的应用。C++ 标准链接库属于高级编程技术，本书不做介绍，有兴趣的读者请参考相关资料。

因此，熟悉和掌握模板的编程技术，对于使用 C++ 进行 Windows 开发等高级编程工作是十分有益的。

附录A　ASCII码表

ASCII 值	控制字符	ASCII 值	字符	ASCII 值	字符	ASCII 值	字符
0	NUL	32	空格	64	@	96	`
1	SOH	33	!	65	A	97	a
2	STX	34	"	66	B	98	b
3	ETX	35	#	67	C	99	c
4	EOT	36	$	68	D	100	d
5	END	37	%	69	E	101	e
6	ACK	38	&	70	F	102	f
7	BEL	39	'	71	G	103	g
8	BS	40	(	72	H	104	h
9	HT	41	)	73	I	105	i
10	LF	42	*	74	J	106	j
11	VT	43	+	75	K	107	k
12	FF	44	,	76	L	108	l
13	CR	45	-	77	M	109	m
14	SO	46	.	78	N	110	n
15	SI	47	/	79	O	111	o
16	DLE	48	0	80	P	112	p
17	DC1	49	1	81	Q	113	q
18	DC2	50	2	82	R	114	r
19	DC3	51	3	83	S	115	s
20	DC4	52	4	84	T	116	t
21	NAK	53	5	85	U	117	u
22	SYN	54	6	86	V	118	v
23	ETB	55	7	87	W	119	w
24	CAN	56	8	88	X	120	x
25	EM	57	9	89	Y	121	y
26	SUB	58	:	90	Z	122	z
27	ESC	59	;	91	[	123	{
28	FS	60	<	92	\	124	|
29	GS	61	=	93	]	125	}
30	RS	62	>	94	^	126	～
31	US	63	?	95	_	127	DEL

附录 B　常用库函数

库函数并不是 C++ 语言的组成部分。它是由人们根据需要编制并提供给用户使用的。每一种 C++ 编译系统都提供了一批库函数，不同的编译系统所提供的库函数的数目和函数名以及函数功能并不完全相同。

使用库函数时必须包含相应的头文件。若需了解 C++ 编译系统提供的库函数，请查阅有关手册。本附录列出一些最常用的库函数。

1. 常用数学函数

使用以下函数时，要包含头文件 math.h 或 cmath。

函数原型	功　能	返　回　值	说　明
int abs(int x)	求整数 x 的绝对值	绝对值	
double acos(double x)	求实数 x 的反余弦	计算结果	$-1 \leqslant x \leqslant 1$
double asin(double x)	求实数 x 的反正弦	计算结果	$-1 \leqslant x \leqslant 1$
double atan(double x)	求实数 x 的反正切	计算结果	
double cos(double x)	求实数 x 的余弦	计算结果	弧度
double cosh(double x)	求实数 x 的双曲余弦	计算结果	
double exp(double x)	求 e^x	计算结果	
double fabs(double x)	求实数 x 的绝对值	绝对值	
double fmod(double x,double y)	求 x/y 的余数	余数	
long labs(long x)	求长整型数的绝对值	绝对值	
double log(double x)	求自然对数（以 e 为底的对数）	计算结果	
double log10(double x)	求以 10 为底的对数	计算结果	
double pow(double x,double y)	求 x^y	计算结果	
double sin(double x)	求实数 x 的正弦	计算结果	
double sqrt(double x)	求实数 x 的平方根	计算结果	
double tan(double x)	求实数 x 的正切	计算结果	
double modf(double x,double *y)	取 x 的整数部分放到 y 所指向的单元中	x 的小数部分	

2. 字符函数

使用一些字符处理函数时，要包含头文件 ctype.h 或 cctype。

函数原型	功　能	返　回　值	说　明
int isalnum(int ch)	检查 ch 是否是字母（alpha）或数字（numeric）	是字母或数字返回非零整数值，否则返回 0	
int isalpha(int ch)	检查 ch 是否是字母	是字母返回非零整数值，否则返回 0	

（续）

函数原型	功　能	返　回　值	说　明
int iscntrl(int ch)	检查ch是否是控制字符（其ASCII码在0和0x1F之间）	是控制字符返回非零整数值，否则返回0	
int isdigit(int ch)	检查ch是否是数字（0～9）	是数字返回非零整数值，否则返回0	
int isgraph(int ch)	检查ch是否是可打印字符（其ASCII码在0x21到0x7E之间），不包括空格	是可打印字符返回非零整数值，否则返回0	
int islower(int ch)	检查ch是否是小写字母（a ~ z）	是小写字母返回非零整数值，否则返回0	
int isprint (int ch)	检查ch是否是可打印字符（包括空格），其ASCII码在0x20到0x7E之间	是可打印字符返回非零整数值，否则返回0	
int ispunct(int ch)	检查ch是否是标点字符（不包括空格），即除字母、数字和空格以外的所有可打印字符	是标点字符返回非零整数值，否则返回0	
int isspace (int ch)	检查ch是否是空格、制表符或换行符	是空格、制表符或换行符返回非零整数值，否则返回0	
int isupper (int ch)	检查ch是否是大写字母（A～Z）	是大写字母返回非零整数值，否则返回0	
int isxdigit (int ch)	检查ch是否是一个十六进制数学字符（即0～9，或A～F或a～f）	是一个十六进制数学字符返回非零整数值，否则返回0	
int tolower(int ch)	将ch字符转换为小写字母	返回ch字符所代表的字符的小写字母	
int toupper(int ch)	将ch字符转换为大写字母	返回ch字符所代表的字符的大写字母	

3. 字符串处理函数

使用以下字符串处理函数时，要包含头文件string.h或cstring。

函数原型	功　能	返　回　值	说　明
void * memcpy(void * p1, const void *p2,size_t n)	存储器拷贝，将p2所指向的n字节拷贝到p1所指向的存储区中	目的存储区的起始地址	实现任意数据类型之间的拷贝
void * memset(void * p, int v,size_t n)	将v的值作为p所指向的区域的值，n是p所指向区域的大小	返回该区域的起始地址	
char * strcpy(char * p1, const char *p2)	将p2所指向的字符串拷贝到p1所指向的区域中	目的存储区的起始地址	
char * strcat(char * p1, const char *p2)	将p2所指向的字符串接到p1所指向的字符串的后面	目的存储区的起始地址	
int strcmp(char * p1, const char *p2)	两个字符串比较	两字符串相同，返回0；若p1所指向的字符串小于p2所指向的字符串，返回负数；否则，返回正数	

（续）

函数原型	功　能	返回值	说　明
unsigned int strlen(const char *)	求字符串的长度	字符串中包含的字符个数	
char * strncat(char * p1, const char *p2,size_t n)	将 p2 所指向的字符串（最多 n 个字符）接到 p1 所指向的字符串的后面	目的存储区的起始地址	
int strncmp(char * p1, const char *p2,size_t n)	第 1 个参数、第 2 个参数与函数 strcmp( ) 相同，最多比较 n 个字符	与函数 strcmp() 相同	
char * strncpy(char * p1, const char *p2,size_t n)	第 1 个参数、第 2 个参数与函数 strcpy( ) 相同，最多拷贝 n 个字符	与函数 strcpy() 相同	
char * strstr(char * p1, const char *p2)	p2 所指向的字符串是否是 p1 所指向的字符串的子串	若是子串，返回子串开始位置；否则返回 0	

4. 常用的其他函数

使用以下列出的函数时，要包含头文件 stdlib.h 或 cstdlib。

函数原型	功　能	返回值	说　明
void abort(void)	终止程序执行		不做结束工作
void exit(int)	终止程序执行		做结束工作
int abs(int)	求整数的绝对值	返回绝对值	
long labs(long)	求长整数的绝对值	返回绝对值	
double atof(const char *s)	将 s 所指向的字符串转换成实数	返回实数值	
int atoi(const char *)	将字符串转换成整数	返回整数值	
long atol(const char *)	将字符串转换成长整数	返回长整数值	
int rand(void)	产生一个随机数	返回随机数	
void srand(unsigned int)	初始化随机数发生器		
int system(const char *s)	将 s 所指向的字符串作为一个可执行文件，并执行之		

5. 实现键盘和文件输入输出的成员函数

使用以下列出的函数时，要包含头文件 iostream.h 或 iosstream。

函数原型	功　能	返回值	说　明
cin>>v	输入值送给变量 v		
cout<<exp	输出表达式 exp 的值		
istream & istream::get(char &c)	输入字符送给变量 c		
istream & istream::get(char *, int, char='\n')	输入一行字符串		
istream & istream::getline(char *, int, char='\n')	输入一行字符串		
void ifstream::open(const char *, int=ios::in, int= filebuf::openprot)	打开输入文件		
void ofstream::open(const char *, int=ios::out, int= filebuf::openprot)	打开输出文件		

（续）

函数原型	功　能	返　回　值	说　明
void fstream::open(const char *, int, int=filebuf::openprot)	打开输入 / 输出文件		
ifstream::ifstream(const char *, int=ios::in, int=filebuf::openprot)	构造函数打开输入文件		
ofstream::ofstream(const char *, int=ios::out, int=filebuf::openprot)	构造函数打开输出文件		
fstream::fstream(const char *, int, int=filebuf::openprot)	构造函数打开输入 / 输出文件		
void ifstream::close( )	关闭输入文件		
void ofstream::close( )	关闭输出文件		
void fstream::close( )	关闭输入 / 输出文件		
istream &istream::read(char *, int)	从文件中读取数据		
ostream & ostream::write(const char *, int)	将数据写入文件中		
int ios::eof( )	是否到达打开的文件的尾部	1为到达文件尾部，0为没有到达文件尾部	
istream &istream::seekg(streampos)	移动输入文件的指针		
istream &istream::seekg(streamoff, ios::seek_dir)	移动输入文件的指针		
streampos istream::tellg( )	取输入文件的指针		
ostream &ostream::seekp(streampos)	移动输出文件的指针		
ostream &ostream::seekp(streamoff, ios::seek_dir)	移动输出文件的指针		
streampos ostream::tellp( )	取输出文件的指针		

参考文献

[1] Stanley B Lippman，等 . C++ Primer 中文版（原书第 5 版）[M]. 王刚，等译 . 北京：电子工业出版社，2013.

[2] Stephen Prata. C++ Primer Plus 中文版（原书第 6 版）[M]. 张海龙，等译 . 北京：人民邮电出版社，2012.

[3] 王珊珊，臧洌，张志航 . C++ 程序设计教程 [M]. 2 版 . 北京：机械工业出版社，2011.

[4] 王珊珊，臧洌，张志航 . C++ 语言程序设计上机实验及学习指导 [M]. 南京：南京大学出版社，2016.

[5] 王珊珊，臧洌，张志航 . 程序设计语言——C[M]. 北京：清华大学出版社，2007.

[6] 王珊珊，尤彬彬，朱敏，张定会 . C 语言程序设计上机实验及学习指导 . 南京：南京大学出版社，2016.

[7] 张岳新 . Visual C++ 程序设计基础 [M]. 苏州：苏州大学出版社，2002.

[8] 钱能 . C++ 程序设计教程 [M]. 北京：清华大学出版社，2009.

[9] 吕凤翥 . C++ 语言基础教程 [M]. 2 版 . 北京：清华大学出版社，2007.

[10] 谭浩强 . C 程序设计 [M]. 2 版 . 北京：清华大学出版社，1999.

[11] 谭浩强 . C++ 程序设计 [M]. 北京：清华大学出版社，2004.

[12] 宛延闿 . C++ 语言和面向对象程序设计 [M]. 北京：清华大学出版社，1998.

[13] 张基温 . C++ 程序设计基础 [M]. 北京：高等教育出版社，1996.

[14] D S Malik. C++ 编程——数据结构与程序设计方法学 [M]. 晏海华，蔡旭辉，常鸿，等译 . 北京：电子工业出版社，2003.

[15] John R Hubbard. C++ 编程习题与解答 [M]. 徐漫江，王栋，何路，等译 . 北京：机械工业出版社，2002.